中国电子教育学会高教分会推荐
普通高等教育电子信息类"十三五"课改规划教材

模拟电子技术基础

王中训　孙元平　主编
朱荷艳　戴振宏　参编

西安电子科技大学出版社

内 容 简 介

　　本书主要阐述了模拟电路的电子元器件结构、放大电路的基础理论及分析方法。共分 11 章，主要内容为：常用半导体器件基础、晶体管放大电路、场效应管及其放大电路、复合管放大电路和多级放大电路、放大电路的频率响应、集成运算放大电路、放大电路的反馈、集成运放的应用、波形发生电路、功率放大电路、直流稳压电源。

　　本书强调对放大电路基本概念的理解，并要求掌握各种放大电路的分析方法，注重基本理论与实际电路相联系，特别是与实际电子产品电路相对应。内容全面，叙述清楚，简单易学，每章末附有大量的习题供读者练习，锻炼其解决问题的能力。

　　本书可作为普通高等学校通信工程、电子信息工程、物联网、电气工程、电子科学与技术等相关专业本、专科生的"模拟电子技术基础""电子线路基础"或"电子技术基础"课程的教材和教学参考书，也可作为从事相关工作的工程技术人员的参考书。

图书在版编目(CIP)数据

模拟电子技术基础/王中训，孙元平主编. —西安：西安电子科技大学出版社，2017.7
ISBN 978 - 7 - 5606 - 4438 - 7

Ⅰ. ① 模… Ⅱ. ① 王… ② 孙… Ⅲ. ① 模拟电路—电子技术 Ⅳ. ① TN710

中国版本图书馆 CIP 数据核字(2017)第 155385 号

策　　划　毛红兵
责任编辑　毛红兵　杨　薇
出版发行　西安电子科技大学出版社(西安市太白南路 2 号)
电　　话　(029)88242885　88201467　　　邮　　编　710071
网　　址　www.xduph.com　　　　　电子邮箱　xdupfxb001@163.com
经　　销　新华书店
印刷单位　陕西华沐印刷科技有限责任公司
版　　次　2017 年 7 月第 1 版　　2017 年 7 月第 1 次印刷
开　　本　787 毫米×1092 毫米　1/16　印张 21.5
字　　数　511 千字
印　　数　1～3000 册
定　　价　43.00 元
ISBN 978 - 7 - 5606 - 4438 - 7/TN

XDUP 4730001 - 1
* * *如有印装问题可调换* * *

前　　言

"模拟电子技术基础"是从事电子相关专业研究与应用人员必修的重要基础课程。该课程所讲述的基本器件、基本电路的原理和应用是理解、开发和应用电子电路(包括模拟和数字)必备的基础知识。

本书具有以下特点：

(1) 相关内容单独列章，更加适合教与学。如晶体管及其放大电路、场效应管及其放大电路、复合管及多级放大电路等内容均被单独列章。

(2) 合理安排内容，兼顾基础与应用。如集成运算放大电路一章，将电流源电路、差分放大电路、互补输出级作为基础，并在此基础上讲述了集成运放的电路及分析方法。

(3) 主要内容突出，在某一主题下集中讲述相关应用。如集成运放的应用一章，以集成运放为核心讲述了基本运算电路、模拟乘法器、有源滤波电路、电压比较器、信号的转换电路等内容。

(4) 重视培养学生解决问题的能力。在每章末均附有大量的习题供学生练习，提高学生解决问题的能力。

本书是烟台大学光电信息科学技术学院基础课程"模拟电子技术基础"的规划教材之一，作者均为教学一线教师，具有丰富的教学与实践经验，在编写过程中注重内容的基础性、应用性及系统性，期望能够为电子技术和线路课程教学的改革注入新意和活力。

参加本书编写工作的有王中训(第 1～3 章)和孙元平(第 4～11 章)两位老师。本书由王中训、孙元平担任主编，负责全书的统稿。戴振宏教授和朱荷艳老师阅读了全部书稿并提出了许多宝贵的修改意见。

由于时间仓促，作者水平有限，书中难免存在许多问题和遗憾之处，敬请广大读者批评指正。

编　者

2017 年 2 月

目　　录

第1章

常用半导体器件基础

　　半导体器件是电子电路的基本组成元件，其中半导体二极管和三极管（亦称晶体管）是最常用的半导体器件。目前，Intel 公司生产的 Core i7 超级处理器在略大于 1.67 平方英寸的面积上已经实现了集成大约 7.31 亿个晶体管。构成半导体器件的基础是经过特殊加工的、性能可控的半导体材料。

1.1　半导体基础知识

　　在固体材料中，有些物质很容易导电，称之为导体，如金、银、铜、铁等。有些物质很不容易导电，称之为绝缘体，如塑料、有机玻璃、橡胶等。而导电性介于导体和绝缘体之间的物质称之为半导体，一般分为单晶半导体和化合物半导体。常见的单晶半导体材料有锗（Ge）、硅（Si）等，而化合物半导体材料有砷化镓（GaAs）、氮化镓（GaN）等。目前电子器件中常用的三种半导体材料分别为硅、锗和砷化镓。

1.1.1　本征半导体

　　所谓本征半导体，就是指非常纯净、不含杂质、晶体结构完整的半导体。

　　硅和锗都是 4 价元素，它们原子的最外层电子都是 4 个，称为价电子，与内层电子比较，它们受原子核的束缚力最小，因此更容易失去。

　　如将内层电子与原子核看成一个稳定的整体，称为惯性核，则惯性核带有 4 个正电荷，可用图 1.1 来表示硅或锗的简化原子结构模型。

　　原子间可以通过共享价电子的方式结合起来，形成所谓的共价键。在本征半导体硅或锗中，一个原子的 4 个价电子分别与相邻 4 个原子成键而形成共价键晶体，如图 1.2 所示。原子之间的共价键很强，在绝对零度（−273℃）下，价电子不能挣脱共价键的束缚而形成能够导电的自由电子，因此本征半导体此时不导电。在光和热等外部条件的激发下，构成共价键的价电子可以获得较大的能量而挣脱共价键的束缚，成为自由电子；此时将在原来的共价键位置留下一个空位，称为空穴（Hole）。这种在光或热的作用下导致本征半导体中产生电子空穴对的现象，称为本征激发。空穴所带电量与电子相等，符号相反。

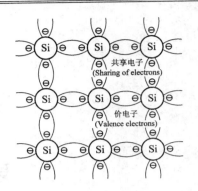

图 1.1　硅和锗的简化原子结构模型　　　　图 1.2　硅或锗的共价键结构示意图

　　室温下，如果在本征半导体的两端外加一个电场，则自由电子将逆于电场方向产生定向移动，形成电子电流；而价电子也将按照该方向依次填补空穴，这等效于空穴沿着电场方向产生定向移动，形成空穴电流，如图 1.3 所示。如果把运载电荷的粒子称为载流子，则半导体中的载流子包括带负电的电子载流子和带正电的空穴，而导体中的载流子只有自由电子一种。

　　在本征激发产生电子空穴对的同时，自由电子在运动中有可能和空穴相遇，重新被共价键束缚起来，电子空穴对消失，这种现象称为"复合"。在一定的温度下，激发和复合最终将达到动态平衡，此时半导体

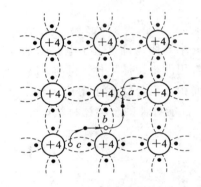

图 1.3　本征激发产生自由电子和空穴及空穴的移动

中的载流子浓度维持在一定数目。由于本征激发产生的电子空穴对的数目很少，载流子浓度很低，其导电能力很弱。

　　本征半导体中的载流子浓度除与半导体材料的种类有关以外，还与温度密切相关，随着温度的升高，载流子的浓度基本上按指数规律增加。室温下，本征半导体硅材料中由于本征激发而产生的载流子浓度约为 1.5×10^{10} 个每立方厘米，且温度每升高大约 8℃，载流子的浓度增加 1 倍；对于锗材料，温度每升高大约 12℃，载流子浓度增加 1 倍。

1.1.2　N 型和 P 型半导体材料

　　由于半导体材料硅在固态电子器件中的重要地位，本书将主要以硅为对象来进行重点描述。虽然本征半导体的导电能力很差，但在其中人为地掺入特定的杂质元素形成杂质半导体后，其导电性能将具有可控性，这是半导体材料在各种电子器件中得到广泛应用的重要前提。

　　在掺杂半导体中，由于掺杂导致半导体中的自由电子和空穴浓度不相等。其中，浓度大的载流子称为多数载流子（简称多子），浓度小的载流子称为少数载流子（简称少子）。如果某掺杂半导体中的多子为电子，则称这种半导体为 N 型半导体（N 为 Negative 的第一个字母，由于电子带负电而得名）；如果某掺杂半导体中的多子为空穴，则称这种半导体为 P

型半导体(P 为 Positive 的第一个字母,由于空穴带正电而得名)。

1. N 型半导体

如果在本征半导体硅(或锗)晶体中掺入定量的 5 价元素磷(锑或砷),则构成了 N 型半导体材料,如图 1.4 所示。掺入原子不改变硅单晶的共价键结构,只是替代某些晶格结点上的硅原子。掺杂后磷原子与周围的 4 个硅原子仍然形成 4 个共价键,但是由于磷原子有 5 个价电子,剩下的 1 个价电子不参加共价键,只受自身原子核的微弱束缚。在热激发或光激发的条件下,它可以摆脱原子核的束缚而成为一个自由电子。由于一个磷原子可以为硅贡献一个自由电子,因此称磷原子为施主原子,这种杂质(磷)为施主杂质。被掺入杂质磷的硅晶体中,自由电子的数目远大于空穴的数目(即多子为自由电子),所以这类半导体称为 N 型半导体。

注意:

(1) 尽管在 N 型半导体材料中存在大量的自由电子,且其数目远多于空穴的数目,但是原子核中带正电的质子数目仍然等于晶体中的带负电的自由电子和轨道电子之和,因此 N 型半导体材料仍然是电中性的。P 型半导体材料也可进行类似分析。

(2) 在 N 型半导体中,同样存在着本征激发的现象(即由于共价键的断裂而产生的自由电子和空穴),但比起掺杂而产生的电子来说其数量少得多。

室温下,本征硅材料中的本征激发概率约为 10^{-12},但是如果磷的掺杂浓度为百万分之一(10^{-7},即平均一百万个硅原子中有一个掺杂的磷原子)且假设本征激发的概率不变,那么由于掺杂而导致的自由电子的浓度将增大为 10^5 倍! 因此,微量的掺杂即可以引起本征半导体材料导电性能的极大变化,从而实现了导电可控性。

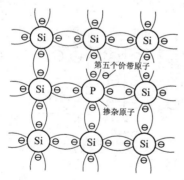

图 1.4　N 型半导体结构

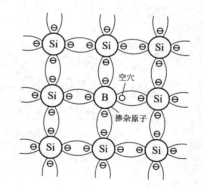

图 1.5　P 型半导体结构

2. P 型半导体

如果在本征半导体硅(或锗)晶体中掺入定量的 3 价元素硼(镓或铟或铝),则构成了 P 型半导体材料,如图 1.5 所示。由于硼原子只有 3 个价电子,只能与周围的 3 个硅原子形成 3 个共价键,在第 4 个硅原子处将出现一个空位(空穴)。在热激发或光激发的条件下,它可以从相邻的共价键中获取一个电子成为带电的负离子,并留下一个新的空位(空穴)。由于一个硼原子可以接受一个电子并在硅中形成一个空位,因此称硼原子为受主原子,这种杂质(硼)为受主杂质。被掺入杂质硼的硅晶体中,空穴的数目远大于自由电子的数目

（即多子为空穴），所以这类半导体称为 P 型半导体。

总之，在纯净的半导体中掺入杂质以后，导电性能将大大改善。当然，提高导电能力不是最终目的，杂质半导体的精妙之处在于，掺入不同性质、不同浓度的杂质，并使 P 型半导体和 N 型半导体采用不同的方式组合，可以制造出用途各异的半导体器件。另外，多子的浓度约等于所掺杂质原子的浓度，所以它受温度的影响很小；而少子是本征激发组成的，尽管它浓度很低，却对温度敏感，会影响半导体器件的性能。

1.1.3　PN 结

1. PN 结的形成

如果将一块本征半导体上的一侧掺杂成为 P 型半导体，另一侧掺杂成为 N 型半导体，则在二者的界面处将形成一个 PN 结。PN 结是构成各种半导体器件的基础。

在界面处附近，P 型区的空穴浓度比 N 型区高，N 型区的自由电子浓度比 P 型区高，因此载流子将从浓度高的区域向浓度低的区域进行扩散，如图 1.6(a)所示。当自由电子和空穴相遇时将发生复合而消失，在界面两侧将形成一个由不能移动的正、负离子构成的空间电荷区，这就是 PN 结。由于这个区域缺少能自由移动的载流子，电阻率很高，因此又称之为耗尽区或阻挡层。

由于不能移动的正、负离子的存在，在耗尽区中将出现一个由 N 型区指向 P 型区的内建电场。该电场将阻止两侧半导体中的多子继续进行扩散，但对于少子来说将会被加速进入另一侧。载流子在电场作用下的定向运动通常被称为漂移运动。在无外电场和其他激发作用下，参与扩散运动的多子数目等于参与漂移的少子数目，扩散运动和漂移运动达到动态平衡，PN 结就处于相对稳定的状态，空间电荷区的宽度不再变化，如图 1.6(b)所示。

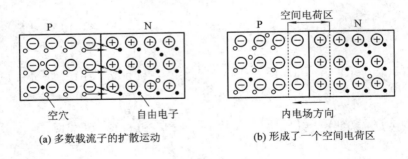

(a) 多数载流子的扩散运动　　　　　　(b) 形成了一个空间电荷区

图 1.6　PN 结的形成

2. PN 结的单向导电性

如果在 PN 结两端外加一个电压，则称该电压为偏置电压。如果外加电源的正极接 P 型区，负极接 N 型区，则称 PN 结被正向偏置，简称正偏。如果外加电源的正极接 N 型区，负极接 P 型区，则称 PN 结被反向偏置，简称反偏。

如图 1.7(a)所示，正偏时，外加电场与内建电场方向相反，因此内建电场被削弱，耗尽区变窄。这有利于多子的扩散而不利于少子的漂移。因此，多子可越过 PN 结形成较大的电流，少子的漂移电流则很小，PN 结中的电流主要是扩散电流，其方向是从 P 区到 N 区(外电路上则是流入 P 区)。正偏时 PN 结流过的电流 I 称为正向电流。由于正向电流较大，则 PN 结对外电路呈较小的电阻，称为正向电阻，这种状态称为 PN 结处于导通状态。

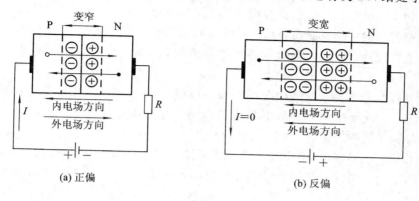

图 1.7　外加电压时的 PN 结

如图 1.7(b) 所示，反偏时，外加电场与内建电场方向相同，因此使内建电场得到加强，耗尽区变宽。这对多子的扩散不利而利于少子的漂移。由于扩散很难进行，因此 PN 结中的电流主要是少子形成的漂移电流。由于少子的浓度很低，故漂移电流很小，其方向是从 N 区到 P 区(外电路上则是流入 N 区)。人们把反偏时 PN 结流过的电流称为反向电流(图中仍用 I 表示)。由于反向电流很小，可以认为此时 PN 结处于截止状态。在一定温度下，少子的浓度很低且基本保持不变。当外加反向电压超过某个值(约为零点几伏)后，再增加反向电压，反向电流几乎保持不变，故称为反向饱和电流，用 I_S 表示。由于反向饱和电流是少子的定向运动产生的，因此该电流受温度影响很大。

综上所述，PN 结正偏时回路中存在一个较大的正向电流，PN 处于导通状态；反偏时 PN 结回路中的反向电流很小(几乎为零)，PN 结处于截止状态。这就是 PN 结的单向导电性。

根据固体物理中的知识可以证明：PN 结在正向导通和反向截止时的电流可以用肖克利方程来描述：

$$I_D = I_S(e^{U_D/U_T} - 1) \tag{1.1}$$

其中，

　　　　I_S——反向饱和电流；

　　　　U_D——PN 结两端所加的电压；

　　　　U_T——温度的电压当量，室温(300 K)下约为 26 mV。

3. PN 结的反向击穿

PN 结反向偏置时，在反向电压达到一定程度后流过 PN 结的反向电流将突然增大，而电压变化很小(如图 1.8 所示)，这种现象称为 PN 结的反向击穿，该电压称为击穿电压。

从击穿的可逆性来看，PN 结的反向击穿可分为电击穿(可逆)和热击穿(不可逆)两种类型，而电击穿又可分为雪崩击穿和齐纳击穿两种类型。

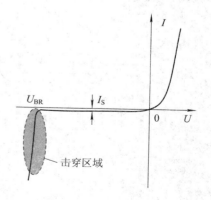

图 1.8　PN 结反向击穿

如果半导体材料的掺杂浓度很低，则耗尽区很宽。在较高的反向电压作用下，构成反向饱和电流的少子的运动速度将会被增大。在其与稳定原子结构发生碰撞后，共价键上的电子将可能获得足够的能量而摆脱共价键的束缚而形成自由电子与空穴。这部分电子在电场的作用下继续加速，形成雪崩效应并产生更多的自由电子和空穴。这种击穿称为雪崩击穿。

如果半导体材料的掺杂浓度很高，则耗尽层很窄。较低的反向电压即可在耗尽区内产生很强的电场，从而使价电子摆脱共价键的束缚产生自由电子和空穴，致使电流急剧增大。这种击穿称为齐纳击穿。

对硅制作的 PN 结来说，如果击穿电压大于 8 V，则该击穿一般为雪崩击穿；如果击穿电压小于 5 V，则该击穿一般为齐纳击穿；当击穿电压在 5～8 V 时，两种击穿可能同时存在。

电击穿的 PN 结在反向电压降低后，结的性能仍可恢复到击穿前的状态，因而电击穿过程是可逆的。而热击穿会造成 PN 结的永久性损坏，是一种不可逆的过程，应尽量避免。

1.2　半导体二极管

1.2.1　结构和分类

从 PN 结的 P 型区和 N 型区引出两个电极，分别为阳极和阴极，再在外面装上管壳，就构成了半导体二极管。

二极管的种类很多。从制造材料来分类，有硅管和锗管；从结构来分类，有点接触型、面接触型和平面二极管；从用途来分类，有普通二极管、整流二极管、开关二极管、稳压二极管和发光二极管等多种类型。

一般来说，点接触型二极管的结面积小，结电容小，允许通过的电流也小，适用于高频电路或小功率电路的工作，也可用作数字电路中的开关元件。面接触型二极管的结面积大，因此结电容大，允许通过较大的电流，但其高频性能较差，一般用于整流电路。

二极管的结构和符号如图 1.9 所示，P 区引出线为阳极（正极），N 区引出线为阴极（负极），箭头表示正向电流方向。

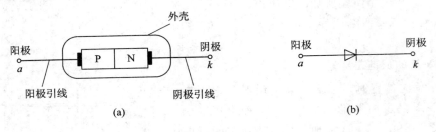

图 1.9　二极管的结构和符号

1.2.2　伏安特性

由于二极管是 PN 结封装而成，因此也具有单向导电性。在没有击穿的前提下，流过二极管的电流及其两端电压的关系仍然可由式(1.1)来描述。图 1.10 为锗、硅及砷化镓二极管的伏安特性曲线。以硅管的伏安特性曲线为例，当外加的正向电压较小时，正向电流很小，几乎等于零；当二极管正向电压超过某一数值后，正向电流会明显增大。正向电压的这一数值通常称为开启电压，与二极管的材料和测试温度等因素有关。一般来说，硅二极管的开启电压约为 0.5 V，锗二极管约为 0.1 V。

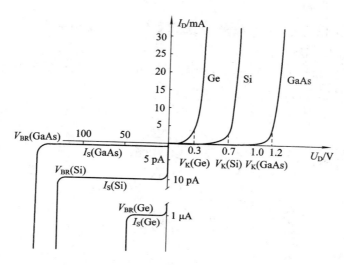

图 1.10　锗、硅及砷化镓二极管的伏安特性曲性

当正向电压超过开启电压后，二极管处于正向导通状态。正向电流将随着电压的升高而急剧增加，电压与电流基本呈现指数的关系。此后，很小的电压变化（管压降）将会导致很大范围的电流变化，正向特性几乎与横轴垂直。通常，硅管的管压降为 0.6～0.8 V，锗管的管压降为 0.1～0.3 V。在静态计算时，通常取硅管的正向管压降近似为 0.7 V，锗管近似为 0.2 V。

在二极管上加反向电压时，由于少数载流子的漂移运动，会形成很小的反向电流。反向电流有两个特点：一是它随温度的上升增大很快，即具有热敏特性；二是反向电压不超过某一范围时，反向电流的值很小且几乎不变，具有饱和性。

1.2.3　主要参数及其选择

在实际应用中，通常需要根据应用的要求来选择相应特性的器件，对于电子器件特性的定量描述就是该器件的参数。二极管的主要参数如下：

1. 最大整流电流 I_F

I_F 是二极管长期运行时允许通过的最大正向平均电流。I_F 由二极管允许的温升所限定。使用时二极管的平均电流不能超过这个数值，否则将使二极管过热而损坏。

2. 最高反向工作电压 U_R

U_R 是管子使用时允许加的最大反向电压。反向电压超过这个数值，二极管就可能被反向击穿。通常将这个参数规定为反向击穿电压的一半。

3. 反向电流 I_R

I_R 是指在室温下，二极管未发生击穿时流过管子的反向电流，也称反向漏电流。I_R 越小说明二极管的单向导电性能好。反向电流是由少数载流子的漂移而形成的，因此受温度的影响很大。

4. 最高工作频率 f_M

f_M 是二极管工作的上限截止频率。超过该数值后，由于结电容的存在，二极管的单向导电性开始明显减弱。结电容越大，二极管的 f_M 越低。

【例 1.1】 电路如图 1.11 所示，已知 $u_i = 5\sin\omega t\,(\text{V})$，二极管导通电压 $U_D = 0.7\text{ V}$。试画出 u_i 与 u_O 的波形并画出幅值。

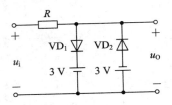

图 1.11　例 1.1 电路

解

当 $u_i \geqslant 3.7\text{ V}$ 时，VD_1 导通，VD_2 截止，将 u_O 钳位在 3.7 V；

当 $u_i \leqslant -3.7\text{ V}$ 时，VD_2 导通，VD_1 截止，将 u_O 钳位在 -3.7 V；

当 $-3.7\text{ V} \leqslant u_i \leqslant 3.7\text{ V}$ 时，VD_1、VD_2 均截止，$u_O = u_i$。

u_i 与 u_O 的波形图解如图 1.12 所示。

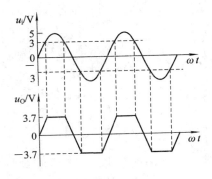

图 1.12　u_i 与 u_O 的波形图解

1.2.4　二极管的电容效应

当加在二极管上的电压发生变化时，因为 PN 结中储存的电荷量随之发生变化，所以，二极管具有一定的电容效应。二极管的电容效应包括两部分，一是势垒电容，二是扩散电容。

1. 势垒电容

势垒电容是由 PN 结的空间电荷区形成的，也称为结电容。如图 1.13 所示，PN 结外加电压变化时，空间电荷区的宽度将发生变化，有电荷的积累和释放的过程，与电容的充放电相同，其等效电容称为势垒电容 C_b。

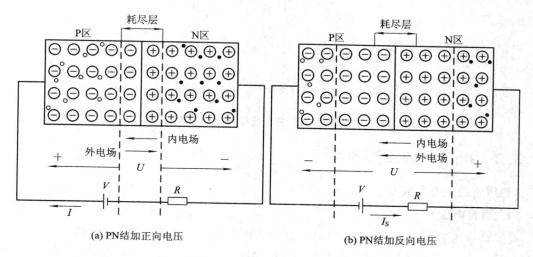

(a) PN结加正向电压　　　　　　　　(b) PN结加反向电压

图 1.13　PN 结的势垒电容

2. 扩散电容

扩散电容是由多数载流子在扩散过程中的积累而引起的。PN 结外加的正向电压变化时，在扩散路程中载流子的浓度及其梯度均有变化，也有电荷的积累和释放的过程，其等效电容称为扩散电容 C_d。

总之，PN 结总的结电容 C_j 包括势垒电容 C_b 和扩散电容 C_d 两部分。当二极管正向偏置时，扩散电容起主要作用，$C_j \approx C_d$；当反向偏置时，势垒电容起主要作用，$C_j \approx C_b$。C_b 和 C_d 的值都很小，通常为几个皮法（pF）到几十皮法，有些结面积大的二极管可达几百皮法。

1.3　稳压二极管

1.3.1　稳压二极管的概念

稳压二极管简称稳压管，是工作在反向电击穿状态的一种由硅材料制成的面接触型二极管，其伏安特性曲线和符号如图 1.14 所示。

在反向电击穿区，尽管反向电流的变化范围很大，但是二极管两端的反向电压的变化却很小，说明其具有"稳压"特性。

稳压管的击穿电压主要取决于制作稳压管的半导体材料中的掺杂浓度。控制掺杂浓度可以制成稳定电压在 1 伏至几百伏范围内的各种规格的稳压管，稳压管实质上就是一个二极管，但它通常工作在反向击穿区。

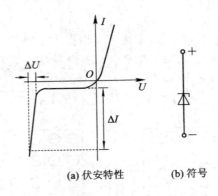

(a) 伏安特性　　　　(b) 符号

图 1.14　稳压管的伏安特性及符号

1.3.2　稳压管的主要参数

稳压管的主要参数有以下 5 种。

1. 稳定电压 U_Z

U_Z 是稳压管工作在反向击穿区时的稳定工作电压。U_Z 是根据要求挑选稳压管的主要依据之一。由于半导体器件参数的分散性，即使同一型号的稳压管，其 U_Z 也会有差别。但某一只管子的 U_Z 应为确定值。例如，型号为 2DW7C（注：其命名方法请参见其他参考书）的稳压管的稳定电压为 6.1～6.5 V，表示型号同为 2DW7C 的不同的稳压管，其稳定电压有的可能为 6.1 V，有的可能为 6.5 V，但就某一只管子而言，U_Z 应为确定值。

2. 稳定电流 I_Z

I_Z 是稳压管正常工作时的参考电流。工作电流小于此值时，稳压效果差，甚至不稳压，常将此值记作 I_{Zmin}。

3. 额定功耗 P_{ZM}

P_{ZM} 等于稳压管的稳定电压 U_Z 与最大稳定电流 I_{Zmax} 的乘积，即 $P_{ZM}=U_Z I_{Zmax}$。稳压管的功耗超过此值时，会导致稳压管因结温过高而损坏。对于一只具体的稳压管，可以根据 P_{ZM} 求出 I_{Zmax}。

4. 动态电阻 r_Z

r_Z 是稳压管工作在稳压区时，端电压变化量 ΔU 和相应的电流变化量 ΔI 的比值，$r_Z=\Delta U/\Delta I$。r_Z 越小，电流变化时，U_Z 的变化越小，稳压效果越好。一般情况下，动态电阻 r_Z 随工作电流的增加而减小。对于不同型号的稳压管，r_Z 不同，约为几欧姆到几十欧姆；对于同一只管子，工作电流越大，r_Z 越小。

5. 温度系数 α_U

α_U 是反映稳定电压值受温度影响的参数，用单位温度变化引起稳压值的相对变化量表示。通常，稳定电压小于 4 V 的稳压管具有负温度系数，温度升高时稳定电压值减小；稳定电压大于 7 V 的稳压管具有正温度系数，温度升高时，稳定电压值增大；当稳定电压在 4～7 V 之间时，温度系数可达最小，近似为零。

使用稳压管组成稳压电路时，应注意以下三点：

（1）应使外加电源的正极连接管子的 N 区，电源的负极接 P 区，以保证稳压管工作在反向击穿区。

（2）稳压管应与负载电阻 R_L 并联，使输出电压比较稳定。

（3）由于稳压管的工作电流 I_Z 必须满足 $I_{Zmin} < I_Z < I_{Zmax}$，所以在稳压管电路中必须串联一个电阻 R 来限制流过稳压管的电流，保证稳压管正常工作。R 称为限流电阻。如图 1.15 所示。

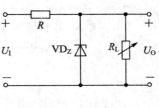

图 1.15　稳压管电路

【例 1.2】　在图 1.16 中，已知稳压管的 $U_Z = 6.3$ V，当 $U_I = \pm 20$ V，$R = 1$ kΩ 时，求输出电压 U_O 的值。已知稳压管的正向压降 $U_D = 0.7$ V。

解

当 $U_I = +20$ V 时，稳压管 VD_{Z1} 被反向击穿，其稳定电压 $U_{Z1} = 6.3$ V；VD_{Z2} 正向导通，压降 $U_{D2} = 0.7$ V。则 $U_O = (6.3 + 0.7)$V $= 7.0$ V。

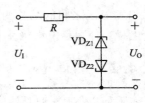

图 1.16　例 1.2 图

当 $U_I = -20$ V 时，稳压管 VD_{Z2} 被反向击穿，其稳定电压 $U_{Z2} = -6.3$ V；VD_{Z1} 正向导通，压降 $U_{D1} = -0.7$ V。则 $U_O = (-6.3 - 0.7)$V $= -7.0$ V。

1.4　双极型晶体管

双极型晶体管是一种晶体三极管，又称半导体三极管（以下简称为晶体管），是最重要的一种半导体器件，也是组成各种电子电路的主要器件。由于在晶体管中自由电子和空穴这两种载流子均参与导电，因此称为双极型晶体管（Bipolar Junction Transistor，BJT）。图 1.17 给出了几种常用的晶体管外形，从左至右依次为小功率管、中功率管和大功率管。尽管晶体管的种类很多，但它们的基本组成和工作原理是类似的。

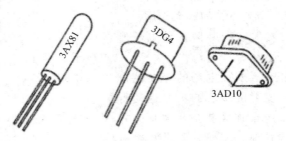

图 1.17　几种晶体管外形

1.4.1　晶体管的基本结构

根据晶体管的制作材料，可以将其分为硅管和锗管。从其内部结构来看，晶体管是在同一个硅片（或锗片）上制造出三个相邻的掺杂区域，并形成两个 PN 结，有 NPN 型和 PNP 型两类晶体管，如图 1.18 所示。

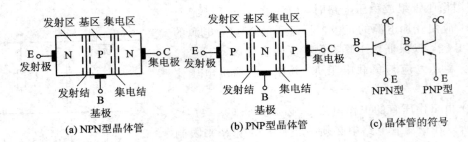

图 1.18 晶体管结构与符号

晶体管的管芯包含三个区：发射区、基区和集电区；三个区的界面形成两个 PN 结，基区和发射区之间的结称为发射结，基区和集电区之间的结称为集电结，并由三个区引出三个电极，分别是发射极 e、基极 b 和集电极 c。

1.4.2 晶体管内部载流子的运动

下面以 NPN 型晶体管为例来讨论晶体管的放大作用。NPN 型晶体管的内部工艺结构有以下特点：

第一，发射区进行高掺杂。NPN 型晶体管的发射区为 N 型半导体，因此其中的多子（自由电子）浓度很高。

第二，基区很薄且掺杂浓度很低。NPN 型晶体管的基区为 P 型半导体，因此其中的多子（空穴）浓度很低。

第三，集电区面积很大且掺杂浓度较低。NPN 型晶体管的集电区为 N 型半导体，因此其中的多子（自由电子）浓度远低于发射区。

放大是对模拟信号的最基本处理方式。为了让晶体管具有放大作用，必须给它加上合适的偏置：发射结正偏，集电结反偏。因此在输入回路需要加上基极电源 U_{BB}，在输出回路需要加上集电极电源 U_{CC}，如图 1.19 所示。在这样一种偏置状态下，我们来讨论 NPN 型晶体管的放大作用。

（1）发射结正偏，发射区向基区扩散电子形成发射极电流 I_E。

由于发射结处于正偏，外加电场的存在使得发射结的耗尽层变窄，发射区多子的扩散运动得到加强。发射区的自由电子连续扩散到基区，并不断从电源 U_{BB} 的负端补充进电子，形成发射极

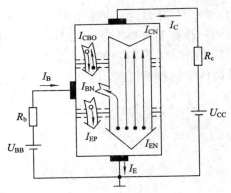

图 1.19 晶体管的内部载流子运动与外部电流

电流 I_{EN}。同时，基区的多子（空穴）也要向发射区扩散，但由于基区的空穴浓度比发射区的自由电子的浓度小得多，因此基区空穴扩散产生的电流 I_{EP} 很小，可以忽略不计。因此可以认为发射极电流 I_E 主要由发射区发射的电子电流 I_{EN} 所决定。

（2）电子在基区扩散和与空穴复合产生基极电流 I_B。

扩散到基区的自由电子将向集电结方向继续扩散。在此过程中，自由电子不断与基区

的多子(空穴)相遇而发生复合。由于基区接外加电源的正极,被复合掉的空穴可以得到源源不断的补充,形成基极电流 I_{BN}。

由于基区很薄且掺杂浓度很低,从发射区扩散到基区的自由电子大部分都扩散到集电结边缘,因而基极电流 I_B 比发射极电流 I_E 小得多。

(3)集电结反偏,漂移运动形成集电极电流 I_C。

由于集电结反偏且其面积较大,集电结耗尽区内的电场得到增强,从而阻止集电区的多子(自由电子)向基区的扩散。但是从发射区扩散到基区、并到达集电区边缘的自由电子在这个电场的作用下通过漂移进入集电区,从而形成集电极电流 I_{CN}。

此外,在外电场的作用下,由于集电结反置,集电区的少子(空穴)和基区的少子(电子)将分别向对方进行漂移运动,形成反向饱和电流 I_{CBO}。该电流数值小,受温度影响大。

1.4.3　电流分配关系和直流电流放大系数

由上文分析可知,在晶体管的内部

$$I_E = I_{EN} + I_{EP} = I_{CN} + I_{BN} + I_{EP} \tag{1.2}$$

$$I_C = I_{CN} + I_{CBO} \tag{1.3}$$

$$I_B = I_{BN} + I_{EP} - I_{CBO} \tag{1.4}$$

从外部看,有

$$I_E = I_C + I_B \tag{1.5}$$

通常,将 I_{CN} 与 I_E 的比值定义为共基直流电流放大系数,用符号 $\bar{\alpha}$ 表示,即

$$\bar{\alpha} = \frac{I_{CN}}{I_E} \tag{1.6}$$

晶体管的 α 值一般可达 $0.90 \sim 0.998$。将式(1.6)代入式(1.3),可得

$$I_C = \bar{\alpha} I_E + I_{CBO} \tag{1.7}$$

当 $I_{CBO} \ll I_C$ 时,可忽略 I_{CBO},则由式(1.7)可得

$$\bar{\alpha} \approx \frac{I_C}{I_E} \tag{1.8}$$

即 $\bar{\alpha}$ 近似等于 I_C 与 I_E 之比。

将式(1.5)代入式(1.7),可得

$$I_C = \bar{\alpha}(I_C + I_B) + I_{CBO} \tag{1.9}$$

将式(1.9)整理后可得

$$I_C = \frac{\bar{\alpha}}{1 - \bar{\alpha}} I_B + \frac{1}{1 - \bar{\alpha}} I_{CBO} \tag{1.10}$$

令

$$\bar{\beta} = \frac{\bar{\alpha}}{1 - \bar{\alpha}} \tag{1.11}$$

则 $\bar{\beta}$ 成为共射直流电流放大系数。则式(1.10)可以写为

$$I_C = \bar{\beta} I_B + (1 + \bar{\beta}) I_{CBO} \tag{1.12}$$

其中,若定义

$$I_{CEO} = (1 + \bar{\beta}) I_{CBO} \tag{1.13}$$

则 I_{CEO} 为穿透电流，表示当基极开路 $(I_B=0)$ 时，在集电极电源 U_{CC} 作用下，流过集电极和发射极之间的电流。I_{CBO} 是发射极开路时集电结的反向饱和电流。

当 $I_C \gg I_{CEO}$ 时，可以忽略 I_{CEO}，则有

$$\bar{\beta} \approx \frac{I_C}{I_B} \tag{1.14}$$

如图 1.19 所示，如果在输入端所加的电压 U_{CC} 处同时加上一个变化的电压 Δu_I，则晶体管的基极电流必然会在 I_B 的基础上叠加一个变化的电流（动态电流）Δi_B，同时也将使集电极电流在 I_C 的基础上叠加一个动态电流 Δi_C，Δi_C 与 Δi_B 的比值称为共射交流电流放大系数，记作 β，即

$$\beta = \frac{\Delta i_C}{\Delta i_B} \tag{1.15}$$

在 $|\Delta i_B|$ 变化不大的情况下，可以认为

$$\beta \approx \bar{\beta} \tag{1.16}$$

相应地，将集电极电流与发射极电流的变化量之比定义为共基电流放大系数，用 α 表示，即

$$\alpha = \frac{\Delta i_C}{\Delta i_E} \tag{1.17}$$

同样，

$$\beta = \frac{\alpha}{1-\alpha} \quad 或 \quad \alpha = \frac{\beta}{1+\beta} \tag{1.18}$$

根据前面的讨论可知：虽然直流参数 $\bar{\alpha}$、$\bar{\beta}$ 的含义与交流参数 α、β 不同，但是在 $|\Delta i_B|$ 变化不大的情况下，大多数晶体管的 $\bar{\alpha}$ 与 α、$\bar{\beta}$ 与 β 的数值差别不大。因此，在今后的计算中一般不再作严格的区分，可以看为

$$\bar{\alpha} \approx \alpha, \quad \bar{\beta} \approx \beta$$

1.4.4 晶体管的特性曲线

晶体管的输入、输出特性曲线是用来描述该晶体管各极电压和电流之间相互关系的，它反映了晶体管的性能，是分析放大电路的基础。本节以 NPN 型晶体管为例介绍其输入、输出特性曲线。

图 1.19 所示的电路可以画成如图 1.20 所示。

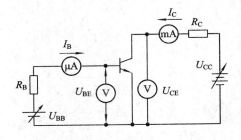

图 1.20 晶体管共射接法时输入、输出特性测试电路

1. 输入特性曲线

当 U_{BE} 变化而 U_{CE} 不变时，输入回路中的电流 I_B 与 U_{BE} 之间的关系曲线称为输入特性曲线，如图 1.21 所示。可以表达为如下关系式

$$i_B = f(u_{BE})\big|_{U_{CE}=常数} \qquad (1.19)$$

当 $U_{CE} = 0$ 时，相当于集电极与发射极之间短路，此时发射结与集电结并联。注入到基区的多子(空穴)将分流通过，进入集电区和发射区，曲线与 PN 结的正向导通特性类似，呈现指数关系。

当 U_{CE} 增大时，从发射区注入到基区的自由电子在电场的作用下将漂移到集电区，形成集电极电流 i_C；随着 U_{CE} 的增大，集电区收集电子的能力越来越强，使得在基区参与复合运动的自由电子数量减少。在 U_{CE} 增大

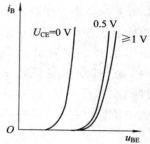

图 1.21　共射极接法的输入特性曲线

后，若想获得同样大小的 i_B，必须使得发射区向基区注入更多的自由电子，即增大 u_{BE}。因此，随着 U_{CE} 的增大，输入特性曲线将向右移动。

当 U_{CE} 增大到一定程度后，发射区注入到基区的自由电子绝大部分都被收集到集电区，因此 i_C 将随着 U_{CE} 的增大而基本保持不变，即 i_B 也基本不变。因此，在 U_{CE} 增大到一定程度后，输入特性曲线将没有明显右移。对于小功率管，可以用 $U_{CE} > 1$ V 的任何一条曲线来描述 $U_{CE} > 1$ V 的所有曲线。

2. 输出特性曲线

在基极电流 I_B 不变的条件下，输出回路中的集电极电流 i_C 与管压降 U_{CE} 之间关系曲线称为输出特性曲线，如图 1.22 所示。可以表达为如下关系式：

$$i_C = f(u_{CE})\big|_{I_B=常数} \qquad (1.20)$$

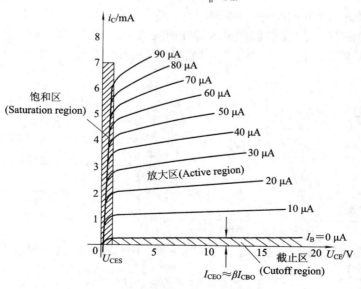

图 1.22　共射极接法的输出特性曲线

由图 1.22 可以看出，不同大小的 I_B 将对应不同的输出特性曲线，图中给出的是从 $I_B = 0\ \mu A$ 开始，以 $10\ \mu A$ 为间隔的一组输出特性曲线。对于某一条曲线，当 U_{CE} 从零开始增大时，集电结电场也随之增强，因此收集基区自由电子的能力也逐渐增强，i_C 随之增大；当 U_{CE} 增大到一定程度后，集电区能收集到的自由电子数量已经达到饱和，再增大 i_C 也不会产生明显的变化，因此输出特性曲线表现为一条几乎平行于横轴的直线。

由图 1.22 可以看出，晶体管的输出特性曲线可分为三个工作区域。

(1) 截止区：其特征是发射结截止 ($u_{BE} \leqslant U_{on}$) 且集电结反偏 ($u_{CE} > u_{BE}$ 或 $u_{CB} > 0$)。从输出特性曲线上看，为 $I_B = 0$ 的曲线以下的区域。此时流过集电极的电流 $i_C = I_{CEO} \approx \beta I_{CBO}$，$i_C$ 为穿透电流，一般很小，小功率硅管在 $1\ \mu A$ 以下。近似分析中可认为：处于截止区的晶体管，$i_C \approx 0$。

(2) 放大区：其特征是发射结正偏 ($u_{BE} > U_{on}$) 且集电结反偏 ($u_{CE} \geqslant u_{BE}$ 或 $u_{CB} \geqslant 0$)。从输出特性曲线上看，为截止区上方曲线近似平行于横轴的区域。此时，i_C 几乎仅取决于 i_B 而与 u_{CE} 无关，这体现了 i_B 对 i_C 的控制作用，即 $I_C = \bar{\beta} I_B$，$\Delta i_C = \beta \Delta i_B$。

(3) 饱和区：其特征是发射结和集电结均处于正偏 ($u_{BE} > u_{on}$ 且 $u_{CE} < u_{BE}$)。由于 $u_{CE} < u_{BE}$，集电区收集基区自由电子的能力很低，造成发射有余而收集不足，I_B 失去对 I_C 的控制。此时即使再增加 I_B，I_C 的增加也很少或不再增加，因此称为饱和。晶体管丧失放大能力，不能用放大区中的 β 来描述 I_C 和 I_B 的关系。饱和时集电极和发射极间电压称为饱和压降，用 U_{CES} 表示，一般小功率硅管 $U_{CES} < 0.4\ V$。对于小功率晶体管，一般把处于 $u_{CE} = u_{BE}$ 或 $u_{CB} = 0$ 状态的晶体管称为临界饱和状态或者临界放大状态。

3. 温度对晶体管特性的影响

由于温度的升高将会使半导体中共价键电子的热运动加剧，从而使其中的少子浓度明显加大。而晶体管中的少子和多子均参与导电，因此温度的变化对晶体管的性能具有重要影响，如图 1.23 所示，主要表现在以下三个方面：

(1) 温度对输入特性的影响：如图 1.23(a) 所示，在温度升高时，少子的浓度将明显增加。因此在同样的 U_{CE} 下，晶体管的输入特性曲线将向左移动，即：若 u_{BE} 不变，则温度升高时 i_B 增大；若保持 i_B 不变，则温度升高时需减小 u_{BE}。

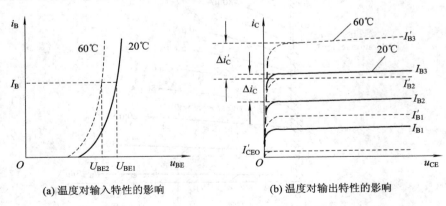

(a) 温度对输入特性的影响　　　　(b) 温度对输出特性的影响

图 1.23　温度对晶体管特性的影响

(2) 温度对输出特性的影响：如图 1.23(b) 所示，当温度升高时，基区少子(电子)的数目增加，而多子(空穴)的数目基本不变。由于复合作用的进行，基区多子的浓度将会下降。从发射区扩散到基区的自由电子将有更大部分漂移到集电区，因此 β 增大。温度每升高 $1℃$，β 值增大 $0.5\%\sim1\%$。在输出特性曲线上表现为：对于同样大小的 I_B，其对应的 I_C 值将增大；对于同样大小的基极电流变化量 Δi_B，其对应的 Δi_C 值也将增大。

（3）温度对 I_{CBO} 的影响：I_{CBO} 是集电结的反向饱和电流，温度每升高 $10℃$，I_{CBO} 约增大 1 倍。I_{CEO} 的变化规律与 I_{CBO} 大致相同。在输出特性曲线图上，当温度升高时，$I_B=0$ 的曲线上移。

1.4.5　晶体管的主要参数

1. 直流参数

（1）共射直流电流放大系数 $\bar{\beta}$：当 $I_C \gg I_{CEO}$ 时，有

$$\bar{\beta} \approx \frac{I_C}{I_B}$$

（2）共基直流电流放大系数 $\bar{\alpha}$：当 I_{CBO} 可忽略时，有

$$\bar{\alpha} \approx \frac{I_C}{I_E}$$

（3）极间反向电流：$I_{CEO}=(1+\bar{\beta})I_{CBO}$。同一型号的管子，反向电流越小，性能越稳定。

2. 交流参数

（1）共射交流电流放大系数 β：

$$\beta = \frac{\Delta i_C}{\Delta i_B}\bigg|_{U_{CE}=常量}$$

选用管子时，β 应适中，若太小则放大能力不够，太大则温度稳定性不够。

（2）共基交流电流放大系数 α：

$$\alpha = \frac{\Delta i_C}{\Delta i_E}\bigg|_{U_{CB}=常量}$$

近似分析中可对这两种直流和交流放大系数不加区分，认为 $\beta \approx \bar{\beta}$，$\alpha \approx \bar{\alpha} \approx 1$。

（3）特征频率 f_T：由于晶体管中存在结电容(详见第 5 章)，晶体管的交流电流放大系数是信号频率的函数。通常将使共射电流放大系数的数值下降到 1 时的信号频率称为该晶体管的特征频率。

3. 极限参数

晶体管的极限参数是保证晶体管安全工作所能施加的最大电流、电压以及功率损耗。

（1）最大集电极耗散功率 P_{CM}：晶体管工作时两个 PN 结上都会消耗功率，通常集电结上耗散的功率远大于发射结。该耗散功率将使集电结发热，导致晶体管性能下降甚至烧毁。集电极的最大耗散功率如图 1.24 所示，虚线上的每一点均为相应集电极电流所对应的最大耗散功率，表达式为 $P_{CM}=$

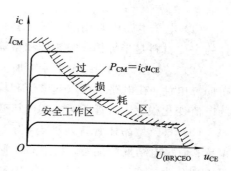

图 1.24　晶体管的安全工作区

$i_C u_{CE}$。虚线上方区域为过损耗区，下方为安全工作区。

（2）最大集电极电流 I_{CM}：i_C 在相当大的数值范围内 β 值不变，但随着 i_C 数值增大到一定程度时，β 将减小。使 β 明显减小的 i_C 即为 I_{CM}。对于合金型小功率管，一般定义 $u_{CE}=1$ V 时从 $P_{CM}=i_C u_{CE}$ 中求解的 i_C 为 I_{CM}。

（3）反向击穿电压：当晶体管的某一电极开路时，另外两个电极间所允许加的最大反向电压称为反向击穿电压。它主要包括下面三种击穿电压：

$U_{(BR)CBO}$：发射极开路时，集电极与基极之间的反向击穿电压，是集电结所允许施加的最高反向电压。

$U_{(BR)CEO}$：基极开路时，集电极与发射极之间的反向击穿电压，是集电结所允许施加的最高反向电压。

$U_{(BR)EBO}$：集电极开路时，发射极与基极之间的反向击穿电压，是发射结所允许施加的最高反向电压。

为了保证晶体管安全工作，在实际应用中必须保证：① $i_C < I_{CM}$；② $u_{CE} < U_{(BR)CEO}$；③ $P_C < P_{CM}$。

【例 1.3】 设某晶体管的极限参数为：$P_{CM}=150$ mW，$I_{CM}=100$ mA，$U_{(BR)CEO}=30$ V。试问：

（1）若它的工作电压 $U_{CE}=10$ V，则工作电流 I_C 最大不得超过多少？

（2）若工作电压 $U_{CE}=1$ V，则工作电流 I_C 最大不得超过多少？

（3）若工作电流 $I_C=1$ mA，则工作电压 U_{CE} 最大不得超过多少？

解 参考图 1.24 可知：

（1）因为 $P_{CM}=I_C U_{CE}=150$ mW，当 $U_{CE}=10$ V 时，$I_C=15$ mA $< I_{CM}$，即为 I_C 允许的最大值。

（2）当 $U_{CE}=1$ V 时，若仅从功率的角度考虑，I_C 可达 150 mA；考虑到 $I_{CM}=100$ mA，故 $I_C=100$ mA 即为此时允许的最大值。

（3）当 $I_C=1$ mA 时，若仅从功率的角度考虑，可有 $U_{CE}=150$ V；考虑到参数 $U_{(BR)CEO}$，$U_{CE}=30$ V 即为此时允许的最大值。

本 章 小 结

（1）电子电路中常用的半导体器件有二极管、稳压管、双极型晶体管等。制造这些器件的主要材料是半导体，例如硅和锗等。

（2）二极管是利用一个 PN 结加上外壳，引出两个电极而制成的。其主要特点是具有单向导电性，在电路中可以起整流和检波等作用；二极管工作在反向击穿区时，流过管子的电流变化很大，而管子两端的电压变化很小，利用这一特性可以做成稳压管。

（3）双极型晶体管有两种类型：NPN 型和 PNP 型。外加电源的极性保证发射结正向偏置；而集电结反向偏置，利用晶体管的电流控制作用可以实现放大；晶体管的输出特性可以划分为三个区：截止区、放大区和饱和区。为了对输入信号进行线性放大，避免产生严重的非线性失真，应使晶体管工作在放大区。

习题与思考题

1.1　在保持二极管反向电压不变的条件下，二极管的反向电流随温度升高而_____；在保持二极管的正向电流不变的条件下，二极管的正向导通电压随温度升高而_____。

A. 增大　　　　　　　　B. 减小　　　　　　　　C. 不变

1.2　设某二极管反向电压为 10 V 时，反向电流为 0.1 μA。在保持反向电压不变的条件下，当二极管的结温升高 10℃，反向电流大约为_____。

A. 0.05 μA　　　　　B. 0.1 μA　　　　　C. 0.2 μA　　　　　　D. 1 μA

1.3　已知习题 1.3 图中二极管的反向击穿电压为 100 V，在 $V=10$ V 时，测得 $I=1$ μA。

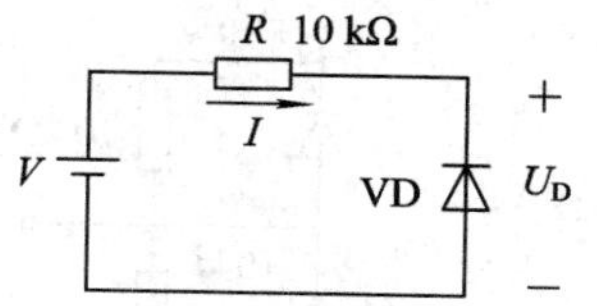

习题 1.3 图

（1）当 V 增加到 20 V 时，I 将_____。

A. 为 2 μA 左右　　　B. 小于 1 μA　　　C. 变化不大　　　　D. 远大于 2 μA

（2）保持 V 不变，温度升高 10℃，则 I 将_____。

A. 为 2 μA 左右　　　B. 小于 1 μA　　　C. 变化不大　　　　D. 远大于 2 μA

1.4　在某放大电路中，测得晶体管的三个电极①、②、③的流入电流分别为 −1.22 mA、0.02 mA、1.2 mA。由此可判断电极①是_____，电极②是_____，电极③是_____（A. 发射极，B. 基极，C. 集电极）；该晶体管的类型是_____（A. PNP 型，B. NPN 型）；该晶体管的共射电流放大系数约为_____（A. 40，B. 60，C. 100）。

1.5　随着温度升高，晶体管的电流放大系数 β _____，穿透电流 I_{CEO} _____，在 I_B 不变的情况下 B−E 结电压 U_{BE} _____。

A. 增大　　　　　　　　B. 减小　　　　　　　　C. 不变

1.6　随着温度升高，晶体管的共射正向输入特性曲线将_____，输出特性曲线将_____，输出特性曲线的间隔将_____。

A. 上移　　B. 下移　　C. 左移　　D. 右移　　E. 增大

F. 减小　　G. 不变

1.7　在某放大电路中，测得晶体管的三个电极①、②、③的流入电流分别为 −1.2 mA、−0.03 mA、1.23 mA。由此可判断电极①是_____，电极②是_____，电极③是_____（A. 发射极，B. 基极，C. 集电极）；该晶体管的类型是_____（A. PNP 型，B. NPN 型）；该晶体管的共射电流放大系数约为_____（A. 40，B. 100，C. 400）。

1.8　用直流电压表测得电路中晶体管各电极的对地静态电位如习题 1.8 图所示，试判断这些晶体管处于什么状态。

A. 放大　　　　　　　　B. 饱和　　　　　　　　C. 截止　　　　　D. 损坏

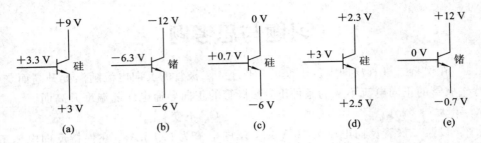

习题 1.8 图

1.9 设习题 1.9 图中各二极管为理想二极管，某同学判断各电路中电流 I 和电压 U 的值如习题 1.9 表中所示。试改正该同学判断中的错误，把正确答案填在错误之后的空格内。

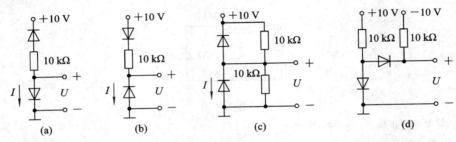

习题 1.9 图

习题 1.9 表

图号	(a)	(b)	(c)	(d)
I/mA	1	1	0	1
U/V	0	0	0	10

1.10 在晶体管放大电路中，测得三个晶体管的各个电极的对地静态电位如习题 1.10 图所示，某同学判断各晶体管的类型和电极的位置如习题 1.10 表中所示。试改正该同学判断中的错误之处，把正确答案填在错误之后的空格内。

习题 1.10 表

图号	晶体管类型	晶体管材料	① 对应的电极	② 对应的电极	③ 对应的电极
(a)	PNP	硅	B	E	C
(b)	PNP	锗	E	C	B
(c)	NPN	锗	E	B	C

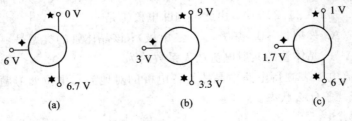

习题 1.10 图

1.11　设二极管 VD_1、VD_2 的正向压降为 0.3 V，试分析在不同的 U_1、U_2 组态下，VD_1、VD_2 是导通还是截止，并求 U_O 的值，把正确答案填入表内。

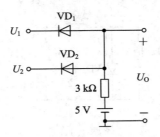

习题 1.11 图

习题 1.11 表

U_1/V	U_2/V	VD_1	VD_2	U_O/V
0	0			
0	3			
3	0			
3	3			

1.12　比较硅二极管与锗二极管的性能差别，用"大"、"小"在习题 1.12 表中填空。

习题 1.12 表

比较项目 二极管类型	开启电压	反向电流	相同正向电流下的正向压降
小功率硅管			
小功率锗管			

1.13　习题 1.13 图中二极管可视为理想二极管，A、B、C 三个灯具有完全相同的特性。试判断哪个灯最亮。

1.14　设习题 1.14 图示电路中的二极管为理想二极管，电阻 R 为 10 Ω。当用 $R \times 1$ 挡指针式万用表测量 A、B 间的电阻时，若黑表笔（带正电压）接 A 端，红表笔（带负电压）接 B 端，则万用表的读数是多少？

1.15　习题 1.15 图中二极管 VD_1、VD_2 均可视为理想二极管，已知 $U_1 = 10$ V，$U_2 = 15$ V，$U_3 = -10$ V。求电流 I_1 和 I_2 的值。

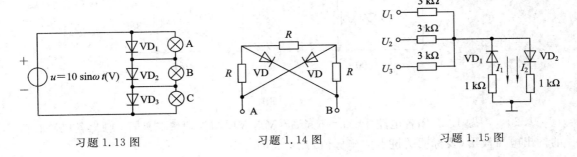

习题 1.13 图　　　　　　　　习题 1.14 图　　　　　　　　习题 1.15 图

1.16 设习题 1.16 图中二极管的正向压降为 0.7 V，求二极管上流过的电流 I_D 的值。

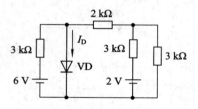

习题 1.16 图

1.17 如习题 1.17 图所示，已知电路中稳压管 VD_{Z1} 和 VD_{Z2} 的稳定电压分别为 5 V 和 9 V，求电压 U_O 的值。

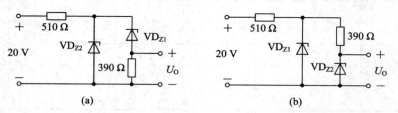

习题 1.17 图

1.18 设稳压管 VD_{Z1} 和 VD_{Z2} 的稳定电压分别为 5 V 和 10 V，正向压降均为 0.7 V，求习题 1.18 图中各电路的输出电压 U_O。

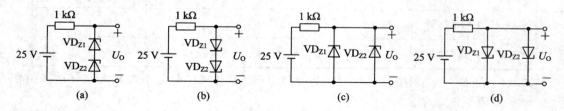

习题 1.18 图

1.19 设习题 1.19 图中 VD 为普通硅二极管，正向压降为 0.7 V，试判断 VD 是否导通，并计算 U_O 的值。

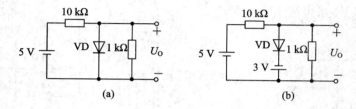

习题 1.19 图

1.20 习题 1.20 图各电路中，$u_i = 5 \sin\omega t(\text{V})$，VD 均为理想二极管，画出各电路相应的输出电压波形(要标明关键点的坐标值)。

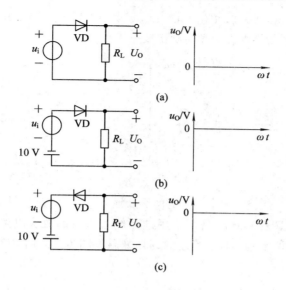

习题 1.20 图

1.21　用指针式万用表测量二极管的正向电阻值时，用 $R\times1k$ 挡测得的数值比用 $R\times$ 100 挡测得的数值大得多。这是为什么？

1.22　已知稳压管 2CW51 的稳定电压具有负温度系数，而 2CW56 具有正温度系数，试问习题 1.22 图中哪几种接法有减小稳定电压温度系数的作用？

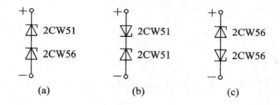

习题 1.22 图

1.23　有两个晶体管，其中 A 管的 $\beta=100$，$I_{CEO}=1\ \mu A$，B 管的 $\beta=200$，$I_{CEO}=100\ \mu A$，作一般放大电路用，哪一个好一些？为什么？

1.24　在晶体管放大电路中，测得三个晶体管的各个电极的对地静态电位如习题 1.24 图所示，试判断各晶体管的类型（NPN、PNP、硅、锗），并注明电极 E、B、C 的位置。

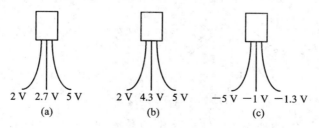

习题 1.24 图

1.25　如习题 1.25 图所示，已知某 NPN 型晶体管的参数为：$\beta=100$，$I_{CM}=100\ mA$，

$U_{(BR)CEO}=50$ V，$U_{(BR)CBO}=80$ V，$I_{CEO}=10\ \mu$A，$U_{CES}=1$ V（当 $i_C=100$ mA 时），$P_{CM}=1$ W。试画出该晶体管的输出特性曲线，并勾画出安全工作区。

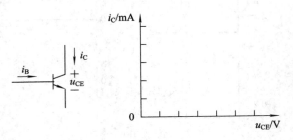

习题 1.25 图

1.26 习题 1.26 图(a)和(b)是两个用硅晶体管组成的放大电路，在常温下把它们的静态工作点 I_{CQ}、U_{CEQ} 调整到一样。当它们的环境温度同步上升时，哪一个电路先脱离放大区？简要说明理由。

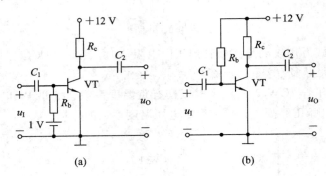

习题 1.26 图

1.27 在某放大电路中有两只晶体管。测得每个晶体管的两个电极中的电流大小和方向如习题 1.27 图(a)、(b)所示。

（1）标出另一个电极中的电流大小和方向；

（2）判断管子类型（NPN、PNP），标明电极 E、B、C 的位置；

（3）估算管子的 β 值。

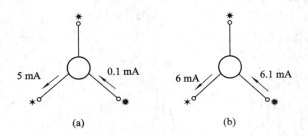

习题 1.27 图

1.28 如习题 1.28 图所示，已知电路中的晶体的 $\beta=100$，$U_{BE}=0.7$ V，回答以下问题：

（1）该晶体管处于什么工作状态（放大、饱和、截止）？

（2）当用内阻为 20 kΩ 的直流电压表分别测量静态电压 U_{BE} 和 U_{CE} 时，能否测得基本准确的数值？并分析在测量时，晶体管的工作状态是否发生变化。若有变化，请指出发生什么样的变化。

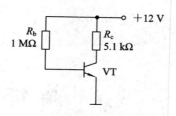

习题 1.28 图

1.29 在习题 1.29 图示电路中，各晶体管的工作状态均不正常，现用直流电压表测得晶体管各引脚的对地静态电位，测量值已标在图中，试分析其原因，并判断其中哪些管子已经损坏（如管内哪些极已开路或短路）。

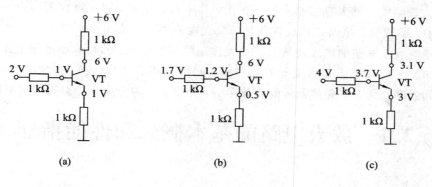

习题 1.29 图

1.30 在某放大电路中有两只晶体管，测得每个晶体管的两个电极中的电流大小和方向如习题 1.30 图（a）、（b）所示。

（1）标出另一个电极中的电流大小和方向；

（2）判断管子类型（NPN、PNP），标明电极 E、B、C 的位置；

（3）估算管子的 β 值。

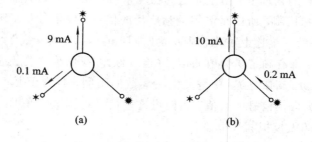

习题 1.30 图

第 2 章

晶体管放大电路

放大电路又称为放大器，是最常见、最典型的模拟电子电路。其作用是将输入的微弱电信号放大成幅度足够大且与原来信号变化规律一致的信号，即进行放大后输出信号不能失真。其中，单管放大电路是组成各种复杂放大电路的基本单元。本章以单管共射放大电路为例，阐明放大电路的组成及其实现放大作用的基本原理。然后介绍电子电路最常用的两种分析方法——图解法和微变等效电路法，利用上述方法分析了放大电路的静态和动态；考虑到温度变化对半导体器件的参数影响，介绍了一种分压式静态工作点电路。

2.1   放大电路的基本概念和性能指标

2.1.1   信号与放大

放大电路中放大的本质是指能量的控制和转换。一般来说，微弱的输入信号通过放大电路，将直流电源的能量转换成负载所获得的能量，负载上所获得的能量总是大于信号源所提供的能量。能够控制能量的元件称为有源元件，而只能传输能量的元件称为无源元件。

信号是反映消息的物理量，由于非电的物理量可以通过各种传感器转换成电信号，而电信号又容易传送和控制，所以是应用最为广泛的信号。电信号是指随时间而变化的电压 U 或电流 i，因此在数学描述上可将它表示为时间 t 的函数，即 $u=f(t)$ 或 $i=f(t)$。

对于任意时间 t 都有确定函数值的信号（连续性），我们称之为模拟信号。如果信号的变化在时间上不连续（离散性），总是发生在离散的瞬间，且数值是一个最小量值的整倍数，并以此倍数作为数字信号的数值，我们将这种信号称为数字信号。通常把输入和输出为模拟信号的电路叫做模拟放大电路。

模拟放大电路是将微弱的模拟信号放大到所需的量级，一般来说，放大作用是针对变化量而言的。所谓放大，就是输入是一个较小的变化量（信号），而在输出端的负载上得到一个变化量较大的信号。负载上信号的变化规律是由输入信号所决定的，而负载上得到的较大能量是由电源提供的。

　　为了达到放大的目的,必须采用具有放大作用的电子器件。晶体管是一种常用的放大元件,是利用基极电流对集电极电流的控制作用来实现信号的放大的。放大的前提是不失真,即必须保证输入量和输出量之间的线性关系。只有在不失真的情况下,放大才有意义。

　　总之,放大电路中的“放大”,是用较小变化量的模拟信号,通过有源器件(如晶体管)去控制电源,使得输出与输入信号的变化成线性关系,并获得较大变化量的模拟信号的过程。

2.1.2　放大电路的性能指标

　　对于任意一个放大电路,均可以将其看做是一个二端口网络,如图 2.1 所示。图的最左侧为输入信号源 $\dot{U}_s$ 及其内阻 R_s,放大电路的输入信号为 $\dot{U}_i$,$\dot{U}_i$ 的两端即为放大电路的输入端口。在放大电路的输入端,由于 $\dot{U}_i$ 的作用将产生输入电流 $\dot{I}_i$。图 2.1 的最右侧为放大电路的输出端口,负载电阻 R_L 两端的电压即为输出电压 $\dot{U}_o$。

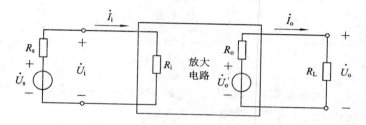

图 2.1　放大电路工作示意图

1. 放大倍数

　　放大倍数是衡量放大电路放大能力的主要指标,定义为输出量与输入量的比值。由于输入量和输出量均有电压($\dot{U}_i$、$\dot{U}_o$)和电流($\dot{I}_i$、$\dot{I}_o$)两种形式,因此可定义四种放大倍数:

电压放大倍数:

$$\dot{A}_{uu} = \frac{\dot{U}_o}{\dot{U}_i} \tag{2.1}$$

电流放大倍数:

$$\dot{A}_{ii} = \frac{\dot{I}_o}{\dot{I}_i} \tag{2.2}$$

互阻放大倍数:

$$\dot{A}_{ui} = \frac{\dot{U}_o}{\dot{I}_i} \tag{2.3}$$

互导放大倍数:

$$\dot{A}_{iu} = \frac{\dot{I}_o}{\dot{U}_i} \tag{2.4}$$

　　上面的电压和电流放大倍数都没有量纲,互导放大倍数的量纲是电导,互阻放大倍数的量纲是电阻。其中的重点研究对象是电压放大倍数。在实测放大倍数时,必须用示波器观察输出端的波形,只有在不失真的情况下,谈论放大倍数才有意义。

2. 输入电阻

输入电阻是从放大电路输入端看进去的等效电阻，定义为

$$R_{\mathrm{i}} = \frac{U_{\mathrm{i}}}{I_{\mathrm{i}}} \tag{2.5}$$

从图 2.1 可以看出，放大电路的输入回路相当于信号源的负载，输入电阻 R_{i} 表示放大电路能从信号源获取多大信号。R_{i} 越大，放大电路从信号源索取的电流就越小，而得到的输入电压就越高。从另一方面看，由于信号源有内阻，放大电路的输入电阻越大，则信号源内阻上的压降就会越小，信号电压的损失就越小。

注意，放大电路的输入电阻不包括信号源的内阻。

3. 输出电阻

输出电阻是从放大电路输出端看进去的等效电阻，如图 2.1 所示。如果没有负载电阻 R_{L}，则输出电压的有效值为 U_{o}'；如果电路有负载 R_{L}，则输出电压有效值为 U_{o}，因此

$$U_{\mathrm{o}} = \frac{R_{\mathrm{L}}}{R_{\mathrm{L}} + R_{\mathrm{o}}} U_{\mathrm{o}}'$$

输出电阻

$$R_{\mathrm{o}} = \left(\frac{U_{\mathrm{o}}'}{U_{\mathrm{o}}} - 1\right) R_{\mathrm{L}} \tag{2.6}$$

R_{o} 是一个表征放大电路带负载能力的参数：R_{o} 越小，负载电阻变化时输出电压的变化也将越小，因此放大电路的带负载能力也就越强。

4. 非线性失真

由于放大器件均具有非线性特性，它们的线性放大范围有一定的限度，当输入信号的幅值超过一定值后，输出电压将会产生非线性失真。输出波形中的谐波成分总量与基波成分之比称为非线性失真系数 D。设基波幅值为 A_1，谐波幅值为 A_2、A_3、$\cdots$，则放大电路的非线性失真系数为

$$D = \sqrt{\left(\frac{A_2}{A_1}\right)^2 + \left(\frac{A_3}{A_1}\right)^2 + \cdots} \tag{2.7}$$

5. 线性失真

放大电路的实际输入信号通常是由众多频率分量组成的复杂信号。由于放大电路中含有电抗元件（主要是电容），因而放大电路对信号中的不同频率分量具有不同的放大倍数和附加相移，从而造成输出信号中各频率分量间大小比例和相位关系发生变化，进而导致输出波形相对于输入波形产生畸变。通常，将这种输出波形的畸变称为放大电路的线性失真或频率失真。描述线性失真的指标有截止频率、通频带等（详见第 5 章）。

虽然线性失真和非线性失真都会引起输出波形畸变，但两者有本质区别。线性失真仅使信号中各频率分量的幅度和相位发生相对变化，不会产生新的频率分量；而非线性失真则是由于产生了新频率分量所致。

6. 最大不失真输出电压

最大不失真输出电压定义为：当输入电压再增大就会使输出波形产生非线性失真时的输出电压，一般以有效值 U_{om} 表示，也可以用峰-峰值 U_{opp} 表示，$U_{\mathrm{opp}} = 2\sqrt{2} U_{\mathrm{om}}$。

7. 最大输出功率与效率

在输出信号不失真的情况下，负载上能够获得的最大功率称为最大输出功率。此时，输出电压达到最大不失真输出电压。直流电源能量的利用率称为效率。（详见第 10 章。）

以上介绍了放大电路的几个主要技术指标，针对不同使用场合，还可以提出一些其他指标，例如电路的抗干扰能力、信号信噪比以及工作温度的要求等。

2.2　基本共射放大电路

实际上，将图 1.19 中的晶体管用晶体管符号代表，在输入端（基极和地）加上输入信号 u_i，输出信号 u_O 从集电极和地之间引出，就构成了基本的共射放大电路，如图 2.2 所示。

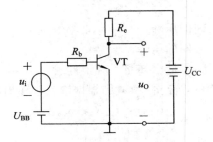

图 2.2　基本共射放大电路

在放大电路中，为了保证晶体管工作在放大区，必须保证合适的偏置，因此电路中存在直流成分。由于被放大的信号为变化的信号，因此电路中还存在交流成分。可以说，放大电路中信号的瞬时量是交流与直流的叠加量，交流信号驮载在直流信号基础上。为了表达方便，对放大电路中电流、电压的表达方式做如下规定：

（1）小写字母，小写下角标：表示交流分量瞬时值，如 i_b，i_c，u_{be}，u_{ce}，u_o 等；

（2）大写字母，大写下角标：表示直流分量，如 I_B，U_{BE}，I_C，U_{CE} 等；

（3）大写字母，小写下角标：表示交流分量的有效值，如 U_i，I_o 等；

（4）小写字母，大写下角标：表示交流分量和直流分量的叠加和，如 $i_B = (I_B + i_b)$ 等。

2.2.1　电路基本结构

图 2.2 所示的基本共射放大电路是以 NPN 型晶体管为核心元件构成的。由于输入信号是从基极、发射极和地之间输入的，输出信号是在集电极、发射极和地之间输出的，输入和输出回路均以发射极为公共端，故称该电路为共射放大电路。

当电路没有交流信号输入（$u_i = 0$）时，称电路处于静态。

在输入回路中，基极电源 U_{BB} 使晶体管的发射结正偏且 $U_{BE} > U_{on}$，并与基极电阻 R_b 共同决定基极静态电流 I_B。

在输出回路中，集电极电源 U_{CC} 足够大且使集电结反偏，晶体管工作在放大状态。此时集电极电流只由基极电流控制，$I_C = \beta I_B$。集电极电阻 R_c 两端的压降为 $I_C R_c$，因此晶体管 c-e 之间的压降为 $U_{CE} = U_{CC} - I_C R_c$。

当 $u_i \neq 0$ 时，称电路处于动态。在输入回路中除了原来的基极静态电流 I_B，必然还会产生另外一个动态的电流 i_b，此时的基极电流为 $i_B = I_B + i_b$；动态电流 i_b 必然会在输出回路的集电极产生一个动态电流 i_c，此时的集电极电流为 $i_C = I_C + i_c$；集电极电阻 R_c 将集电极电流的变化转换成电压的变化，使得管压降 u_{CE} 产生变化。在这个电路中，这个变化就是输出动态电压 u_O，$u_O = \Delta u_{CE} = i_c R_c - I_C R_c = i_c R_c$。

2.2.2 电路的静态工作点及其近似估算求法

放大电路没有输入信号时，电路中的电压、电流都是不变的直流量。此时晶体管的直流电流和电压反映了静态时放大电路的工作情况，称为电路的静态工作点 Q。静态工作点包括下面四个量：

I_{BQ}——基极电流；

I_{CQ}——集电极电流；

U_{BEQ}——基极-集电极之间的压降；

U_{CEQ}——集电极-发射极之间的压降。

在近似估算中通常认为 U_{BEQ} 是已知量：对于硅管，$U_{BEQ} = 0.7$ V；对于锗管，$U_{BEQ} = 0.2$ V。在图 2.2 所示的电路中，若 $u_i = 0$，则根据输入和输出回路可以列出如下方程：

$$\begin{cases} U_{BB} = I_{BQ}R_b + U_{BEQ} \\ I_{CQ} = \beta I_{BQ} \\ U_{CC} = I_{CQ}R_c + U_{CEQ} \end{cases} \tag{2.8}$$

则静态工作点的表达式为

$$\begin{cases} I_{BQ} = \dfrac{U_{BB} - U_{BEQ}}{R_b} \\ I_{CQ} = \beta I_{BQ} \\ U_{CEQ} = U_{CC} - I_{CQ}R_c \end{cases} \tag{2.9}$$

在模拟电路中，设置合适的静态工作点是非常重要的。假设图 2.2 中的 U_{BB} 为 0，如图 2.3 所示，则 $I_{BQ} = 0$、$I_{CQ} = 0$、$U_{CEQ} = U_{CC}$，此时 AB 之间的电压仅为 u_i。如果其峰值小于 B-E 之间的开启电压 U_{on}，则晶体管始终截止，输出电压为零；如果其峰值大于 B-E 之间的开启电压 U_{on}，则晶体管只在信号的正半周期且 $u_i > U_{on}$ 的时候导通，输出信号严重失真。因此，合适的静态工作点是保证放大电路能够放大且输出信号不失真的前提。

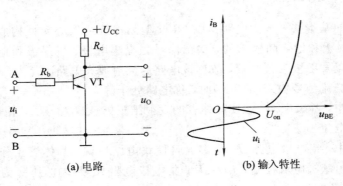

(a) 电路　　　　　　　　(b) 输入特性

图 2.3　没有设计合适的静态工作点

2.2.3　常见的两种共射放大电路

放大电路要正常工作，必须要有合适的静态工作点，即外加电源必须要保证晶体管的发射结正偏（晶体管工作在导通状态），集电结反偏（晶体管工作在放大区）。输入信号必须能够作用于放大管的输入回路，负载上能获得放大的交流信号。

在实用放大电路中，为了防止干扰，常要求输入信号、直流电源、输出信号均有一端接在公共端（地），称为"共地"。将图 2.2 所示电路中的基极电源与集电极电源合二为一，在基极回路增加电阻 R_{b2}，便得到图 2.4 所示的共射放大电路。

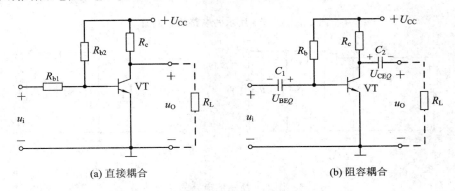

(a) 直接耦合　　　　　　　　　　　　(b) 阻容耦合

图 2.4　常见的两种共射放大电路

电路的耦合方式即为电路的连接方式。图 2.2 和图 2.4(a) 所示电路中信号源与放大电路，放大电路与负载电阻均直接相连，故称为"直接耦合"。如果将信号源与放大电路、放大电路与负载之间通过电容进行连接，则称这种电路为"阻容耦合"，如图 2.4(b) 所示。其中的电容 C_1 与 C_2 称为耦合电容，其容量应该足够大，对于直流量其容抗近似为无穷大。对需放大的交流信号频率范围内的容抗可视为零，使得交流信号可无损的通过。因此耦合电容的作用是"隔直通交"。

2.3　放大电路的分析方法

2.3.1　放大电路的直流通路和交流通路

放大电路中的直流量（静态）和交流信号（动态）通常共存，但是由于电容、电感等元件的存在，其流经的通路通常不同。为了分析问题的简单化，常把它们流经的通路分为直流通路和交流通路，因此放大电路的分析常分为静态分析和动态分析。

直流通路是静态（直流）电流流经的通路，主要用于研究静态工作点。在直流通路中，需要注意的是：① 电容视为开路；② 电感线圈视为短路；③ 信号源视为短路，但保留内阻。图 2.4(a)、(b) 所示电路的直流通路分别如图 2.5(a)、(b) 所示。

交流通路是动态（交流）信号流经的通路，主要用于研究动态参数。在交流通路中，需要注意的是：① 容量大的电容（如耦合电容）视为短路；② 无内阻的直流电源（如 $+U_{cc}$）视为短路。图 2.4(a)、(b) 所示的电路的交流通路如图 2.6(a)、(b) 所示。

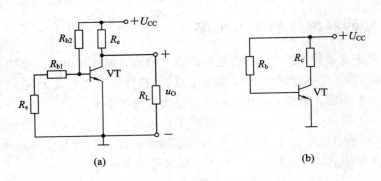

图 2.5　图 2.4 所示的电路的直流通路

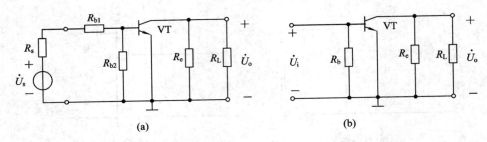

图 2.6　图 2.4 所示的电路的交流通路

在分析放大电路时，应遵循"先静态，后动态"的原则，求解静态工作点时用直流通路，求解动态参数时用交流通路，不可混淆。

放大电路的分析方法常分为图解分析法和微变等效电路法，下面以图 2.2 所示的基本共射放大电路为例分别进行介绍。

2.3.2　图解法

1. 静态分析

将图 2.2 所示的电路画成图 2.7 所示的形式，利用虚线把电路分为三部分：晶体管、输入端的管外电路、输出端的管外电路。

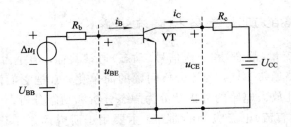

图 2.7　基本共射放大电路

图解法的静态分析步骤如下：

1）画出电路的直流通路

令图 2.7 中的输入信号 $\Delta u_I = 0$（将输入信号源短路），即为该电路的直流通路。

2）利用输入特性曲线确定 I_{BQ} 和 U_{BEQ}

根据图 2.7 的输入回路可列出回路方程为

$$u_{BE} = U_{BB} - i_B R_b \tag{2.10}$$

该方程可确定一条斜率为 $-1/R_b$ 的直线，称为输入直流负载线，如图 2.8（a）所示。在输入特性坐标系中，输入直流负载线与横轴的交点为 $(U_{BB}, 0)$，与纵轴的交点为 $(0, U_{BB}/R_b)$。输入直流负载线与式（1.19）描述的输入特性曲线必然存在一个交点，该交点即为所求的静态工作点 Q，其坐标即为 (U_{BEQ}, I_{BQ})。

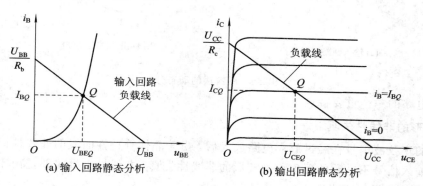

(a) 输入回路静态分析　　　　　　(b) 输出回路静态分析

图 2.8　利用图解法静态分析

3）利用输出特性曲线确定 I_{CQ} 和 U_{CEQ}

根据图 2.7 的输出回路可列出回路方程为

$$u_{CE} = U_{CC} - i_C R_c \tag{2.11}$$

该方程可确定一条斜率为 $-1/R_c$ 的直线，称为输出直流负载线，简称直流负载线，如图 2.8（b）所示。在输出特性坐标系中，直流负载线与横轴的交点为 $(U_{CC}, 0)$，与纵轴的交点为 $(0, U_{CC}/R_c)$。直流负载线与式（1.20）描述的 $I_B = I_{BQ}$ 的那条输出特性曲线必然存在一个交点，该交点即为所求的静态工作点 Q，其坐标即为 (U_{CEQ}, I_{CQ})。

2. 动态分析

图解分析法的动态分析是建立在静态分析的基础之上的，可以直观地显示放大电路中各级电压及电流的波形、幅值及相位变化。假设输入信号为一标准正弦波 $u_s = U_m \sin\omega t$，则图解法的动态分析步骤如下：

（1）根据输入信号的波形，在输入特性曲线上确定 u_{BE} 和 i_B 的波形。

由于动态信号是叠加在静态信号基础上的，因此动态信号的输入必然会引起晶体管中的电压和电流信号在 Q 点附近波动。在 U_{BB} 和 Δu_I 的共同作用下，输入回路方程为 $u_{BE} = U_{BB} + \Delta u_I - i_B R_b$。随着输入信号的变化，输入负载线与输入特性曲线的交点也随之变化（在 Q' 与 Q'' 之间），因此可以描绘出流过基极的动态电流 i_b 和 b-e 间的动态压降 u_{be} 的波形，均为正弦波，且与输入信号的变化趋势相同（同相），如图 2.9（a）所示。

（2）根据 i_B 的变化范围，在输出特性曲线上确定 u_{CE} 和 i_C 的波形。

由于 i_B 的变化范围在 i_{B1} 和 i_{B2} 之间，因此可以根据 i_B 和输出负载线在输出特性曲线上确定 i_C 和 u_{CE} 的变化范围，由此可以画出其相应的波形变化。从图 2.9（b）中可知，i_C 的变化与 i_B 同相；从式（2.11）可知，u_{CE} 的变化趋势与 i_C 相反（反相），如图 2.9（b）所示，这是

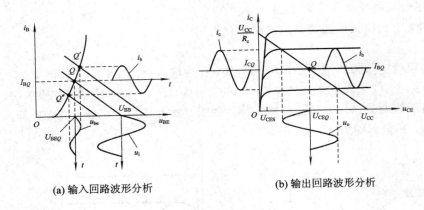

(a) 输入回路波形分析　　　　　　　　(b) 输出回路波形分析

图 2.9　图解法的动态分析

共射放大电路的一个重要特点。

3. 波形的非线性失真

标准的正弦波信号在经过放大电路放大后，由于晶体管特性曲线的非线性而造成的输出信号与输入信号不一致的现象称为波形的非线性失真。非线性失真主要是由于放大电路的静态工作点 Q 设置不当造成的。

1）截止失真

如果 Q 点偏低，如图 2.10(a) 所示，从输入特性曲线可以看出，虽然 u_{be} 的变化仍然是标准正弦波，但是在输入信号的负半周，$u_{BE} = U_{BE} + u_{be}$ 可能小于 U_{on}，导致基极电流的负半周出现失真；由于 i_b 和 i_c 同相，i_c 的负半周也会出现失真；同时，由于 u_{CE} 与 $i_c(i_b)$ 反相，因此 u_{ce} 的正半周出现失真，如图 2.10(b) 所示。这种失真称为截止失真。

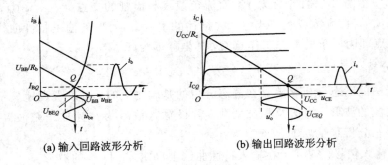

(a) 输入回路波形分析　　　　　　　　(b) 输出回路波形分析

图 2.10　基本共射放大电路的截止失真

由上述分析中可以看出，截止失真首先出现于输入回路，因此消除截止失真的方法在于调节输入回路的参数，主要有：① 提高静态工作点 Q 的位置；② 适当减小输入信号的幅值。对于图 2.7 所示的基本共射放大电路，如果输入信号大小适中，可以适当增大基极电源 U_{BB} 或减小 R_b 的阻值以增大 I_{BQ}，从而提高静态工作点的位置。

2）饱和失真

如果 Q 点偏高以至于靠近晶体管的饱和区，如图 2.11(a) 所示，从输出特性曲线可以看出，虽然 i_b 的变化仍然是标准正弦波，但是在输入信号的正半周靠近峰值的某段时间内，晶体管进入了饱和区，集电极电流 i_c 将产生顶部失真；由于 u_{CE} 与 $i_c(i_b)$ 反相，因此 u_{ce}

的负半周出现失真，如图 2.11(b)所示。这种失真称为饱和失真。

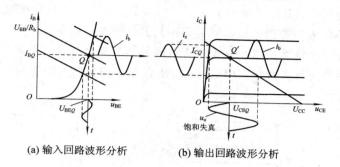

(a) 输入回路波形分析　　　　　　　(b) 输出回路波形分析

图 2.11　基本共射放大电路的饱和失真

　　虽然截止失真出现于输出回路，但是它与静态工作点设置不合适有关。消除饱和失真的方法有：① 适当减小输入信号的幅值；② 让 Q 点远离饱和区。由于静态工作点靠近饱和区与整个放大电路的设置都有关，因此改变 Q 点以消除饱和失真的方法有以下几种：

　　① 在输入回路，减小基极电源 U_{BB} 或者增大基极电阻 R_b，以减小基极电流 I_{BQ} 和集电极电流 I_{CQ}。

　　② 在输出回路，减小集电极电阻 R_c 或者增大集电极电源 U_{CC}，使 Q 点右移以远离饱和区。

　　③ 更换一只 β 值较小的晶体管，以在同样的 I_{BQ} 情况下减小 I_{CQ}。

3）最大不失真输出电压

　　对于图 2.7 所示电路，从图 2.9(b)所示的输出特性图解分析中可求得最大不失真输出电压的峰值：以 U_{CEQ} 为中心，取($U_{CC}-U_{CEQ}$)和($U_{CEQ}-U_{CES}$)中较小的数值，并除以 $\sqrt{2}$ 得到其有效值 U_{om}。为了使 U_{om} 尽可能大，应将 Q 点设置在放大区内负载线的中点，即其横坐标值为($U_{CC}+U_{CES}$)/2 的位置。

4. 直流负载线与交流负载线

　　由直流通路所确定的负载线 $u_{CE}=U_{CC}-i_c R_c$ 称为直流负载线，其斜率为 $-1/R_c$，如图 2.8(b)所示。而动态信号遵循的负载线称为交流负载线。在图 2.6(b)所示的交流通路中，输出电压是集电极动态电流 i_c 在集电极电阻 R_c 和负载电阻 R_L 并联总电阻($R_c /\!/ R_L$)上所产生的电压，因此交流负载线的斜率为 $-1/(R_c /\!/ R_L)$。

　　当外加输入电压 u_i 的瞬时值等于零时，可认为放大电路相当于静态时的情况，则此时放大电路的工作点既在交流负载线上，又在静态工作点 Q 上，即交流负载线必定经过 Q 点。因此，只要通过 Q 点作一条斜率为 $-1/(R_c /\!/ R_L)$ 的直线，即可得到交流负载线。放大电路带负载后，在输入信号不变的情况下，输出电压的幅值变小，即电压放大倍数的数值变小。同时，最大不失真输出电压也产生变化，其峰值等于($U_{CEQ}-U_{CES}$)与 $I_{CQ}(R_c /\!/ R_L)$ 中的小者；有效值是峰值除以 $\sqrt{2}$。

5. 图解法的适用范围

　　图解法可以直观地反映晶体管的工作情况，适用于信号幅值较大且频率不高的情形。使用图解法必须实测晶体管的特性曲线，且进行定量分析时误差较大。另外，晶体管的特性曲线只反映信号频率较低时的电压、电流关系，而不反映信号频率较高时极间电容产生的影响。在实际应用中，图解法多用于分析 Q 点位置、最大不失真输出电压和失真等情况，对于输入电阻、输出电阻等动态指标则需要用到另外一种分析方法。

【例 2.1】 设输出特性如图 2.12(a)所示的晶体管接入图 2.12(b)所示的电路，$I_B = 20$ mA，电路其他各元件参数如图中所标注。求该器件的静态工作点 Q。

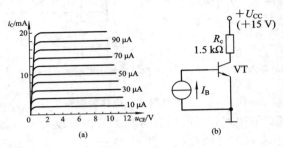

图 2.12　例 2.1 图

解 由图 2.12(a)可知，

$$\beta = \frac{\Delta i_C}{\Delta i_B} = 200$$

所以集电极电流为

$$I_C = \beta I_B = 200 \times 20 \ \mu A = 4000 \ \mu A = 4 \ mA$$

列出回路方程

$$U_{CC} = I_C R_C + U_{CE}$$

可求得

$$U_{CE} = U_{CC} - I_C R_C = 15 - (4 \times 10^{-3}) \times (1.5 \times 10^3) = 9 \ V$$

因此该电路的静态工作点 $Q(U_{CE}, I_C)$ 为(9 V, 4 mA)

【例 2.2】 已知如图 2.13(a)所示的某放大电路，晶体管的 $\beta = 100$，$U_{BE} = 0.3$ V，$U_{CES} = 1$ V，其他电路参数如图(a)所示，输出特性如图(b)所示。试分析：

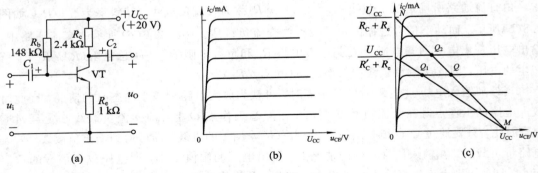

图 2.13　例 2.2 图

(1) 计算电路的静态工作点 Q 并在输出特性曲线上标注。

(2) 当 R_b 和 R_e 不变，R_c 增加为 R_c' 时，Q 点将如何移动？为使晶体管不进入饱和状态，R_c 如何选取？

(3) 当 R_c 和 R_e 不变，R_b 减少时，Q 点如何移动？为使晶体管不进入饱和状态，R_b 如何选取？

解

（1）由图 2.13（a）所示电路可列得输入回路方程为：$U_{CC}=I_{BQ}R_b+U_{BE}+I_{EQ}R_e$。因此，有

$$I_{BQ}=\frac{U_{CC}-U_{BE}}{R_b+(1+\beta)R_e}=\frac{(20-0.3)V}{(391+101\times1)k\Omega}\approx0.04\ mA$$

$$I_{CQ}=\beta I_{BQ}=100\times0.04\ mA=4\ mA$$

同样可得输出回路方程为

$$U_{CC}=I_{CQ}R_c+U_{CEQ}+I_{EQ}R_e$$

则有

$$U_{CEQ}=U_{CC}-(I_{CQ}R_c+I_{EQ}R_e)\approx U_{CC}-I_{CQ}(R_c+R_e)$$
$$=20-4\times(2.4+1)\ V=6.4\ V$$

故静态工作点为：$I_{BQ}=0.04\ mA$，$I_{CQ}=4\ mA$，$U_{CEQ}=6.4\ V$。

直流负载方程为

$$U_{CEQ}=U_{CC}-i_C(R_c+R_e)$$

利用截距法做直流负载线 MN，如图 2.7（c）所示。

MN 与 $i_B=I_{BQ}$ 的输出特性曲线相交的交点即为静态工作点 Q。

（2）当 R_b 和 R_e 不变，R_c 增加为 R_c' 时，直流负载线斜率减小，而 $i_B=I_{BQ}$ 未变。此时静态工作点 Q 将向左移动到 Q_1。

因为 $U_{CC}=I_C(R_{cmax}+R_e)+|U_{CES}|$，则：

$$R_{cmax}=\frac{U_{CC}-|U_{CES}|-I_CR_e}{I_C}=\frac{(20-1-4\times1)V}{4\ mA}=3.75\ k\Omega$$

即 $R_c<3.75\ k\Omega$。

（3）当 R_c 和 R_e 不变，R_b 减少时，直流负载线不变，$i_B=I_{BQ}$ 增加。此时静态工作点 Q 将向上移动到 Q_2。

因为 $U_{CC}=I_{Cmax}(R_c+R_e)+|U_{CES}|$，则：

$$I_{Cmax}=\frac{U_{CC}-|U_{CES}|}{R_e+R_c}=\frac{(20-1)V}{(2.4+1)k\Omega}=5.59\ mA$$

$$I_{Bmax}=\frac{I_{Cmax}}{\beta}=\frac{5.59\ mA}{100}=0.0559\ mA$$

$$R_{bmin}=\frac{U_{CC}-|U_{BE}|-I_{Emax}R_e}{I_{Bmax}}=\frac{(20-0.3-5.59\times1)V}{0.0559\ mA}\approx252\ k\Omega$$

即 $R_b>252\ k\Omega$。

2.3.3 微变等效电路法

晶体管的非线性使得其电路分析变得复杂。在一定条件下可将其特性线性化，建立线性模型，然后利用线性电路的分析方法来分析晶体管电路。

1. 晶体管的直流模型及静态工作点的估算

在进行静态分析时，如果把 B-E 之间的电压 U_{BEQ} 认定为一个恒定值（直流恒压源），

如图 2.14(a)中实线所示；且集电极电流 I_{CQ} 仅受基极电流 I_{BQ} 的控制(与 U_{CEQ} 无关)，如图 2.14(b)中实线所示；则该模型即为晶体管的直流模型，如图 2.14(c)所示，图中的理想二极管限定了电流的流向。

实际上，在求解静态工作点式(2.9)时就已经利用了晶体管的直流模型了。

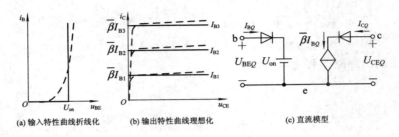

(a) 输入特性曲线折线化　　　　(b) 输出特性曲线理想化　　　　(c) 直流模型

图 2.14　晶体管的直流模型

2. 晶体管的共射 h 参数等效模型

在低频小信号的作用下，若将晶体管看成一个线性的双口网络：以 B－E 为输入端口，以 C－E 为输出端口，如图 2.15 所示，则网络外部的端电压和电流关系就是晶体管的输入特性和输出特性。

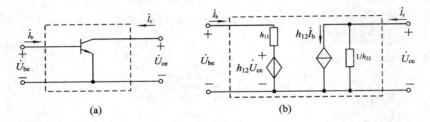

(a)　　　　　　　　　　　　(b)

图 2.15　共射 h 参数等效模型

以共射接法为例，u_{BE}、i_B 和 u_{CE}、i_C 分别为输入端口和输出端口的电压和电流。若以 u_{BE}、i_C 为自变量，i_B、u_{CE} 为因变量，则晶体管的输入和输出特性曲线可以表达为

$$\begin{cases} u_{BE} = f(i_B, u_{CE}) \\ i_C = f(i_B, u_{CE}) \end{cases} \tag{2.12}$$

式中的各量均为各电量的瞬时总量(动态和静态之和)。由于研究的是低频小信号作用下各变量之间的关系，可对上式求全微分，得出

$$\begin{cases} du_{BE} = \dfrac{\partial u_{BE}}{\partial i_B}\bigg|_{U_{CE}} di_B + \dfrac{\partial u_{BE}}{\partial u_{CE}}\bigg|_{I_B} du_{CE} \\ di_C = \dfrac{\partial i_C}{\partial i_B}\bigg|_{U_{CE}} di_B + \dfrac{\partial i_C}{\partial u_{CE}}\bigg|_{I_B} du_{CE} \end{cases} \tag{2.13}$$

由于 du_{BE} 代表 u_{BE} 的变化部分，故可用 $\dot{U}_{be}$ 来代替；同理，di_B、di_C、du_{CE} 可用 $\dot{I}_b$、$\dot{I}_c$、$\dot{U}_{ce}$ 来代替，则上式可写为

$$\begin{cases} \dot{U}_{be} = h_{11e}\dot{I}_b + h_{12e}\dot{U}_{ce} \\ \dot{I}_c = h_{21e}\dot{I}_b + h_{22e}\dot{U}_{ce} \end{cases} \tag{2.14}$$

其中，h 参数的下标 e 表示共射接法。由于式子中的四个参数量纲不同，故称为 h(Hybrid

的第一个字母，混合的意思）参数，由此得到的等效电路称为 h 参数等效模型。式中参数表示的含义如下：

$$h_{11e}=\frac{\partial u_{BE}}{\partial i_B}\bigg|_{U_{CE}}$$，表示由 $\dot{I}_b$ 产生的一个电压，如图 2.16(a) 所示。从输入特性曲线上来看，是 $u_{CE}=U_{CEQ}$ 的曲线在 Q 点处切线斜率的倒数。小信号作用时，$h_{11e}=\partial u_{BE}/\partial i_B\approx\Delta u_{BE}/\Delta i_B$，是小信号作用下 b - e 之间的动态电阻，单位为欧姆（Ω），常用 r_{be} 表示。由图中可以看出，Q 点越高，输入特性越陡，该参数的值就越小。

$$h_{12e}=\frac{\partial u_{BE}}{\partial u_{CE}}\bigg|_{I_B}$$，表示由 $\dot{U}_{ce}$ 产生的一个电压，如图 2.16(b) 所示。从输入特性曲线上来看，是 $i_B=I_{BQ}$ 的情况下晶体管输出回路电压 u_{CE} 对输入回路电压 u_{BE} 的影响，称为内反馈系数，无量纲，当 U_{CE} 足够大时，其数值很小，可以忽略。

$$h_{21e}=\frac{\partial i_C}{\partial i_B}\bigg|_{U_{CE}}$$，表示由 $\dot{I}_b$ 产生的一个电流，如图 2.16(c) 所示。从输出特性曲线上来看，小信号作用时，$h_{21e}=\partial i_C/\partial i_B\approx\Delta i_C/\Delta i_B=\beta$，为晶体管在 Q 点附近的电流放大系数，无量纲。

$$h_{22e}=\frac{\partial i_C}{\partial u_{CE}}\bigg|_{I_B}$$，表示由 $\dot{U}_{ce}$ 产生的一个电流，如图 2.16(d) 所示。从输出特性曲线上来看，是 $i_B=I_{BQ}$ 的输出特性曲线上 Q 点的导数，表示输出特性曲线的上翘程度，单位为西门子(S)。由于大多数管子工作在放大区时曲线均几乎平行于横轴，所以其值常小于 10^{-5} S。其倒数为 C - E 之间的动态电阻 r_{ce}，值在几百千欧以上。

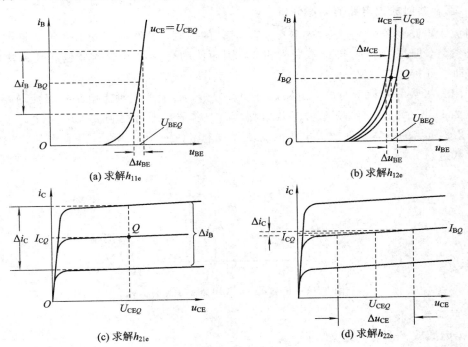

图 2.16　h 参数的物理意义及求解方法

3. h 参数等效模型的简化

由上面的分析可知：在输入回路，由于内反馈很小，因此 h_{12e} 的数值很小，可以忽略；在输出回路，由于晶体管工作在放大区时曲线均几乎平行于横轴，因此 h_{22e} 的数值很小（r_{ce} 很大），流经该支路的电流可以忽略。因此，晶体管的输入回路可以等效为只有一个动态电阻 r_{be}，输出回路可等效为只有一个受控电流源 $\dot{I}_c = \beta \dot{I}_b$，简化的晶体管 h 参数等效模型如图 2.17 所示。

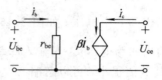

图 2.17　简化的 h 参数等效模型

r_{be} 由基区体电阻 $r_{bb'}$、发射结电阻 $r_{b'e'}$ 和发射区电阻 r_e 构成，其中发射区电阻 r_e 可以忽略。结合 PN 结电流方程分析可知

$$r_{be} \approx r_{bb'} + (1+\beta)\frac{U_T}{I_{EQ}} \quad \text{或者} \quad r_{be} \approx r_{bb'} + \beta\frac{U_T}{I_{CQ}} \tag{2.15}$$

室温下，$U_T = 26$ mV。

h 参数等效模型只适用于信号比较小、频率较低且工作区域线性度比较好的情况下，故也称之为晶体管的低频小信号模型。

4. 基本共射放大电路的动态分析

对放大电路的分析应遵循"先静态，后动态"的原则，虽然利用 h 参数等效模型分析的是动态参数，但是由于 r_{be} 与 Q 点紧密相关，因而使动态参数与 Q 点紧密相关；只有 Q 点合适，动态分析才有意义。

利用 h 参数等效模型对放大电路进行动态分析，必须首先画出电路的交流通路，然后利用图 2.17 所示的晶体管 h 参数等效模型代替晶体管，即可得到放大电路的交流等效电路。图 2.2 所示的基本共射放大电路的交流等效电路如图 2.18 所示，下面利用该模型对其动态参数进行分析。

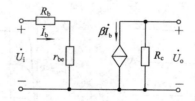

图 2.18　基本共射放大电路交流等效电路

1）电压放大倍数 $\dot{A}_u$

根据电压放大倍数的定义可得

$$\dot{A}_u = \frac{\dot{U}_o}{\dot{U}_i} = -\frac{\dot{I}_c R_c}{\dot{I}_b(R_b + r_{be})} = -\frac{\beta R_c}{R_b + r_{be}} \tag{2.16}$$

2）输入电阻 R_i

输入电阻是从放大电路输入端看进去的等效电阻，不包括信号源内阻。其表达式为

$$R_i = \frac{U_i}{I_i} = \frac{I_b(R_b + r_{be})}{I_b} = R_b + r_{be} \tag{2.17}$$

3）输出电阻 R_o

输出电阻是从放大电路输出端看进去的等效电阻，不包括负载电阻。

在分析放大电路输出电阻时，可令信号源电压为零，保留其内阻；去掉负载电阻，在输出端加一正弦波信号 U_o，则将产生一动态电流 I_o，有

$$R_o = \left. \frac{U_o}{I_o} \right|_{U_s = 0} \tag{2.18}$$

在图 2.18 的交流等效电路中，$U_s = 0$ 时，$\dot{I}_b = 0$，所以 $\dot{I}_c = 0$，则有

$$R_o = \frac{U_o}{I_o} = \frac{U_o}{U_o / R_c} = R_c \tag{2.19}$$

5. 图解法和微变等效电路法的应用范围

图解法和微变等效电路法是分析放大电路的两种基本方法，这两种方法是互相联系、互相补充的。根据信号的特点，其使用范围可以归纳如下：

（1）用图解法或近似估算方法可定出静态工作点。

（2）当输入电压幅度较小或晶体管基本上在线性范围内工作时，特别是放大电路比较复杂时，可用微变等效电路模型来分析。

（3）当输入电压幅度较大，晶体管的工作点延伸到特性曲线的非线性部分时，就需要采用图解法分析。

2.4　静态工作点的稳定

通过前面的分析可知，静态工作点是放大电路能正常放大的前提。静态工作点的变化对动态参数影响很大，甚至会使电路无法正常工作。在实际应用中，影响静态工作点的因素很多，如温度的变化、元件的老化、电源电压的变化和晶体管的更换等。其中以温度变化的影响最为显著，因为晶体管是一个温度敏感器件。

2.4.1　温度对静态工作点的影响

在 1.4.4 节中曾讨论过，温度的变化对晶体管的电流放大系数 β、反向电流 I_{CBO}、穿透电流 I_{CEO}、发射结正向压降 U_{BE} 都会产生影响，这些参数的变化对静态工作点的稳定都会产生不利影响。如图 2.19 所示，当温度升高（降低）后，静态工作点将沿着直流负载线上移（下移）并靠近饱和区（截止区）。因此在这时，要想保证静态工作点不变化，就必须适当减小（增大）基极静态电流 I_{BQ}。

静态工作点的稳定方法主要有两种：引入温度补偿和直流负反馈，以使基极电流 I_{BQ} 在温度变化时产生与集电极电流 I_{CQ} 相反的变化。

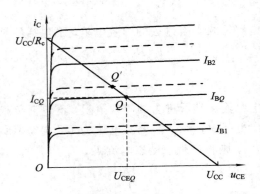

图 2.19　晶体管在不同环境下的输出特性曲线

2.4.2　温度补偿式静态工作点稳定电路

温度补偿式静态工作点稳定电路通常采用对温度敏感的元件(二极管、热敏电阻等)补偿温度对晶体管集电极电流的影响。典型电路如图 2.20 所示。

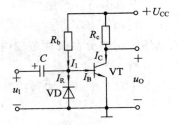

图 2.20　利用二极管的反向特性进行温度补偿

如果 $U_{CC} \gg U_{BEQ}$，则流过电阻 R_b 的电流 I_1 基本不变，基极电流 $I_{BQ} = I_1 - I_R$。从第 1 章的讨论可知，温度升高将导致二极管的反向漏电流 I_R 增大。因此基极电流 I_{BQ} 将减小，从而导致集电极电流 I_{CQ} 减小。如果温度升高而导致的 I_C 增加的部分，等于由于 I_B 减小而导致 I_C 减小的部分，则静态工作点稳定。

2.4.3　分压偏置式静态工作点稳定电路

1. 静态工作点的稳定方式

该类型静态工作点稳定电路的典型电路如图 2.21 所示。

在该类型的电路中，常常选择电路元件的参数使得 $I_1 \gg I_{BQ}$(一般来说，如果参数 $X>(5\sim7)Y$，则表明 $X \gg Y$)，则 $I_1 \approx I_2$。因此，B 点电位

$$V_{BQ} \approx \frac{R_{b1}}{R_{b1}+R_{b2}}U_{CC} \tag{2.20}$$

上式表明，基极电位几乎仅仅取决于 R_{b1} 和 R_{b2} 对 U_{CC} 的分压，而与温度无关，即温度变化时，V_{BQ} 不变。(注：V_{BQ} 在数值上与 U_{BQ} 相同，可互代。)

下面来分析该电路稳定静态工作点的方式。当温度升高(温度降低时，可做类似的分析)时，集电极电流 I_C 增大，则发射极电流 I_E 必然增大，射极电位 $U_E = I_E R_e$ 必然增大。由

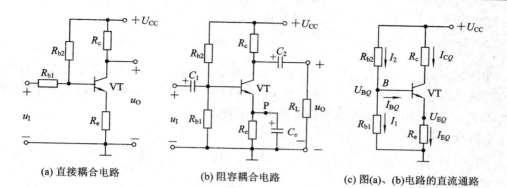

(a) 直接耦合电路   (b) 阻容耦合电路   (c) 图(a)、(b)电路的直流通路

图 2.21 静态工作点稳定电路

于基极电位 V_{BQ} 不变，则发射结压降 $U_{BE}=U_B-U_E$ 必然减小，因此基极电流 I_B 减小，从而导致集电极电流 I_C 减小。这样，由于温度升高而导致的 I_C 增加的部分，几乎全被由于 I_B 减小而使 I_C 减小的部分所抵消，保证了静态工作点的稳定。

在这个过程中，射极电阻 R_e 起到了重要的作用：将输出回路电流 I_C 的变化，通过在电阻 R_e 上产生电压变化来影响 U_{BE}，使输入回路中的基极电流 I_B 产生相反的变化。这种把输出量通过一定的方式引回到输入端从而影响输入量的措施称为反馈；反馈的结果使得输入量减小的情况称为负反馈；在直流通路中的负反馈称为直流负反馈。R_e 称为反馈电阻。图 2.21 所示的电路也称为分压式电流负反馈静态工作点稳定电路。

从理论上讲，R_e 越大，反馈越强，静态工作点越稳定。实际上，对于一定的集电极电流 I_C，由于 U_{CC} 的限制，R_e 太大会使晶体管进入饱和区，电路将不能正常工作。

2. 静态工作点的估算

对于图 2.21(c)所示的直流通路，由于 B 点电位满足式(2.20)且为已知量，U_{BEQ} 为已知量，因此射极电流为

$$I_{EQ} = \frac{U_{BQ} - U_{BEQ}}{R_e} \qquad (2.21)$$

由于 $I_{CQ} \approx I_{EQ}$，则有

$$U_{CEQ} \approx U_{CC} - I_{EQ}(R_c + R_e) \qquad (2.22)$$

基极电流为

$$I_{BQ} = \frac{I_{EQ}}{1 + \beta} \qquad (2.23)$$

3. 动态参数的估算

图 2.21(b)的交流等效电路如图 2.22(a)所示。根据定义可知
电压放大倍数为

$$\dot{A}_u = \frac{\dot{U}_o}{\dot{U}_i} = \frac{\dot{U}_o}{\dot{U}_{r_{be}}} = -\frac{\dot{I}_c(R_c \parallel R_L)}{\dot{I}_b r_{be}} = -\frac{\beta(R_c \parallel R_L)}{r_{be}} \qquad (2.24)$$

输入电阻为

$$R_i = \frac{\dot{U}_i}{\dot{I}_i} = \frac{\dot{U}_i}{\dot{I}_{R_{b1}} + \dot{I}_{R_{b2}} + \dot{I}_b} = \frac{\dot{U}_i}{\frac{\dot{U}_i}{R_{b1}} + \frac{\dot{U}_i}{R_{b2}} + \frac{\dot{U}_i}{r_{be}}} = R_{b1} \parallel R_{b2} \parallel r_{be} \qquad (2.25)$$

输出电阻为

$$R_{\mathrm{o}} = \frac{\dot{U}_{\mathrm{o}}}{\dot{I}_{\mathrm{o}}} = R_{\mathrm{c}} \qquad (2.26)$$

在图 2.21(b)中，射极电容 C_{e} 容量很大，为旁路电容，对于交流信号可视为短路。如果没有该旁路电容，则从图 2.21 可以看出，对静态工作点没有影响，但是交流等效电路则变为图 2.22(b)所示。动态参数根据定义可以求得：

电压放大倍数为

$$\dot{A}_u = \frac{\dot{U}_{\mathrm{o}}}{\dot{U}_{\mathrm{i}}} = \frac{\dot{U}_{\mathrm{o}}}{\dot{U}_{r_{\mathrm{be}}} + \dot{U}_{R_{\mathrm{e}}}} = -\frac{\dot{I}_{\mathrm{c}}(R_{\mathrm{c}} /\!/ R_{\mathrm{L}})}{\dot{I}_{\mathrm{b}} r_{\mathrm{be}} + \dot{I}_{\mathrm{e}} R_{\mathrm{e}}} = -\frac{\beta(R_{\mathrm{c}} /\!/ R_{\mathrm{L}})}{r_{\mathrm{be}} + (1+\beta)R_{\mathrm{e}}} \qquad (2.27)$$

输入电阻为

$$R_{\mathrm{i}} = \frac{\dot{U}_{\mathrm{i}}}{\dot{I}_{\mathrm{i}}} = \frac{\dot{U}_{\mathrm{i}}}{\dot{I}_{R_{\mathrm{b1}}} + \dot{I}_{R_{\mathrm{b2}}} + \dot{I}_{\mathrm{r}}} = \frac{\dot{U}_{\mathrm{i}}}{\dfrac{\dot{U}_{\mathrm{i}}}{R_{\mathrm{b1}}} + \dfrac{\dot{U}_{\mathrm{i}}}{R_{\mathrm{b2}}} + \dfrac{\dot{U}_{\mathrm{i}}}{\dfrac{\dot{I}_{\mathrm{b}} r_{\mathrm{be}} + \dot{I}_{\mathrm{e}} R_{\mathrm{e}}}{\dot{I}_{\mathrm{b}}}}}$$

$$= R_{\mathrm{b1}} /\!/ R_{\mathrm{b2}} /\!/ \left[r_{\mathrm{be}} + (1+\beta)R_{\mathrm{e}} \right] \qquad (2.28)$$

其中 I_{r} 为输入端电流流经 r_{be} 和 R_{e} 的等效电流。

输出电阻为

$$R_{\mathrm{o}} = \frac{\dot{U}_{\mathrm{o}}}{\dot{I}_{\mathrm{o}}} = R_{\mathrm{c}} \qquad (2.29)$$

从上面的计算分析中可以看出，R_{e} 的引入使得电路的温度稳定性增强，但是也使得电压放大倍数的绝对值减小，输入电阻增大；当无 C_{e} 时，电路的电压放大能力很差，因此在使用电路时常常将 R_{e} 分为两部分，只将其中一部分接旁路电容。

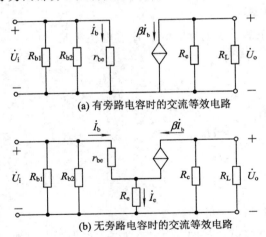

(a) 有旁路电容时的交流等效电路

(b) 无旁路电容时的交流等效电路

图 2.22　阻容耦合 Q 点稳定电路的交流等效电路

【例 2.3】　在图 2.23(a)所示的电路中，已知晶体管的 $\beta = 60$，$r_{\mathrm{bb'}} = 100\ \Omega$。

(1) 估算静态工作点 Q；

(2) 求解动态参数 $\dot{A}_u$、R_{i}、R_{o}；

(3) 设 $\dot{U}_{\mathrm{S}} = 10\ \mathrm{mV}$(有效值)，求 $\dot{U}_{\mathrm{i}}$、$\dot{U}_{\mathrm{o}}$；

(4) 若 C_3 开路，$\dot{U}_{\mathrm{S}} = 10\ \mathrm{mV}$(有效值)，求 $\dot{U}_{\mathrm{i}}$、$\dot{U}_{\mathrm{o}}$。

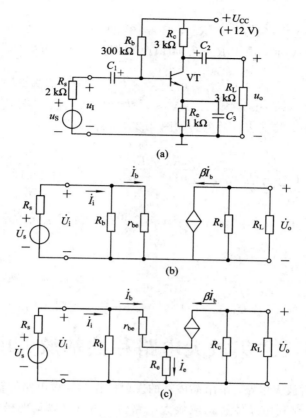

图 2.23　例 2.3 图

解

(1) 直流通路由 R_b、R_c、R_e、VT 及 U_{CC} 组成。在输入回路有

$$U_{CC} = I_{BQ}R_b + U_{BEQ} + I_{EQ}R_e = I_{BQ}[R_b + (1+\beta)R_e] + U_{BEQ}$$

因此，有

$$I_{BQ} = \frac{U_{CC} - U_{BEQ}}{R_b + (1+\beta)R_e} = \frac{(12 - 0.7)\text{V}}{(300 + 61 \times 1)\text{k}\Omega} \approx 0.031 \text{ mA}$$

$$I_{CQ} = \beta I_{BQ} = 60 \times 0.031 \text{ mA} = 1.86 \text{ mA}$$

$$U_{CEQ} = U_{CC} - I_{EQ}R_e - I_{CQ}R_c \approx U_{CC} - I_{CQ}(R_e + R_c)$$

$$= [12 - 1.86 \times (3+1)]\text{V} = 4.56 \text{ V}$$

(2) 画出该电路的交流等效电路，如图 2.23(b)所示。则

$$r_{be} \approx r_{bb'} + \beta \frac{U_T}{I_{CQ}} = \left[100 + 60 \times \frac{26}{1.86}\right]\Omega \approx 0.94 \text{ k}\Omega$$

$$\dot{A}_u = \frac{\dot{U}_o}{\dot{U}_i} = \frac{\dot{U}_o}{\dot{U}_{r_{be}}} = -\frac{\beta(R_c \ /\!/ \ R_L)}{r_{be}} = -\frac{60 \times \dfrac{3 \times 3}{3+3}}{0.94} \approx -95.7$$

输入电阻为

$$R_i = \frac{U_i}{I_i} = \frac{U_i}{I_b + I_{R_b}} = \frac{U_i}{\dfrac{U_i}{r_{be}} + \dfrac{U_i}{R_b}} = R_b \ /\!/ \ r_{be} = \frac{300 \times 0.94}{300 + 0.94} \approx 0.94 \text{ k}\Omega$$

输出电阻为

$$R_o = R_c = 3 \text{ k}\Omega$$

（3）当 $\dot{U}_s = 10 \text{ mV}$ 时，由于 $R_i \approx 0.94 \text{ k}\Omega$，根据分压公式可得

$$\dot{U}_i = \frac{R_i}{R_i + R_s}\dot{U}_s = \frac{0.94}{0.94 + 2} \times 10 \text{ mV} \approx 3.2 \text{ mV}$$

$$\dot{U}_o = \dot{A}_u\dot{U}_i \approx -95.7 \times 3.2 \text{ mV} \approx -306.2 \text{ mV}（注：负号代表反相）$$

（4）当 C_3 开路时，其交流等效电路如图 2.23(c) 所示，则

$$\dot{A}_u = \frac{\dot{U}_o}{\dot{U}_i} = \frac{\dot{U}_o}{\dot{U}_{r_{be}} + \dot{U}_{R_e}} = -\frac{\beta(R_c // R_L)}{r_{be} + (1+\beta)R_e} = -\frac{60 \times \frac{3 \times 3}{3+3}}{0.94 + 61 \times 1} \approx -1.45$$

此时，输入电阻为

$$R_i = R_b // [r_{be} + (1+\beta)R_e] = \frac{300 \times 61.94}{300 + 61.94} \approx 51.34 \text{ k}\Omega$$

于是

$$\dot{U}_i = \frac{R_i}{R_i + R_s}\dot{U}_s = \frac{51.34}{51.34 + 2} \times 10 \text{ mV} \approx 9.63 \text{ mV}$$

$$\dot{U}_o = \dot{A}_u\dot{U}_i \approx -1.45 \times 9.63 \text{ mV} \approx -13.96 \text{ mV}$$

2.5　共集放大电路和共基放大电路

　　前面所述的共射放大电路，是以晶体管的发射极作为放大电路的输入回路和输出回路的公共端。实际上，在利用晶体管构成放大电路时，还可以以集电极和基极作为公共端，分别构成共集放大电路和共基放大电路。它们的组成原则和分析方法与共射放大电路完全相同，但动态参数具有不同的特点。

2.5.1　共集放大电路

　　基本共集放大电路如图 2.24(a) 所示，除了信号从发射极输出外，电路的组成与图 2.2 所示的基本共射放大电路类似。下面分别对电路的静态和动态参数进行分析。

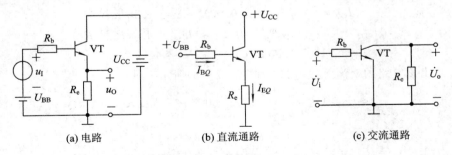

(a) 电路　　　　　　　(b) 直流通路　　　　　　　(c) 交流通路

图 2.24　基本共集放大电路

1. 静态分析

　　对电路进行静态分析必须首先画出其直流通路，如图 2.24(b) 所示。根据电流的流向可以得到如下两个方程

$$\begin{cases} U_{BB} = I_{BQ}R_b + U_{BEQ} + I_{EQ}R_e \\ U_{CC} = U_{CEQ} + I_{EQ}R_e \end{cases} \tag{2.30}$$

由于 U_{BEQ} 已知，因此可以求得其他三个静态参数为

$$\begin{cases} I_{BQ} = \dfrac{U_{BB} - U_{BEQ}}{R_b + (1+\beta)R_e} \\ I_{EQ} = (1+\beta)I_{BQ} \\ U_{CEQ} = U_{CC} - I_{EQ}R_e \end{cases} \tag{2.31}$$

2. 动态分析

将图 2.24(c) 中的晶体管用其 h 参数等效模型来代替，即得到其交流等效电路，如图 2.25 所示。根据定义可得：

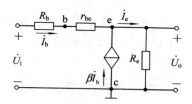

图 2.25　基本共集放大电路的交流等效电路

电压放大倍数为

$$\dot{A}_u = \frac{\dot{U}_o}{\dot{U}_i} = \frac{\dot{I}_e R_e}{\dot{I}_b(R_b + r_{be}) + \dot{I}_e R_e} = \frac{(1+\beta)R_e}{r_{be} + (1+\beta)R_e} \tag{2.32}$$

式 (2.32) 表明，共集放大电路的电压放大倍数大于 0 且小于 1；当 $r_{be} \ll (1+\beta)R_e$ 时，$\dot{A}_u \approx 1$，即 $\dot{U}_o \approx \dot{U}_i$，因此共集放大电路也被称为射极跟随器。共集放大电路的输入电流为 I_b，其输出电流为 I_e，因此仍具有电流放大的作用。

输入电阻为

$$R_i = \frac{\dot{U}_i}{\dot{I}_i} = \frac{\dot{I}_b(R_b + r_{be}) + \dot{I}_e R_e}{\dot{I}_b} = R_b + r_{be} + (1+\beta)R_e \tag{2.33}$$

可见，共集放大电路的输入电阻远大于共射放大电路的。

根据图 2.26 和式 (2.18) 输出电阻的求法，可令输入信号为 0，输出端加一动态信号 U_o，则将产生一个电流 I_o，如图 2.26 所示。电流 I_o 由两部分构成：一部分是 U_o 在 R_e 上产生的电流 I_{Re}，另一部分是 U_o 在晶体管的基极回路产生的电流 I_b 所导致的射极电流 I_e。因此，输出电阻为

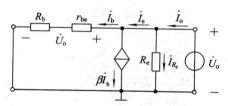

图 2.26　共集放大电路的输出电阻

$$R_o = \frac{\dot{U}_o}{\dot{I}_o} = \frac{U_o}{I_e + I_{Re}} = \frac{U_o}{(1+\beta)\dfrac{U_o}{R_b + r_{be}} + \dfrac{U_o}{R_e}} = \frac{1}{(1+\beta)\dfrac{1}{R_b + r_{be}} + \dfrac{1}{R_e}} = R_e \mathbin{/\mkern-5mu/} \frac{R_b + r_{be}}{1+\beta}$$

(2.34)

通常情况下，R_e 取值很小，R_b 等效到射极回路后也需要减小到原来的 $1/(1+\beta)$，因此共集放大电路的输出电阻较小，可以小到几十欧。

因为共集放大电路输入电阻大、输出电阻小，因而从信号源索取的电流小而且带负载能力强，所以常用于多级放大电路的输入级和输出级；也可用它连接两电路，减少电路间直接相连所带来的影响，起缓冲作用。

2.5.2 共基放大电路

基本共集放大电路如图 2.27(a)所示，除了信号从发射极输出外，电路的组成与图 2.2 所示的基本共射放大电路类似。下面分别对电路的静态和动态参数进行分析。

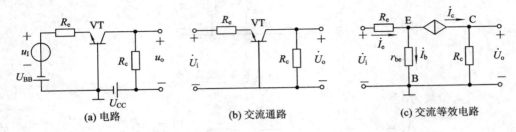

图 2.27 基本共基放大电路

1. 静态分析

对电路进行静态分析必须首先画出其直流通路，图 2.27(a)所示的电路中令 $u_1=0$ 即为其直流通路。根据电流的流向可以得到如下两个方程：

$$\begin{cases} U_{BB} = U_{BEQ} + I_{EQ}R_e \\ U_{CC} = U_{CBQ} + I_{CQ}R_c \approx U_{CBQ} + I_{EQ}R_c \end{cases}$$

(2.35)

由于 $U_{CBQ}=U_{CQ}-U_{BQ}=U_{CQ}-U_{EQ}+U_{EQ}-U_{BQ}=U_{CEQ}-U_{BEQ}$，联立 $I_{CQ}=\beta I_{BQ}$，可得静态工作点如下：

$$\begin{cases} I_{EQ} = \dfrac{U_{BB}-U_{BEQ}}{R_e} \\ I_{BQ} = \dfrac{I_{EQ}}{1+\beta} \\ U_{CEQ} = U_{CC} - I_{CQ}R_c + U_{BEQ} \end{cases}$$

(2.36)

2. 动态分析

将 U_{BB} 和 U_{CC} 短路，即得基本共基放大电路的交流通路，如图 2.27(b)所示。将图中的晶体管用其 h 参数等效模型来代替，即得到其交流等效电路，如图 2.27(c)所示。根据定义可得：

电压放大倍数为

$$\dot{A}_u = \frac{\dot{U}_o}{\dot{U}_i} = \frac{\dot{I}_c R_c}{\dot{I}_e R_e + \dot{I}_b r_{be}} = \frac{\beta R_c}{r_{be} + (1+\beta)R_e} \tag{2.37}$$

输入电阻为

$$R_i = \frac{\dot{U}_i}{\dot{I}_i} = \frac{\dot{I}_b r_{be} + \dot{I}_e R_e}{\dot{I}_e} = \frac{r_{be}}{1+\beta} + R_e \tag{2.38}$$

输出电阻为

$$R_o = \frac{\dot{U}_o}{\dot{I}_o} = \frac{U_o}{I_e + I_{Re}} = \frac{I_c R_c}{I_c} = R_c \tag{2.39}$$

共基放大电路的输入电流为 i_E，输出电流为 i_C，因此无电流放大能力，但有电压放大能力；其输出电压与输入电压同相；频带最宽，常用于无线电通信等方面。

2.5.3　放大电路三种接法的比较

将放大电路的三种接法进行比较，列于表 2.1。

表 2.1　放大电路三种接法的比较

	共射	共集	共基
电压放大	能	否	能
电流放大	能	能	否
功率放大	能	能	能
输入电阻	中	大	小
输出电阻	大	小	大
输出电压与输入电压相位	反相	同相	同相
用途	低频电压放大电路	电压放大电路的输入级和输出级	宽频带放大电路

上述三种接法的特点和应用可以归纳如下：

（1）共射电路同时具有电压放大倍数和电流放大倍数，输入电阻和输出电阻适中，一般对输入电阻、输出电阻和频率响应没有特殊要求的地方，均常采用共射电路。故此，共射电路被广泛应用到低频电压放大电路中。

（2）共集电路是电压跟随，输入电阻很高、输出电阻很低。基于这些特点，共集电路常用作多级放大电路输入级、输出级或隔离用的中间级。

（3）共基电路的特点在于它具有很低的输入电阻，使晶体管结电容的影响不显著。所以频率响应改善很大，常常用于宽带放大器中，并且由于输出电阻高，共基电路也可以作为恒流源。

本 章 小 结

（1）放大电路是最基本、最常用的模拟电子电路，组成放大电路的基本原则是：外加电源的极性应使晶体管的发射结正偏，集电结反偏，保证晶体管工作在放大区。

（2）图解法和微变等效电路法是放大电路的两种基本分析方法。用图解法分析放大电路时，要分别画出晶体管的输入和输出特性曲线，然后利用输入输出直流负载线，以确定静态工作点；同时也可以用图解法分析静态工作点的合理性及估算最大不失真输出幅度，以及分析电路参数对静态工作点的影响。微变等效电路法主要用于分析放大电路的动态情况，用简化的 h 参数等效电路代替晶体管画出放大电路其他部分的交流通路，即可得到等效电路，它适用于解任何简单或复杂的放大电路。

（3）晶体管是一种温度敏感器件，温度变化会影响三极管各种参数，使放大电路的静态工作不稳定。常用分压式稳定电路实际是采用负反馈的原理，来保持静态工作点基本不变。

（4）晶体管基本放大电路有三种接法，即共射接法、共集接法和共集接法。

习题与思考题

2.1　已知习题2.1图示电路中晶体管的 $\beta=100$，要求电路有尽可能大的线性工作范围。

（1）当 $R_b=1\ \text{M}\Omega$ 时，R_c 应选 _____。

A. 1 kΩ　　　　　B. 5.1 kΩ

C. 10 kΩ　　　　　D. 100 kΩ

（2）当 $R_c=2\ \text{k}\Omega$ 时，R_b 应选 _____。

A. 100 kΩ　　　　　B. 200 kΩ

C. 390 kΩ　　　　　D. 1 MΩ

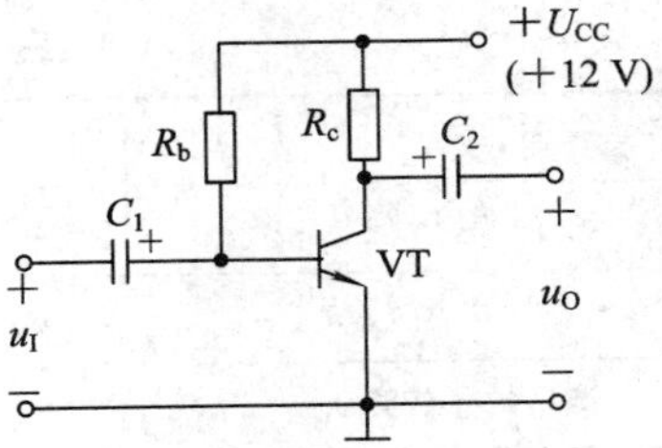

习题2.1图

2.2　放大电路中的静态分量是指 _____，动态分量是指 _____。

A. 直流电源所提供的电压、电流

B. 电压、电流中不随输入信号变化的部分

C. 电压、电流中随输入信号变化的部分

D. 正弦交流输入、输出信号

2.3　某单管放大电路在负载开路情况下，输入端接 1 kHz、50 mV 正弦信号，测得输出电压为 2 V（有效值）。当一个阻抗为 8 Ω、额定功率为 1 W 的扬声器接至输出端，扬声器获得的电功率为 _____。

A. 1 W　　　　B. 0.5 W　　　　C. 0.25 W　　　　D. 小于 0.25 W

2.4　设习题2.4图示电路加有正弦输入电压，当 R_b 逐渐减小时，输出电压的底部开始出现削平失真，说明该放大电路使用的是 _____（A. NPN，B. PNP）型晶体管。若此时保持 R_b 不变，则 _____（A. 增大，B. 减小）R_c 可使失真减小。

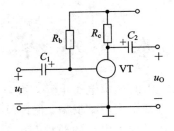

习题2.4图

2.5　在习题 2.8 图示电路中，当输入电压为 1 kHz，5 mV 的正弦波时，输出电压波形出现底部削平失真。

(1) 这种失真是_____(A. 截止失真，B. 饱和失真，C. 交越失真，D. 频率失真)。

(2) 为了消除失真，应_____(A. 减小 R_c，B. 减小 R_b，C. 增大 R_b，D. 减小 U_{CC}，E. 换用 β 小的管子)。

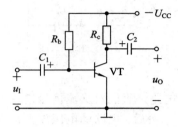

习题 2.5 图

2.6　放大电路如习题 2.6 图所示。分析下列情况下电路参数的变化(用下面的选项填空)。

(1) R_L 变成 10 kΩ，则电压放大倍数 $|\dot{A}_u|$ _____;

(2) R_c 变成 10 kΩ，则电压放大倍数 $|\dot{A}_u|$ _____;

(3) R_{e1} 变成 2 kΩ，R_{e2} 变成 300 Ω，则静态电流 I_{CQ} _____，晶体管的 r_{be} _____，电路的输入电阻 R_i _____，电压放大倍数 $|\dot{A}_u|$ _____。

A. 增大　　　　B. 减小　　　C. 不变　　　D. 因不能正常放大而无意义

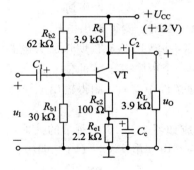

习题 2.6 图

2.7　h 参数模型可以用于求解直流放大器的电压放大倍数，也可用于求解直流静态工作点。(　　)

2.8　放大电路如习题 2.8 图所示，设电容的容量足够大。试判断下面关于 R_e 对放大倍数 $\dot{A}_u$ 和输入电阻 R_i 影响的说法是否正确。

(1) 当 R_e 增大时，负反馈增强，因此 $|\dot{A}_u|$ 减小，R_i 增大。(　　)

(2) 因为有 C_e 的旁路作用，所以 R_e 变化对 $|\dot{A}_u|$、R_i 无影响。(　　)

(3) 当 R_e 增大时，I_{CQ} 则减小，因此 $|\dot{A}_u|$ 减小，R_i 增大。

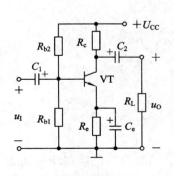

习题 2.8 图

( )

2.9 将习题 2.9 图中各电路错误的电源极性改正，使晶体管能工作在线性放大区。

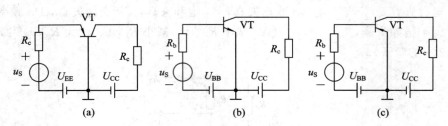

习题 2.9 图

2.10 判断习题 2.10 图示电路是否能对交流信号进行不失真的放大。如不能，则修改之，修改中要求不增减元器件，修改后，电路的电压放大倍数绝对值要大于 1，且输出电压中无直流成分。

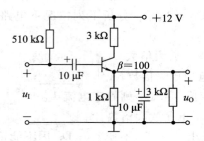

习题 2.10 图

2.11 某放大电路在负载开路时，测得输出电压为 5 V，在输入电压不变的情况下接入 3 kΩ 的负载电阻，输出电压下降到 3 V，说明该放大电路的输出电阻为_____。

2.12 某放大电路当接入一个内阻等于零的信号源电压时，测得输出电压为 5 V，当信号源内阻增大到 1 kΩ，其他条件不变时，测得输出电压为 4 V，说明该放大电路的输入电阻为_____。

2.13 用一个 NPN 管组成如习题 2.13 图所示的共射放大电路，在图中用正确的符号和极性填补管子 VT、电源 U_{CC}、电解电容 C_1、C_2（标明极性）。

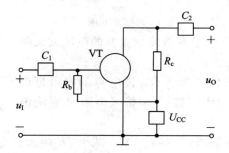

习题 2.13 图

2.14 定性判断习题 2.14 图中哪些电路不具备正常的放大能力，并指出不能放大的理由（从下列给出选项中选择）。

A. U_{CC} 极性不正确　　　　　B. 输入回路偏置不正确　　　　C. 输入信号被短路

D. 输出信号被短路　　　　　　E. 通电后，晶体管将因过流而损坏

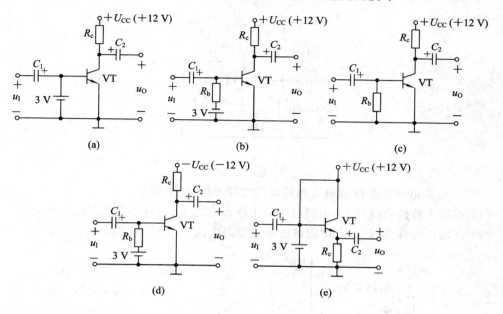

习题 2.14 图

2.15　放大电路及晶体管输出特性如习题 2.15 图所示。按下述不同条件估算静态电流 I_{BQ}（取 $U_{BE} \approx 0.7$ V）并用图解法确定静态工作点 Q（标出 Q 点位置并确定 I_{CQ}、U_{CEQ} 的值）。

（1）$U_{CC} = 12$ V，$R_b = 150$ kΩ，$R_c = 2$ kΩ，求 Q_1。

（2）$U_{CC} = 12$ V，$R_b = 110$ kΩ，$R_c = 2$ kΩ，求 Q_2。

（3）$U_{CC} = 12$ V，$R_b = 150$ kΩ，$R_c = 3$ kΩ，求 Q_3。

（4）$U_{CC} = 8$ V，$R_b = 150$ kΩ，$R_c = 2$ kΩ，求 Q_4。

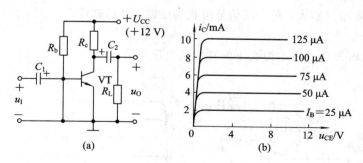

习题 2.15 图

2.16　习题 2.16 图示电路中晶体管的 $\beta = 100$，$U_{BEQ} = 0.7$ V，输入电压产生的正弦基极电流幅值 $I_{bm} = 12$ μA。

（1）为了不至于接近饱和区，希望静态基极电流 I_{BQ} 比 I_{bm} 大 3 μA，试问静态电流 I_{CQ} 应取多大？此时 U_{CEQ} 等于多少？

(2) 估算 R_{b1} 的值。

(3) 如果把 R_c 从 5.1 kΩ 改为 10 kΩ，其他条件不变，电压放大倍数是否可能增大？

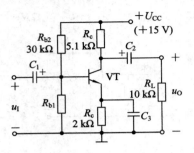

习题 2.16 图

2.17　放大电路及晶体管输入和输出特性如习题 2.17 图所示。

(1) 在输入特性曲线(b)上用图解法确定静态电流 I_{BQ} 和静态电压 U_{BEQ}；

(2) 在输出特性曲线(c)上用图解法确定静态电流 I_{CQ} 和静态电压 U_{CEQ}。

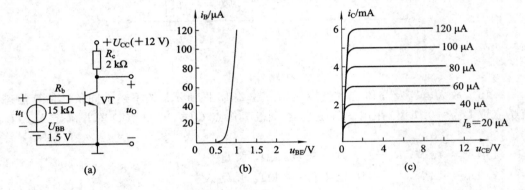

习题 2.17 图

2.18　放大电路和所使用晶体管的输出特性如习题 2.18 图所示，设晶体管的 $U_{BEQ}=0.7$ V，电容的容量足够大，对交流信号可视为短路，并已知静态电流 $I_{CQ}=3$ mA。

(1) 作图求解静态电压 U_{CEQ}。

(2) 作图求解该情况下的最大不失真输出电压幅值。

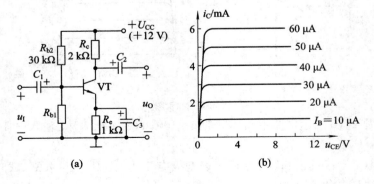

习题 2.18 图

（3）为满足上述工作点要求，R_{b1} 应为多大？

（4）为了获得更大的不失真输出电压，R_{b1} 应增大还是减小？

2.19　某晶体管的输出特性曲线和用该晶体管组成的放大电路及其直流、交流负载线如习题 2.19 图所示。

（1）确定电源电压 U_{CC}、静态电流 I_{CQ}、静态电压 U_{CEQ} 的值。

（2）确定电路参数 R_c、R_e 的值。

（3）若 R_{b1} 上的电流取 $10I_{BQ}$，则估算 R_{b1}、R_{b2} 的值（设 $U_{BEQ}=0.7$ V）。

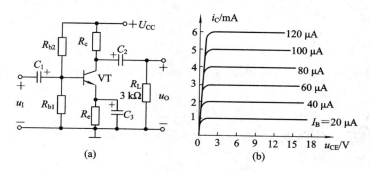

习题 2.19 图

2.20　某硅晶体管的输出特性曲线和用该晶体管组成的放大电路及其交流负载线、静态工作点 Q 如习题 2.20 图所示。

（1）画出直流负载线。

（2）该电路的电源电压为多少伏？R_{b1} 应取多大（设 $U_{BEQ}=0.7$ V）？

（3）在给定的静态工作点下，最大不失真输出电压幅值是多少？

（4）为获得更大的不失真输出电压，R_{b1} 应增大还是减小？

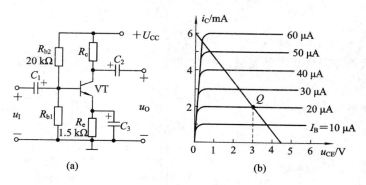

习题 2.20 图

2.21　放大电路和所使用的晶体管的输出特性如习题 2.21 图所示，晶体管的 $U_{BEQ}=0.6$ V，电容的容抗可忽略不计。

（1）在图上画出直流负载线，并标出静态工作点 Q，确定 I_{BQ}、I_{CQ}、U_{CEQ} 的值。

（2）画出交流负载线。

（3）当 $i_B=I_{BQ}+40\sin\omega t$（μA）时，作图求解输出电压 u_o 的幅值。

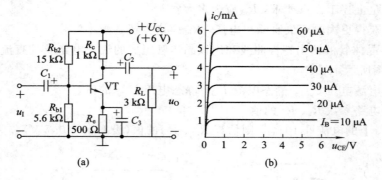

习题 2.21 图

2.22 放大电路如习题 2.22 图所示,已知该电路的静态工作点位于输出特性曲线的 Q 点处。

(1) 确定 R_c 和 R_b 的值(设 $U_{BEQ}=0.7$ V)。

(2)为了把静态工作点从 Q 点移到 Q_1 点,应调整哪些电阻?调为多大?若静态工作点移到 Q_2 点,又应如何调整?

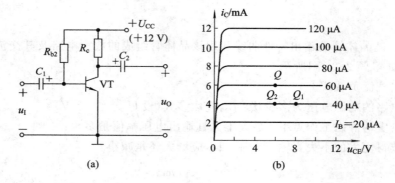

习题 2.22 图

2.23 放大电路及所用晶体管输出特性如习题 2.23 图所示,设 $U_{BEQ}=0.6$ V,$U_{CES}\approx 0.3$ V,电容的容抗可忽略不计。

(1) 估算静态时的 I_{EQ}。

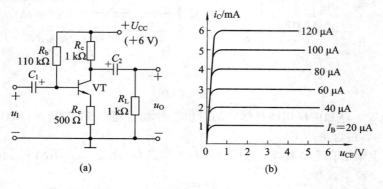

习题 2.23 图

（2）用图解法确定静态时的 I_{CQ} 和 U_{CEQ}。

（3）画出交流负载线。

（4）确定此时的最大不失真输出电压的幅值。

2.24　放大电路和所使用的晶体管的输出特性如习题 2.24 图所示，晶体管的 $U_{BEQ}=0.7\ V$，电容的容抗可忽略不计。

（1）在输出特性图上作图求解静态工作点 Q。

（2）若 $i_B=I_{BQ}+10\ \sin\omega t\ (\mu A)$，画出 i_C 和 u_{CE} 的波形图，并确定输出电压 u_o 的幅值。

（3）判断此电路不失真输出电压有效值是否能达到 1.5 V。

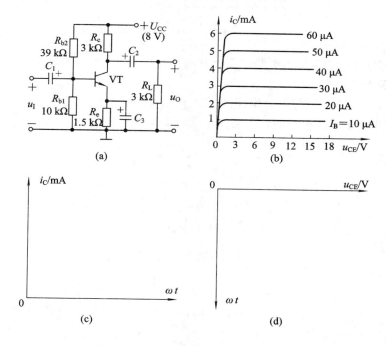

习题 2.24 图

2.25　测量放大电路输入电阻的电路如习题 2.25 图所示。

（1）写出输入电阻 R_i 与电子毫伏表测出的 U_s 和 U_i 值之间的关系式。

（2）说明示波器在该测量过程中的作用。

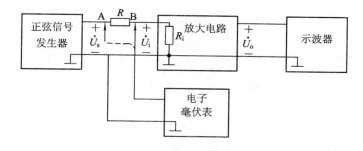

习题 2.25 图

2.26　已知习题 2.26 图示电路中晶体管的 $\beta=100$，$r_{bb'}=200\ \Omega$，$U_{BEQ}=0.7\ V$。

（1）求电路静态时的 I_{BQ}、I_{CQ}、U_{CEQ}。

（2）求电压放大倍数 $\dot{A}_u$、输入电阻 R_i、输出电阻 R_o。

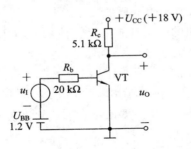

习题 2.26 图

2.27　已知习题 2.27 图示电路中晶体管的 $\beta = 100$，$r_{bb'} = 100\ \Omega$，$U_{BEQ} = 0.7\ \mathrm{V}$。

（1）求电路静态时的 I_{BQ}、I_{CQ}、U_{CEQ}。

（2）画出简化 h 参数交流等效电路图。

（3）求电压放大倍数 $\dot{A}_u$、输入电阻 R_i、输出电阻 R_o。

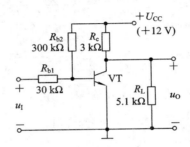

习题 2.27 图

2.28　已知习题 2.28 图示电路中晶体管的 $\beta = 50$，$r_{bb'} = 300\ \Omega$，$U_{BEQ} = 0.7\ \mathrm{V}$，$VD_Z$ 视为理想稳压管，电容的容量足够大，对交流信号可视为短路。

（1）估算静态时的 I_{BQ}、I_{CQ}、U_{CEQ}。

（2）画出简化 h 参数交流等效电路图。

（3）求电路的电压放大倍数 $\dot{A}_u$、输入电阻 R_i、输出电阻 R_o。

（4）如果 VD_Z 接反了，定性分析静态工作点和电路工作状态有什么变化。

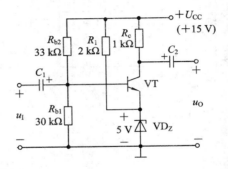

习题 2.28 图

2.29　已知习题 2.29 图示电路中晶体管的 $\beta = 50$，$U_{BEQ} = 0.6$ V。试估算静态电流 I_{BQ}、I_{CQ} 和集电极、发射极对地静态电位 U_{CQ}、U_{EQ}。

2.30　已知习题 2.30 图示电路中晶体管的 $\beta = 120$，$r_{bb'} = 300$ Ω，$U_{BEQ} = 0.7$ V，电容的容量足够大，对交流信号可视为短路。

（1）估算电路在静态时的 I_{BQ}、I_{CQ}、U_{CEQ}。

（2）画出简化 h 参数交流等效电路图。

（3）求电压放大倍数 $\dot{A}_u$、输入电阻 R_i、输出电阻 R_o。

（4）若 C_3 开路，对静态工作点、电压放大倍数、输入电阻、输出电阻有何影响（增大、减小还是不变）？

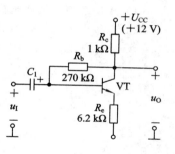

习题 2.29 图

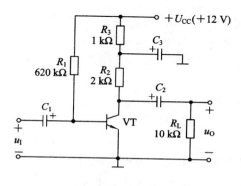

习题 2.30 图

2.31　设习题 2.31 图(a)所示电路中晶体管的饱和电压可忽略不计，U_{CEQ} 调整到 $\dfrac{U_{CC}}{2}$，输入电压为正弦波。试分析由于晶体管输入特性的非线性所引起的输出电压失真波形如图(b)还是图(c)所示。

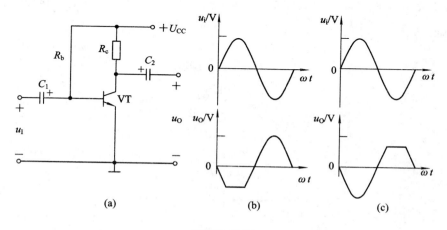

习题 2.31 图

2.32　放大电路如习题 2.32 图所示，当输入正弦信号电压时，输出电压波形出现了顶部削平失真。试问：

(1) 这是饱和失真还是截止失真？

(2) 为减小失真，R_{b2} 应增大还是减小？

(3) R_{b2} 调整后，电压放大倍数 $|\dot{A}_u|$ 将增大还是减小？

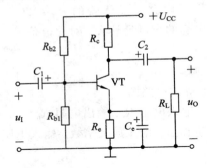

习题 2.32 图

2.33 已知习题 2.33 图示电路中晶体管的 $\beta = 100$，$r_{be} = 3$ kΩ，$U_{BEQ} = 0.7$ V，电容的容量足够大，对交流信号可视为短路。

(1) 估算电路在静态时的 I_{BQ}、I_{CQ}、U_{CEQ}。

(2) 计算电压放大倍数 $\dot{A}_u (\dot{U}_o / \dot{U}_i)$、输入电阻 R_i、输出电阻 R_o。

(3) 如果用一个内阻为 10 kΩ 的交流电压表分别测量 U_i 和 U_o 后计算得 $|\dot{A}_u|$，结果是多少？相对误差为多大？

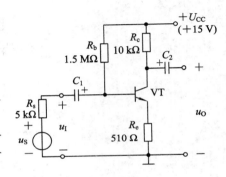

习题 2.33 图

2.34 已知习题 2.34 图示电路中晶体管 $\beta = 100$，$r_{bb'} = 200$ Ω，调整 R_{b2} 使静态电流 $I_{CQ} = 2$ mA，所有电容对交流信号可视为短路。

(1) 求该电路的电压放大倍数 $\dot{A}_u$。

(2) 若 R_e 从 1 kΩ 改为 2 kΩ，其他参数不变，则 $|\dot{A}_u|$ 将发生什么变化（约增大一倍，约减小到原来的 $\frac{1}{2}$，基本不变）？

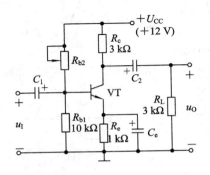

习题 2.34 图

2.35 已知习题 2.35 图示电路中的晶体管 $\beta = 50$，$r_{bb'} = 100$ Ω，调整 R_b 使静态电流 $I_{CQ} = 0.5$ mA，C_1、C_2 对交流信号可视为短路。

（1）求该电路的电压放大倍数 $\dot{A}_u$；

（2）若晶体管改换成 $\beta=100$ 的管子，其他元件（包括 R_b）都不变，$|\dot{A}_u|$ 将发生什么变化（基本不变，约减小到原来的 $\dfrac{1}{2}$，约增大一倍）？

（3）若将晶体管改换成 $\beta=200$ 的管子，情况又如何？

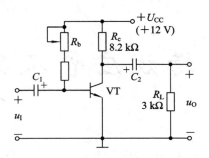

习题 2.35 图

2.36　已知习题 2.36 图示电路中晶体管的 $\beta=120$，$r_{bb'}=200\ \Omega$，$U_{BEQ}=0.7\ V$，电容的容量足够大，对交流信号可视为短路。

（1）估算电路在静态时的 I_{BQ}、I_{CQ}、U_{CEQ}。

（2）画出简化 h 参数交流等效电路图。

（3）求电压放大倍数 $\dot{A}_u(\dot{U}_o/\dot{U}_i)$、输入电阻 R_i、输出电阻 R_o。

2.37　单管放大电路及参数如习题 2.37 图所示。晶体管的 $\beta=150$，$r_{bb'}=100\ \Omega$，$U_{BEQ}=0.7\ V$。电容足够大，对交流信号可视为短路。

（1）估算电路的静态工作点（I_{BQ}、I_{CQ}、U_{CEQ}）。

（2）画出简化 h 参数交流等效模型。

（3）求电路的电压放大倍数、输入电阻和输出电阻。

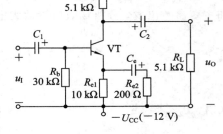

习题 2.36 图

（4）若更换了晶体管，其 $\beta=100$，该电路的静态工作点、电压放大倍数、输入电阻和输出电阻会发生什么变化（增大，减小，基本不变）？

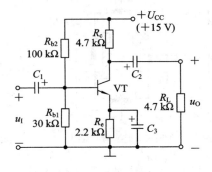

习题 2.37 图

第 3 章

场效应管及其放大电路

　　场效应管(Field Effect Transistor，FET)是利用输入回路的电场控制输出回路的电流的半导体器件。在晶体管中，自由电子和空穴均参与导电；而场效应管中仅靠多子导电。因此晶体管常被称为双极型晶体管，而场效应管被称为单极型晶体管。场效应管从结构和原理上可分为结型和绝缘栅型两大类。本章分别从这两种场效应管的工作原理、特性曲线和主要参数出发，分析场效应管放大电路。

3.1　结型场效应管

3.1.1　概述

　　结型场效应管(Junction Field Effect Transistor，JFET)根据导电沟道的类型可分为 N 沟道管和 P 沟道管两类，下面以 N 沟道管为例介绍结型场效应管。

　　图 3.1(a)所示为 N 沟道结型场效应管的实际结构图，图 3.1(b)为结构示意图，图 3.1(c)和 3.1(d)分别为 N 沟道管和 P 沟道管的符号，图中箭头的指向即为 P 型区到 N 型区的方向。

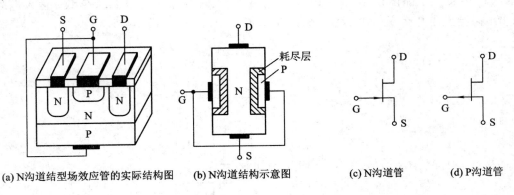

(a) N沟道结型场效应管的实际结构图　　(b) N沟道结构示意图　　　(c) N沟道管　　　　(d) P沟道管

图 3.1　结型场效应管的结构和符号

　　N 沟道结型场效应管是在一块 N 型半导体上制作两个高掺杂的 P 型区，将这两个 P

型区连接在一起并引出电极，为场效应管的栅极 G(Gate)。从 N 型半导体的两端引出两个电极，分别为场效应管的漏极 D(Drain)和源极 S(Source)。在 P 型区和 N 型区的界面处由于多子的复合会形成耗尽层，漏极和源极之间的非耗尽层区域称为导电沟道。

3.1.2 工作原理

场效应管的工作原理是通过外加电场来控制流过导电沟道的电流。从图 3.1(b)中可以看出，如果改变其中的耗尽层宽度，则可以实现对导电沟道的控制。下面说明 N 沟道结型场效应管的工作原理。

（1）$u_{DS}=0$ V 时，改变 u_{GS}。

$u_{DS}=0$ V 意味着漏极与源极之间短路，如图 3.2(a)所示。

当 $u_{GS}=0$ V 时，耗尽层很窄，导电沟道很宽，如图 3.2(a)所示。

当 u_{GS} 从 0 V 开始减小时，耗尽层的内建电场与外加电场同向，耗尽层变宽，导电沟道变窄，如图 3.2(b)所示。

当 u_{GS} 减小到某一定值时，两边耗尽层闭合，导电沟道消失，沟道电阻趋于无穷大，如图 3.2(c)所示。此时的 u_{GS} 称为夹断电压 $U_{GS(off)}$。

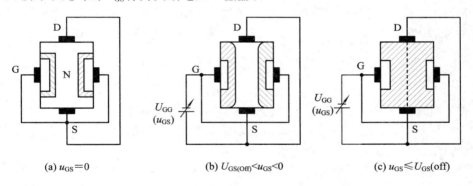

(a) $u_{GS}=0$ (b) $U_{GS(off)}<u_{GS}<0$ (c) $u_{GS}\leqslant U_{GS}(off)$

图 3.2 $u_{DS}=0$ 时 u_{GS} 对导电沟道的控制作用

在上述讨论中，由于 D-S 之间的压降始终为零，因此漏极电流 I_D 也始终为零。

（2）$U_{GS(off)}<u_{GS}<0$ 时，u_{GS} 不变，改变 u_{DS}。

若 $u_{DS}=0$ V，由于 $U_{GS(off)}<u_{GS}<0$，此时耗尽层没有闭合，导电沟道仍然存在，沟道中各点与栅极之间的压降相等，如图 3.2(b)所示。由于 D-S 间无压降，漏极电流 $i_D=0$。

若 $u_{DS}>0$ V，则有电流 i_D 从漏极流向源极，而沟道中各点与栅极之间的压降不再相等。沟道中靠近源极一边与栅极之间的压降，大于沟道中靠近漏极一边与栅极之间的压降。因此，靠近漏极的导电沟道比靠近源极一边的窄，如图 3.3(a)所示。

在 D-S 之间的电压从零开始逐渐增大时，只要导电沟道不出现夹断，沟道电阻只取决于 U_{GS}，漏极电流 i_D 将线性增大。

当 D-S 之间的电压增大到某一定值后，如果满足 $U_{GD}=U_{GS}-U_{DS}=U_{GS(off)}$，则导电沟道靠近漏极的区域将开始出现夹断区，如图 3.3(b)所示，此时称导电沟道被预夹断。

此后，若 D-S 之间的电压继续增大，即 $U_{GD}=U_{GS}-U_{DS}<U_{GS(off)}$，则导电沟道的夹断区将从漏极向源极延伸，如图 3.3(c)所示。此时，自由电子从源极向漏极的定向移动所受

的阻力增大，i_D减小；同时，D-S之间的电压增大必然使得电子所处的电场增强，i_D增大。实际上，上述两种i_D的变化趋势相互抵消，D-S之间的电压增大完全被用来克服夹断区对i_D的阻力，i_D基本不变。i_D基本上只取决于u_{GS}，呈现出恒流的特性。

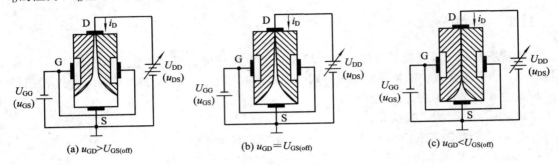

(a) $u_{GD} > U_{GS(off)}$　　(b) $u_{GD} = U_{GS(off)}$　　(c) $u_{GD} < U_{GS(off)}$

图 3.3　$U_{GS(off)} < u_{GS} < 0$ 且 $u_{DS} > 0$

（3）$U_{GD} < U_{GS(off)}$ 时，u_{DS}不变，改变 u_{GS}。

此时，由于 $U_{GD} < U_{GS(off)}$，则导电沟道在靠近漏极的区域出现夹断，如果 u_{DS} 不变，则改变 u_{GS} 可以控制 i_D 的大小，且确定的 u_{GS} 有确定的 i_D。可见，漏极电流受到栅源电压的控制，因此场效应管被称作是电压控制元件。场效应管中用低频跨导 g_m 来描述栅源电压对漏极电流的控制（类似于晶体管中用 β 来描述基极电流对集电极电流的控制作用），其表达式为

$$g_m = \frac{\Delta i_D}{\Delta u_{GS}} \tag{3.1}$$

因此，场效应管中电压对漏极电流的控制作用可归纳如下：

① 当 $U_{GD} > U_{GS(off)}$ 时，导电沟道未出现夹断，改变 u_{GS} 将会改变 D-S 之间的阻值；

② 当 $U_{GD} = U_{GS(off)}$ 时，导电沟道出现预夹断；

③ 当 $U_{GD} < U_{GS(off)}$ 时，导电沟道出现夹断，i_D 仅取决于 u_{GS}，与 u_{DS} 无关。因此可以把 i_D 近似看作 u_{GS} 控制的电流源。

3.1.3　特性曲线

1. 输出特性曲线

当 u_{GS} 为常量时，漏极电流 i_D 与 u_{GS} 之间的函数关系即为输出特性曲线，可表示为

$$i_D = f(u_{DS})|_{U_{GS}=常数} \tag{3.2}$$

由于每一个 U_{GS} 都对应一条曲线，因此输出特性曲线为一组曲线，如图 3.4 所示。

与晶体管的三个工作区域相对应，场效应管也有三个工作区域，分别如下。

（1）可变电阻区（可类比于晶体管的饱和区）：对应于不同的 U_{GS}，产生预夹断需要施加的电压 U_{DS} 不同。在输出特性曲线上将这些点连接起来即构成预夹断轨迹，如图 3.4 所示。预夹断轨迹左边的曲线可近似为具有不同斜率的直线，确定的 U_{GS} 对应确定的直线斜率，斜率的倒数即为漏源之间的等效电阻。由于这个等效电阻的大小可通过改变 U_{GS} 来改变，因此称该区域为可变电阻区。

（2）恒流区（可类比于晶体管的放大区）：在预夹断轨迹的右侧，由于 $U_{GD} < U_{GS(off)}$，导

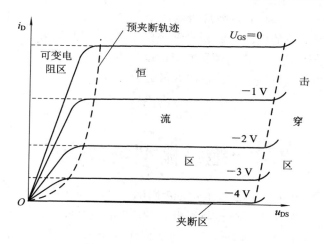

图 3.4　场效应管的输出特性

电沟道出现夹断，i_D 仅取决于 u_{GS}，曲线近似为一组平行于横轴的平行线。因此可将 i_D 近似为 u_{GS} 控制的电流源，故称该区域为恒流区。利用场效应管构成放大电路时，应使其工作在恒流区。

（3）夹断区（可类比于晶体管的截止区）：当 $U_{GS} < U_{GS(off)}$ 时，导电沟道始终被夹断，漏极电流 i_D 近似为零（图中靠近横轴的部分），该区域称为夹断区。一般将使 i_D 等于一个小电流时（如 5 微安）的 u_{GS} 定义为夹断电压 $U_{GS(off)}$。

2. 转移特性

由于输出特性曲线在恒流区时可近似为平行于横轴的一组直线，所以可以用一条曲线代替恒流区的所有曲线。转移特性曲线描述当漏源电压为常量时，漏极电流 i_D 与栅源电压 u_{GS} 之间的函数关系，即

$$i_D = f(u_{GS})\,|_{U_{DS}=常数} \tag{3.3}$$

在输出特性曲线的恒流区中作横轴的垂线，以交点对应的 u_{GS} 与 i_D 分别为横坐标与纵坐标，连接各点所得的曲线就是转移特性曲线，如图 3.5 所示。转移特性曲线与输出特性曲线有严格的对应关系。

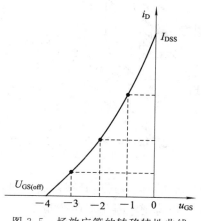

图 3.5　场效应管的转移特性曲线

从转移特性曲线上可以得到场效应管的两个重要参数：① 夹断电压 $U_{GS(off)}$，即转移特性曲线与横轴交点所对应的电压；② 饱和漏极电流 I_{DSS}，即转移特性曲线与纵轴交点所对应的电流，表示 $u_{GS}=0$ 情况下产生预夹断时的漏极电流。

图 3.5 中结型场效应管的转移特性曲线可近似用以下公式表示

$$i_D = I_{DSS}\left(1 + \frac{u_{GS}}{U_{GS(off)}}\right)^2 \quad (U_{GS(off)} < u_{GS} < 0) \tag{3.4}$$

3.2　绝缘栅型场效应管

绝缘栅型场效应管(Insulated Gate Field Effects Transistor，IGFET)是另外一种应用广泛的场控器件，其名称来源于栅极与源极、栅极与漏极之间的 SiO_2 绝缘层。又因为其栅极材料一般为金属铝，该器件的结构从上到下依次为金属、绝缘体、半导体，因此又称之为 MOS(Metal-Oxide-Semiconductor)管。

与结型场效应管类似，根据导电沟道的不同可将其分为 N 沟道和 P 沟道两类，且每种沟道类型的 MOS 管又可分为耗尽型和增强型两种。本节将以 N 沟道 MOS 管为例介绍其结构、工作原理和特性曲线。

3.2.1　N 沟道增强型 MOS 管

1. 结构

N 沟道增强型 MOS 管的结构如图 3.6(a)所示。它以一块低掺杂的 P 型硅片为衬底，在上面制作两个高掺杂的 N 型区并引出两个电极，分别为源极和漏极。在上面再制作一层 SiO_2 绝缘层，绝缘层的上方制作一层金属铝并引出电极，为栅极，一般将衬底与源极连接在一起使用。图 3.6(b)为 N 沟道和 P 沟道增强型 MOS 管的符号，中间虚线表示在没有外加电压的情况下不存在导电沟道，栅极与虚线分开表示栅极与源极、漏极之间存在绝缘层，没有电流流过。

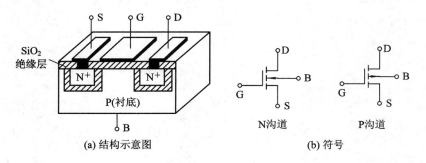

(a) 结构示意图　　　　　　　　　　　(b) 符号

图 3.6　N 沟道增强型 MOS 管结构示意图及符号

2. 工作原理

由于漏极和源极均为高掺杂 N 型区，其与 P 型衬底之间界面处形成耗尽层。在栅源之间不加电压时，漏源之间没有导电沟道，因此不存在漏极电流。

当 $u_{DS}=0$ 且 $u_{GS}>0$ 时，由于 SiO_2 绝缘层的存在，没有电流从栅极流向衬底。由于

$u_{GS}>0$，栅极的金属层将聚集正电荷，这些正电荷将排斥 P 型衬底靠近 SiO$_2$ 一侧的空穴，使之剩下不能移动的负离子区域，即耗尽层，如图 3.7(a)所示。

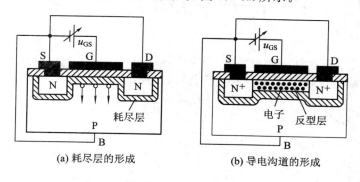

(a) 耗尽层的形成　　　　　　　(b) 导电沟道的形成

图 3.7　$u_{DS}=0$ 时 u_{GS} 对导电沟道的影响

当 u_{GS} 增大时，耗尽层将继续增宽，但是 P 型衬底中的少子(自由电子)将被吸引到耗尽层与绝缘层之间形成一个薄的 N 型层，称为反型层。这个反型层就是 MOS 管的导电沟道，如图 3.7(b)所示。使沟道刚刚形成的栅源电压称为开启电压 $U_{GS(th)}$。u_{GS} 越大，反型层越厚，导电沟道的电阻就越小。

当 u_{GS} 是大于 $U_{GS(th)}$ 的某一个值时，若在漏源之间加上一个正向电压，则将产生一个漏极电流。

(1) 当 u_{DS} 较小时，漏极电流 i_D 随着 u_{GS} 的增大而线性增大，导电沟道沿着源—漏的方向逐渐变窄，如图 3.8(a)所示。

(2) 当 u_{DS} 增大到使 $u_{GD}=U_{GS(th)}$ 时，导电沟道在靠近漏极的一端将出现夹断点，称为预夹断，如图 3.8(b)所示。

(3) 当 u_{DS} 继续增大时，夹断区随之延长，如图 3.8(c)所示。u_{DS} 的增大几乎全部用于克服夹断区对漏极电流的阻力，漏极电流 i_D 随着 u_{DS} 的增大而基本保持不变，管子进入恒流区。此后，对应于一个 u_{GS} 就有一个确定 i_D，此时，可将漏极电流 i_D 视为 u_{GS} 控制的源。

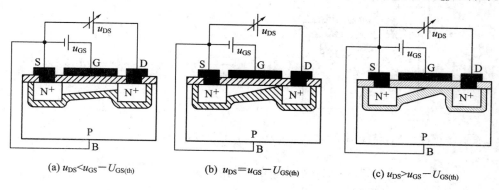

(a) $u_{DS}<u_{GS}-U_{GS(th)}$　　　(b) $u_{DS}=u_{GS}-U_{GS(th)}$　　　(c) $u_{DS}>u_{GS}-U_{GS(th)}$

图 3.8　u_{GS} 是大于 $U_{GS(th)}$ 的某一个值时 u_{DS} 对 i_D 的影响

3. 特性曲线与电流方程

与前面讲述的结型场效应管一样，MOS 管也有三个工作区域：可变电阻区、恒流区、夹断区，如图 3.9(a)所示，其对应的输出特性如图 3.9(b)所示。

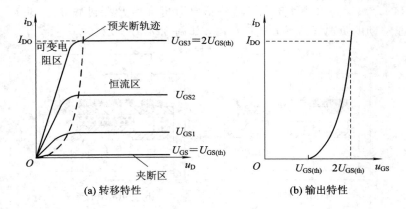

(a) 转移特性   (b) 输出特性

图 3.9   N 沟道增强型 MOS 管的特性曲线

与结型场效应管类似，i_D 与 u_{GS} 的关系可近似表达为

$$i_D = I_{DO}\left(\frac{u_{GS}}{U_{GS(th)}} - 1\right)^2 \tag{3.5}$$

其中，I_{DO} 为 $u_{GS} = 2U_{GS(th)}$ 时的 i_D。

3.2.2   N 沟道耗尽型 MOS 管

对于 N 沟道增强型 MOS 管，在栅源之间不加电压时，漏源之间没有导电沟道。如果在制作 MOS 管时，在 SiO_2 绝缘层中掺入大量的正离子。那么这些正离子将产生足够强的内电场，排斥 P 型衬底中靠近 SiO_2 绝缘层的多子(空穴)，少子(自由电子)被吸引到附近形成导电沟道，如图 3.10(a)所示。此时，即使栅源极之间不加电压($U_{GS} = 0$)，漏源之间已经存在原始导电沟道；只需要在漏源之间加正向电压，即可产生漏极电流。这种场效应管称为耗尽型场效应管，耗尽型 N 沟道和 P 沟道场效应管的符号如图 3.10(b)所示。

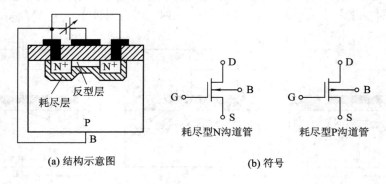

(a) 结构示意图   (b) 符号

图 3.10   N 沟道耗尽型 MOS 管结构示及符号

对于耗尽型场效应管而言，

(1) 如果 $u_{GS} > 0$，则反型层变宽，沟道电阻变小，漏极电流 i_D 增大；

(2) 如果 $u_{GS} < 0$，则反型层变窄，沟道电阻变大，漏极电流 i_D 减小；

(3) 如果 u_{GS} 继续减小到某一定值，反型层和导电沟道消失，漏极电流 $i_D = 0$。此时的 u_{GS} 称为夹断电压 $U_{GS(th)}$。

与 N 沟道结型场效应管一致，N 沟道耗尽型 MOS 管的夹断电压也为负值。但是前者只能在 $u_{GS}<0$ 的情况下工作，而后者在 $u_{GS}>0$、$u_{GS}=0$、$u_{GS}<0$ 的一定范围内均可实现对 i_D 的控制，且能保持栅源之间的大电阻。一般情况下，这类管子还是工作在负栅源电压的状态。

各种场效应管的符号及其特性曲线可归纳如表 3.1 所示。

表 3.1　各种场效应管的符号和特性曲线

种类		符号	转移特性	漏极特性
结型 N 沟道	耗尽型			
结型 P 沟道	耗尽型			
绝缘栅型 N 沟道	增强型			
	耗尽型			
绝缘栅型 P 沟道	增强型			
	耗尽型			

3.3　场效应管的主要参数

3.3.1　直流参数

（1）开启电压 $U_{GS(th)}$：开启电压是增强型场效应管的一个重要参数，它的定义是当 U_{DS} 为一个常量时，使漏极电流 $i_D > 0$ 所需的最小 $|u_{GS}|$ 值。一般给出的是 i_D 为规定的小电流（如 5 μA）下所对应的 u_{GS}。

（2）夹断电压 $U_{GS(off)}$：夹断电压是耗尽型场效应管的一个重要参数，它的定义是当 U_{DS} 为一个常量时，使漏极电流 i_D 为规定的小电流（如 5 μA）下所对应的 u_{GS}。

（3）饱和漏极电流 I_{DSS}：饱和漏极电流是结型场效应管的一个重要参数，是在栅源之间的电压 u_{GS} 等于零的条件下产生预夹断的漏极电流。

（4）直流输入电阻 $R_{GS(DC)}$：$R_{GS(DC)}$ 等于栅源间电压与栅极电流的比值，由于场效应管的栅极几乎不取电流，因此该值很大。结型场效应管的 $R_{GS(DC)}$ 一般大于 10^7 Ω，MOS 管的 $R_{GS(DC)}$ 一般大于 10^9 Ω。

3.3.2　交流参数

（1）低频跨导 g_m：该参数用来描述栅、源之间的电压 u_{GS} 对漏极电流 i_D 的控制作用。其定义为场效应管工作在恒流区且 u_{DS} 为常量时，i_D 与 u_{GS} 的变化量之比，表达式为

$$g_m = \frac{\Delta i_D}{\Delta u_{GS}}\bigg|_{U_{DS}=常数} \tag{3.6}$$

若 i_D 的单位是 mA，u_{GS} 的单位是 V，则 g_m 的单位是 mS。在转移特性曲线上，g_m 是曲线上某一点的斜率。由于转移特性的非线性，i_D 越大，g_m 越大。

（2）极间电容：即场效应管三个电极间的电容，是影响管子高频性能的参数。它包括栅源电容 C_{gs}（1～3 pF）、栅漏电容 C_{gd}（1～3 pF）和漏源电容 C_{ds}（0.1～1 pF）。

3.3.3　极限参数

（1）最大漏极电流 I_{DM}：它是指管子正常工作时漏极电流的上限值。

（2）击穿电压：管子进入恒流区后，使 i_D 骤然增大的 u_{DS} 称为漏源击穿电压 $U_{(BR)DS}$，超过此值会使管子损坏。对于结型场效应管，使栅极与沟道间 PN 结反向击穿的 u_{GS} 为栅源击穿电压 $U_{(BR)GS}$；对于绝缘栅型场效应管，使绝缘层击穿的 u_{GS} 为栅源击穿电压 $U_{(BR)GS}$。

（3）最大耗散功率 P_{DM}：意义与晶体管的 P_{CM} 相同，是受管子的最高工作温度和散热条件限制的参数。场效应管的实际耗散功 $P_D = i_D \times u_{DS}$ 应小于 P_{DM}。

3.3.4　场效应管与晶体管的比较

场效应管的三个极（栅极 G、源极 S、漏极 D）分别对应于晶体管的三个极（基极 B、发

射极 E、集电极 C），且作用相似，具体表现如下：

1．导电载流子

· 场效应管的导电过程中只有一种极性的多子的漂移运动，故称为单极型晶体管。

· 晶体管的导电过程是通过多子与少子两种载流子的扩散与漂移来进行的，故称为双极型晶体管。

2．控制原理

· 场效应管是通过栅源电压 u_{GS} 来控制漏极电流 i_D，栅极基本不取电流，为电压控制器件；

· 晶体管是利用基极电流 i_B 来控制集电极电流 i_C，基极需要索取一定的电流，为电流控制器件。

3．输入电阻

· 场效应管的输入电阻很大，而晶体管的输入电阻较小。

· MOS 场效应管的输入电阻可达到 10^{15} Ω，这将导致栅极感应电荷不易泄放。而且由于绝缘层很薄，栅源之间的感应电压很高，一旦超过 $U_{(BR)GS}$ 很容易造成管子击穿。

· 在使用 MOS 管时应避免使栅极悬空；保存、不用时，必须将 MOS 管各极间短接；焊接时，电烙铁外壳要可靠接地。

4．放大能力

· 场效应管的跨导 g_m 的值较小，而双极型晶体管的 β 值很大。在同样条件下，场效应管的放大能力不如晶体管高。

5．电极互换

· 结型场效应管的漏极与源极可以互换使用。

· MOS 管在制造时，如衬底和源极没有接在一起，也可将漏极和源极互换使用。

· 晶体管的集电极和射极如果互换使用，则特性差异很大，电流放大系数将变得非常小，只在特殊的情况下才进行互换。

6．应用选择

· 场效应管与晶体管均可用于放大电路和开关电路，构成集成电路。但场效应管集成工艺简单，耗电小，工作电源电压范围宽，因而应用更广泛。

· 若电路要求的输入电阻高，应选用场效应管；若信号源可以提供一定的电流，可选用晶体管。

· 由于少子受温度、辐射等因素的影响很大，因此场效应管比晶体管的温度稳定性、抗辐射能力都要好，在环境条件变化很大的时候应优先选择场效应管。

· 场效应管噪声系数小，低噪声放大器的输入级和信噪比要求较高的电路应优先选择场效应管。

· 工作在可变电阻区的场效应管可作为压控电阻来使用。

将场效应管与双极型晶体管的各个方面进行比较，如表 3.2 所示。

表 3.2　场效应管与双极型晶体管的比较

器件名称　　项目	双极型晶体管	场效应管
载流子	两种不同极性的载流子(电子与空穴)同时参与导电,故称为双极型晶体管	只有一种极性的载流子(电子或空穴)参与导电,故又称为单极型晶体管
控制方式	电流控制	电压控制
类型	NPN 型和 PNP 型	N 沟道和 P 沟道
放大参数	$\beta=20\sim100$	$g_m=1\sim5$ mA/V
输入电阻	$10^2\sim10^4$ Ω	$10^7\sim10^{14}$ Ω
输出电阻	r_{ce} 很高	r_{ds} 很高
热稳定性	差	好
制造工艺	较复杂	简单、成本低
对应极	基极-栅极、发射极-源极、集电极-漏极	

【例 3.1】　已知场效应管的输出特性曲线如图 3.11(a)所示,画出它在恒流区的转移特性。

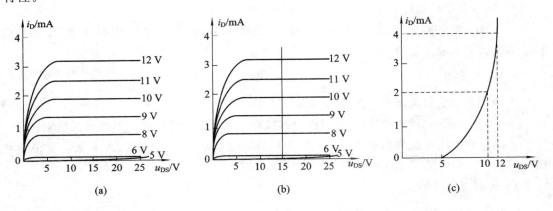

图 3.11　例 3.1 图

解　在场效应管的恒流区作横坐标的垂线,如图 3.11(b)所示,读出其与各条曲线交点的纵坐标值及 U_{GS} 值,建立 $i_D=f(u_{GS})$ 坐标系,描点,连线,即可得到转移特性曲线,如图 3.11(c)所示。

【例 3.2】　电路如图 3.12 所示,场效应管的输出特性曲线如图 3.11(a)所示,分析 u_I 分别为 4 V、8 V、12 V 三种情况下场效应管分别工作于什么区域。

解　由场效应管的输出特性可知,其开启电压 $U_{GS(th)}$ 为 5 V。根据图 3.12 所示电路可知,$u_{GS}=u_I$。

(1) 当 $u_I=4$ V 时,$u_{GS}<U_{GS(th)}$,场效应管工作在截止区。

(2) 当 $u_I=8$ V 时,设场效应管工作在恒流区。由输出特性曲线图 3.11(a)可知,$i_D\approx$

0.6 mA，此时管压降为

$$u_{DS} = U_{DD} - i_D R_d \approx 10 \text{ V}$$

因此，$u_{GD} = u_{GS} - u_{DS} \approx -2 \text{ V} < U_{GS(th)}$，说明假设成立，场效应管工作于恒流区。

（3）当 $u_I = 12$ V 时，设场效应管工作在恒流区。由输出特性曲线图 3.11(a)可知，$i_D \approx$ 4 mA，此时管压降为

$$u_{DS} = U_{DD} - i_D R_d \approx -1.2 \text{ V}$$

而这是不可能的，说明假设不成立，此时 i_D 必然小于 4 mA，因此场效应管工作于可变电阻区。

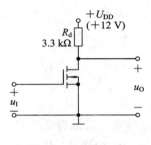

图 3.12 例 3.2 图

3.4 场效应管基本放大电路

由于场效应管的栅源电压 u_{GS} 可以控制漏极电流 i_D，因此利用场效应管可以实现对能量的控制，此时，应保证场效应管工作在恒流区且有合适的静态工作点。与利用晶体管可以构成三种组态的放大电路类似，场效应管放大电路也有三种组态：共源、共漏和共栅。由于共栅放大电路很少使用，因此本节只以 N 沟道场效应管为例，介绍共源、共漏两种放大电路。

与晶体管放大电路类似，在分析时场效应管放大电路时，应首先进行静态分析，然后进行动态分析。

3.4.1 场效应管放大电路的三种接法

以 N 沟道结型场效应管构成的基本放大电路如图 3.13 所示，分别为共源、共漏和共栅放大电路。利用 MOS 管构成的放大电路基本类似。

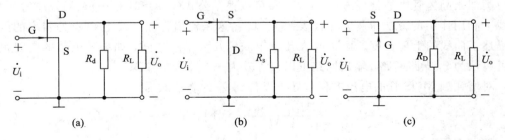

图 3.13 N 沟道结型场效应管放大电路的三种接法

3.4.2　场效应管的低频小信号等效模型

与晶体管的 h 参数等效模型一致，场效应管也可以看成一个两端口网络：栅源之间为输入端口，漏源之间为输出端口。以 N 沟道增强型场效应管为例，理想情况下栅极电流为零，栅源之间只存在电压。因此漏极电流 i_D 可表达为栅源电压 u_GS 和漏源电压 u_DS 的函数

$$i_\mathrm{D} = f(u_\mathrm{GS}, u_\mathrm{DS}) \tag{3.7}$$

由此式求 i_D 的全微分

$$\mathrm{d}i_\mathrm{D} = \frac{\partial i_\mathrm{D}}{\partial u_\mathrm{GS}}\bigg|_{U_\mathrm{DS}} \mathrm{d}u_\mathrm{GS} + \frac{\partial i_\mathrm{D}}{\partial u_\mathrm{DS}}\bigg|_{U_\mathrm{GS}} \mathrm{d}u_\mathrm{DS} \tag{3.8}$$

定义

$$g_\mathrm{m} = \frac{\partial i_\mathrm{D}}{\partial u_\mathrm{GS}}\bigg|_{U_\mathrm{DS}} \tag{3.9}$$

$$\frac{1}{r_\mathrm{ds}} = \frac{\partial i_\mathrm{D}}{\partial u_\mathrm{DS}}\bigg|_{U_\mathrm{GS}} \tag{3.10}$$

式中，g_m 是场效应管的跨导，r_ds 为场效应管漏源之间的等效电阻。当小信号作用时，场效应管的电压、电流只在 Q 点附近做微小的变化，因此可认为 g_m 和 r_ds 近似为常数。用交流信号 $\dot{I}_\mathrm{d}$、$\dot{U}_\mathrm{gs}$ 和 $\dot{U}_\mathrm{ds}$ 来取代(3.8)式中的变化量 $\mathrm{d}i_\mathrm{D}$、$\mathrm{d}u_\mathrm{GS}$ 和 $\mathrm{d}u_\mathrm{DS}$，则有

$$\dot{I}_\mathrm{d} = g_\mathrm{m}\dot{U}_\mathrm{gs} + \frac{1}{r_\mathrm{ds}}\dot{U}_\mathrm{ds} \tag{3.11}$$

根据式(3.11)可画出场效应管在低频小信号作用下的等效模型，如图 3.14 所示。图中的栅源之间虽然存在电压 $\dot{U}_\mathrm{gs}$，但是没有栅极电流，因此栅极是悬空的。漏源之间的电流源 $g_\mathrm{m}\dot{U}_\mathrm{gs}$ 是一个压控电流源，体现了 $\dot{U}_\mathrm{gs}$ 对 $\dot{I}_\mathrm{d}$ 的控制作用。

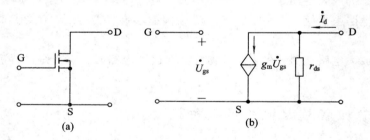

图 3.14　N 沟道场效应管在低频小信号作用下的等效模型

类似于晶体管中的处理方法，g_m 和 r_ds 可以根据公式(3.9)和(3.10)在场效应管的特性曲线上利用作图的方法求得。r_ds 代表 $U_\mathrm{GS} = U_\mathrm{GSQ}$ 这条输出特性曲线上 Q 点处斜率的倒数，它描述了曲线的上翘程度。通常 r_ds 在几十千欧到几百千欧之间，如果外电路的电阻很小，则可以认为 r_ds 支路断路，输出回路可以只等效为一个压控电流源。

对增强型 MOS 管的电流方程求导可以得到 g_m 的表达式为

$$g_\mathrm{m} = \frac{\partial i_\mathrm{D}}{\partial u_\mathrm{GS}}\bigg|_{U_\mathrm{DS}} = \frac{2I_\mathrm{DO}}{U_\mathrm{GS(th)}}\left(\frac{u_\mathrm{GS}}{U_\mathrm{GS(th)}} - 1\right)\bigg|_{U_\mathrm{DS}} = \frac{2}{U_\mathrm{GS(th)}}\sqrt{I_\mathrm{DO}i_\mathrm{D}} \tag{3.12}$$

在小信号作用下，$I_\mathrm{DQ} \approx i_\mathrm{D}$，因此可得

$$g_{\mathrm{m}} \approx \frac{2}{U_{\mathrm{GS(th)}}} \sqrt{I_{\mathrm{DO}} I_{\mathrm{DQ}}} \tag{3.13}$$

上式表明，g_{m} 与 Q 点密切相关，Q 点越高，g_{m} 越大。Q 点不仅关系到电路是否会产生失真，还关系到电路的动态参数变化。

3.4.3　基本共源放大电路

N 沟道增强型 MOS 管组成的基本共源放大电路如图 3.15(a) 所示。为了保证场效应管工作在恒流区以实现信号的放大，对于 N 沟道增强型 MOS 管来说，应该满足的条件为

$$u_{\mathrm{GS}} > U_{\mathrm{GS(th)}}$$

$$u_{\mathrm{DS}} > u_{\mathrm{GS}} - U_{\mathrm{GS(th)}} \quad \text{或者} \quad u_{\mathrm{GD}} < U_{\mathrm{GS(th)}}$$

因此，应保证 $U_{\mathrm{GG}} > U_{\mathrm{GS(th)}}$；$U_{\mathrm{DD}}$ 的作用是保证 $u_{\mathrm{DS}} > u_{\mathrm{GS}} - U_{\mathrm{GS(th)}}$，使导电沟道产生预夹断，同时作为负载的能源；$R_{\mathrm{d}}$ 的作用是将漏极电流 i_{D} 的变化转变为电压 u_{DS} 的变化，从而实现电压放大。

1. 静态分析

（1）图解法：静态时 $\dot{U}_{\mathrm{i}} = 0$，由于栅源之间没有电流通过，因此 $U_{\mathrm{GSQ}} = U_{\mathrm{GG}}$。由于输出回路的回路方程为 $U_{\mathrm{DD}} = U_{\mathrm{DS}} - I_{\mathrm{D}} R_{\mathrm{d}}$，可在输出特性曲线上作出负载线，该负载线与 $U_{\mathrm{GS}} = U_{\mathrm{GG}}$ 的那条输出特性曲线的交点即为 Q 点，读出其坐标值即为 I_{DQ} 和 U_{DSQ}。如图 3.15(b) 所示。

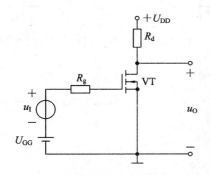
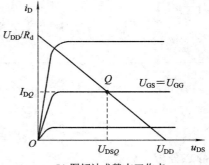

(a) MOS管组成的基本共源放大电路　　　　　　(b) 图解法求静态工作点

图 3.15　基本共源放大电路及静态工作点

（2）近似估算法：同图解法的第一步分析可知

$$U_{\mathrm{GSQ}} = U_{\mathrm{GG}} \tag{3.14}$$

根据 N 沟道增强型 MOS 管的电流方程式(3.5)可知

$$I_{\mathrm{DQ}} = I_{\mathrm{DO}} \left(\frac{U_{\mathrm{GG}}}{U_{\mathrm{GS(th)}}} - 1 \right)^{2} \tag{3.15}$$

再根据回路方程可得

$$U_{\mathrm{DSQ}} = U_{\mathrm{DD}} - I_{\mathrm{DQ}} R_{\mathrm{d}} \tag{3.16}$$

2. 动态分析

在低频小信号作用下，图 3.15(a) 所示电路的交流等效电路如图 3.16 所示，图中忽略

了流过 r_{ds} 支路的电流。

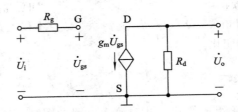

图 3.16　MOS 管组成的基本共源放大电路交流等效电路

根据电路可得

$$
\begin{cases}
\dot{A}_u = \dfrac{\dot{U}_o}{\dot{U}_i} = \dfrac{-\dot{I}_d R_d}{\dot{U}_{gs}} = -\dfrac{g_m \dot{U}_{gs} R_d}{\dot{U}_{gs}} = -g_m R_d \\[2mm]
R_i = \infty \\[1mm]
R_o = R_d
\end{cases}
\tag{3.17}
$$

3.4.4　基本共漏放大电路

基本共漏放大电路如图 3.17(a)所示，图(b)是其交流等效电路。

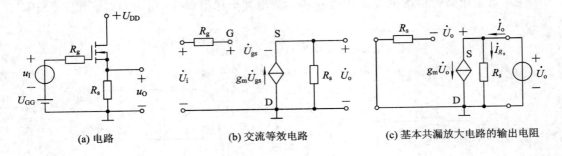

(a) 电路　　　　　(b) 交流等效电路　　　　　(c) 基本共漏放大电路的输出电阻

图 3.17　基本共漏放大电路

1. 静态分析

由图 3.17(a)可得到电路的输入、输出回路方程，再联立场效应管的电流方程，有

$$
\begin{cases}
U_{GG} = U_{GSQ} + I_{DQ} R_s \\[1mm]
U_{DD} = U_{DSQ} + I_{DQ} R_s \\[1mm]
I_{DQ} = I_{DO} \left(\dfrac{U_{GSQ}}{U_{GS(th)}} - 1 \right)^2
\end{cases}
\tag{3.18}
$$

即可求出静态工作点参数 I_{DQ}、U_{GSQ} 和 U_{DSQ}。

2. 动态参数

根据图 3.17(b)中的交流等效电路可知

$$
\begin{cases}
\dot{A}_u = \dfrac{\dot{U}_o}{\dot{U}_i} = \dfrac{\dot{I}_d R_s}{\dot{U}_{gs} + \dot{I}_d R_s} = \dfrac{g_m \dot{U}_{gs} R_s}{\dot{U}_{gs} + g_m \dot{U}_{gs} R_s} = \dfrac{g_m R_s}{1 + g_m R_s} \\[2mm]
R_i = \infty
\end{cases}
\tag{3.19}
$$

分析输出电阻时，将输入端短路并在输出端加上交流信号 U_o，如图 3.15(c)所示。此时，$U_{gs} = -U_o$。因此，有

$$\dot{I}_o = \frac{\dot{U}_o}{R_s} + g_m \dot{U}_o$$

故输出电阻为

$$R_o = R_s \text{ // } \frac{1}{g_m} \tag{3.20}$$

3.4.5　自给偏压电路

1. 静态分析

图 3.18(a)为 N 沟道结型场效应管共源放大电路。N 沟道结型场效应管只有在 $U_{GS} < 0$ 的时候才能正常工作，下面分析该电路如何保证这一点。

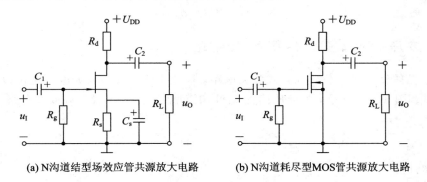

(a) N沟道结型场效应管共源放大电路　　　(b) N沟道耗尽型MOS管共源放大电路

图 3.18　自给偏压电路

从图 3.18(a)中可以看出：在静态的时候，由于输入回路中栅极电流为零，流过电阻 R_g 的电流也为零，因此栅极电位与接地点相同，$U_{GQ} = 0$；而输出回路中由于存在漏极电流 I_{DQ}，当该电流流过源极电阻 R_s 时，必然会在电阻两端产生压降，因此源极电位为 $U_{SQ} = I_{DQ}R_s$，因此栅源之间的压降为

$$U_{GSQ} = U_{GQ} - U_{SQ} = -I_{DQ}R_s \tag{3.21}$$

这就保证了 $U_{GS} < 0$。由于该电路是靠源极电阻上的电压为栅源两极提供一个负偏压，因此称之为自给偏压电路。

根据场效应管的电流方程与输出回路方程，即可求出静态工作点的另外两个参数为

$$\begin{cases} I_{DQ} = I_{DSS} \left(1 - \dfrac{U_{GSQ}}{U_{GS(off)}} \right)^2 \\ U_{DSQ} = U_{DD} - I_{DQ}(R_d + R_s) \end{cases} \tag{3.22}$$

图 3.18(b)也是自给偏压电路的一个例子，其中 $U_{GSQ} = 0$。由于在这种情况下只有耗尽型 MOS 管才能正常工作，因此是一种特例。可用图解法求解其静态工作点。

2. 动态参数

图 3.18(a)的交流等效电路如图 3.19 所示，根据定义可求得该电路的动态参数如下：

$$
\begin{cases}
\dot{A}_u = \dfrac{\dot{U}_o}{\dot{U}_i} = \dfrac{-\dot{I}_d(R_d \parallel R_L)}{\dot{U}_{gs}} = -\dfrac{g_m\dot{U}_{gs}(R_d \parallel R_L)}{\dot{U}_{gs}} = -g_m(R_d \parallel R_L) \\[3mm]
R_i = \dfrac{\dot{U}_i}{\dot{I}_i} = R_g \\[3mm]
R_o = \dfrac{\dot{U}_o}{\dot{I}_o} = R_d
\end{cases}
\tag{3.23}
$$

图 3.18(b)的动态参数求法与上面解法类似。

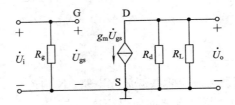

图 3.19　交流等效电路

3.4.6　分压-自偏压式共源放大电路

类似于晶体管构成的分压偏置式放大电路，场效应管构成的放大电路也可以被构造为同样的形式。图 3.20(a)所示为分压偏置式 N 沟道增强型 MOS 管共源放大电路。

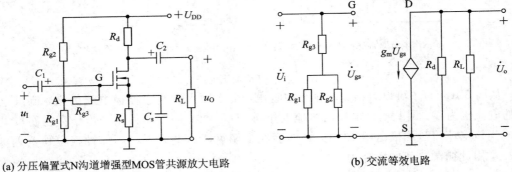

(a) 分压偏置式N沟道增强型MOS管共源放大电路　　　　　(b) 交流等效电路

图 3.20　分压偏置式 N 沟道增强型 MOS 管共源放大电路及交流等效电路

1. 静态分析

静态时，由于栅极无电流流过，因此流过电阻 R_{g3} 的电流为零，因此栅极电位等于 R_{g1} 和 R_{g2} 在 A 点的分压；漏极电流流过源极电阻 R_s 时同时也产生一个自偏压。由于静态栅源电压是由分压和自偏压共同决定的，因此该电路被称为分压-自偏压式共源放大电路。电阻 R_{g3} 的作用是提高放大电路的输入电阻，其值可取到几兆欧。

由上述分析可知，根据 MOS 管的栅源电位可求得

$$
\begin{cases}
U_{GQ} = U_A = \dfrac{R_{g1}}{R_{g1} + R_{g2}}U_{DD} \\[3mm]
U_{SQ} = I_{DQ}R_s
\end{cases}
\tag{3.24}
$$

因此，栅源电压为

$$U_{GSQ} = U_{GQ} - U_{SQ} = \frac{R_{g1}}{R_{g1} + R_{g2}} U_{DD} - I_{DQ} R_s \qquad (3.25)$$

上式联立(3.22)可得 I_{DQ}、U_{GSQ} 和 U_{DSQ}。

2. 动态分析

图 3.20(b)为该电路的交流等效电路，根据定义可求得该电路的动态参数如下

$$\begin{cases} \dot{A}_u = \dfrac{\dot{U}_o}{\dot{U}_i} = \dfrac{-\dot{I}_d (R_d \;/\!/\; R_L)}{\dot{U}_{gs}} = -\dfrac{g_m \dot{U}_{gs} (R_d \;/\!/\; R_L)}{\dot{U}_{gs}} = -g_m (R_d \;/\!/\; R_L) \\[3mm] R_i = \dfrac{\dot{U}_i}{\dot{I}_i} = R_{g3} + R_{g2} \;/\!/\; R_{g1} \\[3mm] R_o = \dfrac{\dot{U}_o}{\dot{I}_o} = R_d \end{cases} \qquad (3.26)$$

【例 3.3】 已知图 3.21(a)所示电路中场效应管的转移特性如图 3.21(b)所示。求解电路的 Q 点和 A_u、R_i、R_o。

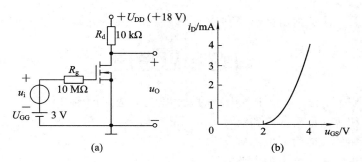

图 3.21　例 3.3 图

解　图 3.21(a)所示电路是基本共源放大电路。

（1）根据电路图可知

$$U_{GSQ} = U_{GG} = 3 \text{ V}$$

从转移特性查看，当 $U_{GSQ} = 3$ V 时，漏极电流为

$$I_{DQ} = 1 \text{ mA}$$

因此管压降为

$$U_{DSQ} = U_{DD} - I_{DQ} R_d = (18 - 1 \times 10) \text{V} = 8 \text{ V}$$

（2）从转移特性可查得 $I_{DO} = 4$ mA，开启电压 $U_{GS(th)} = 2$ V，而静态 $I_{DQ} = 1$ mA，所以跨导为

$$g_m = \frac{2}{U_{GS(th)}} \sqrt{I_{DQ} I_{DO}} = (\frac{2}{2} \sqrt{1 \times 4}) \text{mS} = 2 \text{ mS}$$

因此电压放大倍数为

$$A_u = -g_m R_d = -(2 \times 10) = -20$$

输入电阻为

$$R_i = \infty$$

输出电阻为

$$R_o = R_d = 10 \text{ k}\Omega$$

本 章 小 结

（1）场效应管利用栅源电压的电场效应来控制漏极电流，是一种电压控制器件。它分为结型和绝缘栅型两大类，无论结型或绝缘栅型场效应管，都有 N 沟道和 P 沟道之分。表征场效应管放大作用的重要参数是跨导 g_m，描述场效应管的工作曲线是转移特性曲线和漏极特性曲线。场效应管的主要特点是输入电阻高，而且易于大规模集成。

（2）正确的直流电源电压数值、极性及其他参数可保证场效应管工作在恒流区，建立起合适的静态工作点，保证电路不失真。通常可以选用两种不同放大器件组成基本放大电路，即双极型晶体管放大电路和场效应管放大电路。二者的主要区别是：双极型晶体管是电流控制器件，场效应管是电压控制器件，而且场效应管具有输入电阻高，噪声小，集成度高等优点，但跨导较低，使用时应注意防止栅极与源极间击穿。两种放大电路的工作原理和分析方法都是类似的。

（3）场效应管基本放大电路有三种接法，即共源接法、共漏接法和共栅接法。

习题和思考题

3.1　定性判断习题 3.1 图中各电路的放大能力，选择正确图号填空。

（1）具有同相放大能力的电路有＿＿＿＿＿＿＿；

（2）具有反相放大能力的电路有＿＿＿＿＿＿＿；

（3）不具备正常放大能力的电路有＿＿＿＿＿＿＿。

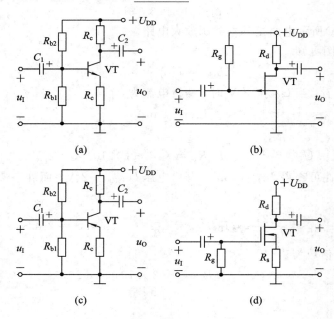

习题 3.1 图

3.2　定性判断习题 3.2 图中各电路是否具备正常放大能力，若不具备，则在原图上修改电路，使之具备正常放大能力的条件。修改时只能改变元器件的位置和连接关系，不能改变元器件的类型及增减元器件数量。

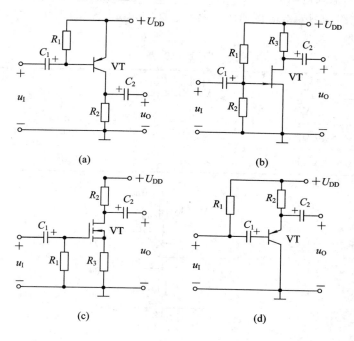

习题 3.2 图

3.3 把在放大电路中不同类型的场效应管对 u_{GS}、u_{DS} 的极性要求用"＋"、"－"填入习题 3.3 表内。

习题 3.3 表

	结型		MOS 增强型		MOS 耗尽型	
	N 沟道	P 沟道	N 沟道	P 沟道	N 沟道	P 沟道
u_{GS}						
u_{DS}						

3.4 在放大状态下，双极性晶体管的发射结处于＿＿＿＿＿＿＿＿＿＿＿＿偏置，集电结处于＿＿＿＿＿＿＿＿＿＿＿＿＿＿＿偏置；结型场效应管的栅源之间加有＿＿＿＿＿＿＿＿＿＿＿偏置电压，栅漏之间加有＿＿＿＿＿＿＿＿＿＿＿偏置电压。

3.5 场效应管从结构上可以分成＿＿＿＿＿＿＿＿和＿＿＿＿＿＿＿＿＿＿＿两大类型，因导电沟道的不同每一大类又可分为＿＿＿＿＿＿＿＿＿＿＿和＿＿＿＿＿＿＿＿＿＿＿＿两类，无论哪一类场效应管，其导电过程都仅仅取决于＿＿＿＿＿＿＿＿＿＿＿载流子的运动。

3.6 双极型晶体管的发射极电流放大系数 β 反映了＿＿＿＿＿＿＿＿＿＿＿极电流对＿＿＿＿＿＿＿＿＿＿＿＿＿＿极电流的控制能力；而单极型场效应管常用＿＿＿＿＿＿＿＿参数反映＿＿＿＿＿＿对＿＿＿＿＿＿＿＿的控制能力。

3.7 场效应管的＿＿＿＿＿＿＿＿＿＿＿＿＿＿＿＿极电流远小于双极型管的基极电流，因此共源放大电路的输入电阻远＿＿＿＿＿＿＿＿＿＿＿＿＿＿＿于共射放大电路的输入电阻。

3.8 放大电路如习题 3.8 图所示，为不失真放大 1 kHz 的正弦信号，U_{GG}、R_s、C_s 应按习题 3.9 表中哪一组选择？

习题 3.9 表

	a 组	b 组	c 组	d 组
U_{GG}	2 V	2 V	0 V	0 V
R_s	0 Ω	1 kΩ	1 kΩ	1 kΩ
C_s	100 μF	0.1 μF	100 μF	0.1 μF

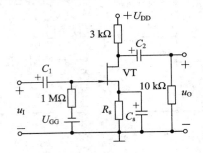

习题 3.8 图

3.9 定性判断习题 3.9 图中哪些电路不具备正常的放大能力，并指出不能放大的理由（从下面列出的理由中选择正确答案）。

A. U_{DD} 极性不正确

B. 栅、源间缺少必要的正向静态电压

C. 栅、源间缺少必要的负向静态电压

D. 输入信号被短路

E. 输入信号开路

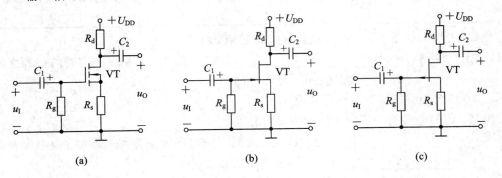

(a)　　　　　　　　(b)　　　　　　　　(c)

习题 3.9 图

3.10 指出习题 3.10 图各电路中场效应管的类型（结型、绝缘栅型；增强型、耗尽型；N 沟道、P 沟道）和 U_{DD} 的极性（正、负）。

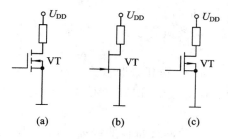

习题 3.10 图

3.11　习题 3.11 图中所示是三种不同类型的场效应管的转移特性曲线,试判断它们各属于什么类型的场效应管(结型、绝缘栅型;增强型、耗尽型;N 沟道、P 沟道)。

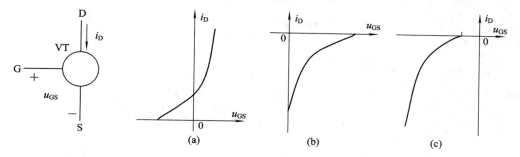

习题 3.11 图

3.12　已知场效应管 VT_1 和 VT_2 具有相同的漏极特性,如习题 3.12 图(a)所示,现将 VT_1 和 VT_2 并联,如图(b)所示,试画出并联管的漏极特性曲线。

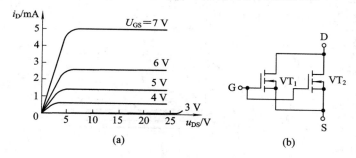

习题 3.12 图

3.13　分析判断习题 3.13 图中三个场效应管共源放大电路中圆圈内管子可能的类型(结型、绝缘栅型、增强型、耗尽型;N 沟道、P 沟道),若存在多种可能,要说明全部可能

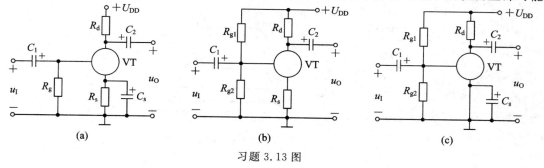

习题 3.13 图

的类型，再任选一种画入图中相应位置。

3.14　用直流电压表测出场效应管放大电路中管子各电
极的对地静态电位如习题 3.14 图所示，并已知脚①是栅极，
脚②、③可能是源极也可能是漏极，分析判断该管子可能的类
型（包括全部可能性），画出相应的管子符号，并注明脚②、③
的位置。

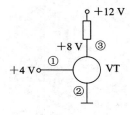

习题 3.14 图

3.15　场效应管电路和该管的漏极特性曲线如习题 3.15
图所示。

（1）$R=1\ \text{k}\Omega$ 时，管子工作在什么区（恒流区、可变电阻区）？i_D 和 u_{DS} 等于多少？

（2）当 $R=5\ \text{k}\Omega$ 时，管子工作在什么区？i_D 和 u_{DS} 等于多少？

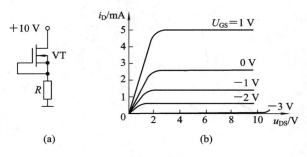

习题 3.15 图

3.16　场效应管电路和该管的漏极特性曲线如习题 3.16 图所示。

（1）$R=1\ \text{k}\Omega$ 时，管子工作在什么区（恒流区、可变电阻区）？i_D 和 u_{DS} 各等于多少？

（2）当 $R=10\ \text{k}\Omega$ 时，管子工作在什么区？i_D 和 u_{DS} 各等于多少？

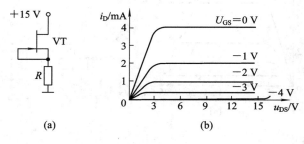

习题 3.16 图

3.17　场效应管电路和该管的漏极特性曲线如习题 3.17 图所示。试问当 U_{GS} 为 3 V、

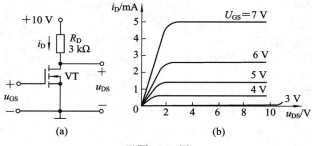

习题 3.17 图

5 V、7 V 时，管子分别工作在什么区（恒流区、截止区、可变电阻区）？i_D 和 u_{DS} 各为多少？

3.18　已知场效应管的输出特性如习题 3.18 图所示。试求管子的下列参数：

（1）夹断电压 $U_{GS(off)}$ 或开启电压 $U_{GS(th)}$；

（2）饱和漏极电流 I_{DSS} 或 I_{DO}；

（3）$u_{GS} = -2$ V 时的漏源击穿电压 $U_{(BR)DS}$；

（4）$u_{DS} = 20$ V、$I_D = 1.5$ mA 附近时的跨导 g_m。

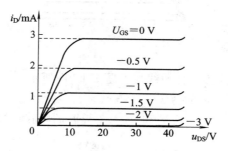

习题 3.18 图

3.19　结型场效应管的漏极电流可用下式表示：

$i_D = I_{DSS}\left(1 - \dfrac{u_{GS}}{U_{GS(off)}}\right)^2$。已知某结型场效应管的 $I_{DSS} = 5$ mA，$U_{GS(off)} = -4$ V，求当 $u_{GS} = -2$ V 时的跨导 g_m。

3.20　已知某场效应管的转移特性曲线如习题 3.20 图所示。试用图解法估算 $u_{GS} = -2$ V 时的跨导 g_m。

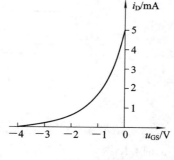

习题 3.20 图

3.21　已知场效应管 VT_1 和 VT_2 具有相同的漏极特性，如习题 3.21 图(a)所示，现将 VT_1 和 VT_2 串联，如图(b)所示，并设 $U_{GS1} = U_{GS2} = U_{GS}$，试画出串联管的漏极特性曲线。

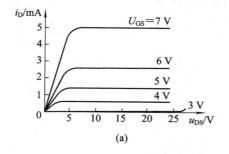

(a)

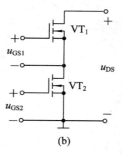

(b)

习题 3.21 图

3.22　已知场效应管的输出特性如习题 3.22 图所示。试求管子的下列参数：

（1）夹断电压 $U_{GS(off)}$ 或开启电压 $U_{GS(th)}$；

（2）饱和漏极电流 I_{DSS} 或 I_{DO}；

（3）$u_{GS} = 4$ V 时的漏源击穿电压 $U_{(BR)DS}$；

（4）$u_{DS}=10$ V、$i_D=3$ mA 附近时的跨导 g_m。

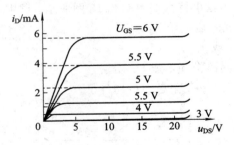

习题 3.22 图

3.23　某场效应管的漏极特性曲线如习题 3.23 图所示。

（1）写出该管 $U_{GS(th)}$ 和 I_{DO} 的值。

（2）分别画出该管子在 $u_{DS}=9$ V 和 $u_{DS}=3$ V 时的转移特性曲线。

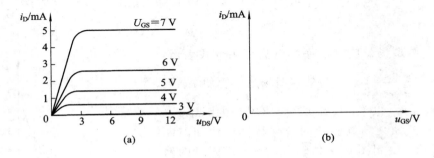

习题 3.23 图

3.24　结型场效应管电路如习题 3.24 图所示，当逐渐增大 U_{DD} 时，R_d 两端电压也不断增大，但当 $U_{DD}\geqslant 15$ V 后，R_d 两端电压固定为 12 V，不再随之增大，试求该管子的 I_{DSS} 和 $U_{GS(off)}$。

3.25　已知某场效应管的转移特性曲线如习题 3.25 图所示。试用图解法估算 $u_{GS}=6$ V 时的跨导 g_m。

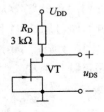

习题 3.24 图

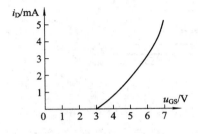

习题 3.25 图

3.26　在放大电路中测得晶体管各电极的对地静态电位如习题3.26 图所示，仅根据这些数据试判断哪些是双极型管、哪些是场效应管、哪些无法断定。（假设不存在复合管）

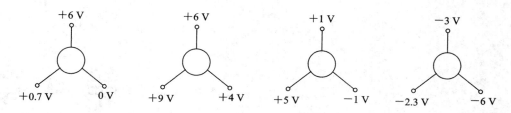

习题 3.26 图

3.27　场效应管分压电路和所用管子的漏极特性曲线如习题 3.27 图所示。假设在是 $u_1 = 0 \sim 2$ V 范围内，要求分压比 $u_O/u_1 = 0.4$，试问 U_{GG} 应选多大？

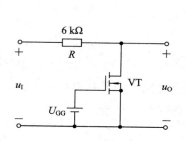 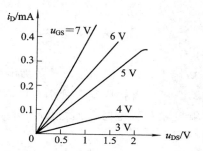

习题 3.27 图

3.28　已知如习题 3.28 图所示电路中的 VT_1 和 VT_2 管的特性完全相同。试证明若要求 VT_1 和 VT_2 都工作在恒流区，则必须满足：
$$\begin{cases} i_D R_s \geqslant 0.5\,|U_{GS(off)}| \\ U_{DD} - i_D R_d \geqslant 1.5\,|U_{GS(off)}| \end{cases}$$

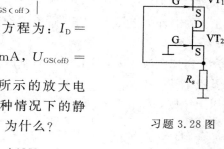

3.29　已知结型场效应管的漏极电流方程为：$I_D = I_{DSS}\left(1 - \dfrac{u_{GS}}{U_{GS(off)}}\right)^2$，并已知某管的 $I_{DSS} = 4$ mA，$U_{GS(off)} = -2$ V。现用该管设计了一个习题 3.29 图所示的放大电路。分别计算在 $R_s = 1$ kΩ 和 $R_s = 11$ kΩ 两种情况下的静态电流 I_{DQ}，并说明哪一种情况是不合理的？为什么？

习题 3.28 图

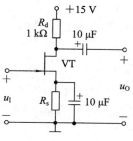

习题 3.29 图

第 4 章

复合管放大电路和多级放大电路

在实际应用中,为了进一步改善放大电路的性能,或者得到多方面性能俱佳的放大电路,可以用多只晶体管构成复合管来取代基本放大电路中的单只晶体管;也可以将两种或者多种基本接法的放大电路合理组合起来,构成多级放大电路。

4.1　复合管的组成

4.1.1　组成原则

在组成复合管时,必须遵循以下原则:

(1) 在正确的外加电压下,每只管子的各极电流均有合适的通路,且均工作在放大区或恒流区;

(2) 为了实现电流放大,应将第一只管的集电极(漏极)或发射极(源极)电流作为第二只管子的基极电流。

根据以上原则,可以组成晶体管复合管和场效应管-晶体管复合管。下面分别说明。

4.1.2　晶体管复合管

图 4.1(a)和(b)为利用两只同种类型的晶体管构成的复合管,(c)和(d)为两只不同类型的晶体管构成的复合管。

在图(a)中,若将 VT_1 和 VT_2 管以及电极互连的部分遮蔽起来,只留下与外电路互连的部分,则根据电流的流向可以判断出,复合管的类型为 NPN 型管,且有:① VT_1 管的基极即为复合管的基极;② VT_2 管的发射极即为复合管的发射极;③ VT_1、VT_2 管的集电极互连处即为复合管的集电极。

从图 4.1 中可以看出:VT_1 管的基极电流 i_{B1} 即为复合管的基极电流 i_B;VT_1 管的发射极电流 i_{E1} 等于 VT_2 管的基极电流 i_{B2};VT_2 管的发射极电流 i_{E2} 即为复合管的发射极电流 i_E;复合管的集电极电流 i_C 等于 VT_1 管的集电极电流 i_{C1} 和 VT_2 管的集电极电流 i_{C2} 之和。

因此,复合管的集电极电流为

$$i_{C} = i_{C1} + i_{C2} = \beta_1 i_{B1} + \beta_2 i_{B2} = \beta_1 i_{B1} + \beta_2 (1+\beta_1) i_{B1} = (\beta_1 + \beta_2 + \beta_1 \beta_2) i_{B1}$$

由于晶体管的电流放大系数 β_1 和 β_2 至少为几十，因而 $\beta_1 \beta_2 \gg (\beta_1 + \beta_2)$，在近似分析时可以认为复合管的电流放大系数为

$$\beta \approx \beta_1 \beta_2 \qquad\qquad (4.1)$$

图 4.1(b)、(c)、(d)所示的复合管的电流放大系数可用上述方法进行同样的推导，其电流放大系数 β 均约为 $\beta_1 \beta_2$。

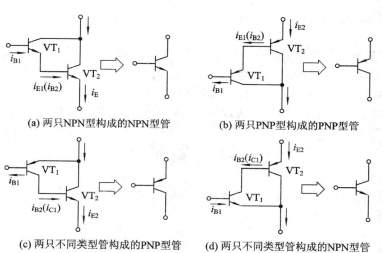

(a) 两只NPN型构成的NPN型管　　　　(b) 两只PNP型构成的PNP型管

(c) 两只不同类型管构成的PNP型管　　　(d) 两只不同类型管构成的NPN型管

图 4.1　复合管的接法

4.1.3　场效应管-晶体管复合管

图 4.2(a)所示为 N 沟道增强型 MOS 管与 NPN 型晶体管所组成的复合管。由图中信号的流向可以知道，原 MOS 管的栅极仍然没有电流通过，只是栅极电位随外加信号而发生变化；原 MOS 管的漏极电流等于 VT_2 管的基极电流。可见，复合管的类型仍为 N 沟道增强型 MOS 管。

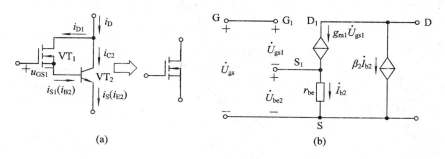

(a)　　　　　　　　　　　　　　(b)

图 4.2　N 沟道增强型 MOS 管与 NPN 型晶体管所组成的复合管

画出复合管的交流等效电路，如图 4.2(b)所示。复合管的栅源电压为

$$\dot{U}_{gs} = \dot{U}_{gs1} + \dot{U}_{be2} = \dot{U}_{gs1} + g_{m1} \dot{U}_{gs1} r_{be} = (1 + g_{m1} r_{be}) \dot{U}_{gs1}$$

漏极电流为

$$\dot{I}_d = \dot{I}_{d1} + \dot{I}_{c2} = g_{m1} \dot{U}_{gs1} + \beta_2 g_{m1} \dot{U}_{gs1} = (1 + \beta_2) g_{m1} \dot{U}_{gs1}$$

6633766

因而复合管的跨导为

$$g_m = \frac{\Delta i_D}{\Delta u_{GS}} = \frac{(1+\beta_2)g_{m1}\dot{U}_{gs1}}{(1+g_{m1}r_{be})\dot{U}_{gs1}} = \frac{(1+\beta_2)g_{m1}}{1+g_{m1}r_{be}}$$

因为 $\beta_2 \gg 1$，因此在近似分析时可以认为复合管的跨导为

$$g_m \approx \frac{\beta_2 g_{m1}}{1+g_{m1}r_{be}} \tag{4.2}$$

4.1.4 注意事项

(1) 在组成复合管后，复合管的类型由第一只管子的类型所决定。

(2) 两只晶体管可以构成复合管，但是两只场效应管不能构成复合管。

(3) 由场效应管构成的复合管，场效应管只能为第一只管子。

(4) 一般不用三只以上的管子构成复合管，这样会使复合管的高频特性、温度稳定性变差。

4.2 复合管放大电路

将晶体管和场效应管组成的单管基本放大电路中的放大管替换为复合管，即构成复合管放大电路。

4.2.1 复合管共射放大电路

图 4.3(a)所示为复合管共射放大电路，图(b)为其交流等效电路。

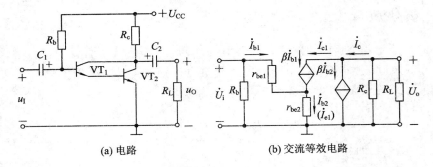

(a) 电路　　　　　　　(b) 交流等效电路

图 4.3　阻容耦合复合管共射放大电路

1. 静态分析

根据电流的通路，可得以下方程

$$\begin{cases} U_{CC} = I_{BQ1}R_b + U_{BEQ1} + U_{BEQ2} \\ I_{CQ1} = \beta_1 I_{BQ1} \\ I_{BQ2} = I_{EQ1} \\ I_{CQ2} = \beta_2 I_{BQ2} \\ U_{CC} = (I_{CQ1} + I_{CQ2})R_c + U_{CEQ1} + U_{BEQ2} \\ U_{CC} = (I_{CQ1} + I_{CQ2})R_c + U_{CEQ2} \end{cases} \tag{4.3}$$

解之，可得静态参数为

$$\begin{cases} I_{BQ1} = \dfrac{U_{CC} - U_{BEQ1} - U_{BEQ2}}{R_b} \\[2mm] I_{CQ1} = \beta_1 I_{BQ1} \\[2mm] I_{BQ2} = (1 + \beta_1) I_{BQ1} \\[2mm] I_{CQ2} = \beta_2 (1 + \beta_1) I_{BQ1} \approx \beta_2 \beta_1 I_{BQ1} \approx \beta_2 \beta_1 I_{BQ1} \\[2mm] U_{CEQ1} \approx U_{CC} - \beta_1 \beta_2 I_{BQ1} R_c - U_{BEQ2} \\[2mm] U_{CEQ2} \approx U_{CC} - \beta_1 \beta_2 I_{BQ1} R_c \end{cases} \tag{4.4}$$

2. 动态分析

从交流等效电路中可知

$$\dot{I}_c = \dot{I}_{c1} + \dot{I}_{c2} \approx \beta_1 \beta_2 \dot{I}_{b1}$$

$$\dot{U}_i = \dot{I}_{b1} r_{be1} + \dot{I}_{b2} r_{be2} = \dot{I}_{b1} r_{be1} + (1 + \beta_1) \dot{I}_{b1} r_{be2}$$

$$\dot{U}_o = \dot{I}_c (R_c \ /\!/ \ R_L) \approx -\beta_1 \beta_2 \dot{I}_{b1} (R_c \ /\!/ \ R_L)$$

因此，电路的电压放大倍数为

$$\dot{A}_u = \frac{\dot{U}_o}{\dot{U}_i} \approx -\frac{\beta_1 \beta_2 \dot{I}_{b1} (R_c \ /\!/ \ R_L)}{\dot{I}_{b1} r_{be1} + (1 + \beta_1) \dot{I}_{b1} r_{be2}} = -\frac{\beta_1 \beta_2 (R_c \ /\!/ \ R_L)}{r_{be1} + (1 + \beta_1) r_{be2}} \tag{4.5}$$

输入电阻为

$$R_i = \frac{\dot{U}_i}{\dot{I}_i} = \frac{\dot{U}_i}{\dot{I}_{R_b} + \dot{I}_{b1}} = \frac{\dot{U}_i}{\dfrac{\dot{U}_i}{R_b} + \dfrac{\dot{U}_i}{\dfrac{\dot{I}_{b1} r_{be1} + (1 + \beta_1) \dot{I}_{b1} r_{be2}}{\dot{I}_{b1}}}} = R_b \ /\!/ \ [\, r_{be1} + (1 + \beta_1) r_{be2} \,]$$

$$\tag{4.6}$$

输出电阻为

$$R_o = \frac{\dot{U}_o}{\dot{I}_o} = R_c \tag{4.7}$$

　　从输入电阻的表达式中可以看出，R_i 明显增大，说明对于同样大小的 $\dot{U}_i$，电路从信号源索取的电流将明显减少。因此，复合管共射放大电路增强了电流的放大能力，减小了对信号源驱动电流的要求。

4.2.2　复合管共集放大电路

　　图 4.4(a)所示为复合管共集放大电路，图(b)为其交流等效电路。

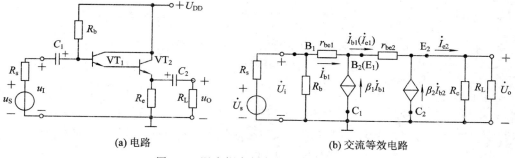

(a) 电路　　　　　　　　　　(b) 交流等效电路

图 4.4　阻容耦合复合管共集放大电路

1. 静态分析

根据电流的通路，可得以下方程

$$\begin{cases} U_{CC} = I_{BQ1}R_b + U_{BEQ1} + U_{BEQ2} + I_{EQ2}R_e \\ I_{CQ1} = \beta_1 I_{BQ1} \\ I_{BQ2} = I_{EQ1} \\ I_{CQ2} = \beta_2 I_{BQ2} \\ U_{CC} = U_{CEQ1} + U_{BEQ2} + I_{EQ2}R_e \\ U_{CC} = U_{CEQ2} + I_{EQ2}R_e \end{cases} \tag{4.8}$$

解之，可得静态参数为

$$\begin{cases} I_{BQ1} = \dfrac{U_{CC} - U_{BEQ1} - U_{BEQ2}}{R_b + (1+\beta_1)(1+\beta_2)R_e} \\ I_{CQ1} = \beta_1 I_{BQ1} \\ I_{BQ2} = (1+\beta_1) I_{BQ1} \\ I_{CQ2} = \beta_2(1+\beta_1) I_{BQ1} \approx \beta_2\beta_1 I_{BQ1} \approx \beta_2\beta_1 I_{BQ1} \\ U_{CEQ1} \approx U_{CC} - \beta_1\beta_2 I_{BQ1}R_e - U_{BEQ2} \\ U_{CEQ2} \approx U_{CC} - \beta_1\beta_2 I_{BQ1}R_e \end{cases} \tag{4.9}$$

2. 动态分析

从交流等效电路中可知

$$\dot{U}_i = \dot{I}_{b1}r_{be1} + \dot{I}_{b2}r_{be2} + \dot{I}_{e2}(R_e \ /\!/ \ R_L)$$

$$= \dot{I}_{b1}r_{be1} + \dot{I}_{b1}(1+\beta_1)r_{be2} + \dot{I}_{b1}(1+\beta_1)(1+\beta_2)(R_e \ /\!/ \ R_L) \tag{4.10}$$

$$\dot{U}_o = \dot{I}_{e2}(R_e \ /\!/ \ R_L) \approx \beta_1\beta_2 \dot{I}_{b1}(R_e \ /\!/ \ R_L) \tag{4.11}$$

因此，电路的电压放大倍数为

$$\dot{A}_u = \frac{\dot{U}_o}{\dot{U}_i} = \frac{\beta_1\beta_2 \dot{I}_{b1}(R_e \ /\!/ \ R_L)}{\dot{I}_{b1}r_{be1} + \dot{I}_{b1}(1+\beta_1)r_{be2} + \dot{I}_{b1}(1+\beta_1)(1+\beta_2)(R_e \ /\!/ \ R_L)}$$

$$= \frac{\beta_1\beta_2 (R_e \ /\!/ \ R_L)}{r_{be1} + (1+\beta_1)r_{be2} + (1+\beta_1)(1+\beta_2)(R_e \ /\!/ \ R_L)} \tag{4.12}$$

输入电阻为

$$R_i = \frac{\dot{U}_i}{\dot{I}_i} = \frac{\dot{U}_i}{\dot{I}_{R_b} + \dot{I}_{b1}} = \frac{\dot{U}_i}{\dfrac{\dot{U}_i}{R_b} + \dfrac{\dot{U}_i}{\dfrac{\dot{I}_{b1}r_{be1} + (1+\beta_1)\dot{I}_{b1}r_{be2} + (1+\beta_1)(1+\beta_2)\dot{I}_{b1}(R_e \ /\!/ \ R_L)}{\dot{I}_{b1}}}}$$

$$= R_b \ /\!/ \ [r_{be1} + (1+\beta_1)r_{be2} + (1+\beta_1)(1+\beta_2)(R_e \ /\!/ \ R_L)] \tag{4.13}$$

输出电阻为

$$R_o = \frac{\dot{U}_o}{\dot{I}_o} = \frac{\dot{U}_o}{\dot{I}_{R_e} + \dot{I}_{e2}} = \frac{\dot{U}_o}{\dfrac{\dot{U}_o}{R_e} + \dfrac{\dot{U}_o}{\dfrac{\dot{I}_{b1}(r_{be1} + R_s \ /\!/ \ R_b) + \dot{I}_{b2}r_{be2}}{\dot{I}_{e2}}}} = R_e \ /\!/ \ \dfrac{r_{be2} + \dfrac{r_{be1} + R_s \ /\!/ \ R_b}{1+\beta_1}}{1+\beta_2}$$

$$\tag{4.14}$$

　　从上述动态参数中可以看出，复合管共集放大电路的输入电阻 R_i 中与 R_b 相并联的部分被大大提高，而输出电阻 R_o 中与 R_e 相并联的部分被大大减小，从而使共集放大电路中输入电阻大、输出电阻小的特点得到增强。

4.2.3　复合管共源放大电路

　　图 4.5(a)所示为复合管共源放大电路，图(b)为其交流等效电路。

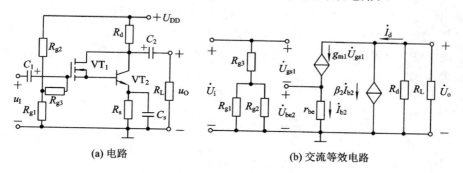

(a) 电路　　　　　　　　　　　(b) 交流等效电路

图 4.5　阻容耦合复合管共源放大电路

1. 静态分析

根据电流的通路，可得以下方程

$$\begin{cases} U_{GSQ1} = \dfrac{R_{g1}}{R_{g1} + R_{g2}} U_{DD} - U_{BEQ2} - I_{EQ2} R_s \\[2mm] I_{DQ1} = I_{DO} \left(\dfrac{U_{GSQ1}}{U_{GS(th)}} - 1 \right)^2 \\[2mm] I_{BQ2} = I_{DQ1} \\[2mm] I_{CQ2} = \beta I_{BQ2} \\[2mm] U_{DD} = I_{EQ2} R_s + (I_{DQ1} + I_{CQ2}) R_d + U_{DSQ1} + U_{BEQ2} \\[2mm] U_{DD} = I_{EQ2} R_s + (I_{DQ1} + I_{CQ2}) R_d + U_{CEQ2} \end{cases} \qquad (4.15)$$

联立求解即可得静态参数，此处略。

2. 动态分析

从交流等效电路中可知

$$\dot{I}_d = \dot{I}_{d1} + \dot{I}_{c2} = g_m \dot{U}_{gs1} + \beta g_m \dot{U}_{gs1} = (1+\beta) g_m \dot{U}_{gs1} \approx \beta g_m \dot{U}_{gs1}$$

$$\dot{U}_i = \dot{U}_{gs1} + \dot{U}_{be2} = \dot{U}_{gs1} + g_m \dot{U}_{gs1} r_{be} = (1 + g_m r_{be}) \dot{U}_{gs1}$$

$$\dot{U}_o = -\dot{I}_d (R_d \ /\!/ \ R_L) = -\beta g_m \dot{U}_{gs1} (R_d \ /\!/ \ R_L)$$

因此，电压放大倍数为

$$\dot{A}_u = \frac{\dot{U}_o}{\dot{U}_i} = -\frac{\beta g_m \dot{U}_{gs1} (R_d \ /\!/ \ R_L)}{(1 + g_m r_{be}) \dot{U}_{gs1}} = -\frac{\beta g_m (R_d \ /\!/ \ R_L)}{1 + g_m r_{be}} \qquad (4.16)$$

输入电阻为

$$R_i = R_{g1} \ /\!/ \ R_{g2} + R_{g3} \qquad (4.17)$$

输出电阻为

$$R_o = R_d \qquad (4.18)$$

因此，采用复合管作为放大管后，电路的电压放大能力比单管共源放大电路提高很多，输入电阻也比单管共射放大电路大很多。

4.2.4 复合管构成的共射-共基放大电路

将复合管合理连接，可以构成如图 4.6 所示的共射-共基放大电路。VT$_1$ 管的信号从基极输入，从集电极输出到 VT$_2$ 管的射极，因此为共射接法；VT$_2$ 管的信号从射极输入，从集电极输出，因此为共基接法。由于 VT$_1$ 管构成的共射放大电路以输入电阻小的共基放大电路为负载，这将使 VT$_1$ 管集电结电容对输入回路的影响减小，提高了共射放大电路的高频特性。该电路不但保证了共射放大电路电压放大倍数高的特点，而且又继承了共基放大电路良好的高频特性。

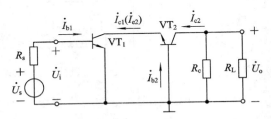

图 4.6　共射-共基放大电路的交流通路

从图 4.6 中可以推导出该电路的电压放大倍数为

$$\dot{A}_u = \frac{\dot{U}_o}{\dot{U}_i} = \frac{\dot{U}_o}{\dot{I}_{e2}} \frac{\dot{I}_{c1}}{\dot{U}_i} = -\frac{\beta_2 \dot{I}_{b2}(R_c /\!/ R_L)}{(1+\beta_2)\dot{I}_{b2}} \frac{\beta_1 \dot{I}_{b1}}{\dot{I}_{b1} r_{be1}} \approx -\frac{\beta_1 (R_c /\!/ R_L)}{r_{be1}} \tag{4.19}$$

可见该电路的电压放大倍数与单管共射放大电路的电压放大倍数相同。

4.2.5 复合管构成的共集-共基放大电路

将复合管合理连接，可以构成如图 4.7 所示的共集-共基放大电路。VT$_1$ 管的信号从基极输入，从射极输出到 VT$_2$ 管的射极，因此为共集接法；VT$_2$ 管的信号从射极输入，从集电极输出，因此为共基接法。

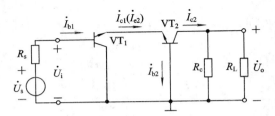

图 4.7　共集-共基放大电路的交流通路

该电路的输入端电路接法为共集放大电路，因此输入电阻较大；输出端电路接法为共基放大电路，因此具有一定的电压放大能力；由于共集、共基放大电路的上限截止频率都比较高，因此该接法的电路具有较宽的频带。

从图 4.7 中可以推导出该电路的电压放大倍数为

$$\dot{A}_u = \frac{\dot{U}_o}{\dot{U}_i} = \frac{\dot{U}_o}{\dot{I}_{e2}} \frac{\dot{I}_{e1}}{\dot{U}_i} = \frac{\beta_2 \dot{I}_{b2}(R_c \mathbin{/\mkern-5mu/} R_L)}{(1+\beta_2)\dot{I}_{b2}} \frac{(1+\beta_1)\dot{I}_{b1}}{\dot{I}_{b1} r_{be1}} \approx \frac{\beta_1(R_c \mathbin{/\mkern-5mu/} R_L)}{r_{be1}} \tag{4.20}$$

可见该电路的电压放大倍数与单管共射放大电路的电压放大倍数大小相同，只差一个相位变化。

4.3　多级放大电路的耦合方式

在许多实际应用中常要求放大电路具有较高的电压放大倍数（如 3000 倍）、较高的输入电阻（如＞2 MΩ）以及较小的输出电阻（如＜100 Ω）等。但是单管放大电路是不能够满足这个要求的，因此需要将多个单管放大电路合理连接起来构成多级放大电路。由于三种基本放大电路的性能不同，所以在构成多级放大电路时应充分利用它们的特点，合理组合，用尽可能少的级数来满足放大倍数和输入、输出电阻的要求。

在多级放大电路中，每一个基本放大电路称为一级，级与级之间连接的方式称为耦合方式。级间耦合时，一方面要确保各级放大电路有合适的静态工作点，另一方面应保证前一级的输出信号尽可能不衰减地输入到后级输入端。多级放大电路常用的耦合方式有三种：阻容耦合、直接耦合和变压器耦合。

4.3.1　直接耦合

1. 电路分析

将前一级的输出端直接连接到后一级的输入端，称为直接耦合，如图 4.8 所示。

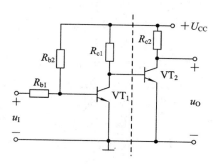

图 4.8　直接耦合两级共射放大电路

图 4.8 中的输入信号从 VT_1 管基极输入，集电极输出，因此第一级为共射放大电路。VT_1 管的输出信号从 VT_2 管的基极输入，集电极输出，因此第二级也为共射放大电路。

在该电路中，电阻 R_{c1} 不但是第一级的集电极电阻，而且还是第二级的基极电阻。合理地选择 R_{c1} 的阻值可以为第二级提供合适的基极电流。

从图 4.8 中可以看出，静态时 VT_1 管的管压降 U_{CEQ1} 等于 VT_2 管的 b - e 间压降 U_{BEQ2}。若 VT_1 和 VT_2 管为相同的硅管，则 $U_{CEQ1} = U_{BEQ2} \approx 0.7$ V，VT_1 管的静态工作点靠近饱和区，在进行动态信号放大时容易出现饱和失真。

2. 实用电路

为了保证第一级的晶体管 VT_1 具有合适的静态工作点，必须抬高第二级晶体管基极的电位。可以选择的解决办法如下：

为了抬高第二级晶体管基极的电位，可在第二级的射极上加一个合适的电阻，如图 4.9(a) 所示。此时，第二级基极的电位 $U_{BQ2} = U_{BEQ2} + I_{EQ2}R_{e2}$，可以保证两级放大电路均有合适的静态工作点。但是电阻 R_{e2} 的加入会使第二级的电压放大倍数下降，影响整个电路的放大倍数。

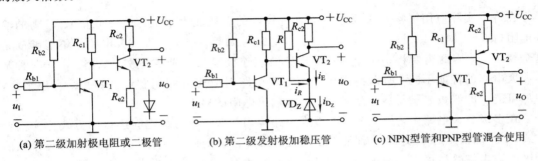

(a) 第二级加射极电阻或二极管　　(b) 第二级发射极加稳压管　　(c) NPN 型管和 PNP 型管混合使用

图 4.9　直接耦合放大电路静态工作点的设置

为了保证两级放大电路均有合适的静态工作点且不影响整个电路的放大能力，应采用一种器件取代 R_{e2}：对于直流量相当于一个电压源，对于交流量可等效成一个小电阻。从第 1 章的讲述中可以知道，二极管和稳压管均满足这两个要求。

二极管正向导通且通过直流电流时，两端会存在一个直流压降 U_D（对于硅管，其值约为 0.7 V）；当在这个直流信号上叠加一个交流信号时，二极管的动态电阻为 du_D/di_D（小功率管约为几欧至几十欧）。在 VT_1 管的管压降 U_{CEQ1} 要求不高（<2 V）时，可用一只或者两只二极管取代 R_{e2}。如图 4.9(a) 所示。此时，第二级基极的电位 $U_{BQ2} = U_{BEQ2} + nU_D$（$n$ 为二极管的个数）。

如果 VT_1 管的管压降 U_{CEQ1} 要求大于 2 V，则串联多只二极管就显得十分繁琐，此时可利用稳压管取代 R_{e2}，如图 4.9(b) 所示。此时，第二级基极的电位 $U_{BQ2} = U_{BEQ2} + U_Z$（U_Z 为稳压管的稳定电压）。当稳压管工作在稳压状态时，在一定的电流范围内其端电压基本保持不变，其动态电阻也只为十几欧到几十欧。图中电阻 R 支路的作用是保证稳压管中的电流大于稳定电流。在实际应用中，应根据 VT_1 管的管压降 U_{CEQ1} 所需的数值选取稳压管的稳定电压 U_Z。

在图 4.8 和 4.9(a)、(b) 所示的电路中，为了保证各级晶体管都工作在放大区，第二级晶体管的基极电位必定高于第一级晶体管。如果选择相同的晶体管（如本例中的 NPN 管）构成多级放大电路，则由于每一级的晶体管集电极电位的抬升，必然会导致后面某一级晶体管的集电极电位接近直流电源的电压，静态工作点将不合适。为了解决这个问题，常采用将 NPN 型晶体管和 PNP 型晶体管混用的方法，如图 4.9(c) 所示。在图示电路中，虽然 VT_1 管的集电极电位高于其基极电位，但是 VT_2 管的集电极电位低于其基极电位（VT_1 管的集电极电位）。

3. 直接耦合的特点

直接耦合具有以下特点：

（1）具有良好的低频特性，可以放大变化缓慢的信号；

（2）电路中没有大容量电容，易于集成化构成集成放大电路；

（3）各级之间的直流通路相连，静态工作点相互影响。

4.3.2 阻容耦合

将前一级的输出端通过电容连接到后一级的输入端，称为直接耦合，如图 4.10 所示。图中的输入信号从 VT_1 管基极输入，集电极输出，因此第一级为共射放大电路。VT_1 管的输出信号从 VT_2 管的基极输入，射极输出，因此第二级为共集放大电路。

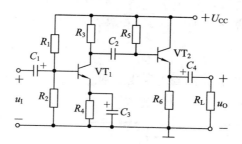

图 4.10 两级阻容耦合放大电路

由于电容对于直流分量的电抗为无穷大，因此耦合电容将放大电路各级之间的直流通路隔绝开来，使得各级电路的静态工作点各自独立，在求解静态工作点时可按照单级放大电路进行处理。对于动态信号而言，只要信号的频率足够高、耦合电容的容量足够大，耦合电容对交流信号就可以视为短路，前级的输出信号就可以无衰减地传递到后级的输入端。

由于电容对低频信号的容抗很大，因此阻容耦合多级放大电路对变化缓慢的信号的放大能力很弱，甚至不放大。此外，由于集成电路中的大电容制作困难，阻容耦合方式一般只用于分立元件电路，不用于集成电路的制作。

4.3.3 变压器耦合

将放大电路前一级的输出端通过变压器连接到后一级的输入端或者负载电阻上，称为变压器耦合，如图 4.11 所示。

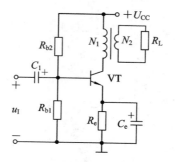

图 4.11 变压器耦合共射放大电路

图 4.11 中的输入信号从晶体管的基极输入，集电极输出，因此第一级为共射放大电路。VT_1 管的输出信号通过变压器耦合到负载 R_L（也可以是下一级放大电路）上。

变压器耦合多级放大电路各级的静态工作点相互独立，但是低频特性较差，不能放大变化缓慢的信号，也不能集成化。但是变压器耦合方式可以实现阻抗变换，可以在负载电阻很小的时候获得足够大的输出功率，因而在分立元件功率放大电路中的应用极为广泛。

4.4　多级放大电路的动态分析

设有一个 N 级放大电路的交流等效电路方框图如图 4.12 所示。从图中可以看出，每级放大电路的输出信号即为下级电路的输入信号，则根据电压放大倍数的定义可知

$$\dot{A}_u = \frac{\dot{U}_o}{\dot{U}_i} = \frac{\dot{U}_{o1}}{\dot{U}_i} \frac{\dot{U}_{o2}}{\dot{U}_{i2}} \cdots \frac{\dot{U}_o}{\dot{U}_{iN}} = \dot{A}_{u1} \dot{A}_{u2} \cdots \dot{A}_{uN} \tag{4.21}$$

因此，多级放大电路的电压放大倍数为组成它的各级放大电路电压放大倍数的乘积。注意：每一级的放大倍数是以下一级的输入电阻作为负载的放大倍数。

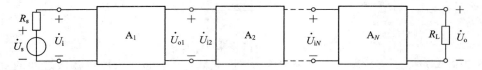

图 4.12　多级放大电路方框图

根据输入电阻的定义，多级放大电路的输入电阻即为第一级放大电路的输入电阻

$$R_i = R_{i1} \tag{4.22}$$

根据输出电阻的定义，多级放大电路的输出电阻即为最后一级放大电路的输出电阻

$$R_o = R_{oN} \tag{4.23}$$

下面以图 4.10 所示的阻容耦合放大电路为例说明多级放大电路的静态分析和动态分析解法。

1. 静态分析

该电路的直流通路如图 4.13 所示，可见前后级的静态工作点是相互独立的，可按照单管放大电路的方法来求解。

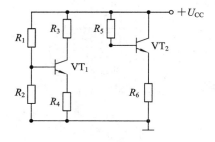

图 4.13　阻容耦合放大电路的直流通路

第一级为分压偏置式静态工作点稳定电路，其静态工作点为

$$\begin{cases} U_{BQ1} = \dfrac{R_2}{R_1 + R_2} U_{CC} \\[2mm] I_{EQ1} = \dfrac{U_{BQ1} - U_{BEQ1}}{R_4} \\[2mm] I_{BQ1} = \dfrac{I_{EQ1}}{1 + \beta_1} \\[2mm] U_{CEQ1} \approx U_{CC} - I_{EQ1}(R_3 + R_4) \end{cases} \tag{4.24}$$

第二级为共集放大电路，其静态工作点为

$$\begin{cases} I_{BQ2} = \dfrac{U_{CC} - U_{BEQ2}}{R_5 + (1 + \beta_2)R_6} \\[2mm] I_{EQ2} = (1 + \beta_2)I_{BQ2} \\[2mm] U_{CEQ2} = U_{CC} - I_{EQ2}R_6 \end{cases} \tag{4.25}$$

2. 动态分析

该电路的交流通路如图 4.14(a)所示，交流等效电路如图 4.14(b)所示。

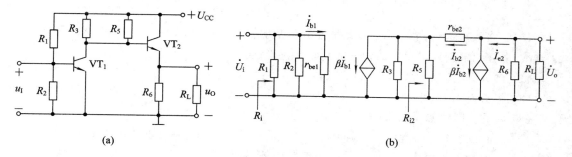

(a)　　　　　　　　　　　　　　　**(b)**

图 4.14　阻容耦合放大电路的交流通路和交流等效模型

为了求出第一级电路的电压放大倍数，必须求出其负载电阻。从图 4.14(a)中可以看出，负载电阻即为包括电阻 R_5 向右的等效电阻（第二级的输入电阻 R_{i2}）

$$R_{i2} = R_5 \;/\!/\; [r_{be2} + (1 + \beta_2)R_6] \tag{4.26}$$

$$\dot{A}_{u1} = \frac{\dot{U}_{o1}}{\dot{U}_i} = -\frac{\beta_1(R_3 \;/\!/\; R_{i2})}{r_{be1}} \tag{4.27}$$

第二级放大电路的电压放大倍数为

$$\dot{A}_{u2} = \frac{\dot{U}_o}{\dot{U}_{i2}} = \frac{(1 + \beta_2)(R_6 \;/\!/\; R_L)}{r_{be2} + (1 + \beta_2)(R_6 \;/\!/\; R_L)} \tag{4.28}$$

因此，电路的总电压放大倍数为

$$\dot{A}_u = \dot{A}_{u1}\dot{A}_{u2} = -\frac{\beta_1(R_3 \;/\!/\; R_{i2})}{r_{be1}} \cdot \frac{(1 + \beta_2)(R_6 \;/\!/\; R_L)}{r_{be2} + (1 + \beta_2)(R_6 \;/\!/\; R_L)} \approx -\frac{\beta_1(R_3 \;/\!/\; R_{i2})}{r_{be1}} \tag{4.29}$$

即电路的总电压放大倍数约等于第一级电路的电压放大倍数。

根据输入电阻的定义有

$$R_i = \frac{\dot{U}_i}{\dot{I}_i} = R_1 \;/\!/\; R_2 \;/\!/\; r_{be1} \tag{4.30}$$

输出电阻为

$$R_o = \frac{\dot{U}_o}{\dot{I}_o} = R_6 \;/\!/\; \frac{r_{be2} + R_3 \;/\!/\; R_5}{1 + \beta_2} \tag{4.31}$$

本 章 小 结

（1）复合管的接法有多种，可以由相同类型的晶体管组成，也可以由不同类型的晶体管组成。两个相同类型的晶体管组成的复合管，其类型与原来相同，复合管的 $\beta \approx \beta_1 \beta_2$，复合管的 $r_{be} = r_{be1} + (1 + \beta_1) r_{be2}$；两个不同类型的晶体管组成的复合管，其类型与前级晶体管相同，复合管的 $\beta \approx \beta_1 \beta_2$，复合管的 $r_{be} = r_{be1}$。

（2）多级放大电路常用的耦合方式有三种：直接耦合、阻容耦合和变压器耦合。多级放大电路的电压放大倍数为各级电压放大倍数的乘积，在计算每一级电压放大倍数时要考虑前后级之间的相互影响；多级放大电路的输入电阻基本上等于第一级的输入电阻，而其输出电阻约等于最后一级的输出电阻。

习题与思考题

4.1　多级放大电路如习题 4.1 图所示，若静态（$u_i = 0$）测试时，$u_O > 0$，为使静态时，$u_O = 0$，现分别采用以下调整方法，试判断其正确性。

（1）将 R_{c1} 阻值增大（　　）；

（2）将 R_{e2} 阻值减小（　　）；

（3）将 R_{b31} 阻值减小（　　）。

4.2　如习题 4.2 图所示，某学生用 NPN 管和 PNP 管连接成如习题 4.2 图所示组合放大电路，但却不能放大，请你帮他找出电路中的错误，并加以改正，改正不允许增、减元器件。

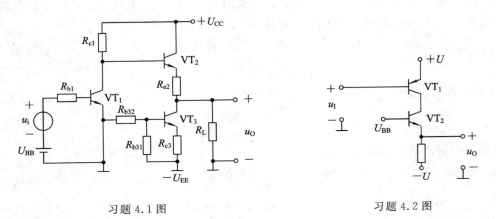

习题 4.1 图　　　　　　　　　　　　　习题 4.2 图

4.3　两级直接耦合放大电路如习题 4.3 图所示，某学生在静态（$u_1 = 0$ V）测试时，测得 u_O 较大，为了使静态时 u_O 较小，该学生将 R_b 阻值减小，你认为他这样调节合适吗？为什么？

4.4　判断习题 4.4 图中给出的两种复合管的接法是否正确。若不正确，则改正其接法，画出正确的连接图。在改正的过程中，只能改变连接关系，不能改变原晶体管的类型。

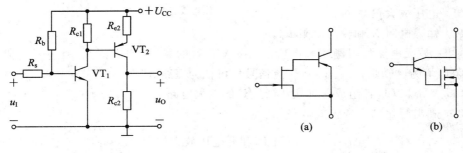

习题 4.3 图　　　　　　　　　　习题 4.4 图

4.5　试判断习题 4.5 图中复合管的接法哪些是合理的，哪些是错误的，对于接法正确的复合管进一步判断它们的等效类型。管①是_____；管②是_____；管③是_____；管④是_____；管⑤是_____。

A. NPN 管　　　　　B. PNP 管　　　　　C. N 沟道场效应管

D. P 沟道场效应管　　E. 错误的

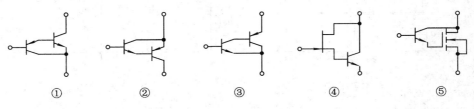

习题 4.5 图

4.6　直接耦合且工作点稳定的两级电路放大如习题 4.6 图所示。设 VT_1、VT_2 特性相同，且 $\beta_1=\beta_2=\beta=50$，$U_{BE1}=U_{BE2}=U_{BE}=0.6$ V，$r_{bb'1}=r_{bb'2}=r_{bb'}=300$ Ω，电阻 $R_1=8$ kΩ，$R_2=51$ kΩ，$R_{e1}=8$ kΩ，$R_{c1}=35$ kΩ，$R_{e2}=6$ kΩ，$R_{c2}=15$ kΩ，电源电压 $U_{CC}=24$ V，电容 C_1、C_2、C_{e1}、C_{e2} 对交流信号均可视为短路。试估算：

（1）静态工作电流 I_{CQ1}、I_{CQ2}；静态工作电压 U_{CEQ1}、U_{CEQ2}；

（2）电压放大倍数 $\dot{A}_u$，输入电阻 R_i，输出电阻 R_o；

（3）当 C_{e1} 开路时，求电路电压放大倍数 $\dot{A}_u$，输入电阻 R_i。

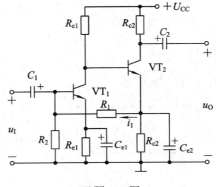

习题 4.6 图

4.7　设习题 4.7 图示放大电路中场效应管 VT_1 的 g_m 和晶体管 VT_2 的 β、r_{be} 均为已知量，电容器对交流信号均可视为短路，试写出电路下列性能参数表达式：

（1）电压放大倍数 $\dot{A}_u = \dot{U}_o / \dot{U}_i$；

（2）输入电阻 R_i 和输出电阻 R_o。

4.8 放大电路如习题 4.8 图所示。设 VT_1 管的 g_m、VT_2 管的 β 和 r_{be}、电阻 R_1、R_2、R_3 的阻值均为已知量，C_1、C_2 对交流信号均可视为短路。

（1）VT_1、VT_2 各组成哪种接法（组态）的放大电路？

（2）画出简化的微变等效电路。

（3）写出输入电阻 R_i、输出电阻 R_o 和源电压放大倍数 $\dot{A}_{us} = \dfrac{\dot{U}_o}{\dot{U}_s}$ 的表达式。

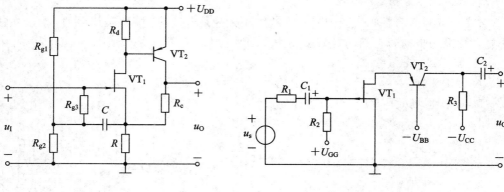

习题 4.7 图　　　　　　　　　习题 4.8 图

4.9 放大电路如习题 4.9 图所示。设 VT_1 的 g_m，VT_2、VT_3 的 β_1、β_2 和 r_{be2}、r_{be3}，以及电路其他元件参数均为已知，电容器对交流信号可视为短路。

（1）VT_1、VT_2、VT_3 各组成哪种接法（组态）的放大电路？

（2）画出简化的微变等效电路。

（3）由等效电路写出输入电阻 R_i，输出电阻 R_o 和源电压放大倍数 $\dot{A}_{us} = \dfrac{\dot{U}_o}{\dot{U}_s}$ 的表达式。

4.10 两级直接耦合放大电路如习题 4.10 图所示。已知 VT_1、VT_2 参数的 $\beta_1 = 25$，$\beta_2 = 100$，$U_{BE1} = 0.7$ V，$U_{BE2} = -0.3$ V，电阻 $R_s = R_{e2} = 500$ Ω，$R_b = 5.8$ kΩ，$R_{c1} = 1$ kΩ，$R_{c2} = 5.1$ kΩ，电源电压 $U_{CC} = 9$ V。

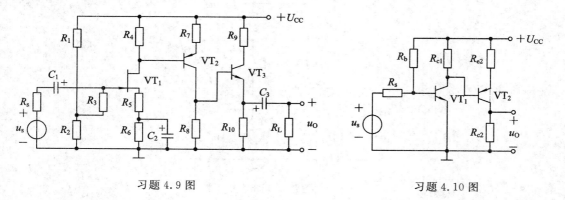

习题 4.9 图　　　　　　　　　习题 4.10 图

（1）分析判断 VT_1、VT_2 的工作状态。

（2）若分别出现以下故障，VT_1、VT_2 的工作状态有何变化？（R_s 短路；R_s 开路；R_b 开路）

4.11　设习题 4.11 图示两电路中晶体管参数 $\bar\beta$ 和 U_{BE}、场效应管参数 I_{DSS} 和 $U_{GS(off)}$ 均为已知量，试写出各管静态工作电流和电压的表达式。

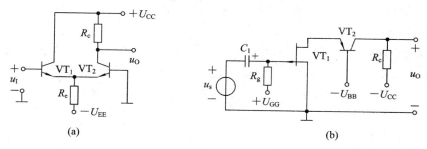

(a)　　　　　　　　　(b)

习题 4.11 图

4.12　在习题 4.12 图示直接耦合式多级放大电路中，设晶体管 VT$_1$、VT$_2$ 的特性相同，且 $U_{BE}=0.7$ V，$\beta=50$，$r_{bb'}=300\ \Omega$，电源电压 $u_{CC}=10$ V，电阻 $R_{b1}=20$ kΩ，$R_{b2}=62$ kΩ，$R_{c1}=R_{e1}=R_{c2}=2$ kΩ，$R'_{e1}=100\ \Omega$，$R_{e2}=510\ \Omega$，$R_L=5$ kΩ，C_1、C_2、C_3、C_4 的电容量都足够大，$U_s=1.5$ mV。试求：$R_s=0$ 和 $R_s=1$ kΩ 时输出电压 U_o 各为多少？（计算时可忽略 I_{BQ2} 的影响）

4.13　直接耦合式多级放大电路如习题 4.13 图示，设 VT$_1$～VT$_3$ 的特性相同，且 $\beta=49$，$U_{BE}=0.7$ V，$r_{bb'}=300\ \Omega$，VD$_1$、VD$_2$ 特性相同，且 $U_D=0.7$ V，$r_d=0.5$ kΩ，电源电压 $U_{CC}=12$ V，电阻 $R_{b1}=460$ kΩ，$R_{e1}=2.2$ kΩ，$R_{c2}=3$ kΩ，$R_{e3}=1.8$ kΩ。试估算：

（1）各级静态工作点 I_{CQ1}、I_{CQ2}、I_{CQ3}、U_{CEQ1}、U_{CEQ2}、U_{CEQ3}；

（2）电压放大倍数 $\dot A_u=U_o/U_i$；

（3）电流放大倍数 $\dot A_i=\dot I_{e3}/I_{b1}$。

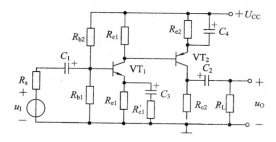

习题 4.12 图　　　　　　　　习题 4.13 图

4.14　多级放大电路如习题 4.14 图所示。设 VT$_1$、VT$_2$ 的特性相同，且 $\beta=30$，$U_{BE}=0.7$ V，$r_{bb'}=300\ \Omega$，电源电压 $U_{CC}=12$ V，电阻 $R_{e1}=1.3$ kΩ，$R_{c1}=4$ kΩ，$R_{b11}=20$ kΩ，$R_{b12}=100$ kΩ，$R_{e2}=150\ \Omega$，各电容对交流信号均可视为短路。

（1）VT$_1$、VT$_2$ 各组成哪种接法（组态）的放大电路？

（2）画出电路的简化 h 参数等效电路。

（3）计算电压放大倍数 $\dot A_u$、输入电阻 R_i 和输出电阻 R_o。

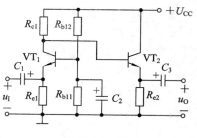

习题 4.14 图

4.15 多级放大电路如习题 4.15 图所示,设晶体管 $VT_1 \sim VT_3$ 特性相同,且 $\beta = 50$, $U_{BE} = 0.7$ V,电源电压 $U_{CC} = 12$ V,$U_{EE} = 6$ V,$U_{BB} = 1$ V;电阻 $R_s = 15$ kΩ,$R_{c1} = 8.3$ kΩ, $R_{e2} = 3$ kΩ,$R_{b31} = 3.7$ kΩ,$R_{b32} = 2.3$ kΩ。为满足零输入时($u_S = 0$)零输出的要求,R_{e3} 阻值 应选多大?

4.16 直接耦合两级放大电路如习题 4.16 图所示,已知 VT_1、VT_2 的参数,$\beta_1 = 25$, $\beta_2 = 100$,$U_{BE1} = 0.7$ V,$U_{BE2} = -0.3$ V,电阻 $R_s = 500$ Ω,$R_{c1} = 1$ kΩ,$R_{e2} = 500$ Ω,$R_{c2} = 5.1$ kΩ,$U_{CC} = 12$ V,要求静态($u_1 = 0$ V)时,$u_O = 5.1$ V,电阻 R_b 应选多大?

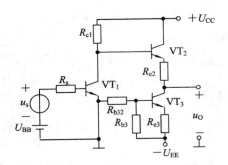
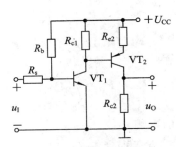

习题 4.15 图   习题 4.16 图

4.17 直接耦合放大电路如习题 4.17 图所示,已知 VT_1 的 $U_{BE1} = 0.7$ V,$\beta_1 = 30$。 VT_2 的 $U_{BE2} = -0.2$ V,$\beta_2 = 30$,电阻 $R_s = 3$ kΩ,$R_{e1} = 100$ Ω,$R_{c2} = 5.6$ kΩ,$R = 510$ Ω, $R_w = 224$ Ω,电源电压 $U_{CC} = U_{EE} = 6$ V,现要求在静态时(即 $u_1 = 0$ V),$u_O = 0$ V,试确定 R_{c1} 的大小。

4.18 直接耦合两级放大电路如习题 4.18 图所示,已知晶体管 VT_1、VT_2 的参数, $\beta_1 = 25$,$\beta_2 = 100$,$U_{BE1} = 0.7$ V,$U_{BE2} = -0.3$ V,$r_{bb'1} = r_{bb'2} = 300$ Ω,电阻 $R_s = R_{e2} = 500$ Ω,$R_b = 7.9$ kΩ,$R_{c1} = 1$ kΩ,$R_{c2} = 5.1$ kΩ,电源电压 $U_{CC} = 12$ V。试估算:

(1) 静态工作点 I_{CQ1}、I_{CQ2}、U_{CEQ1}、U_{CEQ2}、U_o;

(2) 源电压放大倍数 $A_{us} = u_O / u_s$。

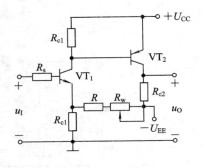
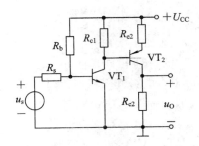

习题 4.17 图   习题 4.18 图

4.19 请将习题 4.19 图示电路的端子正确连接,组成两级放大电路。要求不增、减元 器件,电压放大倍数 $|\dot{A}_u|$ 尽量大。

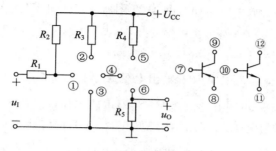

习题 4.19 图

4.20　多级放大电路的构成框图及每一级的输入电阻 R_i、输出电阻 R_o、负载开路电压放大倍数 $\dot{A}_{uo}$ 值如习题 4.20 图所示。试分别计算多级放大电路电压放大倍数 $\dot{A}_u = \dot{U}_o / \dot{U}_i$，源电压放大倍数 $\dot{A}_{us} = \dot{U}_o / \dot{U}_s$。

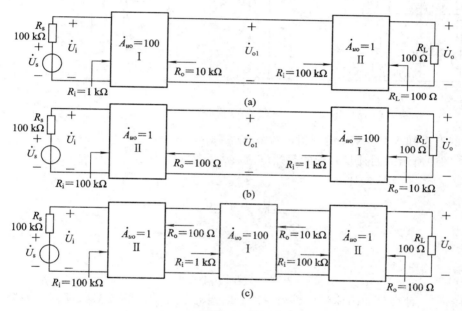

习题 4.20 图

4.21　试估算习题 4.21 图示多级放大电路静态工作电流、电压：I_{CQ1}、U_{CEQ1}、I_{CQ2}、U_{CEQ2}，并判断 VT_1、VT_2 的工作状态。设 VT_1、VT_2 的特性相同，且 $\beta = 49$，$U_{BE} = 0.7$ V，$I_{B2} \ll I_{E1}$。

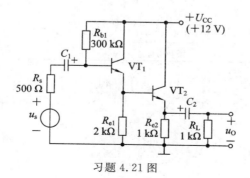

习题 4.21 图

4.22　两级直接耦合放大电路如习题 4.22 图所示，已知 VT_1、VT_2 的参数 $\beta_1=\beta_2=30$，$U_{BE1}=0.7\ V$，$U_{BE2}=-0.2\ V$，$r_{bb'1}=r_{bb'2}=300\ \Omega$，电容 C_1、C_2、C_e 对交流信号均可视为短路。

(1) 估算静态工作点 I_{CQ1}、I_{CQ2}、U_{CEQ1}、U_{CEQ2}。

(2) 估算 $\dot{A}_{us}=\dfrac{\dot{U}_o}{\dot{U}_s}$，输入电阻 R_i 和输出电阻 R_o。

(3) 定性说明电容 C_e 出现开路故障时，将对电路工作情况产生什么影响。

4.23　放大电路如习题 4.23 图所示，已知 VT_1、VT_2 的特性相同，各电容对交流信号均可视为短路。试画出该电路简化 h 参数等效电路，并推导 $\dot{A}_{u1}=\dfrac{\dot{U}_{o1}}{\dot{U}_i}$ 及 $\dot{A}_{u2}=\dfrac{\dot{U}_{o2}}{\dot{U}_i}$ 的表达式。

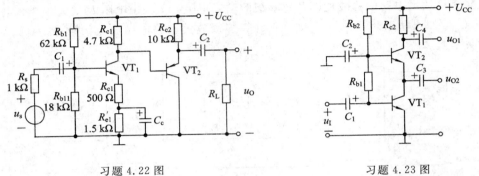

习题 4.22 图　　　　　　　　　习题 4.23 图

4.24　已知 VT_1、VT_2 的共射电流放大系数 $\beta_1=\beta_2=50$，VT_3 的跨导 $g_{m3}=2\ mS$。求习题 4.24 图中所示的两种复合管的等效电流放大系数或跨导。

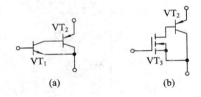

(a)　　　　　　(b)

习题 4.24 图

4.25　三种型号的晶体管参数和一种所期望的复合管的等效参数都列于习题 4.25 表中。指出习题 4.25 图示复合方案中哪些是合理的，哪些是不合理的。并简要说明理由。

习题 **4.25** 表

型号	β	I_{CEO}	P_{CM}	I_{CM}	$U_{(BR)CEO}$
VT_1	120	$0.1\ \mu A$	$0.3\ W$	$0.2\ A$	$100\ V$
VT_2	90	$1\ \mu A$	$4\ W$	$2\ A$	$90\ V$
VT_3	80	$100\ \mu A$	$100\ W$	$60\ A$	$80\ V$
复合管	$\geqslant 3000$	尽量小	$\geqslant 60\ W$	$\geqslant 40\ A$	$\geqslant 60\ V$

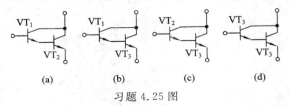

(a)　　　　(b)　　　　(c)　　　　(d)

习题 4.25 图

第 5 章

放大电路的频率响应

　　放大电路的频率响应由幅频特性和相频特性两方面组成，主要用于表征放大电路对不同频率信号的适应能力。频率特性差的放大电路通频带窄，一旦超出工作带宽，就会出现增益严重下降（幅频特性差）或相移严重（相频特性差），而频率特性好的放大电路可以在很宽的频带范围内保持稳定的增益和较小的相移误差。因此，在实际应用中，研究放大电路的频率响应非常重要。本章通过讲述频率响应的基本概念，引入对数坐标画图法——波特图，介绍了晶体管的高频等效模型，结合高频混合 π 模型对单管共射放大电路的频率响应进行了详尽分析，最后简要描述了多级放大电路的频率特性。

5.1　频率响应概述

　　在前面研究各种放大电路的性能指标时，我们忽略了耦合电容、旁路电容、半导体的极间电容及分布电容等电抗性元件的影响。实际上，这些电抗性元件的存在，会使得放大电路在输入信号的频率改变时，其放大倍数和输出信号的相位发生变化。本章通过引入半导体管的高频等效模型，明确放大电路上限频率、下限频率和通频带的求解方法以及频率响应的描述方法。

5.1.1　频率响应的基本概念

　　由于电抗性元件的存在，放大电路的放大倍数和输出信号的相位随着输入信号的频率而发生变化，这种特性称为放大电路的频率响应或频率特性，可用电压放大倍数与信号频率的函数关系来描述，即

$$\dot{A}_u = |\dot{A}_u(\omega)| \, \mathrm{e}^{\mathrm{j}\omega} = |\dot{A}_u(\omega)| \, \underline{/\varphi(\omega)} \tag{5.1}$$

式中，$\omega = 2\pi f$，$|\dot{A}_u(\omega)|$ 为 $\dot{A}_u$ 的模，表示电压放大倍数的幅值与频率的关系，称为幅频特性；$\varphi(\omega)$ 为 $\dot{A}_u$ 的相角，表示电压放大倍数的相位与频率的关系，称为相频特性。这两个特性合起来表征了放大电路的频率响应。

5.1.2　高通电路

　　在放大电路中，由于耦合电容的存在，在信号的频率足够高的时候，电容相当于短路，

信号可以几乎无损地通过；而在信号的频率低到一定程度后，电容的容抗不可忽略，信号将在其上产生压降，从而导致电路的放大倍数的数值减小并产生相移。放大电路中的外加电容及其回路就构成了信号的高通回路，如图 5.1(a) 所示。

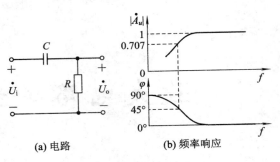

(a) 电路　　　　　　(b) 频率响应

图 5.1　高通电路及其频率响应

在图 5.1(a) 所示的高通电路中，令输出电压 $\dot{U}_\text{o}$ 与输入电压 $\dot{U}_\text{i}$ 的比值为电压放大倍数 $\dot{A}_u$，则

$$\dot{A}_u = \frac{\dot{U}_\text{o}}{\dot{U}_\text{i}} = \frac{R}{R + \dfrac{1}{\text{j}\omega C}} = \frac{1}{1 + \dfrac{1}{\text{j}\omega RC}} \tag{5.2}$$

式中，ω 为输入信号的角频率。令 τ 为该回路的时间常数 RC，则 $\omega_\text{L} = \dfrac{1}{RC} = \dfrac{1}{\tau}$，有

$$f_\text{L} = \frac{\omega_\text{L}}{2\pi} = \frac{1}{2\pi\tau} = \frac{1}{2\pi RC} \tag{5.3}$$

因此，式 (5.2) 可以写为

$$\dot{A}_u = \frac{1}{1 + \dfrac{\omega_\text{L}}{\text{j}\omega}} = \frac{1}{1 + \dfrac{f_\text{L}}{\text{j}f}} = \frac{\text{j}\dfrac{f}{f_\text{L}}}{1 + \text{j}\dfrac{f}{f_\text{L}}} \tag{5.4}$$

将 $\dot{A}_u$ 用其幅值和相角表示，为

$$\begin{cases} |\dot{A}_u| = \dfrac{f/f_\text{L}}{\sqrt{1 + (f/f_\text{L})^2}} \\ \varphi = 90° - \arctan(f/f_\text{L}) \end{cases} \tag{5.5}$$

上式表示了高通电路的 $\dot{A}_u$ 的幅值与相位与频率的关系，称为高通电路的频率响应。由上式可知，

$$\begin{cases} 当 f \gg f_\text{L} 时，|\dot{A}_u| \approx 1，\quad \varphi \approx 0° \\ 当 f = f_\text{L} 时，|\dot{A}_u| = 1/\sqrt{2} \approx 0.707，\quad \varphi = 45° \\ 当 f \ll f_\text{H} 时，|\dot{A}_u| \approx f/f_\text{L}，f 每下降 10 倍，|\dot{A}_u| 降低 10 倍 \\ 当 f \to 0 时，|\dot{A}_u| \to 0，\quad \varphi \approx 90° \end{cases} \tag{5.6}$$

因此，对于高通电路而言，频率越低，电压放大倍数的衰减越大，相移也越大。只有当信号频率 $f \gg f_\text{L}$ 时，输出电压 $\dot{U}_\text{o}$ 才约等于 $\dot{U}_\text{i}$。定义 f_L 为下限截止频率（简称下限频率），则在该频率下，$\dot{A}_u$ 的幅值下降到 70.7%，相移为 45°。图 5.1(b) 为高通电路的频率响应曲线，上图为幅频特性曲线，下图为相频特性曲线。

5.1.3　低通电路

在放大电路中，由于半导体管极间电容的存在，在信号的频率足够低的时候，电容相当于开路，信号可以几乎无损地通过；而在信号的频率高到一定程度后，极间电容的容抗变得很小，对流经其中的电流将起到分流的作用，从而导致放大倍数的数值减小并产生相移。放大电路中的极间电容及其回路就构成了信号的低通回路，如图 5.2(a)所示。

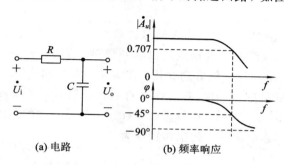

(a) 电路　　　　　　(b) 频率响应

图 5.2　低通电路及其频率响应

在图 5.2(a)所示的高通电路中，令输出电压 $\dot{U}_\circ$ 与输入电压 $\dot{U}_i$ 的比值为电压放大倍数 $\dot{A}_u$，则

$$\dot{A}_u = \frac{\dot{U}_\circ}{\dot{U}_i} = \frac{\dfrac{1}{j\omega C}}{R + \dfrac{1}{j\omega C}} = \frac{1}{1 + j\omega RC} \qquad (5.7)$$

令 τ 为该回路的时间常数 RC，则 $\omega_H = \dfrac{1}{RC} = \dfrac{1}{\tau}$，有

$$f_H = \frac{\omega_H}{2\pi} = \frac{1}{2\pi\tau} = \frac{1}{2\pi RC} \qquad (5.8)$$

因此，式(5.7)可以写为

$$\dot{A}_u = \frac{1}{1 + j\dfrac{\omega}{\omega_L}} = \frac{1}{1 + j\dfrac{f}{f_H}} \qquad (5.9)$$

将 $\dot{A}_u$ 用其幅值和相角表示，为

$$\begin{cases} |\dot{A}_u| = \dfrac{1}{\sqrt{1 + (f/f_H)^2}} \\ \varphi = -\arctan(f/f_H) \end{cases} \qquad (5.10)$$

上式表示了低通电路的 $\dot{A}_u$ 的幅值与相位与频率的关系，称为低通电路的频率响应。由上式可知，

$$\begin{cases} \text{当 } f \ll f_H \text{ 时，} |\dot{A}_u| \approx 1, \quad \varphi \approx 0° \\ \text{当 } f = f_H \text{ 时，} |\dot{A}_u| = 1/\sqrt{2} \approx 0.707, \quad \varphi = -45° \\ \text{当 } f \gg f_H \text{ 时，} |\dot{A}_u| \approx f_H/f, f \text{ 每升高 10 倍，} |\dot{A}_u| \text{降低 10 倍} \\ \text{当 } f \to \infty \text{ 时，} |\dot{A}_u| \to 0, \quad \varphi = -90° \end{cases} \qquad (5.11)$$

因此，对于低通电路而言，频率越高，电压放大倍数的衰减越大，相移也越大。只有当

信号频率 $f \ll f_H$ 时，输出电压 $\dot{U}_o$ 才约等于 $\dot{U}_i$。定义 f_H 为上限截止频率（简称上限频率），则在该频率下，$\dot{A}_u$ 的幅值下降到 70.7%，相移为 $-45°$。图 5.2(b) 为低通电路的频率响应曲线，上图为幅频特性曲线，下图为相频特性曲线。

放大电路的上限截止频率 f_H 与下限截止频率 f_L 之差为其通频带 f_{bw}，即

$$f_{bw} = f_H - f_L \tag{5.12}$$

5.1.4 波 特 图

在研究放大电路的频率响应时，输入信号的频率范围通常设置的很大（常在几兆赫兹到上百兆赫兹），而放大电路的放大倍数可以从几倍到上百万倍。为了在同一坐标系中表示如此宽范围的信号频率和放大倍数的变化，在画频率特性曲线时一般采用对数坐标，称为波特(Bode)图。波特图包括对数幅频特性和对数相频特性，其横轴均为 $\lg f$；幅频特性的纵轴为增益，用 $20\lg|\dot{A}_u|$ 表示，单位为分贝(dB)；相频特性的纵轴仍为 φ。

由式(5.5)可知，高通电路的对数幅频特性为

$$20\lg|\dot{A}_u| = 20\lg\frac{f}{f_L} - 20\lg\sqrt{1+\left(\frac{f}{f_L}\right)^2} \tag{5.13}$$

结合其相频特性公式可知

$$\begin{cases} 当\ f \gg f_L\ 时，20\lg|\dot{A}_u| \approx 0\ dB，\quad \varphi \approx 0° \\ 当\ f = f_L\ 时，20\lg|\dot{A}_u| = -20\lg\sqrt{2} \approx -3\ dB，\quad \varphi = 45° \\ 当\ f \ll f_L\ 时，20\lg|\dot{A}_u| \approx 20\lg(f/f_L)，f\ 每下降\ 10\ 倍，增益下降\ 20\ dB \end{cases} \tag{5.14}$$

所以，在 $f \ll f_L$ 时，对数幅频特性可以等效成斜率为 $20\ dB/$十倍频的直线。

由公式(5.10)可知，低通电路的对数幅频特性为

$$20\lg|\dot{A}_u| = -20\lg\sqrt{1+\left(\frac{f}{f_H}\right)^2} \tag{5.15}$$

结合其相频特性公式可知

$$\begin{cases} 当\ f \ll f_H\ 时，20\lg|\dot{A}_u| \approx 0\ dB，\quad \varphi \approx 0° \\ 当\ f = f_H\ 时，20\lg|\dot{A}_u| = -20\lg\sqrt{2} \approx -3\ dB，\quad \varphi = -45° \\ 当\ f \gg f_H\ 时，20\lg|\dot{A}_u| \approx -20\lg(f/f_H)，f\ 每上升\ 10\ 倍，增益下降\ 20\ dB \end{cases}$$

$$\tag{5.16}$$

所以，在 $f \gg f_H$ 时，对数幅频特性可以等效成斜率为 $-20\ dB/$十倍频的直线。

在近似分析中，常将波特图的曲线折线化，称为近似波特图。

对于高通电路，在对数幅频特性中，以截止频率 f_L 为拐点，有两段直线近似曲线。当 $f > f_L$ 时，以 $20\lg|\dot{A}_u| = 0\ dB$ 的直线近似；当 $f < f_L$ 时，以斜率为 $20\ dB/$十倍频的直线近似。在对数相频特性中，用三段直线取代曲线；以 $10f_L$ 和 $0.1f_L$ 为两个拐点，当 $f > 10f_L$ 时，用 $\varphi = 0°$ 的直线近似，即认为 $f = 10f_L$ 时 $\dot{A}_u$ 开始产生相移（误差为 $-5.71°$）；当 $f < 0.1f_L$ 时，用 $\varphi = 90°$ 的直线近似，即认为 $f = 0.1f_L$ 时已产生 $90°$ 相移（误差为 $5.71°$）；当 $0.1f_L < f < 10f_L$ 时 φ 随 f 线性下降，因此当 $f = f_L$ 时 $\varphi = 45°$。高通电路的波特图如图 5.3(a)所示。

用同样的方法，将低通电路的对数幅频特性以 f_H 为拐点用两段直线近似，对数相频特

性以 $0.1f_H$ 和 $10f_H$ 为拐点用三段直线近似，图 5.2(a)所示低通电路的波特图如图 5.3(b)所示。

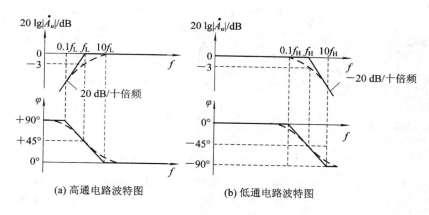

(a) 高通电路波特图　　　　　　　　(b) 低通电路波特图

图 5.3　高通电路与低通电路的波特图

5.1.5　小结

（1）电路的截止频率决定于电容所在回路的时间常数 τ。

（2）当信号频率等于下限频率 f_L 或上限频率 f_H 时，放大电路的增益下降 3 dB 且产生 $45°$ 或 $-45°$ 相移。

（3）近似分析中，可用近似波特图描述放大电路的频率特性。

5.2　晶体管的高频等效模型

在前面分析晶体管放大电路的交流参数时，我们利用了晶体管的 h 参数等效模型。随着输入信号频率的增加，晶体管极间电容对电路分析结果的影响将不可忽略，因此需要引入晶体管的高频等效模型。

5.2.1　晶体管的混合 π 模型

图 5.4(a)为晶体管的结构示意图，其中
$$\begin{cases} r_c \text{——集电区体电阻（数值较小，可忽略）；} \\ r_e \text{——发射区体电阻（数值较小，可忽略）；} \\ r_{bb'} \text{——基区体电阻；} \\ r_{b'c'} \text{——集电结电阻；} \\ r_{b'e} \text{——发射结电阻；} \\ C_\mu \text{——集电结电容；} \\ C_\pi \text{——发射结电容。} \end{cases}$$

图 5.4(a)中各组成部分可画成图 5.4(b)所示的等效电路。由图(b)可以看出，电路的形式类似于希腊字母 π，且其中各元件参数的量纲不完全相同，因此称其为"混合参数 π 模型"，简称为混合 π 模型。另外，由于 C_μ 和 C_π 的存在，使得 $\dot{I}_c$ 和 $\dot{I}_b$ 的大小、相角均与频率有关，

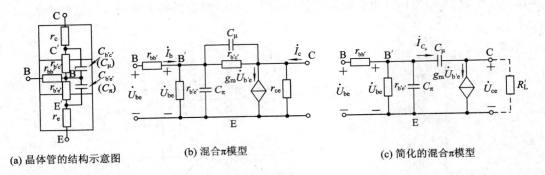

(a) 晶体管的结构示意图　　　　(b) 混合π模型　　　　　　(c) 简化的混合π模型

图 5.4　晶体管的结构示意图及其混合 π 模型

即电流放大倍数是频率的函数，应记作 $\dot{\beta}$。根据半导体物理的知识可知：晶体管的受控电流 $\dot{I}_c$ 与发射结电压 $\dot{U}_{b'e}$ 呈线性关系，且与信号的频率无关。因此，在混合 π 模型中引入一个新的参数 g_m（跨导）来描述 $\dot{U}_{b'e}$ 对 $\dot{I}_c$ 的控制关系，其表达式为

$$\dot{I}_c = g_m \dot{U}_{b'e} \tag{5.17}$$

在混合 π 模型中，r_{ce} 远大于 C - E 之间连接的负载电阻，而 $r_{b'c}$ 也远大于 C_μ 的容抗，因此可以认为 r_{ce} 和 $r_{b'c}$ 开路。因此图 5.4(b) 中的电路可以等效为图 5.4(c) 所示的简化混合 π 模型。

5.2.2　混合 π 模型的单向化

在图 5.4(c) 所示的电路中，C_μ 跨接了输入和输出回路，在高频信号的作用下，将会从输出回路中引回反馈信号，使得电路的分析复杂化，因此需要对 C_μ 的作用进行单向化处理：即将 C_μ 分别等效到输入回路和输出回路中去。令 C_μ 折合到 B' - E 间的电容为 C_μ'，折合到 C - E 之间的电容为 C_μ''，则单向化后的电路如图 5.5(a) 所示。

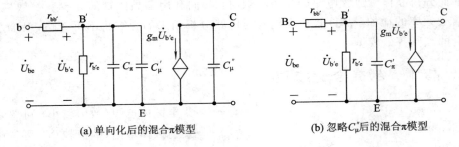

(a) 单向化后的混合π模型　　　　　　(b) 忽略C_μ''后的混合π模型

图 5.5　混合 π 模型的单向化

单向化的原则遵循电流不变原理：即等效变换后，流过 C_μ' 和 C_μ'' 的电流与原电路中流过 C_μ 的电流相等。从图 5.4(c) 中所示的电路中可知，流过 C_μ 的电流为

$$\dot{I}_{C_\mu} = \frac{\dot{U}_{b'e} - \dot{U}_{ce}}{X_{C_\mu}} = \frac{\dot{U}_{b'e}\left(1 - \dfrac{\dot{U}_{ce}}{\dot{U}_{b'e}}\right)}{X_{C_\mu}} = (1 - \dot{K})\frac{\dot{U}_{b'e}}{X_{C_\mu}} \tag{5.18}$$

式中

$$\dot{K} = \frac{\dot{U}_{ce}}{\dot{U}_{b'e}} = - g_m R'_L \qquad (5.19)$$

因此可得 C'_μ 的电抗为

$$X_{C'_\mu} = \frac{\dot{U}_{b'e}}{\dot{I}_{C_\mu}} = \frac{\dot{U}_{b'e}}{(1 - \dot{K}) \dfrac{\dot{U}_{b'e}}{X_{C_\mu}}} = \frac{X_{C_\mu}}{1 - \dot{K}} \approx \frac{X_{C_\mu}}{1 + g_m R'_L} \qquad (5.20)$$

在近似计算时，$\dot{K}$ 取中频时的值，所以 $|\dot{K}| = -\dot{K}$，则有

$$C'_\mu = (1 - \dot{K}) C_\mu \approx (1 + |\dot{K}|) C_\mu \qquad (5.21)$$

则 $B' - E$ 间的总电容为

$$C'_\pi = C_\pi + C'_\mu \approx C_\pi + (1 + |\dot{K}|) C_\mu \qquad (5.22)$$

利用同样的方法可以得到

$$C''_\mu = \frac{\dot{K} - 1}{\dot{K}} C_\mu \qquad (5.23)$$

因为 $C'_\pi \gg C''_\mu$ 且 C''_μ 的容抗一般远大于 R'_L，所以流过 C''_μ 的电流可以忽略不计。最终得到的简化混合 π 模型如图 5.5(b)所示。

5.2.3　混合 π 模型的主要参数

将简化混合 π 模型与简化 h 参数等效模型相对比，其电阻参数是完全相同的。从电子器件手册中查出 $r_{bb'}$ 的值，则有

$$r_{b'e} = r_{be} - r_{bb'} = (1 + \beta_0) \frac{U_T}{I_{EQ}} \qquad (5.24)$$

式中，β_0 为低频段晶体管的电流放大倍数。根据式(5.17)可知

$$\dot{I}_c = g_m U_{b'e} = g_m \dot{I}_b r_{b'e} = \beta \dot{I}_b \qquad (5.25)$$

由于一般情况下 $\beta_0 \gg 1$，所以

$$g_m = \frac{\beta_0}{r_{b'e}} \approx \frac{I_{EQ}}{U_T} \qquad (5.26)$$

在半导体器件手册中可以查得参数 C_{ob}，C_{ob} 是晶体管为共基接法且发射极开路时 c - b 间的结电容，C_μ 近似为 C_{ob}。C_π 的数值可通过手册给出的特征频率 f_T 和放大电路的静态工作点求解，具体分析见 5.2.4 节。$\dot{K}$ 可通过式(5.19)计算得到。

5.2.4　晶体管电流放大倍数的频率响应

从上面描述的晶体管的混合 π 模型可以看出：当输入信号的频率过高时，如果保持基极电流 $\dot{I}_b$ 的幅值不变，则随着信号频率的升高，$U_{b'e}$ 的幅值将减小，相移将增大；同样，$\dot{I}_c$ 的幅值也将随着 $U_{b'e}$ 幅值的减小而线性下降，并产生与 $U_{b'e}$ 相同的相移。因此，在信号的高频段，$\dot{I}_c$ 与 $\dot{I}_b$ 的比值也将随着信号频率的变化而改变，$\dot{\beta}$ 是频率的函数，可以表达为

$$\dot{\beta} = \frac{\beta_0}{1 + j \dfrac{f}{f_\beta}} \qquad (5.27)$$

式中，f_β 是晶体管的 $|\dot{\beta}|$ 值下降至 $0.707\beta_0$（增益下降 3 dB）时所对应的频率，称为共射截止频率，其大小为

$$f_\beta = \frac{1}{2\pi\tau} = \frac{1}{2\pi r_{b'e} C_\pi'} (C_\pi' = C_\pi + C_\mu) \tag{5.28}$$

则 $\dot\beta$ 的对数幅频和相频特性为

$$\begin{cases} 20\ \lg|\dot\beta| = 20\ \lg\beta_0 - 20\ \lg\sqrt{1 + \left(\dfrac{f}{f_\beta}\right)^2} \\[3mm] \varphi = -\arctan\dfrac{f}{f_\beta} \end{cases} \tag{5.29}$$

其折线化波特图如图 5.6 所示,图中的 f_T 是晶体管的 $|\dot\beta|$ 值下降至 1 时所对应的频率,称为特征频率,其大小约为

$$f_T \approx \beta_0 f_\beta \tag{5.30}$$

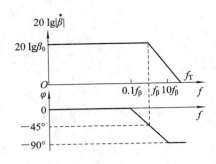

图 5.6 $\dot\beta$ 的折线化波特图

利用 $\dot\beta$ 的表达式,可以求出 $\dot\alpha$ 的截止频率为

$$\dot\alpha = \frac{\dot\beta}{1+\dot\beta} = \frac{\dfrac{\beta_0}{1+\mathrm{j}f/f_\beta}}{1+\dfrac{\beta_0}{1+\mathrm{j}f/f_\beta}} = \frac{\dfrac{\beta_0}{1+\beta_0}}{1+\mathrm{j}\dfrac{f}{(1+\beta_0)f_\beta}} = \frac{\alpha_0}{1+\mathrm{j}f/f_\alpha} \tag{5.31}$$

式中,f_α 是晶体管的 $|\dot\alpha|$ 值下降至 $0.707\alpha_0$(增益下降 3 dB)时所对应的频率,称为共基截止频率。

上式表明

$$f_\alpha = (1+\beta_0)f_\beta \approx f_T \tag{5.32}$$

可见,共基放大电路的截止频率远高于共射电路的截止频率,因此共基放大电路可以作为宽频带放大电路。

在器件手册中查出 f_β(或 f_T)和 C_{ob}(近似为 C_μ),并估算出发射极静态电流 I_{EQ},从而得到 $r_{b'e}$(见式(5.24)),再根据式(5.28)或者式(5.30)就可求出 C_π 的值。

5.3 单管共射放大电路的频率响应

利用晶体管的混合 π 模型,可以分析放大电路的频率响应。本节以单管共射放大电路(图 5.7)为例,讲述频率响应的一般分析方法。

在处理放大电路的频率响应时,一般将输入信号的频率范围分为中频、低频和高频段。

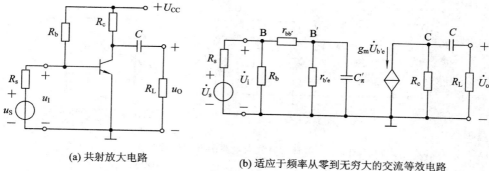

(a) 共射放大电路　　　**(b) 适应于频率从零到无穷大的交流等效电路**

图 5.7　单管共射放大电路及其等效电路

5.3.1　中频电压放大倍数

在中频段，极间电容因容抗很大而视为开路，耦合电容(或旁路电容)因容抗很小而视为短路，故不考虑它们的影响，其交流等效电路与第 2 章的分析类似，如图 5.8 所示。则中频电压放大倍数为

$$\dot{A}_{usm} = \frac{\dot{U}_o}{\dot{U}_s} = \frac{\dot{U}_i}{\dot{U}_s} \cdot \frac{\dot{U}_{b'e}}{\dot{U}_i} \cdot \frac{\dot{U}_o}{\dot{U}_{b'e}} = \frac{R_i}{R_s + R_i} \cdot \frac{r_{b'e}}{r_{be}} \cdot (-g_m R_L'), \quad R_L' = R_c \ /\!/ \ R_L' \quad (5.33)$$

电路空载时的中频电压放大倍数为

$$\dot{A}_{usm} = \frac{\dot{U}_o}{\dot{U}_s} = \frac{R_i}{R_s + R_i} \cdot \frac{r_{b'e}}{r_{be}} \cdot (-g_m R_c) \quad (5.34)$$

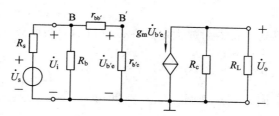

图 5.8　单管共射放大电路的中频等效电路

5.3.2　低频电压放大倍数

在低频段，主要考虑耦合电容(或旁路电容)的影响，此时极间电容仍视为开路。其交流等效电路如图 5.9 所示。将受控电流源 $g_m \dot{I}_b$ 与 R_c 进行等效变换如图 5.9(b)所示，其中的 $\dot{U}_o'$ 是空载时的输出电压，电容 C 与负载电阻 R_L 组成了如图 5.1(a)所示的高通电路。则低频电压放大倍数为

$$\dot{A}_{usl} = \frac{\dot{U}_o}{\dot{U}_s} = \frac{\dot{U}_o'}{\dot{U}_s} \cdot \frac{\dot{U}_o}{\dot{U}_o'} \quad (5.35)$$

由图 5.9(a)可以看出，$\dot{U}_o'/\dot{U}_s$ 即为电路空载时的中频电压放大倍数，而 $\dot{U}_o$ 即为负载对 $\dot{U}_o'$ 的分压，因此

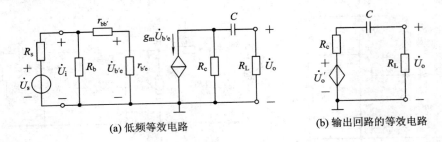

(a) 低频等效电路　　　　　　　　　　　　**(b) 输出回路的等效电路**

图 5.9　单管共射放大电路的低频等效电路

$$\dot{A}_{usl} = \frac{R_i}{R_s + R_i} \cdot \frac{r_{b'e}}{r_{be}} \cdot (-g_m R_c)\frac{R_L}{R_c + \dfrac{1}{j\omega C} + R_L}$$

$$= \frac{R_i}{R_s + R_i} \cdot \frac{r_{b'e}}{r_{be}} \cdot (-g_m R_L')\frac{j\omega (R_c + R_L)C}{1 + j\omega (R_c + R_L)C}$$

与式(5.33)对比,可得

$$\dot{A}_{usl} = \dot{A}_{usm}\frac{j\dfrac{f}{f_L}}{1 + j\dfrac{f}{f_L}} \tag{5.36}$$

式中的 f_L 为下限频率,表达式为

$$f_L = \frac{1}{2\pi(R_c + R_L)C} \tag{5.37}$$

上式中的 $(R_c + R_L)C$ 为 C 所在回路的时间常数,等于从电容 C 两端看出去的等效总电阻乘以 C。

根据式(5.36)可得到单管共射放大电路在低频段的对数幅频特性和相频特性的表达式为

$$\begin{cases} 20\lg|\dot{A}_{usl}| = 20\lg|\dot{A}_{usm}| - 20\lg\dfrac{\dfrac{f}{f_L}}{\sqrt{1 + \left(\dfrac{f}{f_L}\right)^2}} \\[4mm] \varphi = -180° + \left(90° - \arctan\dfrac{f}{f_L}\right) = -90° - \arctan\dfrac{f}{f_L} \end{cases} \tag{5.38}$$

5.3.3　高频电压放大倍数

在高频段,主要考虑极间电容的影响,此时耦合电容(或旁路电容)仍视为短路。其交流等效电路如图 5.10(a)所示。

利用戴维南定理,从 C_π' 两端向左看,电路可等效成图 5.10(b)所示电路,R 和 C_π' 构成如图 5.2(a)所示的低通电路。通过图 5.10(c)所示电路可以求出 B′-E 间的开路电压及等效内阻 R 的表达式,为

$$\dot{U}_s' = \frac{r_{b'e}}{r_{be}} \cdot \dot{U}_i = \frac{r_{b'e}}{r_{be}} \cdot \frac{R_i}{R_s + R_i} \cdot \dot{U}_s \tag{5.39}$$

$$R = r_{b'e} \mathbin{/\mkern-5mu/} (r_{bb'} + R_s \mathbin{/\mkern-5mu/} R_b) \tag{5.40}$$

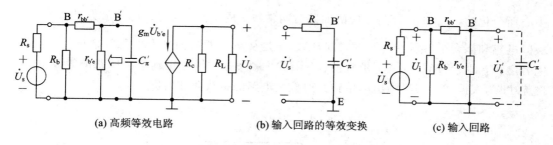

(a) 高频等效电路   (b) 输入回路的等效变换   (c) 输入回路

图 5.10 单管共射放大电路的高频等效电路

因为 B′- E 间电压 $\dot{U}_{b'e}$ 与输出电压 $\dot{U}_o$ 的关系没变，所以高频电压放大倍数为

$$\dot{A}_{ush} = \frac{\dot{U}_o}{\dot{U}_s} = \frac{\dot{U}_s{}'}{\dot{U}_s} \cdot \frac{\dot{U}_{b'e}}{\dot{U}_s{}'} \cdot \frac{\dot{U}_o}{\dot{U}_{b'e}} = \frac{R_i}{R_s + R_i} \cdot \frac{r_{b'e}}{r_{be}} \cdot \frac{\dfrac{1}{j\omega RC_\pi{}'}}{1 + \dfrac{1}{j\omega RC_\pi{}'}} \cdot (-g_m R_L{}') \quad (5.41)$$

与式(5.33)对比，可得

$$\dot{A}_{ush} = \dot{A}_{usm} \cdot \frac{1}{1 + j\omega RC_\pi{}'} = \dot{A}_{usm} \cdot \frac{1}{1 + j\dfrac{f}{f_H}} \quad (5.42)$$

$$f_H = \frac{1}{2\pi RC_\pi{}'} = \frac{1}{2\pi [r_{b'e} /\!/ (r_{bb'} + R_s /\!/ R_b)] C_\pi{}'} \quad (5.43)$$

式中，f_H 为下限频率。$RC_\pi{}'$ 为 $C_\pi{}'$ 所在回路的时间常数。根据式(5.42)可得到单管共射放大电路在高频段的对数幅频特性和相频特性的表达式为

$$\begin{cases} 20 \lg |\dot{A}_{ush}| = 20 \lg |\dot{A}_{usm}| - 20 \lg \sqrt{1 + \left(\dfrac{f}{f_H}\right)^2} \\ \varphi = -180° - \arctan \dfrac{f}{f_H} \end{cases} \quad (5.44)$$

5.3.4 全频段波特图

根据上面的分析可知，单管共射放大电路对于频率从零到无穷大的输入电压信号而言，其电压放大倍数为

$$\dot{A}_{us} = \dot{A}_{usm} \frac{j\dfrac{f}{f_L}}{\left(1 + j\dfrac{f}{f_L}\right)\left(1 + j\dfrac{f}{f_H}\right)} = \dot{A}_{usm} \frac{1}{\left(1 + \dfrac{f_L}{jf}\right)\left(1 + j\dfrac{f}{f_H}\right)} \quad (5.45)$$

因此

$$\begin{cases} \text{当 } f_L \ll f \ll f_H \text{ 时，} \begin{cases} f_L/f \to 0 \\ f/f_H \to 0 \end{cases}, \dot{A}_{us} \approx \dot{A}_{usm}, \text{为中频段电压放大倍数} \\ \text{当 } f \to f_L \text{ 时，} f/f_H \to 0, \dot{A}_{us} \approx \dot{A}_{usl}, \text{为低频段电压放大倍数} \\ \text{当 } f \to f_H \text{ 时，} f_L/f \to 0, \dot{A}_{us} \approx \dot{A}_{ush}, \text{为高频段电压放大倍数} \end{cases}$$

从以上分析可知，式(5.45)可以全面表示任何频段的电压放大倍数，而且上限频率 f_H 和下限频率 f_L 是分析放大电路频率响应的关键点，幅频特性和相频特性基本都是以它为

中心而变化的，f_H 和 f_L 都与对应的回路时间常数 τ 成反比，两者均可表示为 $\frac{1}{2\pi\tau}$，τ 分别是极间电容和耦合电容所在回路的时间常数。τ 是从电容两端向外看的总等效电阻与相应的电容之积，即 $\tau = RC$。可见，求解上、下限截止频率的关键是正确求出回路的等效电阻 R。图 5.11 为根据式(5.45)画出的单管共射放大电路的折线化波特图。

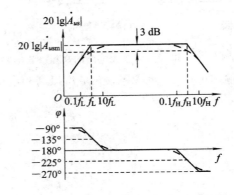

图 5.11　单管共射放大电路的折线化波特图

5.3.5　增益带宽积

　　增益带宽积是指放大电路的中频段电压放大倍数与通频带的乘积，常以此来描述放大电路综合性能的优劣。

　　在放大电路中，为了增宽其通频带，可采用的方法是降低下限频率和提高上限频率。由式(5.37)可知，降低下限频率的方法是增大耦合电容及其回路电阻。但是由于下限频率一般很低，这种改善是有限的。在低信号频率的情况下，一般采用直接耦合的方式来连接电路。

　　又由式(5.43)可知，提高上限频率的方法是减小 C'_π 及其所在回路的总电阻。但由式(5.22)可知，$C'_\pi \approx C_\pi + (1 + g_m R'_L) C_\mu$，若要减小 C'_π 必然要减小 $g_m R'_L$。根据式(5.33)可知，放大电路中频段电压放大倍数为 $\dot{A}_{usm} = \dfrac{R_i}{R_s + R_i} \cdot \dfrac{r_{b'e}}{r_{be}} \cdot (-g_m R'_L)$，减小 $g_m R'_L$ 必然会导致 $|\dot{A}_{usm}|$ 的减小。可见，上限频率的提高和 $|\dot{A}_{usm}|$ 的增大是互相矛盾的。

　　对于大多数放大电路，$f_H \gg f_L$，因此通频带 $f_{bw} = f_H - f_L \approx f_H$。因此放大电路的增益带宽积可表达为

$$|\dot{A}_{usm} f_{bw}| \approx |\dot{A}_{usm} f_H| = \frac{R_i}{R_s + R_i} \cdot \frac{r_{b'e}}{r_{be}} \cdot g_m R'_L \cdot \frac{1}{2\pi [r_{b'e} /\!/ (r_{bb'} + R_s /\!/ R_b)] C'_\pi}$$

$$(5.46)$$

上式在一定情况下可简化为

$$|\dot{A}_{usm} f_{bw}| \approx \frac{1}{2\pi (r_{bb'} + R_s) C_\mu} \tag{5.47}$$

式(5.47)表明：当晶体管选定后，$r_{bb'}$ 和 $C_\mu (\approx C_{ob})$ 就随之确定，因而增益带宽积也就大体确定了。增益增大多少倍，带宽几乎就变窄多少倍，这个结论具有普遍性。

　　一般说来，若需要设计一个通频带既宽、电压放大倍数又高的放大电路，其首要问题

是选择一个 $r_{bb'}$ 和 C_μ 都小的晶体管。另外，在信号频率范围已知的情况下，放大电路只需具有与信号频段相对应的通频带即可，这样做有利于抵抗外部的干扰信号。盲目追求宽频带不但无益，而且还将牺牲放大电路的增益。

5.4　多级放大电路的频率响应

从第 4 章可以知道，多级放大电路的总电压放大倍数是各级电压放大倍数的乘积，即

$$\dot{A}_u = \dot{A}_{u1}\dot{A}_{u2}\cdots\dot{A}_{uN} = \prod_{k=1}^{N}\dot{A}_{uk}$$

将上式取绝对值后再求对数，即可得到多级放大电路的对数幅频特性

$$20\,\lg|\dot{A}_u| = 20\,\lg|\dot{A}_{u1}| + 20\,\lg|\dot{A}_{u2}| + \cdots + 20\,\lg|\dot{A}_{uN}| = \sum_{k=1}^{N}20\,\lg|\dot{A}_{uk}| \quad (5.48)$$

多级放大电路的总相移为

$$\varphi = \varphi_1 + \varphi_2 + \cdots + \varphi_N = \sum_{k=1}^{N}\varphi_k \quad (5.49)$$

即该电路的增益为各级放大电路增益之和，相移也为各级放大电路相移之和。因此，在绘制多级放大电路总的幅频特性和相频特性曲线时，只要把各级放大电路的对数增益和相移在同一横坐标下分别进行叠加即可。

例如，已知单级放大电路的幅频和相频特性为如图 5.12 所示的"一级"对应的曲线。若把以上完全相同的两个放大电路串联起来组成一个两级放大电路，则只需要分别将原来单级放大电路的幅频和相频特性曲线每点的纵坐标增大一倍，即可得到两级放大电路总的幅频特性和相频特性，如图 5.12 中"两级"所对应的曲线。

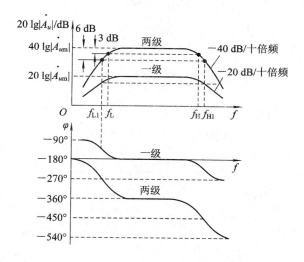

图 5.12　两级放大电路的波特图

假设单级放大电路的电压放大倍数为 $\dot{A}_{u1}=\dot{A}_{u2}$，中频段电压放大倍数为 $\dot{A}_{um1}=\dot{A}_{um2}$，下限频率为 $f_{L1}=f_{L2}$，上限频率为 $f_{H1}=f_{H2}$，则两级放大电路的整个中频段增益为

$$20\,\lg|\dot{A}_{um}| = 20\,\lg|\dot{A}_{u1}\cdot\dot{A}_{u2}| = 40\,\lg|\dot{A}_{um1}|$$

当 $f = f_{L1}$ 时，两级放大电路均产生 $+45°$ 的附加相移，$|\dot{A}_{ul1}| = |\dot{A}_{ul2}| = \dfrac{|\dot{A}_{um1}|}{\sqrt{2}}$，则有

$$20 \lg |\dot{A}_u| = 40 \lg |\dot{A}_{um1}| - 40 \lg \sqrt{2}$$

因此，两级放大电路的增益下降 6 dB，总附加相移为 $+90°$。同样，当 $f = f_{H1}$ 时，两级放大电路的增益也下降 6 dB，总附加相移为 $-90°$。

根据截止频率的定义，在幅频特性中找到使增益下降 3 dB 的频率就是两级放大电路的下限频率 f_L 和上限频率 f_H，如图 5.12 所示。很明显，$f_L > f_{L1}(f_{L2})$，$f_H < f_{H1}(f_{H2})$，因此两级放大电路的通频带比组成它的单级放大电路窄。一般说来，多级放大电路的下限频率高于组成它的单级放大电路的最高下限频率，上限频率低于组成它的单级放大电路的最低上限频率。

可以证明，多级放大电路的上限频率与组成它的各级上限频率之间存在下面的近似关系

$$\frac{1}{f_H} \approx 1.1 \sqrt{\frac{1}{f_{H1}^2} + \frac{1}{f_{H2}^2} + \cdots + \frac{1}{f_{Hn}^2}} \tag{5.50}$$

同样，多级放大电路的下限频率与组成它的各级下限频率之间存在下面的近似关系

$$f_L \approx 1.1 \sqrt{f_{L1}^2 + f_{L2}^2 + \cdots + f_{Ln}^2} \tag{5.51}$$

一般说来，在实际多级放大电路截止频率的估算中，若某级的下限频率远高于其他各级的下限频率，则整个电路的下限频率近似为该级的下限频率；同理，若某级的上限频率远低于其他各级的上限频率，则整个电路的上限频率近似为该级的上限频率。

【例 5.1】 已知某电路的幅频特性如图 5.13 所示，试问：

（1）该电路的耦合方式；

（2）该电路由几级放大电路组成；

（3）当 $f = 10^4$ Hz 时，附加相移为多少？当 $f = 10^5$ Hz 时，附加相移又约为多少？

（4）该电路的上限频率 f_H 约为多少？

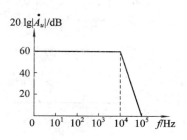

图 5.13　例 5.1 图

解　由图 5.13 可知：当 $f > 10^4$ Hz 后，波特图直线斜率为 -60 dB/十倍频，由此可得：

（1）因为下限截止频率为 0 Hz，因此电路的耦合方式为直接耦合。

（2）当 $f > f_H$ 后，幅频特性的斜率为 -60 dB/十倍频，因此共由三级放大电路组成。

（3）当 $f = 10^4$ Hz 时，附加相移为 $135°$；$f = 10^5$ Hz 时，附加相移约为 $-270°$。

（4）从幅频特性高频段衰减斜率可知，该三级放大电路各级的上限频率均为 10^4 Hz，故整个放大电路各级的上限频率均为 $f = 0.52$ kHz，$f_1 = 5.2$ kHz。

本 章 小 结

（1）由于放大器件存在极间电容，有些放大电路中接有电抗型器件，故放大电路的电压放大倍数是信号频率的函数，称为放大电路的频率响应，定量分析频率响应的工具是混合 π 模型等效电路。

（2）阻容耦合单管共射放大电路中，低频电压放大倍数下降的主要原因是输入信号在耦合电容上产生压降；高频电压放大倍数的下降主要是由晶体管的极间电容引起的；所以，下限频率和上限频率的数值分别与耦合电容和极间电容的时间常数成反比。

（3）多级放大电路的通频带总是比组成的每一级的通频带为窄。

习题与思考题

5.1　在习题 5.1 图示放大电路中，当增大电容 C_1，则中频电压放大倍数 $|\dot{A}_{um}|$ ____，下限截止频率 f_L _____，上限截止频率 f_H _____；当增大电阻 R_c，则 $|\dot{A}_{um}|$ _____，f_L _____，f_H _____；当换用 f_T 高、β 相同的晶体管，则 $|\dot{A}_{um}|$ _____，f_L _____，f_H _____。（空白处选择填写：A. 增大，B. 减小，C. 不变）

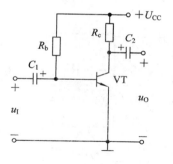

习题 5.1 图

5.2　在某放大电路存在频率失真但无非线性失真情况下，当输入为正弦信号时，输出信号 _____（A. 仍为正弦，并且与输入同频率，B. 仍为正弦，但频率与输入不同，C. 为非正弦）；当输入为方波信号时，输出信号 _____（A. 仍为方波，并且周期与输入相同，B. 仍为方波，但周期与输入不同，C. 波形发生失真）。

5.3　在习题 5.1 图所示电路中，已知晶体管 $\beta=100$，$r_{be}=3.3\ \mathrm{k\Omega}$，$C_1=C_2=4.7\ \mu\mathrm{F}$，$R_b=1\ \mathrm{M\Omega}$，$R_c=6.8\ \mathrm{k\Omega}$，$U_{CC}=9\ \mathrm{V}$。该放大电路的中频电压放大倍数 $|\dot{A}_{um}|$ 约为 _____（A. 50，B. 100，C. 200）；下限截止频率 f_L 约为 _____ Hz（A. 1，B. 10，C. 100）；当 $U_i=7\ \mathrm{mV}$，$f=f_L$ 时，U_o 约为 _____ V（A. 0.1，B. 0.7，C. 1，D. 1.4）。

5.4　当一个正弦电压加到某同相放大电路的输入端，若该放大电路存在频率失真，那么输出电压的波形 _____（A. 仍为正弦波，B. 为非正弦波），输出电压的频率 _____（A. 与输入相同，B. 与输入不相同），输出电压的相位 _____（A. 与输入相同，B. 与输入不相同）。

5.5　某放大电路电压放大倍数 $\dot{A}_u$ 的折线近似幅频特性如习题 5.5 图所示。由此可知中频电压放大倍数 $|\dot{A}_{nm}|$ 为_____（A. 60，B. 1000，C. 3)倍，下限截止频率为_____（A. 1 Hz，B. 10 Hz，C. 100 Hz），上限截止频率为_____（A. 10 kHz，B. 100 kHz，C. 1000 kHz）。当信号频率恰好等于上限截止频率或下限截止频率时，该电路的实际电压增益约为_____（A. 60 dB，B. −3 dB，C. 57 dB）。

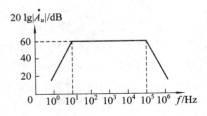

习题 5.5 图

5.6　为了测量某音频放大电路的通频带，使用实验室现有的正弦信号发生器、数字万用表（交流挡 20 Hz～1 kHz）和示波器（DC～20 MHz）组成习题 5.6 图示的测量电路。正弦信号发生器用来产生不同频率的正弦输入信号；数字万用表用来测量不同频率下的输入电压和输出电压；示波器用来监视输出电压的波形，确保测量在不失真情况下进行。试问，这样的测量方法是否存在问题？若存在问题，则说明在不增加现有仪器、设备的条件下应如何测量。

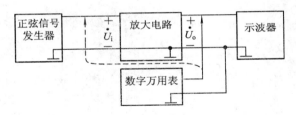

习题 5.6 图

5.7　某放大电路的幅频特性如习题 5.7 图所示。该放大电路的中频电压放大倍数 $|\dot{A}_{um}|$ 约为_____，上限截止频率 f_H 约为_____Hz，下限截止频率 f_L 约为_____Hz。

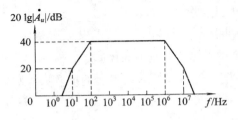

习题 5.7 图

5.8　某反相放大电路的对数幅频特性如习题 5.8 图所示。当信号频率 $f=10$ kHz 时，$\dot{A}_u$ 的相位角 φ 约为_____；当 $f=10$ Hz 时，φ 约为_____；当 $f=1$ MHz 时，φ 约为_____。

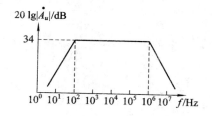

习题 5.8 图

5.9　已知习题 5.9 图示的放大电路的中频电压放大倍数 $|\dot{A}_{um}|=20$，下限截止频率为 10 Hz。当信号频率等于 10 Hz 时，该电路的电压增益为 _____ dB，当信号频率等于 1 Hz 时，该电路的电压增益约为 _____ dB，折合电压放大倍数约为 _____ 倍。

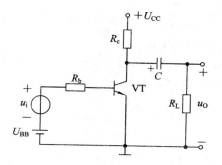

习题 5.9 图

5.10　已知某晶体管的 $f_T=300$ MHz，并在 $f=1$ kHz 时，测得 $\beta=100$，则该晶体管的 f_β 约为多大？另一晶体管的 f_β 已知为 2 MHz，并在 $f=10$ MHz 时，测得 $\beta=20$，则该晶体管的 f_T 约为多大？低频 β 值约为多少？

5.11　晶体管的简化混合 π 模型如习题 5.11 图所示，试证明晶体管共基电流放大倍数 $\dot{\alpha}$ 的截止频率为：$f_\alpha \approx \dfrac{h_{21e}}{2\pi r_{b'e}C_\pi'}$，其中 h_{21e} 为低频共射电流放大倍数。

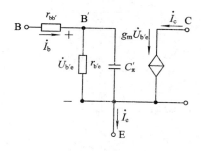

习题 5.11 图

5.12　晶体管的混合 π 模型如习题 5.12 图所示，定性说明共基放大电路的频率响应特性优于共射放大电路。

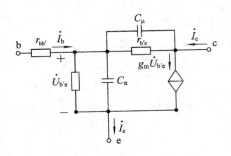

习题 5.12 图

5.13　已知共射电流放大倍数 $\dot\beta$ 的频率表达式为：

$$\dot\beta = \frac{\beta_0}{1 + \mathrm{j}\dfrac{f}{f_\beta}}$$

式中 β_0 为低频电流放大倍数，f_β 是 $\dot\beta$ 的截止频率。试证明共基电流放大倍数 $\dot\alpha$ 的截止频率 $f_\alpha = (1+\beta_0)f_\beta$。

5.14　已知习题 5.14 图示放大电路的上限截止频率为 20 kHz，静态电流 $I_{CQ}=1$ mA，所用晶体管的 $U_{CES}=0.5$ V，低频 $\beta=100$，$r_{be}=3$ kΩ。

（1）该电路的最大不失真正弦输出电压幅值等于多大？

（2）当 $U_i=10$ mV，2 kHz 时，输出电压波形有无非线性失真？若不失真，输出电压幅值等于多大？输出电压与输入电压之间相位差约等于多少度？

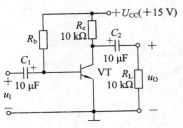

习题 5.14 图

（3）当 $U_i=100$ mV，20 kHz 时，回答（2）中提出的问题；

（4）当 $U_i=100$ mV，200 kHz 时，回答（2）中提出的问题。

5.15　已知习题 5.15 图示放大电路中晶体管的 $\beta=50$，$r_{be}=1$ kΩ。

（1）求该放大电路的中频电压放大倍数 $\dot A_{um}$；

（2）求该放大电路的下限截止频率 f_L。

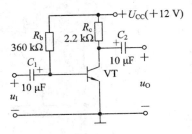

习题 5.15 图

5.16　已知习题 5.16 图示放大电路的中频电压放大倍数 $|\dot A_{um}|=10$，上限截止频率 $f_H=50$ kHz，下限截止频率 $f_L=50$ Hz。当输入电压波形如图中不同情况时，分别画出相应的输出电压波形（假设电路工作在放大区，要标明输出波形的幅值和波形与横坐标轴交点的时间）。

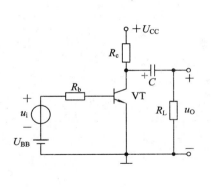 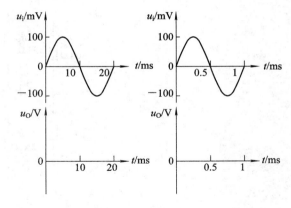

习题 5.16 图

5.17　已知放大电路如习题 5.16 图所示，若该放大电路的中频电压放大倍数 $|\dot{A}_{um}|=$ 50，上限截止频率为 500 kHz，下限截止频率为 500 Hz，最大不失真输出电压幅值为 3 V。当输入电压分别为下列三种情况时，针对每种情况回答输出电压幅值为多大？输出电压波形是否存在非线性失真？若不失真，输出电压与输入电压之间相位差约为多少？

（1）$u_i=50 \sin(10^4 \pi t)$ mV；

（2）$u_i=100 \sin(10^3 \pi t)$ mV；

（3）$u_i=100 \sin(10^7 \pi t)$ mV。

5.18　已知习题 5.18 图示放大电路中晶体管的 $\beta=50$，$r_{be}=1$ kΩ。

（1）画出低频段交流等效电路图。

（2）估算该放大电路的下限截止频率 f_L（设在 f_L 附近，$\frac{1}{\omega C_e}\ll R_e$，并假设 R_{b1}、R_{b2} 比较大，对信号的分流作用可忽略不计）。

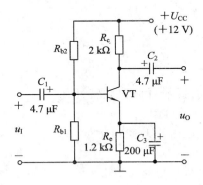

习题 5.18 图

5.19　已知习题 5.19 图示放大电路中晶体管的 $\beta=80$，$r_{be}=2$ kΩ。

（1）求中频电压放大倍数 $\dot{A}_{usm}(\dot{U}_o/\dot{U}_s)$。

（2）画出低频段的交流等效电路图。

（3）设 C_1、C_2 很大，$\dot{A}_{us}$ 的下限截止频率 f_L 由 C_e 决定。试求 f_L 的值（设 f_L 附近容抗 $\frac{1}{\omega C_e}\ll R_e$）。

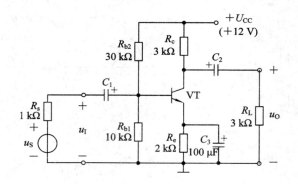

习题 5.19 图

5.20　已知习题 5.20 图示放大电路中晶体管的 $\beta=50$，$r_{be}=1\ \text{k}\Omega$。

（1）求该放大电路的中频电压放大倍数 $\dot{A}_{um}$。

（2）当信号频率 $f=20\ \text{Hz}$ 时，若希望电压放大倍数 $|\dot{A}_u|$ 仍不低于 $0.7|\dot{A}_{um}|$，则 C_1 应取多大？

5.21　已知习题 5.21 图示放大电路中晶体管的 $\beta=50$，$r_{be}=3\ \text{k}\Omega$。

（1）求该放大电路的中频电压放大倍数 $\dot{A}_{um}$。

（2）求该放大电路的下限截止频率 f_L。

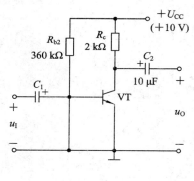

习题 5.20 图

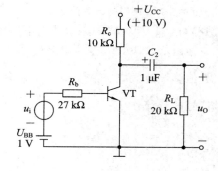

习题 5.21 图

5.22　已知某放大电路的折线近似幅频特性如习题 5.22 图所示，问：

（1）该放大电路的中频电压增益为多少分贝？对应电压放大倍数为多少倍？

（2）上限截止频率和下限截止频率各为多少？

（3）在信号频率正好为上限截止频率或下限截止频率时，该电路的电压增益为多少分贝？对应电压放大倍数为多少倍？

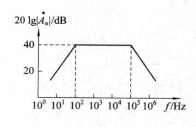

习题 5.22 图

（4）在信号频率为 1 MHz 时，该电路的电压增益为多少分贝？对应电压放大倍数为多少倍？

5.23　已知某放大电路的折线近似幅频特性如习题 5.23 图所示，试问：

（1）该放大电路的中频增益为多少分贝？对应电压放大倍数为多少倍？

（2）上限截止频率、下限截止频率各为多少赫兹？

（3）在信号频率正好为上限截止频率或下限截止频率时，该电路的电压增益为多少分贝？对应电压放大倍数为多少倍？

（4）在信号频率为 100 kHz 时，该电路的电压增益为多少分贝？对应电压放大倍数为多少倍？

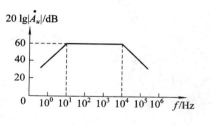

习题 5.23 图

5.24 某放大电路的折线近似波特图如习题 5.24 图所示，试问该放大电路是同相放大电路还是反向放大电路，它的上限截止频率、下限截止频率和通频带宽度各为多少？

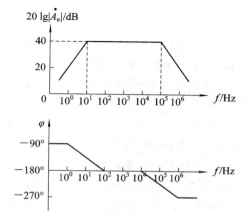

习题 5.24 图

5.25 某阻容耦合多级放大电路的折线近似幅频特性如习题 5.25 图所示，试问：

（1）该电路包含几级阻容耦合电路？

（2）每级的上、下限截止频率各为多少？

（3）这个多级放大电路的上、下限截止频率分别为多少？

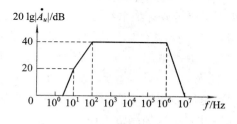

习题 5.25 图

第 6 章

集成运算放大电路

　　随着半导体技术的发展，在 20 世纪 60 年代人们就开始将电子电路中的元器件集成化。采用专门的制造工艺，以单晶半导体衬底为基片，把晶体管、场效应管、二极管、电阻和电容等元件及它们之间的连线所组成的完整电路制作在一起，并封装在一个管壳内，使之具有特定的功能，这种器件称为集成电路。通常集成电路分为模拟集成电路和数字集成电路。集成放大电路属于模拟集成电路，是一种高增益的直接耦合放大器，其功能是实现高增益的放大。由于集成放大电路最初多用于各种模拟信号的运算，如比例、求和、求差、积分、微分，故被称为运算放大电路，简称集成运放。由于集成运算放大电路采用直接耦合模式，电路存在零点漂移的问题，因此输入级常采用差分放大电路；由于放大倍数很高，因此中间级常采用共射放大电路；由于输出电阻很小，因此输出级常采用（准）互补输出电路。

6.1　集成运放概述

　　一般来说，前面出现的这种均由单独电子元器件组成的电路（分立元件放大电路）中，除了放大管外，还包括电阻、电容、电感等其他元件；而集成运放以晶体管和场效应管为主要元件，电阻和电容很少。集成运放有如下特点：

　　（1）因在硅片上难以制作大电容，所以集成运放均采用直接耦合方式。

　　（2）集成运放大量采用差分放大电路（作输入级）和恒流源电路（作偏置电路或有源负载）。这是由于相邻元件具有良好的对称性，受环境温度和干扰等影响后的变化也相同。

　　（3）集成运放采用复杂的电路以提高电路性能。这是因为制作不同形式的集成电路，只是所用掩膜不同，增加元器件并不增加制造工序。

　　（4）因为在硅片上不宜制作高阻值电阻，所以集成运放中常用有源元件（晶体管或场效应管）取代电阻。

　　（5）集成晶体管和场效应管因制作工艺不同，性能上有较大差异，所以在集成运放中常采用复合形式，以得到各方面性能俱佳的效果。

　　集成运放电路由输入级、中间级、输出级和偏置电路四部分组成，其方框图如图 6.1 所示。它有两个输入端，一个输出端，图中所标的 u_P、u_N、u_O 均以"地"为公共端。

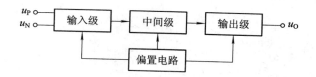

图 6.1　集成运放的方框图

　　输入级又称前置级，常采用双端输入的高性能差分放大电路。输入级直接影响着集成运放的大多数性能参数，一般要求输入电阻高，静态电流小，差模信号放大倍数大，共模信号抑制能力强。

　　中间级是整个放大电路的主放大器，常采用以复合管为放大管的共射（或共源）放大电路，以恒流源作集电极负载。其作用是使集成运放具有较强的放大能力，电压放大倍数可达千倍以上。

　　输出级多采用互补输出电路。它具有输出电压线性范围宽、输出电阻小（即带负载能力强）、非线性失真小等特点。

　　偏置电路为集成运放各级放大电路提供合适的静态工作点，多采用恒流源电路。

6.2　电 流 源 电 路

6.2.1　镜像电流源

　　图 6.2 所示为镜像电流源电路，它充分发挥了集成电路工艺中临近晶体管易于匹配的特性，VT_0 和 VT_1 的参数完全相同。

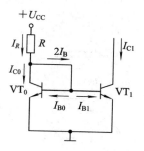

图 6.2　镜像电流源

　　在图示的偏置条件下，由于 $U_{CE0}=U_{BE0}$，因此晶体管 VT_0 工作在放大状态，$I_{C0}=\beta_0 I_{B0}$。同时，由于 VT_0 和 VT_1 的参数完全相同，且 b-e 之间的电压相等（$U_{BE0}=U_{BE1}$），因此它们的基极电流也相等（$I_{B0}=I_{B1}=I_B$）。由于 $\beta_0=\beta_1=\beta$，因此晶体管 VT_0 和 VT_1 的集电极电流也相等，即：$I_{C0}=I_{C1}=I_C=\beta I_B$。

　　流过电阻 R 的电流称为基准电流，其大小为

$$I_R=\frac{U_{CC}-U_{BE}}{R}=I_C+2I_B=I_C+\frac{2I_C}{\beta}$$

因此，晶体管的集电极电流可用基准电流表示为

$$I_C = \frac{\beta}{\beta + 2} \cdot I_R \tag{6.1}$$

当 $\beta \gg 2$ 时，输出电流

$$I_O = I_{C1} \approx I_R = \frac{U_{CC} - U_{BE}}{R} \tag{6.2}$$

由上述分析可知，改变基准电流 I_R，则输出电流 I_O 随之改变，I_O 和 I_R 呈现镜像关系，因此称该电路为镜像电流源。当电流 I_R 保持恒定时，输出电流 I_O 基本固定不变，因此电流源又称为恒流源。

此外，镜像电流源也具有一定的温度补偿作用，当温度升高的时候

$$T \uparrow \rightarrow I_{C1} \uparrow \qquad\qquad I_{C1} \downarrow$$
$$\searrow I_{C0} \uparrow \rightarrow I_R \uparrow \rightarrow U_R(I_R R) \uparrow \rightarrow U_B \downarrow \rightarrow I_B \downarrow$$

当温度降低时，电流、电压的变化与上述过程相反，因此提高了输出电流的稳定性。

但是，由于电源电压 U_{CC} 是一个定值，若要求 I_{C1} 较大，则 I_R 势必增大，电阻 R 上的功耗增大，这在集成电路中应避免；若要求 I_{C1} 很小，则 I_R 势必很小，电阻 R 的数值很大，这在集成电路中很难做到。

由此，镜像电流源电路也派生了许多其他类型的电流源电路。

6.2.2　比例电流源

比例电流源是镜像电流源的派生电路，可以输出与 I_R 成比例关系的电流，其典型电路如图 6.3 所示。

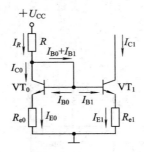

图 6.3　比例电流源

由图 6.3 可知

$$U_{BE0} + I_{E0} R_{e0} = U_{BE1} + I_{E1} R_{e1} \tag{6.3}$$

根据 PN 结方程 $I_E \approx I_S e^{U_{BE}/U_T}$ 可知

$$U_{BE0} = U_T \ln \frac{I_{E0}}{I_S}, \quad U_{BE1} = U_T \ln \frac{I_{E1}}{I_S}$$

由此可得

$$U_{BE0} - U_{BE1} \approx U_T \ln \frac{I_{E0}}{I_{E1}}$$

代入式(6.3)可得

$$I_{E1} \approx \frac{I_{E0} R_{e0}}{R_{e1}} + \frac{U_T}{R_{e1}} \ln \frac{I_{E0}}{I_{E1}} \tag{6.4}$$

在常温下，当两管的发射极电流相差在 10 倍之内时，式(6.4)中的第二项值很小，可忽略。当 β 足够大时，有 $I_R \approx I_{C0} \approx I_{E0}$，$I_O = I_{C1} \approx I_{E1}$，于是有

$$I_O \approx \frac{R_{e0}}{R_{e1}} \cdot I_R \tag{6.5}$$

可见，可以通过改变 R_{e0}、R_{e1} 的比例关系来调节输出电流的大小。R_{e0}、R_{e1} 在电路中引入了负反馈，比镜像电流源具有更高的温度稳定性。同时，由于电阻 R_{e1} 的存在，输出电阻增大，这进一步提高了输出电流的恒流特性。

6.2.3　微电流源

在集成运放中，输入级放大管的集电极(发射极)静态电流往往很小(微安级)。为了利用阻值较小的电阻获得较小的输出电流，可将比例电流源中 R_{e0} 的阻值减小到零，便得到如图 6.4 所示的微电流源电路。

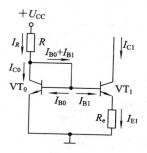

图 6.4　微电流源

此时，由式(6.4)可知

$$I_O \approx \frac{U_T}{R_e} \ln \frac{I_R}{I_O} \tag{6.6}$$

上式是个超越方程，可用图解法或者累试法来求解。

6.2.4　多路电流源

集成运放是一个多级放大电路，需要多路电流源分别给各级提供合适的静态电流。可以利用一个基准电流去获得多个不同的输出电流，以适应各级的需要。图 6.5 所示电路是在比例电流源基础上发展出来的多路电流源，I_R 为基准电流，I_{C1}、I_{C2}、I_{C3} 为三路输出电

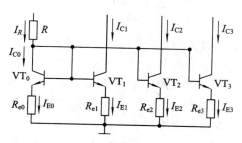

图 6.5　基于比例电流源的多路电流源

流。根据 $VT_0 \sim VT_3$ 的接法，可得

$$U_{BE0} + I_{E0}R_{e0} = U_{BE1} + I_{E1}R_{e1} = U_{BE2} + I_{E2}R_{e2} = U_{BE3} + I_{E3}R_{e3}$$

在集成运放中，由于临近的晶体管具有良好的一致性，因此各管 B-E 间的电压 U_{BE} 基本相等，上式可化简为

$$I_{E0}R_{e0} \approx I_{E1}R_{e1} \approx I_{E2}R_{e2} \approx I_{E3}R_{e3} \tag{6.7}$$

【例 6.1】 多路电流源电路如图 6.6 所示，已知所有晶体管的特性均相同，U_{BE} 均为 0.7 V。试求 I_{C1}、I_{C2} 各为多少。

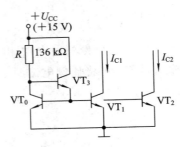

图 6.6　例 6.1 图

解　由图可列出方程为

$$U_{CC} = I_R R + U_{BE3} + U_{BE0}$$

则流过电阻 R 的基准电流为

$$I_R = \frac{U_{CC} - U_{BE3} - U_{BE0}}{R} = \frac{(15 - 0.7 - 0.7)V}{136 \text{ k}\Omega} = 0.1 \text{ mA}$$

又因为 $I_{C0} \approx I_R$，所以 $I_{C1} = I_{C2} \approx I_R = 0.1 \text{ mA}$。

6.3　差分放大电路

6.3.1　零点漂移现象

在直接耦合放大电路中，即使输入电压为零，输出电压的变化也不一定为零，该现象称为零点漂移。在阻容耦合放大电路中，这种缓慢变化的漂移电压都降落在耦合电容之上，而不会传递到下一级电路进一步放大。但在直接耦合放大电路中，前级的漂移电压会和有用信号一起被送到下一级并逐级放大，使得在输出端很难区分有用信号和漂移电压，进而使放大电路不能正常工作。

在放大电路中，电源电压的波动、元件的老化、半导体器件参数随温度变化而产生的变化，都将产生输出电压的漂移。如果采用高质量的稳压电源和使用经过老化实验的元件，就可以大大减小由电源和元件引起的零点漂移。对于零点漂移的抑制将集中于由温度变化所引起的半导体器件参数的变化上，因此也称零点漂移为温度漂移，简称温漂。

一般来说，抑制温漂的方法主要有如下三种：

（1）引入直流负反馈。在典型的静态工作点稳定电路中，射极电阻 R_e 的作用就是通过引入直流负反馈稳定静态工作点。

　　(2) 采用温度补偿法，利用热敏元件抵消放大管的变化。

　　(3) 采用特性相同的管子，使它们的温漂相互抵消，构成差分放大电路。

6.3.2　差分放大电路

　　差分放大电路是由典型的静态工作点稳定电路(如图 6.7(a)所示)发展而来的，具有很强的抑制温漂的作用。它一般用作集成运放的输入级电路，几乎完全决定了运放的差模输入、共模抑制、输入失调和抑制噪声等特性，是一种用途极为广泛的基本单元电路。

　　在图 6.7(a)所示的电路中，如果忽略 R_b 两端的压降，则电流 $I_{EQ} \approx (U_{BB} - U_{BEQ})/R_e$ 基本不变，因而 Q 点基本稳定。但是在温度变化的过程中，集电极电流 I_{CQ} 会有微小的变化，这导致 R_e 两端的压降产生变化，进而影响晶体管 b - e 之间的静态压降，最终减小了温漂。但是，如果将该电路以直接耦合的形式接入到多级放大电路中，集电极电流 I_{CQ} 的微小的变化将会逐级传递到下一级并放大。

　　如果存在一个受控电压源，其输出电压的变化与图 6.7(a)所示电路受温度影响所导致的电压变化一致，如图 6.7(b)所示，则输出电压中将只存在动态信号，而与静态电位 U_{CQ} 及其温漂无关。因此，如果将图 6.7(a)的电路做一个镜像，如图 6.7(c)所示，输出信号以两个晶体管集电极的电位差输出，即可抑制温漂，实现上述功能。

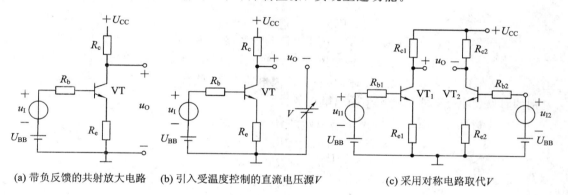

(a) 带负反馈的共射放大电路　　(b) 引入受温度控制的直流电压源V　　(c) 采用对称电路取代V

图 6.7　差分放大电路的组成

　　放大电路的信号输入方式有两种：共模信号输入和差模信号输入。共模信号是指大小相等、极性相同的一对输入信号，即 $u_{I1} = u_{I2}$；差模信号是指大小相等、极性相反的一对输入信号，即 $u_{I1} = -u_{I2}$。

　　对于图 6.7(c)所示的电路，当共模信号输入时，由于两边电路参数完全对称，因此两个晶体管的基极和集电极的电流变化完全相同，即 $\Delta i_{B1} = \Delta i_{B2}$，$\Delta i_{C1} = \Delta i_{C2}$，其集电极电位变化也相等，$\Delta u_{C1} = \Delta u_{C2}$。因此，输出电压为 $u_O = u_{C1} - u_{C2} = (U_{CQ1} + \Delta u_{C1}) - (U_{CQ2} + \Delta u_{C2}) = 0$。这表明，差分放大电路对共模信号有很强的抑制作用，在参数理想对称的情况下，共模信号的输出为零。

　　同样对于图 6.7(c)所示的电路，当差模信号输入时，由于两边电路参数完全对称，因此两个晶体管的基极和集电极的电流变化大小相等，极性相反，即 $\Delta i_{B1} = -\Delta i_{B2}$，$\Delta i_{C1} = -\Delta i_{C2}$，其集电极电位变化也大小相等，极性相反，$\Delta u_{C1} = -\Delta u_{C2}$。因此，输出电压为 $u_O = u_{C1} - u_{C2} = (U_{CQ1} + \Delta u_{C1}) - (U_{CQ2} - \Delta u_{C2}) = 2\Delta u_{C1}$。这表明，差分放大电路对差模信号没有

抑制作用,可以实现电压的放大。

　　从第 2 章的讨论中可知,射极电阻 R_e 的存在将会影响电路的放大能力。当该电阻的阻值较大时,放大电路的放大能力甚至会消失。由上述分析可知,当差模信号输入时,图 6.7 (c)所示电路的两个晶体管的射极电流 $\Delta i_{E1} = -\Delta i_{E2}$。若将 VT_1 管和 VT_2 管的射极连在一起,并将两个射极电阻合二为一,如图 6.8(a)所示,则在差模信号的作用下,R_e 中的电流变化为零(R_e 对差模信号无反馈作用),相当于短路,这必然会提高电路对差模信号的放大作用。

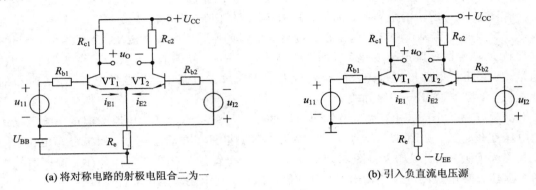

(a) 将对称电路的射极电阻合二为一　　　　　　　　　　**(b) 引入负直流电压源**

图 6.8　差分电路的转化

　　为了简化电路,方便调节 Q 点,并使电源与信号源共地,图 6.8(a)所示的电路可进一步变化为图 6.8(b)所示的电路。该电路即为典型的差分放大电路,也称为长尾式差分放大电路。有文献也将差分放大电路称为"差动放大电路",即只有当两个输入端之间的信号有差别的时候,才会在输出端产生输出电压。

　　在理想情况下,图 6.8(b)所示的电路具有如下特点:

$$\begin{cases} R_{b1} = R_{b2} = R_b \\ R_{c1} = R_{c2} = R_c \\ \beta_1 = \beta_2 = \beta \\ r_{be1} = r_{be2} = r_{be} \end{cases}$$

6.3.3　长尾式差分放大电路的静态分析

　　当输入信号 $u_{I1} = u_{I2} = 0$ 时,流过电阻 R_e 的电流为晶体管 VT_1 和 VT_2 的电流之和。由于电路参数理想对称,因此有

$$I_{R_e} = I_{EQ1} + I_{EQ2} = 2I_{EQ} \tag{6.8}$$

　　基极回路方程为

$$U_{EE} = I_{BQ}R_b + U_{BEQ} + 2I_{EQ}R_e \tag{6.9}$$

可得基极静态电流:

$$I_{BQ} = \frac{U_{EE} - U_{BEQ}}{R_b + 2(1+\beta)R_e} \tag{6.10}$$

集电极静态电流为

$$I_{CQ} = \beta I_{BQ} \tag{6.11}$$

$$U_{CEQ} = U_{CC} + U_{EE} - I_{CQ}R_c - I_{EQ}R_e \approx U_{CC} - I_{CQ}R_c + U_{BEQ} \qquad (6.12)$$

由于 $U_{CQ1} = U_{CQ2}$，因此输出电压 $u_O = U_{CQ1} - U_{CQ2} = 0$。

6.3.4　差分放大电路对差模信号的放大作用

对于 $u_{I1} = -u_{I2}$ 的一对输入信号，其差模信号大小为 $u_{Id} = u_{I1} - u_{I2} = 2u_{I1}$。由差分放大电路的对称性可知，在电路的对称点处信号的大小相等，极性相反，故信号输出的地电位（即电位为零）在负载电阻 R_L 的中点，如图 6.9(a) 所示。差模信号作用下的交流等效电路如图 6.9(b) 所示。由于晶体管 VT_1 和 VT_2 的电流大小相等、方向相反，因此只有差模信号输入时晶体管的发射极电位不发生变化，发射极相当于接地。

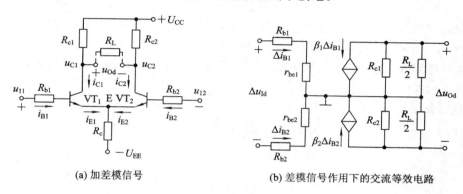

(a) 加差模信号　　　　　　　　　(b) 差模信号作用下的交流等效电路

图 6.9　差分放大电路对差模信号的作用

一般将差模信号输入时差分放大电路的电压放大倍数称为差模放大倍数，定义为

$$A_d = \frac{\Delta u_{Od}}{\Delta u_{Id}} \qquad (6.13)$$

式中的 Δu_{Od} 是在 Δu_{Id} 作用下的输出电压，因此由图 6.9(b) 可知

$$A_d = -\frac{2\Delta i_{C1}\left(R_c \mathbin{/\!/} \dfrac{R_L}{2}\right)}{2\Delta i_{B1}(R_b + r_{be})} = -\frac{\beta\left(R_c \mathbin{/\!/} \dfrac{R_L}{2}\right)}{R_b + r_{be}} \qquad (6.14)$$

因此，差分放大电路的电压放大能力和单管共射放大电路一致，是以牺牲一只晶体管的放大倍数为代价来达到消除零漂的效果。

电路的差模输入电阻为

$$R_{id} = 2(R_b + r_{be}) \qquad (6.15)$$

可见差分放大电路的差模输入电阻为单管共射放大电路的两倍。

电路的差模输出电阻为

$$R_o = 2R_c \qquad (6.16)$$

即，差分放大电路的差模输出电阻也为单管共射放大电路的两倍。

6.3.5　差分放大电路对共模信号的抑制作用

对于 $u_{I1} = u_{I2}$ 的一对共模输入信号，由理想差分放大电路的对称性可知，在电路的对称点处信号的大小相等，极性相同，集电极电位的变化量也相等，即 $\Delta u_{C1} = \Delta u_{C2}$，因此输出电压 $u_O = 0$，差分放大电路对共模信号没有放大作用。由于电路参数理想对称，温度变化时引起的管子电流变化完全相同，故可以将温度漂移等效成共模信号。考察共模信号输入时晶体管的射极电位，此时流过射极电阻 R_e 的电流为 $2\Delta i_E$，射极电位的变化为 $\Delta u_E = 2\Delta i_E R_e$。因此，可以从差分放大电路的射极电位变化来判断是否存在共模信号的输入。

实际上，差分放大电路不但利用了电路参数的对称性来抑制共模信号，而且还利用了射极电阻 R_e 的负反馈作用。当温度上升时，由于温度的变化而引起的晶体管各极之间的电流、电压的变化如下所示：

$$\Delta u_{Ic} \uparrow \rightarrow \begin{cases} i_{B1} \uparrow \rightarrow i_{C1}(i_{E1}) \uparrow \\ i_{B2} \uparrow \rightarrow i_{C2}(i_{E2}) \uparrow \end{cases} \rightarrow u_E \uparrow \rightarrow \begin{cases} u_{BE1} \downarrow \rightarrow i_{B1} \downarrow \rightarrow i_{C1} \downarrow \\ u_{BE2} \downarrow \rightarrow i_{B2} \downarrow \rightarrow i_{C2} \downarrow \end{cases}$$

因为射极电位的变化 $\Delta u_E = \Delta i_E(2R_e)$，所以对于每边晶体管而言，发射极等效电阻为 $2R_e$。由于 R_e 对共模信号起负反馈作用，故称之为共模负反馈电阻。其阻值越大，负反馈作用越强，集电极电流变化愈小，因而集电极电位的变化也就愈小。但取值不宜过大，因为它受电源电压 U_{EE} 的限制。

可见，差分放大电路对共模信号的抑制作用：一是依靠电路的对称性；二是依靠 R_e 的负反馈作用。为了描述差分放大电路对共模信号的抑制能力，引入共模放大倍数这一参数，定义为

$$A_c = \frac{\Delta u_{Oc}}{\Delta u_{Ic}} \tag{6.17}$$

当电路完全对称时，共模放大倍数 $A_c = 0$；当电路不完全对称时，在共模负反馈电阻 R_e 的作用下，共模放大倍数 $A_c \approx 0$。

差分放大电路抑制共模信号的能力通常用共模抑制比 K_{CMR} 来衡量，定义为

$$K_{CMR} = \left| \frac{A_d}{A_c} \right| \tag{6.18}$$

其值越大，电路对共模信号的抑制能力越强。在电路参数理想对称的情况下，$A_c = 0$，$K_{CMR} = \infty$。

6.3.6 差分放大电路的四种接法

在图 6.9 所示的电路中，输入端和输出端均没有接地点，称为双端输入、双端输出（双入双出）的差分放大电路。在实际应用中，为了防止干扰和满足负载的需要，常将信号源的一端或者负载电阻的一端接地。因此，差分放大电路还有双端输入、单端输出（双入单出）、单端输入、双端输出（单入双出）和单端输入、单端输出（单入单出）三种接法。

1. 双入单出差分放大电路

图 6.10(a) 为双入单出的差分放大电路。与双入双出的电路不同，晶体管 VT_1 的集电极有负载 R_L，因此输出回路的对称性已经被破坏，其静态工作点和动态参数都会受到影响。

1）静态工作点

由于输入回路的参数对称，因此静态电流 $I_{BQ1} = I_{BQ2}$，$I_{CQ1} = I_{CQ2}$。但是由于输出回路的

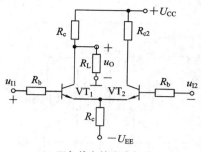
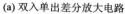
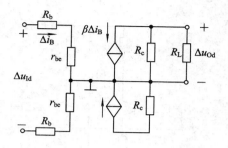

(a) 双入单出差分放大电路 (b) 差模信号下的交流等效电路

图 6.10 双入单出差分放大电路及其交流等效电路

不对称性,晶体管 VT_1 和 VT_2 的集电极电位 $u_{CQ1} \neq u_{CQ2}$,因此管压降 $u_{CEQ1} \neq u_{CEQ2}$。由于流过晶体管 VT_1 的集电极电阻 R_c 的电流 $I_{R_c} = I_{CQ} + I_{R_L}$,且有 $I_{R_L} = \dfrac{U_{CQ1}}{R_L}$,因此有

$$U_{CQ1} = \frac{R_L}{R_c + R_L} \cdot U_{CC} - I_{CQ} \cdot \frac{R_c R_L}{R_c + R_L} \tag{6.19}$$

$$U_{CQ2} = U_{CC} - I_{CQ} R_c \tag{6.20}$$

静态工作点参数 I_{CQ}、I_{BQ} 和 U_{CEQ1}、U_{CEQ2} 可以通过式(6.10)、式(6.11)和式(6.12)来进行计算。

2)动态参数

双入单出差分放大电路在差模信号作用下的交流等效电路如图 6.10(b)所示。由于晶体管 VT_1 和 VT_2 的电流大小相等、方向相反,因此发射极相当于接地。

可求得差模放大倍数为

$$A_d = -\frac{\Delta i_{C1}(R_c /\!/ R_L)}{2\Delta i_{B1}(R_b + r_{be})} = -\frac{1}{2} \cdot \frac{\beta(R_c /\!/ R_L)}{R_b + r_{be}} \tag{6.21}$$

由于电路的输入回路没变,因此输入电阻 $R_{id} = 2(R_b + r_{be})$;电路的输出仅从 VT_1 管的集电极输出,因此输出电阻 $R_o = R_c$,仅为双端输出时的一半。

在共模信号输入时,由于两边电路的输入信号大小相等,极性相同,因此射极电阻 R_e 上的电流变化量 $\Delta i_{R_e} = 2\Delta i_E$,射极电位的变化量 $\Delta U_E = 2\Delta i_E R_e$。对于每只晶体管而言,这种影响可以等效为 Δi_E 流过阻值为 $2R_e$ 的电阻所造成的影响,如图 6.11(a)所示。由于信号的输出仅从 VT_1 管的集电极输出,因此共模信号输入下双入单出差分放大电路的交流等效电路如图 6.11(b)所示。共模放大倍数为

$$A_c = -\frac{\Delta i_{C1}(R_c /\!/ R_L)}{\Delta i_{B1}(R_b + r_{be}) + \Delta i_{E1} \cdot 2R_e} = -\frac{\beta(R_c /\!/ R_L)}{R_b + r_{be} + 2(1+\beta)R_e} \tag{6.22}$$

因此,可求得共模抑制比为

$$K_{CMR} = \left|\frac{A_d}{A_c}\right| = \frac{R_b + r_{be} + 2(1+\beta)R_e}{2(R_b + r_{be})} \tag{6.23}$$

从式(6.22)和(6.23)可以看出:射极电阻 R_e 越大,共模放大倍数 A_c 越小,共模抑制比 K_{CMR} 越大,电路的性能也就越好。因此,增大 R_e 是改善单端输出时共模抑制比的基本措施。

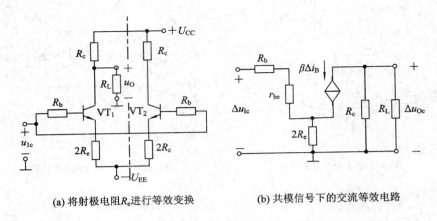

(a) 将射极电阻R_e进行等效变换　　　　　(b) 共模信号下的交流等效电路

图 6.11　共模信号输入时的等效电路

2. 单入双出差分放大电路

　　如果将双入双出差分放大电路的一个输入端接地，输入信号加载于另一个输入端和地之间，就构成了单入双出差分放大电路，如图 6.12(a)所示。

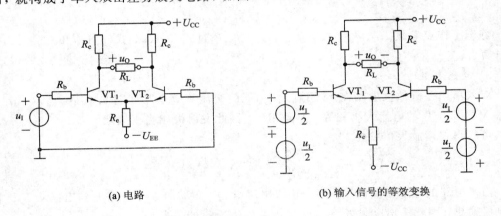

(a) 电路　　　　　　　　　　　　(b) 输入信号的等效变换

图 6.12　单入双出差分放大电路

　　当信号 u_1 从 VT_1 管的基极输入时(VT_2 管的基极无输入)，由于 VT_1 管的射极电流发生变化(VT_2 管的射极电流无变化)，流过电阻 R_e 的电流发生改变，而这将导致两个晶体管的射极电位发生变化。这意味着在单端输入的差模放大电路中，差模信号输入的同时，一定伴随着共模信号的输入。由于电路对于差模信号是通过发射极相连的方式将管的发射极电流传递到 VT_2 管的发射极的，故称这种电路为射极耦合电路。

　　电路差模信号和共模信号的大小可以通过等效变换的方法获得，如图 6.12(b)所示。

在加信号一端，可将信号源等效为两个大小相等、极性相同的串联信号源，即 $u_1 = \dfrac{u_1}{2} + \dfrac{u_1}{2}$；

在接地的一端，可将信号源等效为两个大小相等、极性相反的串联信号源，即 $0 = \dfrac{u_1}{2} - \dfrac{u_1}{2}$。

与双入双出的电路一样，左右两边输入的差模信号为 $\pm\dfrac{u_1}{2}$，$u_{Id} = u_1$；同时，电路两边还输

入了 $u_{Ic} = \dfrac{u_I}{2}$ 的共模信号。一般说来，差分放大电路差模和共模输入信号的大小可以通过下面公式求得

差模信号：
$$u_{Id} = u_{I1} - u_{I2} \tag{6.24}$$

共模信号：
$$u_{Ic} = \frac{u_{I1} + u_{I2}}{2} \tag{6.25}$$

因此，在共模放大倍数 A_c 不为零时，输出端不仅存在由差模信号作用引起的差模输出电压，也有因共模信号作用而得到的共模输出电压，即输出电压为

$$\Delta u_O = A_d \Delta u_I + A_c \cdot \frac{\Delta u_I}{2} \tag{6.26}$$

当电路参数理想对称时 $A_c = 0$，即式中的第二项为 0，此时 K_{CMR} 为无穷大。

单入双出与双入双出电路的静态工作点以及动态参数的分析完全相同；同时，单入单出电路的静态工作点、A_d、A_c、R_i、R_o 的分析与双入单出的电路相同，这里不再赘述。

因此，对于四种接法的差分放大电路，有如下三个特点：

（1）输入电阻均为 $2(R_b + r_{be})$；

（2）A_d、A_c、R_o 与输出方式有关，而与输入方式无关；

（3）单端输入时，在差模信号输入的同时总是伴随着共模信号的输入。

6.3.7　具有恒流源的差分放大电路

通过上面的分析可知，增大射极电阻 R_e 的值能更好地抑制电路的温漂，提高共模抑制比。如果 R_e 的阻值为无穷大，即使是单端输出的电路，也会使 $A_c = 0$，K_{CMR} 无穷大。但是从 6.3.5 节的分析可知：受电源电压 U_{EE} 的限制，R_e 的取值不宜过大。由于恒流源具有动态电阻大的特点，用恒流源取代 R_e 可以提高电路的共模抑制比，如图 6.13 所示。

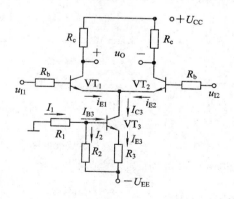

图 6.13　具有恒流源的差分放大电路

如图所示，图中原来为电阻 R_e 的地方，现在被静态工作点稳定电路取代了，其中的电路参数满足 $I_2 \gg I_{B3}$，因此有 $I_1 \approx I_2$。R_2 两端的电压为

$$U_{R2} \approx \frac{R_2}{R_1 + R_2} \cdot U_{EE} \tag{6.27}$$

晶体管 VT_3 的集电极电流为

$$I_{C3} \approx I_{E3} = \frac{U_{R2} - U_{BE3}}{R_3} \tag{6.28}$$

因此，如果 U_{BE3} 的变化可以忽略，则集电极电流 I_{C3} 基本保持不变。此外，从电路图中可以看出，没有动态信号可以作用到晶体管 VT_3 的基极和发射极，因此 I_{C3} 为恒流，晶体管 VT_1 和 VT_2 的射极所接电路为恒流源。则 VT_1 和 VT_2 的射极静态电流为

$$I_{EQ1} = I_{EQ2} = \frac{I_{C3}}{2} \tag{6.29}$$

当 VT_3 管输出特性为理想特性时，即当 VT_3 在放大区的输出特性曲线是横轴的平行线时，恒流源的内阻为无穷大，也就相当于 VT_1 管和 VT_2 管的发射极接了一个阻值为无穷大的电阻，对共模信号的负反馈作用无穷大，因此使电路的 $A_c = 0$，K_{CMR} 为无穷大。

6.3.8 有源负载

1. 用于共射放大电路

图 6.14 所示为有源负载共射放大电路。VT_1 为放大管，VT_2 和 VT_3 构成镜像电流源，VT_2 是 VT_1 的有源负载。如果 VT_2 与 VT_3 管特性完全相同，则基准电流为

$$I_R = \frac{U_{CC} - U_{EB3}}{R} \tag{6.30}$$

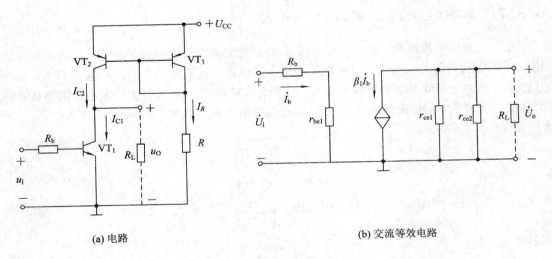

(a) 电路   (b) 交流等效电路

图 6.14 有源负载共射放大电路

空载时 VT_1 管的静态集电极电流为

$$I_{CQ1} = I_{C2} = \frac{\beta}{\beta + 2} \cdot I_R \tag{6.31}$$

只要 U_{CC} 与 R 相配合，就可以设置合适的集电极电流 I_{CQ1}。应当说明，输入端 u_1 中应含有直流分量，为 VT_1 提供静态电流。

若负载电阻 R_L 很大，则 VT_1 管和 VT_2 在 h 参数等效电路中的 $1/h_{22}$ 就不能忽略，因此电路的交流等效电路如图(b)所示。这样，电路的电压放大倍数为

$$\dot{A}_u = -\frac{\beta_1 (r_{ce1} \text{ // } r_{ce2} \text{ // } R_L)}{R_b + r_{be1}} \tag{6.32}$$

当 $R_L \leqslant (r_{ce1} // r_{ce2})$，则有

$$\dot{A}_u \approx -\frac{\beta_1 R_L}{R_b + r_{be1}} \tag{6.33}$$

2. 用于差分放大电路

利用镜像电流源可以使单端输出差分放大电路的差模放大倍数提高到接近双端输出时的情况，常见的电路形式如图 6.15 所示。

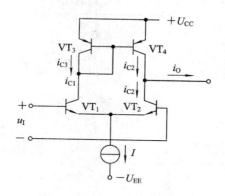

图 6.15 有源负载差分放大电路

图中 VT_1 与 VT_2 为放大管，VT_3 与 VT_4 组成镜像电流源作为有源负载，$i_{c3} = i_{c4}$。

静态时，VT_1 管和 VT_2 管的发射极电流 $I_{E1} = I_{E2} = I/2$，$I_{C1} = I_{C2} \approx I/2$。$\beta_3 \gg 2$，则 $I_{C3} \approx I_{C1}$；又因 $I_{C4} = I_{C3}$，所以 $I_{C4} \approx I_{C1}$，$i_o = I_{C4} - I_{C2} \approx 0$。

当差模信号 Δu_I 输入时，由差分电路的特点可知，动态集电极电流 $\Delta i_{c1} = -\Delta i_{c2}$，而 $\Delta i_{c3} \approx \Delta i_{c1}$；由于 i_{c3} 和 i_{c4} 的镜像关系，有 $\Delta i_{c3} = \Delta i_{c4}$；所以，$\Delta i_o = \Delta i_{c4} - \Delta i_{c2} \approx \Delta i_{c1} - (-\Delta i_{c1}) = 2\Delta i_{c1}$。

由此可见，输出电流约为单端输出时的两倍，因而电压放大倍数接近双端输出时的情况。这时输出电流与输入电压之比

$$A_{iu} = \frac{\Delta i_o}{\Delta u_I} \approx \frac{2\Delta i_{c1}}{2\Delta i_{b1} r_{be1}} = \frac{\beta_1}{r_{be1}} \tag{6.34}$$

由此说明，利用镜像电流源作为负载，不但可将 VT_1 管的集电极电流变化转换为输出电流，而且还将使所有变化电流流向负载 R_L。

【例 6.2】 图 6.16 所示电路参数理想对称，晶体管的 β 均为 80，$r_{bb'} = 100\Omega$，$U_{BEQ} \approx 0.7\,V$；R_w 滑动端在中点。试估算：

(1) VT_1 管和 VT_2 管的发射极静态电流 I_{EQ}。

(2) 差模放大倍数 A_d、共模放大倍数 A_c、输入电阻 R_i 和输出电阻 R_o。

解 (1) R_w 滑动端在中点时 VT_1 管和 VT_2 管输入方程为

$$U_{EE} = U_{BEQ} + I_{EQ} \cdot \frac{R_w}{2} + 2I_{EQ} R_e$$

因而发射极静态电流

$$I_{EQ} = \frac{U_{EE} - U_{BEQ}}{\dfrac{R_w}{2} + 2R_e} = \left(\frac{6 - 0.7}{0.1/2 + 2 \times 5.1}\right)mA \approx 0.517\ mA$$

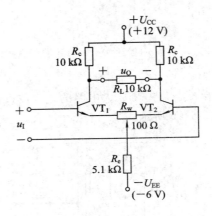

图 6.16　例 6.2 图

（2）B-E 间动态电阻为

$$r_{be} = r_{bb'} + (1+\beta)\frac{26\ mV}{I_{EQ}} \approx \left[100 + (1+80)\frac{26}{0.517}\right]\Omega \approx 4174\ \Omega = 4.17\ k\Omega$$

因而 A_d、R_i 和 R_o 分别为

$$A_d = -\frac{\beta\left(R_c \ /\!/ \ \dfrac{R_L}{2}\right)}{r_{be} + (1+\beta)\dfrac{R_w}{2}} \approx \frac{80 \times \dfrac{1}{1/10 + 1/5}}{4.17 + (1+80)\times\dfrac{0.1}{2}} \approx -32.4$$

$$R_i = 2r_{be} + (1+\beta)R_w \approx [2\times 4.17 + (1+80)\times 0.1]k\Omega \approx 16.4\ k\Omega$$

$$R_o = 2R_c = (2\times 10)k\Omega = 20\ k\Omega$$

由于电路参数理想对称，且采用双端输出方式，故 $A_c = 0$。

6.4　互 补 输 出 级

集成运放的输出级电路一般采用互补输出级，该电路为一只 NPN 型管子和一只 PNP 型管子组成的双向跟随器。两只晶体管的参数相同，特性对称，当 $u_i = 0$ 时，输出电压 $u_o = 0$。其基本电路如图 6.17 所示。

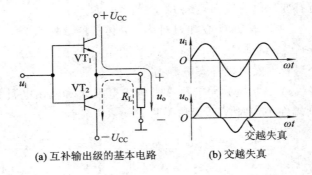

(a) 互补输出级的基本电路　　　(b) 交越失真

图 6.17　互补输出级的基本电路及其交越失真

假设晶体管具有理想特性，输入信号为标准的正弦波信号：当 $u_i > 0$ 时，晶体管 VT$_1$

导通，VT_2 截止，VT_1 管以射极输出的形式将输入信号的正半轴传递到负载，即 $u_o = u_i$，此时电源 $+U_{CC}$ 供电，电流通路如图中实线所示；当 $u_i < 0$ 时，晶体管 VT_2 导通，VT_1 截止，VT_2 管以射极输出的形式将输入信号的正半轴传递到负载，即 $u_o = u_i$，此时电源 $-U_{CC}$ 供电，电流通路如图中虚线所示。这样，VT_1 管与 VT_2 管以互补的方式交替工作，正、负电源交替供电，电路实现了双向跟随。在输入电压幅值足够大时，输出电压的最大幅值可达 $U_{om} = \pm(U_{CC} - |U_{CES}|)$，$U_{CES}$ 为饱和管压降。

但是在实际电路中，晶体管的 B - E 之间存在开启电压 U_{on}。只有当 $u_i > U_{on}$（NPN 管）或者 $u_i < U_{on}$（PNP 管）时，输出电压才跟随 u_i 变化，在 u_i 过零附近的输出电压必然失真，其波形图如图 6.17(b) 所示，这种失真称为交越失真。如果在静态的时候，VT_1 管和 VT_2 管均处于微导通状态或者临界导通状态（即设置合适的静态工作点），则当有输入信号作用时，就能保证至少有一只管子导通，消除交越失真。

消除交越失真的方法主要有两种，下面将分别介绍。

第一种方法是利用两只二极管来设置输出级的静态工作点，如图 6.18(a) 所示。在静态的时候，从 $+U_{CC}$ 经过 R_1、VD_1、VD_2、R_2 到 $-U_{CC}$ 形成一个电流，则两个晶体管基极之间的压降为两个二极管 VD_1、VD_2 上的压降，即

$$U_{b1b2} = U_{D1} + U_{D2} \tag{6.35}$$

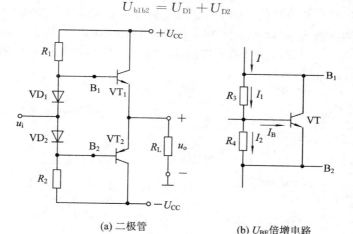

(a) 二极管　　　　　　　　(b) U_{BE} 倍增电路

图 6.18　消除交越失真的方法

如果晶体管与二极管均采用同一种材料，就可以使两个晶体管均处于微导通状态。由于二极管的动态电阻很小，动态信号 u_i 在二极管上的降落很小，因此两个晶体管的基极动态电位近似相等，即 $u_{b1} \approx u_{b2} \approx u_i$。

另一种方法是利用 U_{BE} 倍增电路，常在集成电路中采用，如图 6.18(b) 所示。在图示电路中，如果 $I_2 \gg I_B$，则有 $I_1 \approx I_2$。由于电阻 R_4 两端的压降为 U_{BE}，因此有

$$U_{b1b2} \approx \frac{U_{BE}}{R_4} \cdot (R_3 + R_4) = \left(1 + \frac{R_3}{R_4}\right) U_{BE} \tag{6.36}$$

可见，合理地选择 R_3 和 R_4 可以得到 U_{BE} 任意倍数的直流电压，因此该电路被称为 U_{BE} 倍增电路。由于在集成电路中制作性能完全相同的 NPN 型和 PNP 型晶体管是很困难的，所以在集成电路中常常采用复合管来形成准互补电路，这样较容易做到特性相同，如图 6.19 所示。

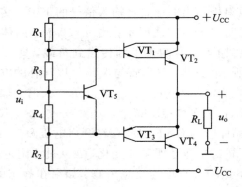

图 6.19 准互补输出电路

准互补输出级常作为功率放大电路（OCL）电路，将在第 10 章中讲述。

6.5 集成运放的电路结构特点

集成运算放大电路是一种放大倍数高、输入电阻大、输出电阻小的直接耦合放大电路，由于最初多用于各种模拟信号的运算，因此被称作集成运算放大电路，简称为集成运放。集成运放有两个输入端（同相和反相），一个输出端，可以认为是一个双端输入、单端输出的差分放大电路。同相（反相）输入端的输入电压与输出电压之间的相位相同（相反），其符号如图 6.20(a)所示。

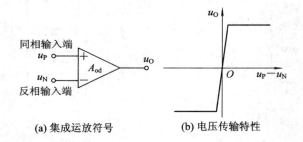

(a) 集成运放符号   (b) 电压传输特性

图 6.20 集成运放符号及电压传输特性

集成运放的输入信号是同相输入端和反相输入端之间的电位差，即 $u_I = u_P - u_N$；其输出信号 u_O 是输入信号 u_I 的函数，其关系曲线称为电压传输特性，即

$$u_O = f(u_P - u_N) \tag{6.37}$$

对于具有正、负两路电源供电的集成运放，其电压传输特性如图 6.20(b)所示。从图中可以看出，集成运放的电压传输特性曲线可分为线性区和非线性区两部分。在线性区，u_O 随着输入信号 u_I 的增大而线性变化，其斜率即为集成运放的电压放大倍数；在非线性区，输出电压只有两种可能：$+U_{OM}$ 和 $-U_{OM}$。

由于集成运放放大的是差模信号，且没有通过外电路引入反馈，故称其电压放大倍数为差模开环放大倍数，记作 A_{od}，因而当集成运放工作在线性区时，有

$$u_O = A_{od}(u_P - u_N) \tag{6.38}$$

A_{od} 一般可达几十万倍，因此集成运放的线性区非常窄。如果输出电压的最大值 $\pm U_{OM} =$

± 14 V, $A_{od} = 1 \times 10^5$, 则只有在 $|u_P - u_N| < 28\ \mu$V 时电路才工作在线性区；如果 $|u_P - u_N| > 28\ \mu$V, 则集成运放工作于非线性区, 输出电压不是 $+14$ V 就是 -14 V。

　　各类集成运放的基本组成部分、结构形式和组成原则基本一致, 因此这里以 F007 双极型集成运放为例来理解集成运放的特点, 了解复杂电路的分析方法。

　　F007 双极型集成运放的电路原理图如图 6.21 所示, 其电压放大倍数可达几十万倍, 输入电阻在 2 MΩ 以上。

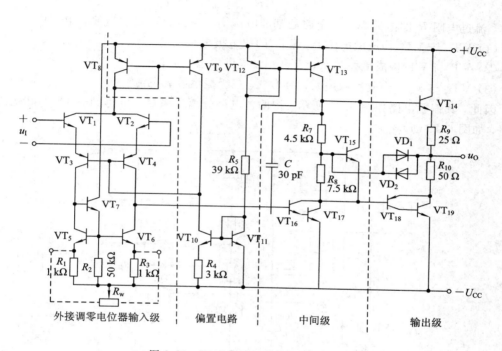

图 6.21　F007 集成运放的电路原理图

6.5.1　集成运放的分析方法

　　由于集成运放有四个组成部分, 因此集成运放的分析中, 应该遵照下面的原则。

　　(1) 化整为零: 将电路分为偏置电路、输入级、中间级、输出级四部分。

　　(2) 分析功能: 弄清每部分电路的结构形式和性能特点。

　　(3) 统观整体: 研究各部分相互间的关系, 理解电路的功能实现方法。

　　(4) 定量估算: 如有必要, 可进行估算。

　　在集成运放电路分析中, 首先应该找出偏置电路, 如果有一个支路的电流可以计算出来, 则该电流一般为偏置电路的基准电流, 电路中与之相关的电流源部分, 即为偏置电路。

　　偏置电路余下的部分, 按照信号的流通顺序, 以输入和输出为线索, 可将其三级电路分开, 具体如下。

　　(1) 输入级: 由于集成运放是直接耦合电路, 因此为了克服温漂, 输入级常采用差分放大电路。

　　(2) 中间级: 为了提高放大倍数, 中间级多采用共射(共源)放大电路。

　　(3) 输出级: 为了提高电路的带负载能力且具有尽可能大的不失真输出电压范围, 输出级多采用(准)互补输出级。

6.5.2　F007 电路分析

从图 6.21 中可以看出，$+U_{CC} \rightarrow VT_{12} \rightarrow R_5 \rightarrow VT_{11} \rightarrow -U_{CC}$ 回路的电流 I_{R5} 可以直接估算出来，即：

$$U_{CC} - U_{EB12} - I_R R_5 - U_{BE11} = -U_{CC}$$

因此，流过电阻 R_5 的电流为偏置电路的基准电流 I_R。由因此可以知道偏置电路中：

(1) VT_{10} 与 VT_{11} 构成微电流源，VT_{10} 的集电极电流 $I_{C10} = I_{C9} + I_{B3} + I_{B4}$；

(2) VT_8 与 VT_9 构成镜像关系，为第一级提供静态电流；

(3) VT_{12} 与 VT_{13} 构成镜像关系，为第二、三级提供静态电流。

因此，其偏置电路如图 6.21 所示。将偏置电路分离出来后，可得到 F007 的其他三级电路，如图 6.22 所示。

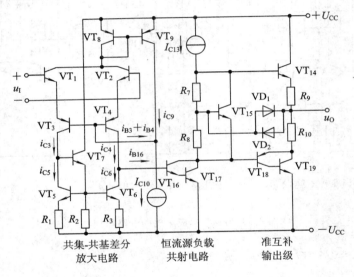

图 6.22　F007 电路的放大电路部分

1. F007 的输入级

1) VT_1、VT_2、VT_3、VT_4 的作用

在 F007 的输入级中，VT_1、VT_2 为纵向管，β 大；VT_3、VT_4 为横向管，β 小但耐压高。从图 6.22 中可以看出，输入信号 u_1 从晶体管 VT_1、VT_2 的基极输入，而从 VT_4（或者 VT_6）的集电极输出，因此构成了双入单出的差分放大电路。

由于信号从 VT_1、VT_2 的基极输入、射极输出，因此构成共集放大电路，其特点是差模输入电阻和差模输入电压大。由于从 VT_1、VT_2 射极输出的信号由 VT_3、VT_4 的射极输入、集电极输出，因此构成共基放大电路。共基放大电路可以放大电压，且有 VT_5、VT_6、VT_7 作为其有源负载（等效电阻无穷大），因此输入级可以得到很大的电压放大倍数。此外，共基放大电路的频带较宽，因此可以改善输入级的频率响应。

2) VT_5、VT_6、VT_7 的作用

VT_5、VT_6、VT_7 的作用有以下三点：

　　（1）构成电流源电路。VT_5、VT_6、VT_7 不但作为 VT_3、VT_4 的有源负载，而且将 VT_3 管集电极的动态电流转换为输出电流 Δi_{B16} 的一部分。

　　（2）放大差模信号。如果电路完全对称，当差模信号输入时，由于

$$\left.\begin{cases} \Delta i_{C3} = -\Delta i_{C4} \\ \Delta i_{C5} \approx \Delta i_{C3}（忽略\ VT_7\ 管的基极电流） \\ \Delta i_{C5} = \Delta i_{C6}（因为\ R_1 = R_3） \end{cases}\right\} \Rightarrow \Delta i_{C6} \approx -\Delta i_{C4} \Rightarrow \Delta i_{B16} = \Delta i_{C4} - \Delta i_{C6} \approx 2\Delta i_{C4}$$

因此，输入级的输出电流加倍，增大了输入级的电压放大倍数。

　　（3）抑制共模信号。当共模信号输入时，有

$$\left.\begin{cases} \Delta i_{C3} = \Delta i_{C4} \\ \Delta i_{C5} \approx \Delta i_{C3}（忽略\ VT_7\ 管的基极电流） \\ \Delta i_{C5} = \Delta i_{C6}（因为\ R_1 = R_3） \end{cases}\right\} \Rightarrow \Delta i_{C6} \approx \Delta i_{C4} \Rightarrow \Delta i_{B16} = \Delta i_{C4} - \Delta i_{C6} \approx 0$$

因此，共模信号基本传不到下一级，从而提高了整个电路的共模抑制比。

　　3）VT_8、VT_9 的作用

　　如某种原因导致输入级的静态电流增大，则有

$$I_{C1}、I_{C2}、I_{C3}、I_{C4} \uparrow \Rightarrow \left.\begin{cases} I_{C8}、I_{C9} \uparrow \\ I_{C10}\ 不变（恒流源） \\ I_{C10} = I_{C9} + I_{B3} + I_{B4} \end{cases}\right\} \Rightarrow I_{B3}、I_{B4} \downarrow \Rightarrow I_{C1}、I_{C2}、I_{C3}、I_{C4} \downarrow$$

因此，VT_8、VT_9 具有稳定输入级静态工作点的作用。

　　综上，F007 的输入级具有输入电阻大、输入端耐压高、频带宽、共模信号抑制能力强、差模信号放大能力大的特点。

2. F007 的中间级

　　F007 的中间级是以 VT_{16}、VT_{17} 所组成的复合管为放大管、以电流源为负载的共射放大电路，具有很强的放大能力。其电压放大倍数约为 1000 倍。

3. F007 的输出级

　　VT_{18}、VT_{19} 构成了 PNP 型复合管，与 NPN 型晶体管 VT_{14} 构成了准互补输出电路。由于其电路不对称，因此在射极上增加了两个阻值不同的电阻 R_9 和 R_{10}。

　　1）U_{BE} 倍增电路

　　U_{BE} 倍增电路由电阻 R_7、R_8 和晶体管 VT_{15} 组成，则晶体管 VT_{14} 和 T_{18} 基极间的电压为

$$U_{B14B18} = \left(1 + \frac{R_7}{R_8}\right)U_{BE15} \tag{6.39}$$

其主要作用是为输出级设置合适的静态工作点，消除交越失真。

　　2）过流保护电路

　　过流保护电路由输出电流 i_O 的采样电阻 R_9、R_{10} 和二极管 VD_1、VD_2 共同构成。当 VT_{14} 导通时，有

$$u_{R7} + u_{D_1} = u_{BE14} + i_O R_9 \tag{6.40}$$

当 i_O 小于额定值时，$u_{D_1} < U_{on}$，VD_1 截止；当 i_O 过大时，R_9 上的电压变大，VD_1 导通，为 VT_{14} 的基极分流并限制了其射极电流，从而保护了晶体管 VT_{14}。同样，VD_2 在 VT_{18}、VT_{19} 导通时也起到了保护作用。

此外，图 6.21 中的电容 C 的作用是相位补偿，以消除自激振荡的产生；R_w 的作用是调零，可以改变晶体管 VT_5、VT_6 的射极电阻，从而调节输入级的对称程度。

6.5.3　集成运放的主要参数

1. 输入直流参数

1）输入失调电压 U_{IO}

在输入端短路时，由于集成运放的输入级电路参数不可能理想对称，因此不可能实现零输入、零输出。U_{IO} 是实现零输出时在输入端所加的补偿电压，该值越小，集成运放的性能越好。U_{IO} 的表达式为

$$U_{IO} = -\frac{U_O \big|_{u_1=0}}{A_{od}}$$

2）输入失调电压的温漂 $\alpha_{U_{IO}}$

$\alpha_{U_{IO}}$ 是 U_{IO} 的温度系数，是衡量运放温漂的重要参数，其值越小，运放的温漂越小。其表达式为

$$\alpha_{U_{IO}} = \frac{dU_{IO}}{dT} \approx \frac{\Delta U_{IO}}{\Delta T}$$

3）输入偏置电流 I_{IB}

I_{IB} 是输入级差放管的基极（栅极）偏置电流的平均值，其值越小，信号源内阻对集成运放静态工作点的影响越小。I_{IB} 的表达式为

$$I_{IB} = \frac{1}{2}(I_{B1} + I_{B2})$$

4）输入失调电流 I_{IO}

I_{IO} 反映输入级差放管输入电流的不对称程度，具体表达为集成运放零输入时，两个输入端的直流偏置电流之差，即

$$I_{IO} = \big| I_{B1} - I_{B2} \big|$$

5）输入失调电流的温漂 $\alpha_{I_{IO}}$

$\alpha_{I_{IO}}$ 是 I_{IO} 的温度系数，其值越小，运放的质量越好。其表达式为

$$\alpha_{I_{IO}} = \frac{dI_{IO}}{dT} \approx \frac{\Delta I_{IO}}{\Delta T}$$

2. 差模特性参数

1）开环差模电压增益 A_{od}

集成运放不引入反馈称为开环，此时的差模信号电压放大倍数即称为开环差模电压增益，记作 A_{od}。开环差模电压增益常用分贝（dB）表示，其大小为 $20 \lg |A_{od}|$。

$$A_{od} = \frac{\Delta u_O}{\Delta(u_P - u_N)}$$

2）差模输入电阻 r_{id}

运放在开环状态下，两个输入端对差模信号呈现出的动态电阻即为差模输入电阻，记作 r_{id}。其值越大，从信号源索取的电流就越小，表达式为

$$r_{id} = \frac{\Delta U_{id}}{\Delta I_{id}}$$

3）差模输出电阻 r_{od}

运放在差模信号输入时，其输出级的动态电阻即为差模输出电阻，记作 r_{od}。其值越小，带负载能力越强。

4）$-3\ dB$ 带宽 f_H

f_H 是使 A_{od} 的增益下降 3 dB（即放大倍数下降到约 0.707 倍）时所对应的信号频率。由于集成运放中的极间电容、分布电容、寄生电容较多，当信号的频率较高时，这些电容的容抗变小，集成运放对信号的放大能力变弱，A_{od} 数值减小并产生相移。

5）单位增益带宽 f_c

f_c 是使 A_{od} 下降到零分贝（即 $A_{od}=1$，失去电压放大能力）时的信号频率，与晶体管的特征频率 f_T 类似。

6）最大差模输入电压 U_{Idmax}

U_{Idmax} 是指不至于使输入级差分管的 PN 结反向击穿所允许的最大差模输入电压。当集成运放所加差模信号大到一定程度时，输入级至少有一个 PN 结承受反向电压。当输入电压大于此值时，输入级差分管将可能因被反向击穿而损坏。

3. 其他参数

1）共模抑制比 K_{CMR}

K_{CMR} 等于差模放大倍数与共模放大倍数之比的绝对值，即

$$K_{CMR} = \left| \frac{A_{od}}{A_{oc}} \right|$$

K_{CMR} 常用分贝表示，其分贝数为 $20\ \lg K_{CMR}$。

2）最大共模输入电压 U_{Icmax}

U_{Icmax} 是输入级能正常放大差模信号情况下允许输入的最大共模信号，若共模输入电压高于此值，则运放不能对差模信号进行放大。因此，在实际应用时，要特别注意输入信号中共模信号的大小。

3）转换速率 SR

SR 是指在大的阶跃信号作用下，输出电压在单位时间变化量的最大值。它表示集成运放对信号变化速度的适应能力，是衡量运放在大幅值信号作用时工作速度的参数，常用每微秒输出电压变化多少伏来表示。其表达式为

$$SR = \frac{du_o}{dt} \bigg|_{max}$$

6.5.4 集成运放的理想化参数

理想集成运放的参数值及 F007 的典型值如表 6.1 所示。当理想集成运放工作在线性区时，由于其差模输入电阻等于无穷大，因此其同相和反相输入端的输入电流为零，即

$$I_P = I_N = 0（虚断） \tag{6.41}$$

表 6.1　理想集成运放与 F007 的参数值对比

参数名称	参数符号	理想值	F007 的典型值
开环差模电压放大倍数	A_{od}	∞	>94 dB
共模抑制比	K_{CMR}	∞	>80 dB
输入电阻	r_{id}	∞	> 2 MΩ
输出电阻	r_{od}	0	~ 75 Ω
输入偏置电流	I_{IB}	0	
输入失调电流	I_{IO}	0	20 nA
输入失调电压	U_{IO}	0	< 2 mV
-3 dB 带宽	f_{H}	∞	7 Hz
转换速率	SR	∞	0.5 V/μs

同样，由于其差模电压放大倍数为无穷大，而其输出值为有限电压，因此其差模输入信号 $u_P - u_N = 0$，即

$$u_P = u_N（虚短）\tag{6.42}$$

当集成运放工作于非线性区时，如果 $u_P > u_N$，则集成运放出现正向饱和，$u_o = +U_{OM}$；如果 $u_P < u_N$，则集成运放出现反向饱和，$u_o = -U_{OM}$。

6.6　集成运放的种类及选择

集成运放自 20 世纪 60 年代问世以来，发展迅速，目前已经历了四代产品。

第一代产品基本沿用了分立元件放大电路的设计思想，采用集成数字电路的制造工艺，利用少量横向 PNP 管，构成以电流源作偏置电路的三级直接耦合放大电路。它的各方面性能都远远优于分立元件电路，满足了一般应用的要求。

第二代产品普遍采用了有源负载，简化了电路设计，并使开环增益有了明显的提高，各方面性能指标比较均衡，属于通用型运放，应用非常广泛。

第三代产品的输入级采用了超 β 管，β 值高达 $1000 \sim 5000$ 倍，版图设计考虑了热效应的影响，减小了失调电压、失调电流及它们的温漂，增大了共模抑制比和输入电阻。

第四代产品采用了斩波稳零和动态稳零技术，使各性能指标参数更加理想化，一般情况下不需调零就能正常工作，大大提高了精度。

6.6.1　集成运放的种类

从前面集成运放典型电路的分析中可知，集成运放的种类繁多，根据不同的参数指标，可将集成运放进行相应的分类。

1. 按供电方式分类

集成运放按供电方式可分为双电源供电和单电源供电。其中双电源供电包括正负电源对称型供电、正负电源不对称型供电。

2. 按集成度(一个芯片上运放的个数)分类

集成运放按集成度可分为单运放、双运放、四运放。目前四运放很多。

3. 按制造工艺分类

(1) 双极型：输入偏置电流及器件功耗较大，但种类多、功能强。

(2) CMOS 型：输入阻抗高、功耗小，可在低电源电压下工作。

(3) BiMOS 型：采用双极型管与单极型管混搭的工艺，以 MOS 管作输入级，输入电阻高。

4. 按工作原理分类

(1) 电压放大型：实现电压放大，输出回路等效成由电压 u_I 控制的电压源 $u_O = A_{od} u_I$。

(2) 电流放大型：实现电流放大，输出回路等效成由电流 i_I 控制的电流源 $i_O = A_i i_I$。

(3) 跨导型：实现电压-电流转换，输出回路等效成由电压 u_I 控制的电流源 $i_O = A_{iu} u_I$。

(4) 互阻型：实现电流-电压转换，输出回路等效成由电流 i_I 控制的电压源 $u_O = A_{ui} i_I$。

一般而言，输出可等效为电压源的运放，输出电阻很小，通常为几十欧；而输出等效为电流源的运放，输出电阻较大，通常为几千欧以上。

5. 按性能指标分类

(1) 通用型：用于无特殊要求的电路中。

(2) 特殊型：为了适应各种特殊要求，某一方面性能特别突出。

其中的特殊型集成运放主要包括以下几种。

① 高阻型：具有高输入电阻。输入级多采用超 β 管或场效应管，$r_{id} > 10^9 \ \Omega$，适用于测量放大电路、信号发生电路或采样-保持电路。

② 高速型：单位增益带宽和转换速率高。增益带宽多在 10 MHz 左右，有的高达千兆赫；转换速率大多在几十伏/微秒至几百伏/微秒，有的高达几千伏/微秒。高速型适用于模-数转换器、数-模转换器、锁相环电路和视频放大电路。

③ 高精度型：具有低失调、低温漂、低噪声、高增益等特点。失调电压和失调电流比通用型小两个数量级，开环差模增益和共模抑制比均大于 100 dB。高精度型适用于对微弱信号的精密测量和运算，常用于高精度的仪器设备中。

④ 低功耗型：具有静态功耗低，工作电源电压低等特点，功耗小于几毫瓦，电源电压为几伏，而其他方面的性能不比通用型运放差。低功耗型适用于能源有严格限制的情况，例如空间技术、军事科学及工业中的遥感遥测等领域。

⑤ 微功耗型：差模输入电阻高，功耗低。

⑥ 高压型：能够输出高电压(如 100 V)。

⑦ 大功率型：能够输出大功率(如几十瓦)。

⑧ 特定功能型：是为完成某种特定功能而生产的。如仪表用放大器、隔离放大器、缓冲放大器、对数/反对数放大器等等。

6.6.2　集成运放的选择

在设计集成运放应用电路时，应根据以下几方面的要求选择运放。

1. 信号源的性质

根据信号源是电压源还是电流源，内阻大小，输入信号的幅值及频率的变化范围等，选择运放的差模输入电阻 r_{id}、-3 dB 带宽（或单位增益带宽）、转换速率 SR 等指标参数。

2. 负载的性质

根据负载电阻的大小，确定所需运放的输出电压和输出电流的幅值。对于容性负载或感性负载，还要考虑它们对频率参数的影响。

3. 精度要求

对模拟信号的处理，如放大、运算等，往往提出精度要求；如电压比较，往往提出响应时间、灵敏度要求。根据这些要求选择运放的开环差模增益、失调电压、失调电流及转换速率等指标参数。

4. 环境条件

根据环境温度的变化范围，可正确选择运放的失调电压及失调电流的温漂等参数；根据所能提供的电源（如有些情况只能用干电池）选择运放的电源电压；根据对能耗有无限制，选择运放的功耗等等。

根据上述分析就可以通过查阅手册等手段选择某一型号的运放，必要时还可以通过各种 EDA 软件进行仿真，最终确定最满意的芯片。目前，各种专用运放和多方面性能俱佳的运放种类繁多，采用它们会大大提高电路的质量。

不过，从性价比方面考虑，应尽量采用通用型运放，只有在通用型运放不满足应用要求时才采用特殊型运放。

本 章 小 结

(1) 集成电路是 60 年代发展起来的一种半导体器件，它是将各种元器件和连线等集成在一个芯片上。集成运算放大器与分立元器件放大电路相比，在电路结构上具有其突出的优势。

(2) 阐述了差分放大电路的工作原理以及四种不同输入、输出方式的性能特点，差模电压放大倍数、差模输入电阻、共模电压放大倍数、共模抑制比等概念和估算方法。

(3) 集成运算放大电路实质上是一个具有高放大倍数的多级直接耦合放大电路，它包含四个组成部分，即输入级、中间级、输出级和偏置电路。

(4) 介绍了集成运放的典型电路 F007 的运放种类及性能指标。

习题与思考题

6.1 恒流源式的差分放大电路如习题 6.1 图所示。试就下列问题选择正确答案填空（A. 增大，B. 减小，C. 不变或基本不变）。设 VT_3 构成理想电流源。

(1) 当电源电压由 ±12 V 变为 ±6 V 时，静态电流 I_{C1}、I_{C2} ____，静态电压 U_{CE1}、U_{CE2} ____，U_{CE3} ____，差模电压放大倍数 $|A_{ud}|$ ____；

(2) 当电阻 R_e 减小时，静态电流 I_{C1}、I_{C2} ____，静态电压 U_{CE1}、U_{CE2} ____，差模电压放

大倍数 $|A_{ud}|$____，差模输入电阻 R_{id}____；

（3）当电阻 R_{c1}、R_{c2} 增加时，静态电流 I_{C1}、I_{C2}____，静态电压 U_{CE1}、U_{CE2}____，差模电压放大倍数 $|A_{ud}|$____，差模输出电阻 R_{od}____；

（4）当电阻 R_{b1}、R_{b2} 增加时，静态电流 I_{C1}、I_{C2}____，静态电压 U_{CE1}、U_{CE2}____，差模电压放大倍数 $|A_{ud}|$____，差模输入电阻 R_{id}____。

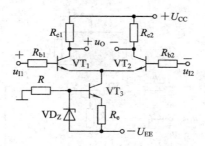

习题 6.1 图

6.2　差分放大电路如习题 6.2 图所示。设晶体管 VT_1、VT_2 特性相同，且 $\beta = 100$，$U_{BE} = 0.7$ V，试将 u_1 取不同数值时的 u_E、u_O 值和 VT_1、VT_2 的工作状态（A. 放大，B. 截止，C. 饱和，D. 临界饱和）填入习题 6.2 表中。

习题 6.2 表

u_1/V	u_E/V	u_O/V	VT_1	VT_2
0.5				
1.0				
1.5				
2.0				
2.5				

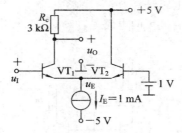

习题 6.2 图

6.3　设习题 6.3 图示电路中 VT_1、VT_2 特性对称，且 $\beta = 60$，$U_{BE} = 0.7$ V，$r_{be} = 2.5$ kΩ，电源电压 $U_{CC} = U_{EE} = 15$ V，电阻 $R_b = 2$ kΩ，$R_e = 10$ kΩ，$R_c = 10$ kΩ，$R_w = 200$ Ω，且其滑动端位于中点，试选择正确答案填空：

（1）VT_2 静态工作电流 $I_{C2} \approx$____；

A. 0.5 mA　　　　B. 0.7 mA　　　　C. 1 mA　　　　D. 1.4 mA

（2）当 $u_{I1} = 10$ mV，$u_{I2} = -10$ mV 时，输出信号 $u_O \approx$____；

A. 566 mV   B. 280 mV   C. −566 mV   D. −280 mV

(3) 当 $u_{I1} = u_{I2} = 10$ mV 时，$u_O \approx$ ____；

A. 5 mV   B. 10 mV   C. −5 mV   D. −10 mV

(4) 当 $u_{I1} = 15$ mV，$u_{I2} = 5$ mV。$u_O \approx$ ____。

A. 555 mV   B. 550 mV   C. 270 mV   D. 275 mV

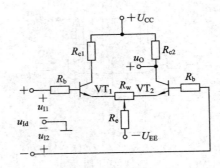

习题 6.3 图

6.4 在习题 6.4 图示镜像电流源电路中，VT_1、VT_2 特性相同且 β 足够大，现欲使电流源 I_{C2} 增大，试判断下列方案的正确性，正确的在括号中画"√"，不正确的画"×"。

(1) 减小 R_2 的阻值。（   ）

(2) 减小 R_1 的阻值。（   ）

(3) 增大 U_{CC} 的值。（   ）

6.5 在如习题 6.4 图所示的镜像电流源电路中，VT_1、VT_2 特性相同，且 β 足够大，$U_{BE} = 0.6$ V。试计算 I_{C2} 的值。

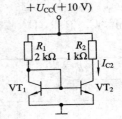

习题 6.4 图

6.6 试比较习题 6.6 图示中三个电流源电路的性能后，填空：

(1) I_0 更接近于 I_R 的电路是 ____；

(2) I_0 受温度影响最小的电路是 ____；

(3) I_0 受电源电压变化影响最大的电路是 ____。

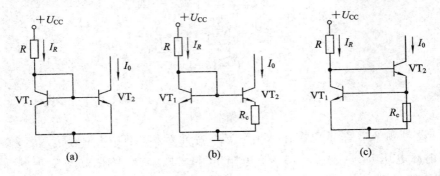

习题 6.6 图

6.7 单入单出长尾式差分放大电路如习题 6.7 图所示。设晶体管的特性相同，且 $\beta = 100$，$r_{be} = 5$ kΩ，电阻 $R_c = R_L = 6$ kΩ，$R = 2$ kΩ，$R_e = 5$ kΩ，$R_w = 200$ Ω，且其滑动端位于中点，$U_{CC} = U_{EE} = 6$ V。

（1）画出差模等效电路并计算差模电压放大倍数 A_{ud}、差模输入电阻 R_{id} 和输出电阻 R_{od}。

（2）画出共模等效电路并计算共模电压放大倍数 A_{uc}、共模抑制比 K_{CMR} 和共模输入电阻 R_{ic}。

6.8　在习题 6.8 图示放大电路中，各晶体管的参数相同，且 $\beta=100$，$r_{bb'}=0$，$|U_{BE}|=0.7$ V，I_{B3} 可忽略不计，电阻 $R_{c1}=R_{c2}=R_{c3}=10$ kΩ，$R_e=9.3$ kΩ，$R_{e3}=4.3$ kΩ，电源电压 $U_{CC}=U_{EE}=10$ V，试估算：

（1）静态时的 U_o；

（2）$u_i=10$ mV 时的输出信号电压 u_O。

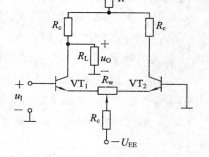

习题 6.7 图

6.9　单端输入、单端输出差分放大电路如习题 6.9 图所示。设晶体管 VT_1、VT_2 的参数 $\beta_1=\beta_2=50$，$r_{be1}=r_{be2}=2$ kΩ，$U_{BE1}=U_{BE2}=0.6$ V。试估算：

（1）静态工作点 I_{C1}、I_{C2}、U_{CE1} 和 U_{CE2}；

（2）差模电压放大倍数 $A_{ud}=u_O/u_I$，差模输入电阻 R_{id} 和输出电阻 R_o；

（3）共模电压放大倍数 A_{uc} 和共模抑制比 K_{CMR}。

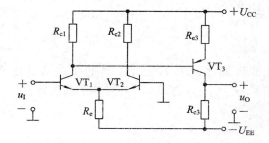

习题 6.8 图

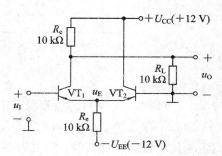

习题 6.9 图

6.10　在习题 6.10 图所示放大电路中，各晶体管参数相同，且 $\beta=100$，$|U_{BE}|=0.7$ V，$r_{bb'}=0$，电阻 $R_{c1}=R_{c2}=R_{c3}=10$ kΩ，$R_e=9.3$ kΩ，$R_{e3}=4.3$ kΩ，电源电压 $U_{CC}=U_{EE}=10$ V。又设差分放大电路的共模抑制比 K_{CMR} 足够大。试估算：

（1）电压放大倍数 $A_u=u_O/u_I$；

（2）在输出不失真条件下所允许的最大输入信号电压（正向和负向）的数值。

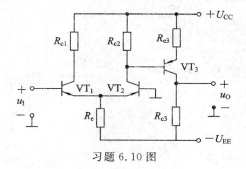

习题 6.10 图

6.11 习题 6.11 图示中的 VT 是提供恒定电流的晶体管。试利用镜像电流源构成的原理画出与它相连接的其他部分电路(线框内部分)。

6.12 差分放大电路如习题 6.12 图所示。设晶体管 VT_1、VT_2 的参数对称：$\beta_1 = \beta_2 = \beta = 50$，$r_{be1} = r_{be2} = r_{be} = 1\ k\Omega$，$R_{c1} = 1\ k\Omega$，$R_{c2} = 0.9\ k\Omega$，$R_e = 1\ k\Omega$。试估算双端输出差模电压放大倍数 A_{ud}，共模电压放大倍数 A_{uc} 和共模抑制比 K_{CMR}。

6.13 放大电路如习题 6.13 图所示。设晶体管 VT_1、VT_2、VT_3 特性相同，且 $\beta = 100$，$U_{BE} = 0.7\ V$，电阻 $R_{c2} = 30\ k\Omega$，$R_{e3} = 80\ \Omega$，$I_2 = 10\ mA$。

(1) 若已知电流源 $I_1 = 100\ \mu A$，试求静态电压 U_{CEQ1}、U_{CEQ2}、U_{CEQ3}，并判断各管工作状态。

(2) 若要求静态时 $u_O = 0\ V$，电流源 I_1 应选多大?

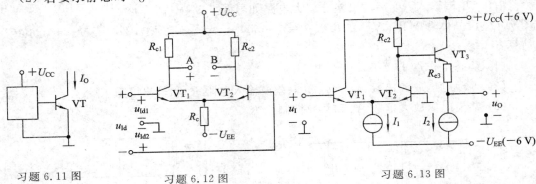

习题 6.11 图   习题 6.12 图   习题 6.13 图

6.14 在习题 6.14 图示电路中，电流表的满偏电流为 $100\ \mu A$，电表支路的总电阻 $R_M = 2\ k\Omega$，两管 VT_1、VT_2 特性相同，且 $\beta = 50$，$r_{bb'} = 300\ \Omega$，$U_{BE} = 0.7\ V$。试估算：

(1) 静态工作点 I_B、I_C、U_C；

(2) 为使电流表指针满偏，U_1 应为多少?

(3) 若 $U_1 = -2\ V$ 和 $U_1 = 2\ V$ 时，分别将会出现什么情况?

6.15 单端输入、单端输出差分放大电路如习题 6.15 图所示。设晶体管 VT_1、VT_2 的参数 $\beta_1 = \beta_2 = 50$，$r_{be1} = r_{be2} = 2\ k\Omega$，$U_{BE1} = U_{BE2} = 0.6\ V$。试估算：

(1) 静态工作点 I_{C1}、I_{C2}、U_{CE1} 和 U_{CE2}；

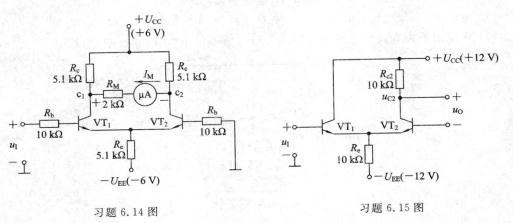

习题 6.14 图   习题 6.15 图

（2）差模电压放大倍数 $A_u=\dfrac{u_O}{u_I}$，差模输入电阻 R_{id} 和输出电阻 R_o；

（3）共模电压放大倍数 A_{uc} 和共模抑制比 K_{CMR}。

6.16　恒流源式差分放大电路如习题 6.16 图所示。设晶体管 VT_1、VT_2、VT_3 的特性相同，且 $\beta=50$，$U_{BE}=0.7$ V，$r_{be}=1.5$ kΩ，R_w 的滑动端位于中点。试估算：

（1）静态工作点 I_{C1}、I_{C2}、U_{CE1}、U_{CE2}；

（2）差模电压放大倍数 $A_u=\dfrac{u_O}{u_I}$；

（3）差模输入电阻 R_{id} 和输出电阻 R_{od}。

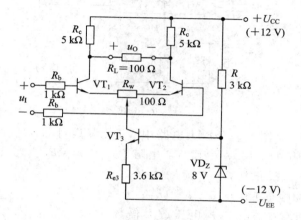

习题 6.16 图

6.17　单端输入、单端输出恒流源式差分放大电路如习题 6.17 图所示。各晶体管参数均相同，$\beta=50$，$r_{bb'}=300$ Ω，$U_{BE}=0.7$ V，稳压管的稳压值 $U_Z=5.3$ V，输入正弦信号电压 $u_I=10\sin\omega t$ mV，试画出 VT_1、VT_2 发射极信号电压 u_E 及集电极信号电压 u_{C1} 和 u_{C2}（均对地）的波形图，并标出各电压的峰值。

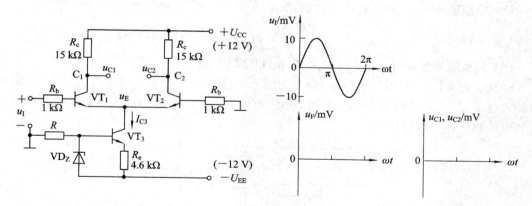

习题 6.17 图

6.18　双端输入、双端输出，带恒流源的差分放大电路如习题 6.18 图所示。VT_1、VT_2 两晶体管特性对称，$\beta=50$，$r_{bb'}=300$ Ω，$U_{BE}=0.7$ V，稳压管 VD_Z 的稳压值 $U_Z=5.3$ V。试估算：

（1）静态工作点 I_{C1}、I_{C2}、U_{C1}、U_{C2}；

（2）差模电压放大倍数 $A_u = \dfrac{u_O}{u_I}$；

（3）差模输入电阻 R_{id} 和输出电阻 R_{od}；

（4）最大允许共模输入电压 U_{iCmax}。

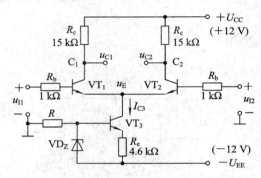

习题 6.18 图

6.19　设习题 6.19 图示差分放大电路中 VT_1、VT_2 对称，且 $\beta = 50$，$U_{BE} = 0.7$ V，$r_{be} = 2.5$ kΩ，电源电压 $U_{CC} = U_{EE} = 12$ V，电阻 $R_{b1} = R_{b2} = R_b = 10$ kΩ，$R_{c1} = R_{c2} = R_c = R_e = 10$ kΩ，$R_L = 20$ kΩ。试估算：

（1）VT_1、VT_2 的静态工作点 I_B、I_C、U_{CE}；

（2）单端输出和双端输出差模电压放大倍数

$$A_{ud1} = \frac{u_A}{u_{ID}}、A_{ud} = \frac{u_{AB}}{u_{ID}}；$$

（3）单端输出和双端输出共模电压放大倍数

$$A_{uc1} = \frac{u_A}{u_{IC}}、A_{uc} = \frac{u_{AB}}{u_{IC}}；$$

（4）单端输出和双端输出共模抑制比 $K_{CMR1} = \left| \dfrac{A_{ud1}}{A_{uc1}} \right|$、$K_{CMR} = \left| \dfrac{A_{ud}}{A_{uc}} \right|$；

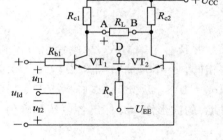

习题 6.19 图

（5）共模输入电阻 R_{ic}，差模输入电阻 R_{id} 和输出电阻 R_{od}。

6.20　直接耦合两级差分放大电路如习题 6.20 图所示。已知差模增益为 60 dB，又知当输入电压 $u_{I1} = 10$ mV，$u_{I2} = 8$ mV 时，输出电压 $u_O = 2090$ mV。试问该电路的共模增益和共模抑制比各为多少分贝？

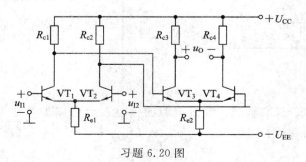

习题 6.20 图

6.21　差分放大电路如习题 6.21 图所示。设两个结型场效应管的参数相同，夹断电压 $U_{GS(off)} = -2\ V$，饱和漏极电流 $I_{DSS} = 2\ mA$，漏源动态电阻 $r_{ds} = \infty$。试估算：

（1）静态工作点 I_D、U_{GS}、U_{DS}；

（2）差模电压放大倍数 $A_{ud} = \dfrac{u_O}{u_{I1} - u_{I2}}$。

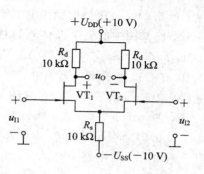

习题 6.21 图

6.22　电流源式的差分放大电路如习题 6.22 图所示。图中电阻 $R = 7.5\ k\Omega$ 和电流源 $I_{02} = 1\ mA$，为电平移动电路，VT_1、VT_2 对称，且 $\beta = 50$，电流源 $I_{01} = 1.02\ mA$，电源电压 $U_{CC} = U_{EE} = 12\ V$，若要求静态时，$u_O = 0\ V$，试问电阻 $R_{c1} = R_{c2}$ 应选多大？

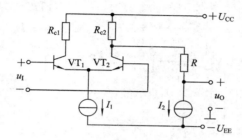

习题 6.22 图

6.23　设习题 6.23 图示中各电路均完全对称，I 为理想恒流源，若输入信号电压 $u_I = 10\ mV$，试求各电路 E 点的信号电压 u_E（对地）分别是多少？

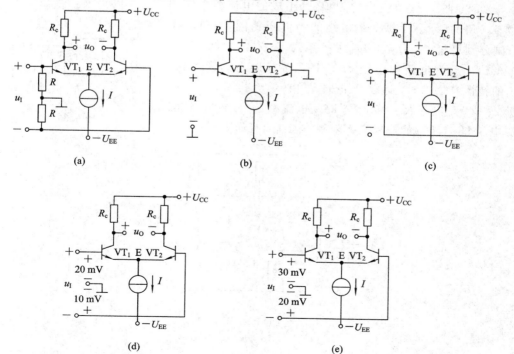

习题 6.23 图

6.24 改进型的镜像电流源电路如习题 6.24 图所示。已知图中的三个晶体管特性均相同，且 β 足够大，$U_{BE} = 0.7$ V，$V_1 = V_2 = 10$ V，$R_1 = 8.6$ kΩ，$R_2 = 10$ kΩ。试判断该电流源电路能否正常工作，并简述其理由；若不能正常工作，应调节什么参数使其正常工作，如何调节？（要求说出四种参数调节方案。）

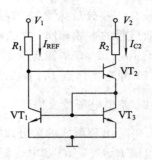

习题 6.24 图

6.25 指出习题 6.25 图示各电路是否能起差分放大的作用。若电路中有错误，请加以改正。

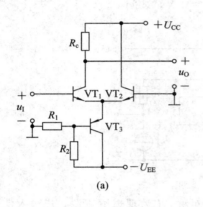

(a)

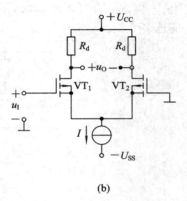

(b)

习题 6.25 图

6.26 由三个集电极模向 PNP 管组成的电流源电路如习题 6.26 图所示。设每个集电结的结面积相同，β 值也相同。试分别写出 I_{C2}、I_{C3} 与 I_{REF} 的关系式。

6.27 放大电路如习题 6.27 图所示。设晶体管 VT$_1$、VT$_2$ 的特性参数相同，运放 A 正向允许的最大共模输入电压 $U_{iCmax} = 12$ V，电阻 $R_{c1} = R_{c2} = 6$ kΩ，电流源 $I_0 = 1$ mA。试问电源电压 $U_{CC} = U_{EE}$ 的选择有无限制？若有，有何限制？

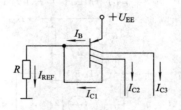

习题 6.26 图

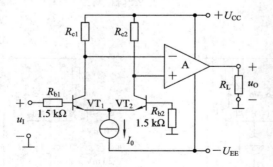

习题 6.27 图

第 7 章

放大电路的反馈

7.1　反馈的概念与判断

在各种电子设备中，为了达到规定的技术指标，提高运行的稳定性和改善其整体性能，常常在放大电路中引入不同类型的反馈。因此，掌握反馈的基本概念和判断方法是研究实用电路的基础。

7.1.1　反馈的基本概念

在电子电路中，将输出量（电压或电流）的一部分或全部通过一定的电路形式作用到输入回路，用来影响放大电路的输入量（电压或电流）的措施称为反馈。根据反馈放大电路各部分电路的主要功能，可将其分为基本放大电路（放大信号）和反馈网络（反馈信号）两部分。此时，基本放大电路的输入信号为净输入信号，是输入信号和反馈信号的函数。

1. 正反馈和负反馈

从图 7.1 中可以看出，基本放大电路的净输入量是输入量和反馈量的函数。由于反馈量直接作用于输入端，从基本放大电路的输入端来看，如果反馈的结果使得净输入量减小，则称该反馈为负反馈；反之，如果反馈的结果使得净输入量增大，则称该反馈为正反馈。

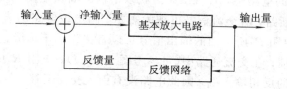

图 7.1　反馈放大电路的组成

由于净输入量的变化必然影响输出量，因此也可以根据输出量的变化来判断反馈的极性：如果反馈的结果使得输出量减小，则称该反馈为负反馈；反之，如果反馈的结果使得输出量增大，则称该反馈为正反馈。

2. 直流反馈与交流反馈

从反馈信号的性质上来看，如果反馈量是直流量，则称为直流反馈；如果反馈量是交流量，则为交流反馈。直流与交流反馈也可以从通路中来看：在直流通路中存在的反馈为直流反馈，在交流通路中存在的反馈为交流反馈。在许多实际电路中，直流与交流反馈通常共存。

7.1.2 反馈的判断

1. 反馈的判断之一——有无反馈找联系

在放大电路中，如果存在一条通路将输出回路和输入回路联系起来，并且影响放大电路的净输入量，则在该放大电路中引入了反馈。这里的联系不但是指要有一条通路连接输入端和输出端，而且指通过这条通路要能把输出信号引回到输入端从而影响输入信号。

图 7.2 所示的三个电路中，图(a)中集成运放的输出端和同相输入端、反相输入端均无通路联系，因此电路中没有引入反馈；图(b)中的电阻 R_2 所在支路连接了集成运放的输出端和反相输入端，且输出信号的存在可以影响反相输入端的信号大小，因此电路中引入了反馈；图(c)中电阻 R 所在支路连接了集成运放的输出端和同相输入端，但是由于与同相输入端的连接点被接地，从输出端引回的信号没有作用于输入端从而影响输入量，因此电阻 R 只是作为集成运放的负载，没有起到反馈的作用。

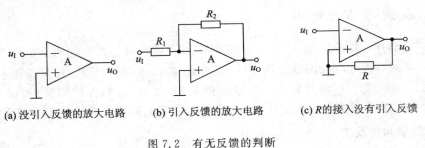

(a) 没引入反馈的放大电路　　(b) 引入反馈的放大电路　　(c) R 的接入没有引入反馈

图 7.2　有无反馈的判断

2. 反馈的判断之二——直流交流看通路

根据前文的定义，可以通过反馈是存在于直流通路还是交流通路中，来判断电路引入的是直流反馈还是交流反馈。

在图 7.3(a) 所示的电路中，有一条通路联系了输出端和集成运放的反相输入端，电容 C 对直流信号相当于断路，对交流信号可视为短路。画出该电路的直流和交流通路可以看出：在直流通路中，电阻 R_2 所引回的输出信号可以直接作用于集成运放的反相输入端，因此电路引入了直流反馈；在交流通路中(可参考图 7.2(c))，电阻 R_2 所引回的信号被接地，没有作用于集成运放的反相输入端，因此电路没有引入交流反馈。

在图 7.3(b) 所示的电路中，有一条通路联系了输出端和集成运放的反相输入端。画出该电路的直流和交流通路可以看出：在直流通路中，电阻 R_2 所引回的输出信号被电容 C 断路，没有作用于集成运放的反相输入端，因此电路没有引入直流反馈；在交流通路中，电阻 R_2 所引回的信号可以直接作用于集成运放的反相输入端，因此电路引入了交流反馈。

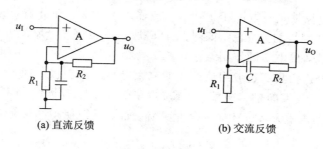

(a) 直流反馈   (b) 交流反馈

图 7.3 直流与交流反馈的判断

3. 反馈的判断之三——正负反馈看结果

在电路中引入的是正反馈还是负反馈,主要看反馈的结果使基本放大电路的净输入信号是增大还是减小:如果反馈信号使基本放大电路的净输入信号增大,则电路引入了正反馈;如果反馈信号使基本放大电路的净输入信号减小,则电路引入了负反馈。

判断电路中反馈极性的方法是瞬时极性法:规定电路输入信号在某一时刻对地的极性(一般假设为⊕),并以此为据逐级判断电路中各相关节点的电流流向和电位极性,得到输出信号的极性,并据此判断反馈信号的极性。再根据反馈信号与输入信号叠加后的大小变化来判断电路引入的反馈的极性。

如图 7.4(a)所示的电路中,假设输入信号 u_I 的瞬时极性为⊕(对地),则集成运放的同相输入端对地电位的极性为⊕,因此输出电压 u_O 的对地极性也为⊕。u_O 在 R_1 和 R_2 所构成的回路中产生的电流如图(a)中虚线所示,因此 R_1 两端的电位为上⊕下⊖:即集成运放反相输入端的对地电位为⊕。由于集成运放的净输入电压 $u_D = u_P - u_N$,因此净输入电压的数值减小,电路引入了负反馈。

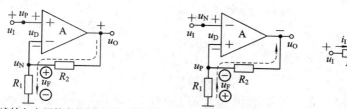

(a) 通过净输入电压的变化判断反馈的极性   (b) 电路引入正反馈   (c) 通过净输入电流的变化判断反馈的极性

图 7.4 反馈极性的判断

将图 7.4(a)所示的电路的同相、反相输入端电位互换,可得如图(b)所示的电路。仍假设输入信号 u_I 的瞬时极性为⊕(对地),则集成运放的反相输入端对地电位的极性为⊕,因此输出电压 u_O 的对地极性为⊖。u_O 在 R_1 和 R_2 所构成的回路中产生的电流如图(b)中虚线所示,R_1 两端的电位为上⊖下⊕:即集成运放同相输入端的对地电位为⊖。由于集成运放的净输入电压 $u_D = u_P - u_N$,因此净输入电压的数值增大,电路引入了正反馈。

在图 7.4(c)所示的电路中,设输入电流 i_I 的瞬时极性如图中所示,输入信号 u_I 的瞬时极性为⊕(对地)。由于输入信号从集成运放的反相输入端输入,因此输出电压 u_O 的对地极性为⊖,集成运放反相输入端的电位高于输出端的电位,在电阻 R_2 中产生的电流 i_F 及方向如图 7.4(c)所示。集成运放的净输入电流 $i_N = i_I - i_F$,净输入电流数值减小,因此电路引入了负反馈。

在反馈电路中，反馈量只取决于输出量，与输入量无关。在分析反馈极性时，可将输出量视为作用于反馈网络的独立源。如图 7.4(a) 所示的电路中，反馈电压 u_F 不表示 R_1 上的实际压降，只表示输出电压的作用结果。

综上所述，在分析由集成运放组成的反馈放大电路的反馈极性时，应该通过分析集成运放的净输入电压 u_D 或者净输入电流 i_P（或 i_N）在引入反馈后是增大还是减小了来判断：如果反馈使得净输入量增大，则该反馈为正反馈；如果反馈使得净输入量减小，则该反馈为负反馈。

4. 反馈的判断之四——电压电流看输出

根据在输出端反馈取样电平的不同，可以将反馈分为电压反馈和电流反馈。如果是从输出电压取样，则称该反馈为电压反馈；如果是从输出电流取样，则称该反馈为电流反馈。电压反馈与电流反馈反映了基本放大电路的输出回路与反馈网络连接方式的不同，其判断方法如下。

（1）负载短路法：将负载短路，如果反馈信号消失，则该反馈为电压反馈；如果反馈信号仍在，则该反馈为电流反馈。

（2）结构判断法：除公共地线外，如果输出线与反馈线接在同一点上，则该反馈为电压反馈；如果输出线与反馈线接在不同点上，则该反馈为电流反馈。

如图 7.5(a) 所示的电路，若将负载短路（即 R_L 的两端短路），则电路如图 7.5(b) 所示。此时电阻 R_F 所在的支路不能再从输出端引回反馈信号，则该反馈为电压反馈。此时 R_F 中虽然仍存在电流，但该电流是输入信号作用的结果。

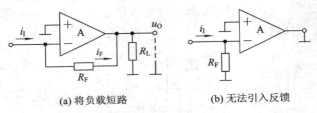

(a) 将负载短路   (b) 无法引入反馈

图 7.5   电压反馈的判断

从电路结构上来看，R_F 所在的反馈线和 R_L 所在的负载线接在同一点上，因此可以判断该反馈为电压反馈。

如图 7.6(a) 所示的电路，若将负载短路（即 R_L 的两端短路），则电路如图 7.6(b) 所示。由于输出电流 i_O 仅受集成运放输入信号的控制，即使 R_L 短路 i_O 也不为 0，因此电阻 R_F 所在的支路仍能从输出端引回反馈信号，该反馈为电流反馈。

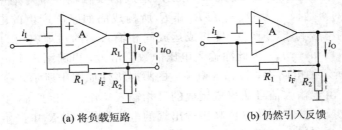

(a) 将负载短路   (b) 仍然引入反馈

图 7.6   电流反馈的判断

　　从电路结构上来看，R_f 所在的反馈线没有和 R_L 所在的负载线接在同一点上，因此可以判断该反馈为电流反馈。

5. 反馈的判断之五——串联并联看输入

　　根据在输入端输入电平和反馈电平的求和方式不同，可将反馈分为串联反馈和并联反馈。如果输入基本放大器的电平是电压的代数和，则称该反馈为串联反馈；如果输入基本放大器的电平是电流的代数和，则称该反馈为并联反馈。串联反馈与并联反馈反映了基本放大电路的输入回路与反馈网络连接方式的不同，其判断方法如下。

　　（1）对地短路法：将反馈线与输入端的接点短路，如果输入信号仍能送入基本放大电路，则该反馈为串联反馈；如果输入信号不能送入基本放大电路，则该反馈为电流反馈。

　　（2）结构判断法：除公共地线外，如果输入信号线与反馈线接在同一点上，则该反馈为并联反馈；如果输入信号线与反馈线接在不同点上，则该反馈为串联反馈。

　　如图 7.7(a) 所示的电路，若将反馈线与输入端的接点短路，则电路如图 7.7(b) 所示。此时输入信号 u_1 仍能送入集成运放的同相输入端，因此该反馈为串联反馈。

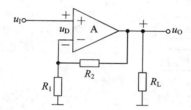 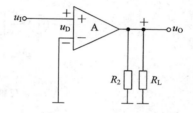

(a) 将反馈线与输入端的接点短路　　(b) 输入信号 u_1 仍能送入集成运放的同相输入端

图 7.7　串联反馈的判断

　　从电路结构上来看，反馈线与集成运放的反相输入端相连接，而输入信号从集成运放的同相输入端送入，输入信号线与反馈线未接在同一点上，因此可以判断该反馈为串联反馈。

　　如图 7.8(a) 所示的电路，若将反馈线与输入端的接点短路，则电路如图 7.8(b) 所示。此时输入信号 i_1 在集成运放的反相输入端被短路，不能被送入，因此该反馈为并联反馈。

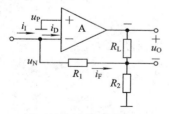 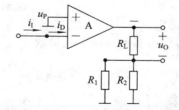

(a) 将反馈线与输入端的接点短路　　(b) 输入信号 u_1 不能被送入集成运放的反相输入端

图 7.8　并联反馈的判断

　　从电路结构上来看，反馈线与集成运放的反相输入端相连接，输入信号也从集成运放的反相输入端送入，输入信号线与反馈线接在同一点上，因此可以判断该反馈为并联反馈。

7.2　深度负反馈放大电路的放大倍数

通常来说，引入了交流负反馈的放大电路称为负反馈放大电路。如在 7.1 节中所述，根据反馈网络在输入、输出端的连接方式，负反馈放大电路的反馈组态可分为四种形式，分别为：电压串联负反馈、电压并联负反馈、电流串联负反馈、电流并联负反馈。

7.2.1　负反馈放大电路的方框图及深度负反馈的含义

任何负反馈电路都可以用如图 7.9 所示的方框图来表示。其中，$\dot{X}_i$ 为负反馈放大电路的输入信号，$\dot{X}_o$ 为负反馈放大电路的输出信号，$\dot{X}_f$ 为反馈信号，$\dot{X}_i'$ 为净输入信号，$\dot{X}_o$ 为输出信号。图中的箭头为信号的流通方向，表明信号的流通方向是单向的，即输入信号 $\dot{X}_i$ 仅通过基本放大电路传递到输出端，而输出信号 $\dot{X}_o$ 仅通过反馈网络传递到输入端；或者说，$\dot{X}_i$ 不通过反馈网络传递到输出端，而 $\dot{X}_o$ 也不通过基本放大电路传递到输入端。

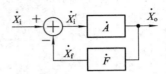

图 7.9　负反馈电路方框图

根据方框图描述的信号流通顺序，基本放大电路的放大倍数为 $\dot{A}=\dfrac{\dot{X}_o}{\dot{X}_i'}$，反馈网络的反馈系数为 $\dot{F}=\dfrac{\dot{X}_f}{\dot{X}_o}$，图中的"＋"和"－"是进行比较时信号的参考极性。因此可知

$$\dot{X}_o = \dot{A}\dot{X}_i' \tag{7.1}$$

$$\dot{X}_f = \dot{F}\dot{X}_o = \dot{A}\dot{F}\dot{X}_i' \tag{7.2}$$

$$\dot{X}_i = \dot{X}_i' + \dot{X}_f = (1+\dot{A}\dot{F})\dot{X}_i' \tag{7.3}$$

因此，负反馈放大电路的放大倍数（闭环放大倍数）为

$$\dot{A}_f = \frac{\dot{A}}{1+\dot{A}\dot{F}} \tag{7.4}$$

其中，$\dot{A}\dot{F}=\dfrac{\dot{X}_f}{\dot{X}_i'}$ 为电路的环路放大倍数，$|1+\dot{A}\dot{F}|$ 为反馈深度。

在中频段，$\dot{A}_f$、$\dot{A}$、$\dot{F}$ 均为实数，因此式（7.4）可写为

$$A_f = \frac{A}{1+AF} \tag{7.5}$$

当 $|1+\dot{A}\dot{F}|>1$ 时，$|\dot{A}_f|<|\dot{A}|$。从式（7.4）中可以看出，由于反馈的引入，使得进入基本放大电路的输入信号被削弱，反馈电路的电压放大倍数下降，该反馈为负反馈。

当 $|1+\dot{A}\dot{F}|<1$ 时，$|\dot{A}_f|>|\dot{A}|$。从式（7.4）中可以看出，由于反馈的引入，使得进入基本放大电路的输入信号被增强，反馈电路的电压放大倍数增大，该反馈为正反馈。

当 $|1+\dot{A}\dot{F}|=0(\dot{A}\dot{F}=-1)$ 时，$|\dot{A}_f|=\infty$。这说明电路在输入量为 0 时也会有输出信号，此时电路产生了自激振荡。

当 $|1+\dot{A}\dot{F}|\geqslant1$ 时，式(7.4)可以化简为

$$\dot{A}_\mathrm{f}\approx\frac{1}{\dot{F}} \tag{7.6}$$

此时，放大倍数几乎仅仅决定于反馈网络，而与基本放大电路无关，这就称电路引入了深度负反馈。反馈网络的参数确定后，基本放大电路的放大能力愈强，即 $\dot{A}$ 的数值愈大，反馈愈深，$\dot{A}_\mathrm{f}$ 与 $1/\dot{F}$ 的近似程度愈好。大多数负反馈放大电路，特别是用集成运放组成的负反馈放大电路，一般均满足 $|1+\dot{A}\dot{F}|\geqslant1$ 的条件，因而在近似分析中均可认为 $\dot{A}_\mathrm{f}\approx1/\dot{F}$。

在深度负反馈的条件下，根据 $\dot{A}_\mathrm{f}=\dfrac{\dot{X}_\mathrm{o}}{\dot{X}_\mathrm{i}}$ 与 $\dot{F}=\dfrac{\dot{X}_\mathrm{f}}{\dot{X}_\mathrm{o}}$ 并结合式(7.6)可得

$$\dot{X}_\mathrm{i}\approx\dot{X}_\mathrm{f} \tag{7.7}$$

因此，深度负反馈的实质是在近似分析中忽略了净输入量。在深度负反馈的条件下，串联反馈中有 $\dot{U}_\mathrm{i}\approx\dot{U}_\mathrm{f}$，并联反馈中有 $\dot{I}_\mathrm{i}\approx\dot{I}_\mathrm{f}$。

7.2.2　理想运放工作在线性区的参数特点

在理想的情况下，集成运放具有如下的参数特点：$A_\mathrm{od}=\infty$，$r_\mathrm{id}=\infty$，$r_\mathrm{o}=0$。由于输出电压 u_o 的大小为有限值，因此可知 $A_\mathrm{od}=\dfrac{u_\mathrm{o}}{u_\mathrm{i}}=\dfrac{u_\mathrm{o}}{u_\mathrm{P}-u_\mathrm{N}}=\infty$，$u_\mathrm{P}-u_\mathrm{N}=0$，因此理想集成运放具有虚短路的特点，即

$$u_\mathrm{P}=u_\mathrm{N}（虚短） \tag{7.8}$$

同时，因为理想集成运放的输入电阻 $r_\mathrm{id}=\infty$，因此集成运放的同相和反相输入端电流近似为零，具有虚断路的特点，即

$$i_\mathrm{P}=i_\mathrm{N}=0（虚断） \tag{7.9}$$

集成运放输入端的虚短和虚断可以为集成运算放大电路的求解带来极大的方便，是求解其放大倍数的基本出发点。

7.2.3　电压串联负反馈放大电路

若将负反馈放大电路的基本放大电路和反馈网络均看成是两端口网络，则不同的反馈组态表明两个网络的不同连接方式。如图 7.10(a)所示为电压串联负反馈放大电路的方框图，其反馈网络如图(b)所示，图(c)为图(b)所示电路的简化图，电路各点电位的极性如图(c)中所标注。

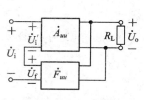

(a) 电压串联负反馈的方框图

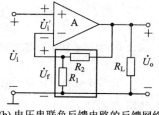

(b) 电压串联负反馈电路的反馈网络

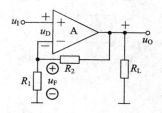

(c) 图(b)所示电路的简化

图 7.10　电压串联负反馈放大电路

从图(c)中可以看出,该反馈采用电阻分压的形式将输出电压的一部分作为反馈电压送入输入端,反馈量为

$$u_F = \frac{R_1}{R_1 + R_2} \cdot u_O \qquad (7.10)$$

这表明反馈量取自且正比于输出电压 u_O,在输入端与输入电压 u_O 求差后送入集成运放放大,故引入了电压串联负反馈。

根据反馈系数的定义并结合式(7.10),可求得图 7.10(c)所示的电压串联负反馈的反馈系数为

$$\dot{F}_{uu} = \frac{\dot{U}_F}{\dot{U}_o} = \frac{R_1}{R_1 + R_2} \qquad (7.11)$$

在深度负反馈的条件下,该电路的放大倍数为

$$\dot{A}_{uuf} = \frac{\dot{U}_o}{\dot{U}_i} \approx \frac{\dot{U}_o}{\dot{U}_f} = \frac{1}{\dot{F}_{uu}} \qquad (7.12)$$

根据电压放大倍数的定义并结合式(7.11),可求得该电路的电压放大倍数即为电压串联负反馈的放大倍数,为

$$\dot{A}_{uf} = \dot{A}_{uuf} \approx \frac{1}{\dot{F}_{uu}} = 1 + \frac{R_2}{R_1} \qquad (7.13)$$

实际上,利用虚短和虚断的概念来直接求解该电路的电压放大倍数也非常简单。根据虚断的概念可知,流过电阻 R_1 和 R_2 的电流相等(均为 i_F);根据虚短的概念可知,$u_I = u_P = u_N = u_F$,因此该电路的电压放大倍数为

$$\dot{A}_{uf} = \frac{\dot{U}_o}{\dot{U}_i} \approx \frac{\dot{U}_o}{\dot{U}_F} = \frac{i_F(R_1 + R_2)}{i_F R_1} = 1 + \frac{R_2}{R_1} \qquad (7.14)$$

其结果与式(7.13)相同。

7.2.4 电流串联负反馈放大电路

如图 7.11(a)所示为电流串联负反馈放大电路的方框图,其反馈网络如图(b)所示,图(c)为图(b)所示电路的习惯画法,电路各点电位的极性和电流的流向如图中所标注。

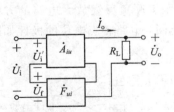

(a) 电流串联负反馈的方框图

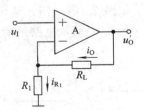

(b) 电流串联负反馈电路的反馈网络

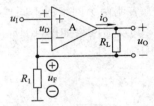

(c) 图(b)所示电路的习惯画法

图 7.11 电流串联负反馈放大电路

从图(b)中可以看出,该电路的反馈量为

$$u_F = i_O R_1 \qquad (7.15)$$

表明反馈量取自且正比于输出电流 i_O,通过 R_1 转换为反馈电压 u_F 并在输入端与输入电压

u_O 求差后送入集成运放放大，故引入了电流串联负反馈。

根据反馈系数的定义并结合式(7.15)，图 7.11(c)所示的电压串联负反馈的反馈系数为

$$\dot{F}_{ui} = \frac{\dot{U}_F}{\dot{I}_o} = R_1 \qquad (7.16)$$

在深度负反馈的条件下，该电路的放大倍数为

$$\dot{A}_{iuf} = \frac{\dot{I}_o}{\dot{U}_i} \approx \frac{\dot{I}_o}{\dot{U}_f} = \frac{1}{F_{ui}} \qquad (7.17)$$

根据电压放大倍数的定义并结合式(7.16)，该电路的电压放大倍数为

$$\dot{A}_{uf} = \frac{\dot{U}_o}{\dot{U}_i} \approx \frac{\dot{I}_o R_L}{\dot{U}_f} = \frac{1}{F_{ui}} \cdot R_L = \frac{R_L}{R_1} \qquad (7.18)$$

同样，可以利用虚短和虚断的概念来直接求解该电路的电压放大倍数。根据虚断的概念可以知道，流过电阻 R_1 和 R_L 的电流相等(均为 i_O)；根据虚短的概念可以知道，$u_I = u_P = u_N = u_F$，因此该电路的电压放大倍数为

$$\dot{A}_{uf} = \frac{\dot{U}_o}{\dot{U}_i} \approx \frac{\dot{U}_o}{\dot{U}_f} = \frac{i_O R_L}{i_O R_1} = \frac{R_L}{R_1} \qquad (7.19)$$

其结果与式(7.18)相同。

7.2.5　电压并联负反馈放大电路

如图 7.12(a)所示为电压并联负反馈放大电路的方框图，其反馈网络如图(b)所示，图(c)为图(b)所示电路的实际电路的习惯画法，电路各点电位的极性和电流的流向如图中所标注。

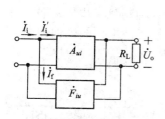 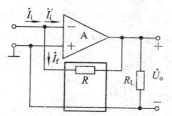 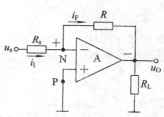

(a) 电压并联负反馈的方框图　　(b) 电压并联负反馈电路的反馈网络　　(c) 图(b)所示电路的实际电路

图 7.12　电压并联负反馈放大电路

实际上，并联负反馈电路的输入量通常不是理想的恒流信号 $\dot{I}_i$。在大多数情况下，信号源 $\dot{I}_s$ 有内阻 R_s，如图 7.12(c)所示。根据诺顿定理，可将信号源换成内阻为 R_s 的电压源 $\dot{U}_s$。由于 $\dot{I}_i \approx \dot{I}_f$，可以认为 $\dot{U}_s$ 几乎全部降落在电阻 R_s 上，所以

$$\dot{U}_s \approx \dot{I}_i R_s \approx \dot{I}_f R_s \qquad (7.20)$$

从图(c)中可以看出，由于 $u_P = u_N = 0$，该电路的反馈量为

$$\dot{I}_f = -\frac{\dot{U}_o}{R} \qquad (7.21)$$

这表明反馈量取自且正比于输出电压 u_O，通过 R 转换为反馈电流 i_F 并在输入端与输入电流 i_I 求差后送入集成运放放大，故引入了电压并联负反馈。

根据反馈系数的定义并结合式(7.21)，图 7.12(c)所示的电压串联负反馈的反馈系数为

$$\dot{F}_{iu} = \frac{\dot{I}_f}{\dot{U}_o} = \frac{-\dfrac{\dot{U}_o}{R}}{\dot{U}_o} = -\frac{1}{R} \tag{7.22}$$

在深度负反馈的条件下，该电路的放大倍数为

$$\dot{A}_{uif} = \frac{\dot{U}_o}{\dot{I}_i} \approx \frac{\dot{U}_o}{\dot{I}_f} = \frac{1}{\dot{F}_{iu}} \tag{7.23}$$

根据电压放大倍数的定义并结合式(7.20)、式(7.22)，该电路的电压放大倍数为

$$\dot{A}_{usf} = \frac{\dot{U}_o}{\dot{U}_s} \approx \frac{\dot{U}_o}{\dot{I}_f R_s} = \frac{1}{\dot{F}_{iu}} \frac{1}{R_s} = -\frac{R}{R_s} \tag{7.24}$$

同样，可以利用虚短和虚断的概念来直接求解该电路的电压放大倍数。根据虚短的概念可以知道，$u_P = u_N = 0$；根据虚断的概念可以知道，流过电阻 R 和 R_s 的电流相等（均为 i_F），因此有

$$\frac{u_s - u_N}{R_s} = \frac{u_N - u_o}{R}, \quad 即 \frac{u_s}{R_s} = \frac{-u_o}{R}$$

该电路的电压放大倍数为

$$\dot{A}_{usf} = \frac{u_o}{u_s} = -\frac{R}{R_s} \tag{7.25}$$

其结果与式(7.24)相同。

7.2.6　电流并联负反馈放大电路

如图 7.13(a)所示为电流并联负反馈放大电路的方框图，其反馈网络如图(b)所示。与在 7.2.6 节中的讨论一样，可将信号源 $\dot{I}_i$ 换成内阻为 R_s 的电压源 $\dot{U}_s$，$\dot{U}_s$ 几乎全部降落在电阻 R_s 上。图(c)为图(b)所示电路的实际电路的习惯画法，电路各点电位的极性和电流的流向如图中所标注。在深度负反馈条件下，仍有 $\dot{U}_s \approx \dot{I}_i R_s \approx \dot{I}_f R_s$。

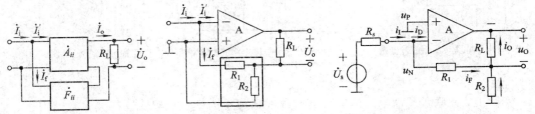

(a) 电流并联负反馈的方框图　　(b) 电流并联负反馈电路的反馈网络　　(c) 图(b)所示电路的实际电路

图 7.13　电流并联负反馈放大电路

从图 7.13(c)中可以看出，由于 $u_P = u_N = 0$，该电路的反馈量为

$$\dot{I}_f = -\frac{\dot{U}_A}{R_1} \tag{7.26}$$

从图 7.13(c)中可以看出，反馈电流 i_F 是输出电流 i_O 的一部分，在输入端与输入电流 i_I 求差后送入集成运放放大，故引入了电流并联负反馈。

根据反馈系数的定义并结合式(7.26)，图 7.13(c)所示的电压串联负反馈的反馈系

数为

$$\dot{F}_{ii} = \frac{\dot{I}_f}{\dot{I}_o} = \frac{\dfrac{\dot{U}_A}{R_1}}{-\left(\dfrac{\dot{U}_A}{R_1} + \dfrac{\dot{U}_A}{R_2}\right)} = -\frac{R_2}{R_1 + R_2} \tag{7.27}$$

在深度负反馈的条件下，该电路的放大倍数为

$$\dot{A}_{iif} = \frac{\dot{I}_o}{\dot{I}_i} \approx \frac{\dot{I}_o}{\dot{I}_f} = \frac{1}{\dot{F}_{ii}} \tag{7.28}$$

根据电压放大倍数的定义并结合式(7.20)、式(7.27)，该电路的电压放大倍数为

$$\dot{A}_{usf} = \frac{\dot{U}_o}{\dot{U}_s} \approx \frac{\dot{I}_o R_L}{\dot{I}_f R_s} = \frac{1}{\dot{F}_{iu}} \cdot \frac{R_L}{R_s} = -\left(1 + \frac{R_1}{R_2}\right)\frac{R_L}{R_s} \tag{7.29}$$

同样，可以利用虚短和虚断的概念来直接求解该电路的电压放大倍数。根据虚短的概念可以知道，$u_P = u_N = 0$；根据虚断的概念可以知道，流过电阻 R_1 和 R_s 的电流相等（均为 i_F），因此 A 点的电位为 $u_A = -i_F R_1$，流过负载的电流为 $i_O = i_F + i_{R_2} = \left(1 + \dfrac{R_1}{R_2}\right)i_F$，负载两端的电压为 $u_{R_L} = -i_O R_L = -u_O$。

该电路的电压放大倍数为

$$\dot{A}_{usf} = \frac{u_O}{u_S} = \frac{-\left(1 + \dfrac{R_1}{R_2}\right)i_F \cdot R_L}{i_F \cdot R_s} = -\left(1 + \frac{R_1}{R_2}\right) \cdot \frac{R_L}{R_s} \tag{7.30}$$

其结果与式(7.24)相同。

7.2.7　关于负反馈放大电路的讨论

1. 求解负反馈放大电路的一般步骤

求解负反馈放大电路一般有如下步骤：

(1) 正确判断反馈的组态；

(2) 求解反馈系数；

(3) 利用反馈系数求解 $\dot{A}_f$、$\dot{A}_{uf}$（或者 $\dot{A}_{usf}$）。

(4) 对于集成运放构成的反馈电路，可直接利用虚短和虚断的概念求解。

2. 符号问题

在同一种反馈组态中，$\dot{A}$、$\dot{F}$、$\dot{A}_f$、$\dot{A}_{uf}$（或者 $\dot{A}_{usf}$）的符号均相同，其实际反映了瞬时极性法判断出的 $\dot{U}_o$ 与 $\dot{U}_i$ 的相位关系：同相时为正，反相时为负。

3. 分立元件放大电路中的净输入量和输出电流

在判断分立元件反馈放大电路的反馈极性时，净输入电压常指输入级晶体管的 B - E(E - B)间或场效应管 G - S(S - G)间的电位差，净输入电流常指输入级晶体管的基极电流（射极电流）或场效应管的栅极（源极）电流。

在分立元件电流负反馈放大电路中，反馈量常取自于输出级晶体管的集电极电流或发射极电流，而不是负载上的电流；此时称输出级晶体管的集电极电流或发射极电流为输出电流，反馈的结果将稳定该电流。

7.3　负反馈对放大电路性能的影响

从第 2 章的关于静态工作点稳定的分析中可知,在放大电路中引入负反馈后,虽然放大倍数有所下降,但是可以提高放大电路的稳定性。实际上,负反馈对放大电路的整体性能都有影响,下面将逐一介绍。

1. 提高放大倍数的稳定性

在中频段,$\dot{A}_f$、$\dot{A}$、$\dot{F}$ 均为实数,因此 $\dot{A}_f$ 的表达式可写为 $A_f = \dfrac{A}{1+AF}$。对该式子求微分,可得

$$dA_f = \frac{dA}{(1+AF)^2} = \frac{dA}{1+AF} \cdot \frac{A_f}{A} \tag{7.31}$$

因此上式可写为

$$\frac{dA_f}{A_f} = \frac{1}{1+AF} \cdot \frac{dA}{A} \tag{7.32}$$

上式表明,负反馈放大电路放大倍数 A_f 的相对变化量 dA_f/A_f 仅为其基本放大电路放大倍数 A 的相对变化量 dA/A 的 $\dfrac{1}{1+AF}$,也就是说 A_f 的稳定性是 A 的$(1+AF)$倍。或者说,A_f稳定性的提高是以损失放大倍数为代价的,即 A_f减小到 A 的$\dfrac{1}{1+AF}$,才使其稳定性提高到 A 的$(1+AF)$倍。

2. 影响输入电阻

放大电路的输入电阻是从其输入端看进去的等效电阻。由于反馈网络与放大电路在输入端存在连接,因此连接方式必然会对输入电阻产生影响。根据电路在输入端引入的反馈形式(串联负反馈和并联负反馈),对输入电阻的影响的讨论如下。

1) 串联负反馈:增大输入电阻

图 7.14 为串联负反馈的方框图,根据输入电阻的定义可知,基本放大电路的输入电阻为

$$R_i = \frac{\dot{U}_i'}{\dot{I}_i}$$

在引入串联负反馈之后,整个电路的输入电阻为

$$R_{if} = \frac{\dot{U}_i}{\dot{I}_i} = \frac{\dot{U}_i' + \dot{U}_f}{\dot{I}_i} = \frac{\dot{U}_i' + AF\dot{U}_i'}{\dot{I}_i} = (1+AF)R_i \tag{7.33}$$

式(7.33)表明,在引入串联负反馈后,输入电阻增大为 R_i的$(1+AF)$倍。

但要注意的是,引入串联负反馈只是将反馈环路内的输入电阻增大$(1+AF)$倍,如图 7.15 所示,电路中的 R_{b1} 和 R_{b2} 并没有包括在反馈环路内,因此不受反馈的影响。该电路的总输入电阻为

$$R_{if}' = R_{if} \mathbin{/\mkern-5mu/} R_{b1} \mathbin{/\mkern-5mu/} R_{b2} \tag{7.34}$$

其中,只有 R_{if}增大了$(1+AF)$倍,而且如果 R_{b1} 和 R_{b2} 的数值不够大,即使 R_{if} 增大了很多,

总的 R_{if}' 的增量却很小。尽管如此，引入串联负反馈后都将使输入电阻增大。

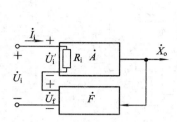

图 7.14　串联负反馈的方框图

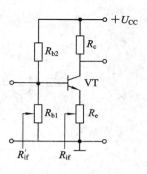

图 7.15　R_{if} 与 R_{if}' 的区别

2）并联负反馈：减小输入电阻

图 7.16 为串联负反馈的方框图，根据输入电阻的定义可知，基本放大电路的输入电阻为

$$R_i = \frac{\dot{U}_i}{\dot{I}_i}$$

在引入并联负反馈之后，整个电路的输入电阻为

$$R_{if} = \frac{\dot{U}_i}{\dot{I}_i} = \frac{\dot{U}_i}{\dot{I}_i + \dot{I}_f} = \frac{\dot{U}_i}{\dot{I}_i' + AF\dot{I}_i'} = \frac{1}{1+AF} \cdot R_i \qquad (7.35)$$

上式表明，在引入并联负反馈后，输入电阻减小为 R_i 的 $\dfrac{1}{1+AF}$。

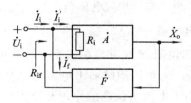

图 7.16　并联负反馈的方框图

3. 影响输出电阻

放大电路的输出电阻是从其输出端看进去的等效电阻。由于反馈网络与放大电路在输出端存在连接，因此连接方式必然会对输出电阻产生影响。根据电路在输出端引入的反馈形式（电压负反馈和电流负反馈），对输出电阻的影响的讨论如下。

1）电压负反馈：减小输出电阻

由于电路的负载 R_L 与输出电阻 R_o 是并联的关系，输出电阻 R_o 越小，则当负载电阻 R_L 变化时对输出电压 $\dot{U}_o$ 的影响就越小，电路的带负载能力越强。在理想的恒压源情况下，输出电阻 $R_o = 0$，则无论 R_L 如何变化，$\dot{U}_o$ 均保持不变。由于电压负反馈的作用是稳定输出电压，因此其效果就是减小输出电阻。

电压负反馈放大电路的方框图如图 7.17 所示，令输入量 $\dot{X}_i = 0$，在输出端断开负载并

加交流电压 $\dot{U}_{\text{o}}$，产生电流 $\dot{I}_{\text{o}}$，则电路的输出电阻为

$$R_{\text{of}} = \frac{\dot{U}_{\text{o}}}{\dot{I}_{\text{o}}} \tag{7.36}$$

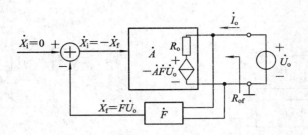

图 7.17　电压负反馈的方框图

从图 7.17 可知，$\dot{U}_{\text{o}}$ 作用于反馈网络得到反馈量 $\dot{X}_{\text{f}} = F\dot{U}_{\text{o}}$，$-\dot{X}_{\text{f}}$ 又作为输入量作用于基本放大电路产生输出电压 $-AF\dot{U}_{\text{o}}$。令基本放大电路的输出电阻为 R_{o}，因为在基本放大电路中已经考虑了反馈网络的负载效应，所以不必重复考虑反馈网络的影响，因此电路中 R_{o} 的电流为 $\dot{I}_{\text{o}}$，其表达式为

$$\dot{I}_{\text{o}} = \frac{\dot{U}_{\text{o}} - (-AF\dot{U}_{\text{o}})}{R_{\text{o}}} = \frac{(1+AF)\dot{U}_{\text{o}}}{R_{\text{o}}}$$

将上式代入式(7.36)，即可得到电压负反馈放大电路输出电阻的表达式

$$R_{\text{of}} = \frac{R_{\text{o}}}{1+AF} \tag{7.37}$$

式(7.37)表明引入电压负反馈后输出电阻 R_{of} 仅为其基本放大电路输出电阻 R_{o} 的 $\frac{1}{1+AF}$。当 $(1+AF)$ 趋于无穷大时，R_{of} 趋于零，此时电压负反馈电路的输出具有恒压源特性。

2. 电流负反馈：增大输出电阻

由于电路的负载 R_{L} 与输出电阻 R_{o} 是并联的关系，如果 R_{o} 很大，则当 R_{L} 变化时输出电流 $\dot{I}_{\text{o}}$ 就越稳定。在理想的情况下，恒流源的输出电阻 $R_{\text{o}} = \infty$，此时无论 R_{L} 如何变化都能保证输出电流 $\dot{I}_{\text{o}}$ 保持不变。由于电流负反馈的作用是稳定输出电流，因此其效果就是增大输出电阻。

电流负反馈放大电路的方框图如图 7.18 所示，令输入量 $\dot{X}_{\text{i}} = 0$，在输出端断开负载并加交流电压 $\dot{U}_{\text{o}}$，产生电流 $\dot{I}_{\text{o}}$，则电路的输出电阻为

$$R_{\text{of}} = \frac{\dot{U}_{\text{o}}}{\dot{I}_{\text{o}}} \tag{7.38}$$

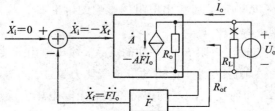

图 7.18　电流负反馈的方框图

从图 7.18 可知，$\dot{I}_\circ$ 作用于反馈网络得到反馈量 $\dot{X}_f = F\dot{I}_\circ$，$-\dot{X}_f$ 又作为输入量作用于基本放大电路产生输出电流 $-AF\dot{I}_\circ$。令基本放大电路的输出电阻为 $R_\circ$，因为在基本放大电路中已经考虑了反馈网络的负载效应，所以可以认为此时作用于反馈网络的电压为零，因此 $R_\circ$ 上的电压为 $\dot{U}_\circ$，流入基本放大电路的电流 $\dot{I}_\circ$ 的表达式为

$$\dot{I}_\circ = \frac{\dot{U}_\circ}{R_\circ} + (-AF\dot{I}_\circ) \tag{7.39}$$

将上式整理可得

$$R_{of} = \frac{\dot{U}_\circ}{\dot{I}_\circ} = (1 + AF)R_\circ \tag{7.40}$$

式（7.40）表明引入电流负反馈后输出电阻 R_{of} 增加到其基本放大电路输出电阻 $R_\circ$ 的$(1+AF)$倍。当$(1+AF)$趋于无穷大时，R_{of} 趋于无穷大，此时电流负反馈电路的输出具有恒流源特性。

与串联负反馈类似，在有些电路中，电阻并联在反馈网络之外，引入电流负反馈只是将反馈环路内的输出电阻增大$(1+AF)$倍，如图 7.19 所示电路中的 R_c 并没有包括在反馈环路内，因此不受反馈的影响。该电路的总输出电阻为

$$R'_{of} = R_{of} \mathbin{/\mkern-5mu/} R_c \tag{7.41}$$

其中，只有 R_{of} 增大了$(1+AF)$倍，而且如果 R_c 的数值不够大，即使 R_{of} 增大了很多，总的 R'_{of} 的增量却很小。尽管如此，引入电流负反馈后都将使输出电阻增大。

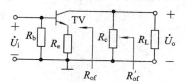

图 7.19　R_{of} 与 R'_{of} 的区别

4. 展宽通频带

由于引入负反馈可以提高放大电路放大倍数的稳定性，因此可以通过在电路中引入负反馈，来改善由于信号频率的变化而引起的放大倍数的下降，即展宽放大电路的通频带。

为了使分析问题简单，假设反馈网络由纯电阻组成（即反馈系数 $\dot{F}$ 与信号的频率无关），基本放大电路在中频段的放大倍数为 $\dot{A}_m$，则在引入负反馈之后，电路在高频段的放大倍数表达式为

$$\dot{A}_{hf} = \frac{\dfrac{\dot{A}_m}{1 + \dot{A}_m \dot{F}}}{1 + j\dfrac{f}{(1 + \dot{A}_m \dot{F})f_H}} = \frac{\dot{A}_{mf}}{1 + j\dfrac{f}{f_{Hf}}} \tag{7.42}$$

式中，f_H 为基本放大电路的上限截止频率，$\dot{A}_{mf}$ 为负反馈放大电路的中频放大倍数，f_{Hf} 为其上限截止频率。因此有

$$f_{Hf} = (1 + \dot{A}_m \dot{F})f_H \tag{7.43}$$

式（7.43）表明，放大电路在引入负反馈后，上限截止频率增大到基本放大电路的$(1+\dot{A}_m \dot{F})$倍。同样可知，在引入负反馈后，放大电路的下限截止频率为

$$f_{\mathrm{Lf}} = \frac{f_{\mathrm{L}}}{(1 + \dot{A}_{\mathrm{m}} \dot{F})} \tag{7.44}$$

一般情况下，$f_{\mathrm{H}} \geqslant f_{\mathrm{L}}$，$f_{\mathrm{Hf}} \geqslant f_{\mathrm{Lf}}$，因此，基本放大电路及负反馈放大电路的通频带可以分别表示为

$$f_{\mathrm{bw}} = f_{\mathrm{H}} - f_{\mathrm{L}} \approx f_{\mathrm{H}}$$

$$f_{\mathrm{bwf}} = f_{\mathrm{Hf}} - f_{\mathrm{Lf}} \approx f_{\mathrm{Hf}} = (1 + \dot{A}_{\mathrm{m}} \dot{F}) f_{\mathrm{H}} \approx (1 + \dot{A}_{\mathrm{m}} \dot{F}) f_{\mathrm{bw}} \tag{7.45}$$

即引入负反馈使频带展宽到基本放大电路的 $(1 + \dot{A}_{\mathrm{m}} \dot{F})$ 倍。

由于不同组态负反馈电路放大倍数的物理意义不同，因而式(7.43)～式(7.45)所具有的含义也就不同。对于电压串联负反馈电路，$\dot{A}_{uuf}$ 的频带是 $\dot{A}_{uu}$ 的 $(1 + \dot{A}_{\mathrm{m}} \dot{F})$ 倍；对于电压并联负反馈电路，$\dot{A}_{uif}$ 的频带是 $\dot{A}_{ui}$ 的 $(1 + \dot{A}_{\mathrm{m}} \dot{F})$ 倍；对于电流串联负反馈电路，$\dot{A}_{uif}$ 的频带是 $\dot{A}_{iu}$ 的 $(1 + \dot{A}_{\mathrm{m}} \dot{A})$ 倍；对于电流并联负反馈电路，$\dot{A}_{iif}$ 的频带是 $\dot{A}_{ii}$ 的 $(1 + \dot{A}_{\mathrm{m}} \dot{F})$ 倍。

若放大电路的波特图中有多个拐点，且反馈网络不是纯电阻网络，则问题的分析就比较复杂，但是频带展宽的趋势不变。

5. 减小非线性失真

由于组成放大电路的半导体器件(如晶体管和场效应管)均具有非线性特性，当输入信号为幅值较大的正弦波时，输出信号往往不是标准的正弦波，产生非线性失真。

设输入级放大管 B - E 间的电压 u_{be} 是标准的正弦波。由于晶体管输入特性的非线性，导致基极电流 i_{b} 的正半周幅值大，负半周幅值小，如图 7.20(a)所示。因此必然导致输出电压、电流的失真。如果能使 B - E 间电压的正半周幅值小些而负半周幅值大些，那么 i_{b} 将近似为正弦波，如图 7.20(b)所示。

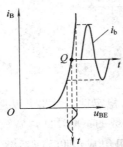 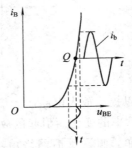

(a) 当 u_{be} 为正弦波时 i_{b} 失真　　(b) 当 u_{be} 为非正弦波时 i_{b} 近似为正弦波

图 7.20　消除 i_{b} 失真

假设放大电路的输入信号 $\dot{X}_{\mathrm{i}}$ 为标准的正弦波，且输出信号 $\dot{X}_{\mathrm{o}}$ 与输入信号 $\dot{X}_{\mathrm{i}}$ 同相。由于存在非线性失真，输出信号 $\dot{X}_{\mathrm{o}}$ 的正半周幅值大于负半周的幅值，且反馈量 $\dot{X}_{\mathrm{f}}$ 的失真与输出量相同，如图 7.21(a)所示。

在电路闭环后，电路的净输入量 $\dot{X}_{\mathrm{i}}' = \dot{X}_{\mathrm{i}} - \dot{X}_{\mathrm{f}}$。由于 $\dot{X}_{\mathrm{i}}$ 为标准正弦波，$\dot{X}_{\mathrm{f}}$ 的上半周幅值大于下半周幅值，因此 $\dot{X}_{\mathrm{i}}'$ 的下半周幅值大于上半周幅值，如图 7.21(b)所示。这样的信号再送入到基本放大电路进行放大，由于非线性失真的存在，将可能导致输出信号的正、负半周幅值趋于一致，从而减小非线性失真。可以证明，在非线性失真不太严重且保持输

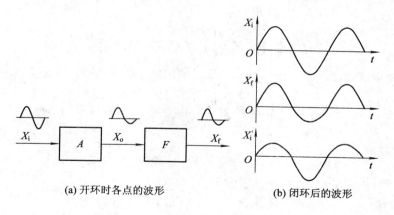

(a) 开环时各点的波形　　　　　　(b) 闭环后的波形

图 7.21　利用负反馈改善非线性失真

出基波的幅值不变的情况下，引入负反馈后，将使输出波形的非线性失真近似减小为原来
的 $\dfrac{1}{1+AF}$。

6. 引入负反馈的一般原则

从上述的分析中可以知道，在放大电路中引入负反馈一般遵循下列原则：

(1) 稳定静态工作点时，需引入直流负反馈；

(2) 改善交流性能时，需引入交流负反馈；

(3) 信号源为近似恒压源时，需引入串联负反馈；

(4) 信号源为近似恒流源时，需引入并联负反馈；

(5) 负载要求稳定的电压时，需引入电压负反馈；

(6) 负载要求稳定的电流时，需引入电流负反馈。

【例 7.1】　图 7.22 所示电路为电流串联负反馈，其中 $\beta_1=\beta_2=\beta_3=100$，$r_{be1}=5\ \text{k}\Omega$，$r_{be2}=2.5\ \text{k}\Omega$，$r_{be3}=650\ \Omega$，$r_{ce}=\infty$，其他参数标于图中。试求电路的闭环增益 A_{iuf}，输入电阻 R_{if} 和输出电阻 R_{of}。

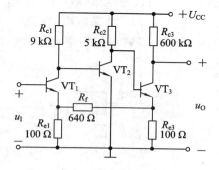

图 7.22　例 7.1

解　(1) 首先求解基本放大电路的参数，并考虑反馈网络的电阻效应。则电路的互导放大倍数为

$$\dot{A}_{iu}=\frac{\dot{I}_o}{\dot{U}_i}=\frac{\dot{I}_o}{\dot{U}_{o2}}\cdot\frac{\dot{U}_{o2}}{\dot{U}_{o1}}\cdot\frac{\dot{U}_{o1}}{\dot{U}_i}$$

其中,

$$\frac{\dot{I}_o}{\dot{U}_{o2}} = \frac{1}{(R_f + R_{e1}) \mathbin{/\mkern-5mu/} R_{e3}} \approx 11.35 \text{ mS}$$

$$\frac{\dot{U}_{o2}}{\dot{U}_{o1}} = \frac{-\beta_2 \{R_{c2} \mathbin{/\mkern-5mu/} [r_{be3} + (1+\beta_3) \cdot (R_{e3} \mathbin{/\mkern-5mu/} (R_f + R_{e1}))]\}}{r_{be2}} \approx -131.26$$

$$\frac{\dot{U}_{o1}}{\dot{U}_i} = \frac{-\beta_1 (R_{c1} \mathbin{/\mkern-5mu/} r_{be2})}{r_{be1} + (1+\beta_1)[R_{e1} \mathbin{/\mkern-5mu/} (R_f + R_{e3})]} \approx -14.08$$

由此可得

$$\dot{A}_{iu} = 11.35 \times (-131.26) \times (-14.08)\text{mS} \approx 2.10 \times 10^4 \text{ mS}$$

输入电阻为

$$R_i = r_{be1} + (1+\beta_1)[R_{e1} \mathbin{/\mkern-5mu/} (R_f + R_{e3})] = [5 + 101 \times (0.1 \mathbin{/\mkern-5mu/} 0.74)]\text{k}\Omega \approx 13.90 \text{ k}\Omega$$

输出电阻为

$$R_o = \infty$$

（2）闭环后，反馈网络的反馈系数为

$$\dot{F}_{ui} = \frac{U_f}{I_o} = \frac{R_{e1} R_{e3}}{R_{e1} + R_f + R_{e3}} \approx 0.012$$

（3）闭环后，电路的参数为

$$\dot{A}_{iuf} = \frac{\dot{I}_o}{\dot{U}_i} = \frac{\dot{A}_{iu}}{1 + \dot{A}_{iu}\dot{F}_{ui}} = \frac{2.10 \times 10^4}{1 + 2.10 \times 10^4 \times 0.012}\text{mS} \approx 83.0 \text{ mS}$$

$$R_{if} = (1 + A_{iu} F_{ui})R_i = (1 + 2.10 \times 10^4 \times 0.012) \times 13.90 \text{ k}\Omega \approx 3.52 \text{ M}\Omega$$

$$R_{of} = (1 + A_{iu} F_{ui})R_o = \infty$$

7.4　自激振荡的产生及消除

7.4.1　自激振荡

一般来说，电路中的交流负反馈引入的越深（即反馈深度 $|1 + \dot{A}\dot{F}|$ 越大），对于放大电路多方面的性能改善的越好（参见 7.3 节）。如果电路的组成不合理，反馈深度过大，尽管输入信号为 0，在输出端却会产生一个具有一定频率和幅值的信号，称电路产生了自激振荡，其方框图如图 7.23 所示。

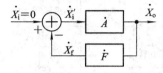

图 7.23　自激振荡电路的方框图

由式（7.4）可知，负反馈放大电路放大倍数的表达式为

$$\dot{A}_f = \frac{\dot{A}}{1 + \dot{A}\dot{F}}$$

在中频段，由于 $\dot{A}\dot{F} > 0$，$\dot{A}$ 和 $\dot{F}$ 的相角 $(\varphi_A + \varphi_F) = 2n\pi$（$n$ 为整数），因此净输入量为

$$|\dot{X}'_\mathrm{i}| = |\dot{X}_\mathrm{i}| - |\dot{X}_\mathrm{f}|$$

在实际电路中，由于耦合电容和旁路电容的存在，$\dot{A}F$ 在低频段会产生超前相移；由于半导体元器件存在的极间电容，$\dot{A}F$ 在高频段会产生滞后相移。定义在中频段相位的基础上产生的这部分相移为附加相移，用 $(\varphi'_\mathrm{A}+\varphi'_\mathrm{F})$ 表示。当附加相移 $(\varphi'_\mathrm{A}+\varphi'_\mathrm{F})=\pm n\pi$ 时，此时电路的净输入信号将会被加强，产生正反馈

$$|\dot{X}'_\mathrm{i}| = |\dot{X}_\mathrm{i}| + |\dot{X}_\mathrm{f}| \tag{7.46}$$

因而，反馈的结果将使放大倍数增大。

当输入信号为 $\dot{X}_\mathrm{i}=0$ 时，如果对该负反馈放大电路进行合闸通电（电扰动），则必然会产生一个频率为 f_0 的信号，使得 $(\varphi'_\mathrm{A}+\varphi'_\mathrm{F})=\pm\pi$ 并由此产生输出信号 $\dot{X}_\mathrm{o}$。根据式(7.46)，$|\dot{X}_\mathrm{o}|$ 将不断增大，从而产生如下过程：

$$|\dot{X}_\mathrm{o}|\!\uparrow\! \longrightarrow |\dot{X}_\mathrm{f}|\!\uparrow\! \longrightarrow |\dot{X}'_\mathrm{i}|\!\uparrow$$
$$\uparrow\underline{\qquad\qquad} |\dot{X}_\mathrm{o}|\!\uparrow\!\uparrow \longleftarrow$$

由于半导体器件的非线性特性，电路最终将达到动态平衡，即反馈信号（也就是净输入信号）维持着输出信号，而输出信号又维持着反馈信号，电路产生自激振荡。由于自激振荡的产生与放大电路的外加电容、半导体元器件的极间电容有关，因此只能产生在电路的低频段和高频段，此时电路将无法正常放大，处于不稳定状态。

7.4.2　自激振荡的平衡条件

电路产生自激振荡后，由于 $\dot{X}_\mathrm{o}$ 与 $\dot{X}_\mathrm{f}$ 可以相互维持，因此有

$$\dot{X}_\mathrm{o} = \dot{A}\dot{X}'_\mathrm{i} = -\dot{A}F X_\mathrm{o}$$

因此可以得到

$$\dot{A}F = -1 \tag{7.47}$$

即可得自激振荡平衡时应满足的幅值和相位条件（平衡条件）

$$\begin{cases} \text{幅值条件：} |\dot{A}F| = 1 \\ \text{相位条件：} (\varphi_\mathrm{A}+\varphi_\mathrm{F}) = (2n+1)\pi \quad (n \text{ 为整数}) \end{cases} \tag{7.48}$$

只有同时满足上述两个条件，电路才会产生自激振荡。此外，在起振的过程中，输出信号 $|\dot{X}_\mathrm{o}|$ 的幅值有一个从小到大的增加过程，因此起振条件为

$$|\dot{A}F| > 1 \tag{7.49}$$

7.4.3　负反馈放大电路的稳定性

设放大电路的耦合方式为直接耦合，反馈网络为纯电阻网络，则附加相移仅产生于放大电路 $(\varphi'_\mathrm{F}=0)$，且为滞后相移，电路只可能产生高频振荡。在此条件下，不同的放大电路其稳定性也不同。

（1）如果放大电路为单管放大电路，引入负反馈后，在信号频率 f 从 0 变化到 ∞ 时所能产生的附加相移 φ'_A 的范围为 $0°\sim-90°$，不存在满足相位条件的频率 f_0，故不可能产生自激振荡。

（2）如果放大电路为两级放大电路，引入负反馈后，在信号频率 f 从 0 变化到 ∞ 时所

能产生的附加相移 φ_A' 的范围为 $0° \sim -180°$，但当 $\varphi_A' = -180°$ 时，$f \to \infty$ 且 $\dot{A} \to 0$，不满足幅值条件，故不可能产生自激振荡。

(3) 如果放大电路为三级放大电路，引入负反馈后，在信号频率 f 从 0 变化到 ∞ 时所能产生的附加相移 φ_A' 的范围为 $0° \sim -270°$，在 $\varphi_A' = -180°$ 时存在一个频率 f_0，当 $f = f_0$ 时 $|\dot{A}| > 0$，可能满足幅值条件，故可能产生自激振荡。

(4) 如果放大电路为四级及以上放大电路，引入负反馈后更容易产生自激振荡。放大电路级数越多，引入负反馈后越容易产生高频振荡。因此，实用电路中以三级放大电路最常见。

(5) 此外，放大电路中的耦合电容、旁路电容等越多，引入负反馈后，越容易产生低频振荡。反馈越深，满足幅值条件的可能性越大，产生自激振荡的可能性就越大。应当指出，电路的自激振荡是由其自身条件决定的，不因其输入信号的改变而消除。要消除自激振荡，就必须破坏产生振荡的条件；而只有消除了自激振荡，放大电路才能稳定地工作。

图 7.24 所示为两个负反馈放大电路环路增益的频率特性及其附加相移。由于在低频段没有出现增益下降的情况，因此均为直接耦合放大电路。

定义频率 f_0 为附加相移 $(\varphi_A' + \varphi_F') = -180°$ 时的信号频率，f_c 为环路增益 $20 \lg |\dot{A}\dot{F}| = 0$ dB 时的信号频率。对图 7.24 所示的两个放大电路的分析如下：

(1) 图 7.24（a）中，当 $f = f_0$ 时，附加相移 $(\varphi_A' + \varphi_F') = -180°$，此时环路增益 $20 \lg |\dot{A}\dot{F}| > 0$ dB，即 $|\dot{A}\dot{F}| > 1$，满足起振条件。因此闭环后放大电路必然产生自激振荡，且振荡频率为 f_0。

(2) 图 7.24（b）中，当 $f = f_0$ 时，附加相移 $(\varphi_A' + \varphi_F') = -180°$，此时环路增益 $20 \lg |\dot{A}\dot{F}| < 0$ dB，即 $|\dot{A}\dot{F}| < 1$，不满足起振条件。因此闭环后放大电路不能产生自激振荡。

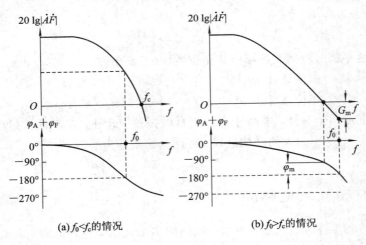

图 7.24 自激振荡的产生条件的判断

因此，在已知环路增益频率特性的条件下，判断负反馈放大电路是否稳定的方法如下：

(1) 若不存在 f_0，则电路稳定；

(2) 若存在 f_0，且 $f_0 < f_c$，则电路不稳定，必然产生自激振荡；

(3) 若存在 f_0，且 $f_0 > f_c$，则电路稳定，不会产生自激振荡。将 $20 \lg |\dot{A}\dot{F}|\,|_{f=f_0} < 0$ dB

定义为幅值稳定裕度 G_m，当 $G_m \leqslant -10$ dB 时电路具有足够的幅值稳定裕度。将 $180° - |\varphi_A' + \varphi_F'|_{f=f_c}$ 定义为相位稳定裕度 φ_m，当 $\varphi_m \geqslant 45°$ 时电路具有足够的相位稳定裕度。

7.4.4　负反馈放大电路自激振荡的消除方法

由 7.3 节的分析可以知道，负反馈放大电路自激振荡的消除，就是改变 $\dot{A}F$ 的频率特性使 f_0 不存在，或者即使 f_0 存在，但 $f_0 > f_c$。常用的消振方法有滞后补偿和超前补偿。为简单起见，设反馈网络为纯电阻网络，此时电路的相移仅由基本放大电路产生。

1. 简单滞后补偿

设某负反馈放大电路环路增益的幅频特性如图 7.25 中虚线所示，在电路中找出产生 f_{H1} 的那级电路，加补偿电容，如图 7.26(a) 所示，其高频等效电路如图 7.26(b) 所示。

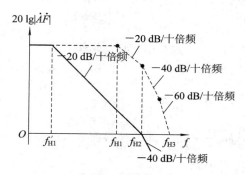

图 7.25　简单滞后补偿前后环路增益的幅频特性

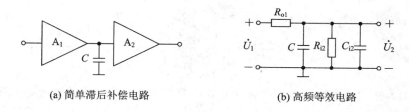

(a) 简单滞后补偿电路　　　　　　　　(b) 高频等效电路

图 7.26　放大电路的简单滞后补偿

图 7.26 中，R_{o1} 为前级输出电阻，R_{i2} 为后级输入电阻，C_{i2} 为后级输入电容，因此补偿前的上限频率为

$$f_{H1} = \frac{1}{2\pi(R_{o1} /\!/ R_{i2})C_{i2}} \tag{7.50}$$

加入补偿电容 C 后，上限频率为

$$f_{H1}' = \frac{1}{2\pi(R_{o1} /\!/ R_{i2})(C_{i2} + C)} \tag{7.51}$$

选择电容 C 使 $f = f_{H2}$ 时，$20 \lg|\dot{A}F| = 0$ dB 且 $f_{H2} \geqslant 10 f_{H1}'$（如图 7.25 中的实线所示），则当 $f = f_c$ 时，$|\varphi_A' + \varphi_F'|$ 趋近于 $135°$。此时，$f_0 > f_c$ 且具有 $45°$ 的相位裕度，电路一定不会产生自激振荡。

2. RC 滞后补偿

从图 7.25 可以看出，简单滞后补偿是以通频带变窄为代价的，而采用 RC 滞后补偿不仅可以消除自激振荡，而且可以使带宽的损失有所改善，其补偿电路如图7.27(a)所示。图(b)为其补偿电路的高频等效电路，若电路参数满足 $R \ll (R_{o1} /\!/ R_{i2})$，$C \gg C_{i2}$，则其高频等效电路可简化为图(c)所示。其中 $\dot{U}'_{o1}$ 与 R' 分别为

$$\dot{U}'_{o1} = \frac{R_{i2}}{R_{o1} + R_{i2}} \cdot \dot{U}_{o1}, \quad R' = R_{o1} /\!/ R_{i2}$$

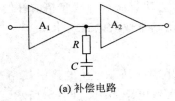
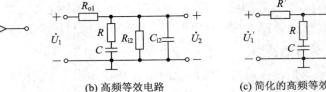
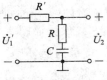

(a) 补偿电路　　　　　(b) 高频等效电路　　　　　(c) 简化的高频等效电路

图 7.27　RC 滞后补偿

因此，有

$$\frac{\dot{U}_{i2}}{\dot{U}'_{o1}} = \frac{R + \dfrac{1}{j\omega C}}{R' + R + \dfrac{1}{j\omega C}} = \frac{1 + j\omega RC}{1 + j\omega (R + R')C} = \frac{1 + j\dfrac{f}{f'_{H2}}}{1 + j\dfrac{f}{f'_{H1}}} \qquad (7.52)$$

其中，$f'_{H1} = \dfrac{1}{j\omega (R + R')C}$，$f'_{H2} = \dfrac{1}{j\omega RC}$。如果补偿前放大电路的环路增益表达式为

$$\dot{A}\dot{F} = \frac{\dot{A}_m \dot{F}}{\left(1 + j\dfrac{f}{f_{H1}}\right)\left(1 + j\dfrac{f}{f_{H2}}\right)\left(1 + j\dfrac{f}{f_{H3}}\right)} \qquad (7.53)$$

调整 R、C 的取值，使得 $f_{H2} = f'_{H2}$，于是补偿后的环路增益为

$$\dot{A}\dot{F} = \frac{\dot{A}_m \dot{F}}{\left(1 + j\dfrac{f}{f'_{H1}}\right)\left(1 + j\dfrac{f}{f_{H3}}\right)} \qquad (7.54)$$

式(7.54)表明，补偿后环路增益幅频特性曲线中只有两个拐点，因而电路不可能产生自激振荡。

本 章 小 结

(1) 在放大电路中，经常采用反馈的方法来改善电路的各项性能，将电路的输出量通过一定方式引回到输入端，从而控制输入量的变化，起到自动控制的作用，这就是反馈的概念。

(2) 不同类型的反馈对放大电路产生的影响不同：

直流负反馈的作用是稳定静态工作点，不影响放大电路的动态性能；交流负反馈能够改善放大电路的各项动态技术指标，电压负反馈使输出电压保持稳定，电流负反馈使电流保持稳定，串联负反馈提高放大电路的输入电阻，并联负反馈则降低输入电阻。基于此，存在基本的四种交流负反馈的组态：电压串联式、电压并联式、电流串联式和电流并联式。

(3) 负反馈放大电路的分析方法应针对不同的情况采取不同的方法，本章主要介绍深

度负反馈放大电路闭环电压放大倍数的近似估算，分两种情况：串联负反馈，$\dot{U}_i \approx \dot{U}_f$；并联负反馈，$\dot{I}_i \approx \dot{I}_f$。

（4）负反馈放大电路在一定条件下可能转化为正反馈，甚至产生自激振荡，使电路无法工作。自激振荡的稳幅条件是：$\dot{A}\dot{F} = -1$。

（5）常用的消除自激振荡的方法有简单滞后补偿和 RC 滞后补偿等等，目的都是为了改变放大电路的开环频率特性，从而破坏产生自激的条件，保证放大电路的稳定性。

习题与思考题

7.1　在放大电路中，若要求稳定静态工作点，应该引入____；若要求稳定放大倍数，应该引入____；某些场合要求提高放大倍数，应该引入____；要求展宽通频带，应该引入____；若要求抑制温漂，应该引入____。（从下列选项中选择正确的填空）

A. 直流负反馈　　　　B. 交流负反馈　　　　C. 交流正反馈

7.2　根据下列不同情况，在交流负反馈的四种组态中，选择合适的答案填空。

A. 电压串联　　　　B. 电压并联　　　　C. 电流串联　　　　D. 电流并联

（1）要求跨导增益 $A_{iuf} = \dfrac{i_o}{u_i}$ 稳定，应选用____；

（2）要求跨阻增益 $A_{uif} = \dfrac{u_o}{i_i}$ 稳定，应选用____；

（3）要求电压增益 $A_{uuf} = \dfrac{u_o}{u_i}$ 稳定，应选用____；

（4）要求电流增益 $A_{iif} = \dfrac{i_o}{i_i}$ 稳定，应选用____；

（5）要求带负载能力增强，应选用____或____；

（6）要求输出电阻小，应选用____或____。

7.3　根据习题 7.3 图示的反馈放大电路，选择正确的答案填空。

（1）若将电容 C_4 开路，则将_____。

A. 影响静态工作点，且影响电压放大倍数

B. 影响静态工作点，但不影响电压放大倍数

C. 不影响静态工作点，但影响电压放大倍数

D. 不影响静态工作点，也不影响电压放大倍数

（2）若将电容 C_2 开路，则将_____。

A. 对电路的静态工作点和动态性能均有影响

B. 对电路的静态工作点和动态性能均无影响

C. 影响静态工作点，但不影响电路的动态性能

D. 不影响静态工作点，但使该支路的负反馈效果消失

（3）若将电容 C_2 短路，但仍能正常放大，则将_____。

A. 有利于静态工作点的稳定

B. 使静态工作点的稳定性变差

C. 对电路的静态工作点和动态性能均无影响

D. 不影响静态工作点，只影响电路的动态性能

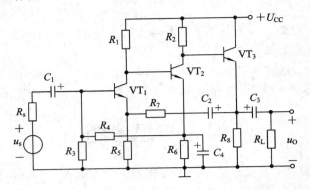

习题 7.3 图

7.4 由理想集成运放 A_1、A_2 组成的放大电路如习题 7.4 图所示。试从以下的答案中选择正确的填空。

A. 增大   B. 减小   C. 不变

(1) 当 R_1 阻值减小时，则 $A_u = \dfrac{u_O}{u_i}$ 将 _____；

(2) 当 R_2 阻值减小时，则 A_u 将 _____；

(3) 当 R_3 阻值减小时，则 A_u 将 _____；

(4) 当 R_4 阻值减小时，则 A_u 将 _____；

(5) 当 R_5 阻值减小时，则 A_u 将 _____。

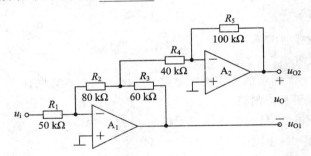

习题 7.4 图

7.5 由集成运放 A_1、A_2 等元器件组成的反馈放大电路如习题 7.5 图所示。设 A_1、A_2 均为理想运放。试分析下列各题，在三种可能的答案中选择正确的填空。

A. 增大   B. 减小   C. 不变

(1) 电阻 R_1 阻值增加，则级间负反馈的反馈深度将 _____；

(2) 电阻 R_2 阻值增加，则级间负反馈的反馈深度将 _____；

(3) 电阻 R_5 阻值增加，则级间负反馈的反馈深度将 _____；

(4) 电阻 R_6 阻值增加，则级间负反馈的反馈深度将 _____；

(5) 负载电阻 R_L 阻值增加，则级间负反馈的反馈深度将 _____。

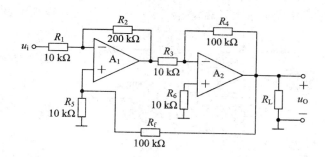

习题 7.5 图

7.6　在习题 7.5 图所示的反馈放大电路中，若 A_1、A_2 均为理想运放，试判断下列说法是否正确。

（1）由 R_f 引入的级间负反馈的反馈深度比 R_2 和 R_4 分别引入的局部负反馈的反馈深度都要大。（　　　）

（2）由于 A_1、A_2 均为理想运放，所以改变 R_1、R_2、R_3、R_4 的阻值大小，不会影响级间负反馈的反馈深度。（　　　）

（3）由于 A_1、A_2 均为理想运放，所以改变 R_5 和 R_f 的阻值大小，也不会影响级间负反馈的反馈深度。（　　　）

（4）由于 A_1 为理想运放，所以改变 R_1、R_2 的阻值大小，不会影响 A_1 局部反馈的反馈深度。（　　　）

7.7　负反馈放大电路的闭环增益表达式为 $\dot{A}_f = \dfrac{\dot{A}}{1+\dot{A}\dot{F}}$。试分析该表达式，在以下几种答案中选择正确者填空。

A. 正反馈　　　　　　　B. 自激振荡　　　　　C. 深度负反馈　　　　D. 负反馈

E. 进入非线性工作状态，该表达式不再适用　　　　　　　　　　　　F. 无反馈

（1）当 $1+\dot{A}\dot{F}<0$ 时，该放大电路的工作状态为 _____；

（2）当 $0<1+\dot{A}\dot{F}<1$ 时，该放大电路的工作状态为 _____；

（3）当 $1+\dot{A}\dot{F}\gg1$ 时，该放大电路的工作状态为 _____；

（4）当 $1+\dot{A}\dot{F}=1$ 时，该放大电路的工作状态为 _____；

（5）当 $1+\dot{A}\dot{F}>1$ 时，该放大电路的工作状态为 _____；

（6）当 $1+\dot{A}\dot{F}=0$ 时，该放大电路的工作状态为 _____。

7.8　分析习题 7.8 图示电路，选择正确答案填空。

（1）在级间反馈电路中 _____。

A. 只有直流反馈而无交流反馈

B. 只有交流反馈而无直流反馈

C. 既有直流反馈又有交流反馈

D. 不存在实际的反馈作用

（2）这个反馈的组态与极性为 _____。

A. 电压并联负反馈　　　　　　　　　　B. 电压并联正反馈

C. 电流并联负反馈　　　　　　　　　　D. 电流串联负反馈

E. 电压串联负反馈   F. 无组态与极性可言

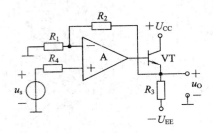

习题 7.8 图

7.9 由集成运放 A_1、A_2、A_3 和晶体管 VT_1、VT_2 组成的放大电路如习题 7.9 图所示，分析电路中的负反馈组态，从以下答案中选择正确的填空。

A. 电压串联   B. 电压并联   C. 电流串联   D. 电流并联

(1) 运放 A_1 和晶体管 VT_1 引入的级间负反馈组态为_____；

(2) 晶体管 VT_1 引入的局部负反馈组态为_____；

(3) 运放 A_2 和晶体管 VT_2 引入的级间负反馈组态为_____；

(4) 晶体管 VT_2 引入的局部负反馈组态为_____；

(5) 运放 A_3 引入的局部负反馈组态为_____。

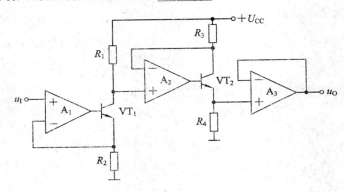

习题 7.9 图

7.10 阻容耦合放大电路引入负反馈后_____。

A. 只可能出现低频自激

B. 只可能出现高频自激

C. 低、高频自激均有可能出现

7.11 一个反馈放大电路在反馈系数 $F=0.1$ 时的对数幅频特性如习题 7.11 图所示。试就下列问题选择正确答案填空。

(1) 其基本放大电路的放大倍数 $|A|$ 是_____，接入反馈后闭环放大倍数 $|\dot{A}_f| = \left|\dfrac{\dot{U}_o}{\dot{U}_i}\right|$ 是_____。

A. 10   B. 10^2 C. 10^3 D. 10^4

E. 10^5 F. 10^6

(2) 已知 $\dot{A}F$ 在低频时为正数，当电路按负反馈连接时，若不加补偿环节，则____。

A. 不会自激　　　　　　　B. 可能自激　　　　　　　C. 一定自激

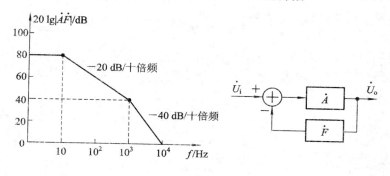

习题 7.11 图

7.12　由理想集成运放 A 组成的交流反馈放大电路如习题 7.12 图所示，设电容 C_1、C_2 对交流信号均可视为短路。在分析电路中电阻参数变化对 $A_{uuf} = \dfrac{u_o}{u_i}$ 的影响时，有下列几种说法，试判断它们的正确性。

（1）当 R_1 电阻值增加时，则 A_{uuf} 减小。（　　　）

（2）当 R_2 电阻值增加时，则 A_{uuf} 增加。（　　　）

（3）当 R_3 电阻值增加时，则 A_{uuf} 增加。（　　　）

（4）当 R_4 电阻值增加时，则 A_{uuf} 减小。（　　　）

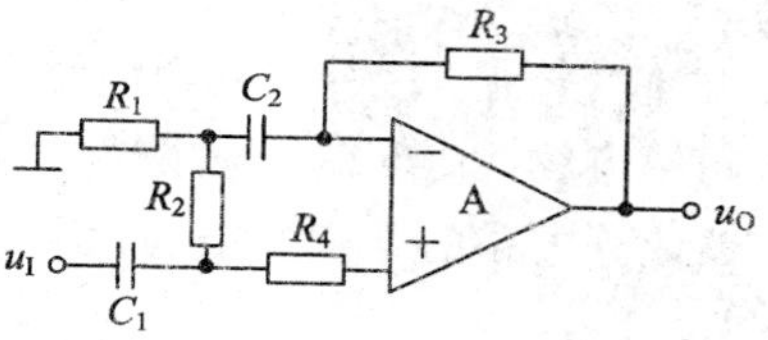

7.13　试比较习题 7.13 图示三个电路并填空：

（1）输入电阻最大的电路是 ＿＿＿＿＿＿＿＿＿；

（2）从信号源索取电流最大的电路是 ＿＿＿＿＿＿＿＿＿；

（3）带负载能力最强的电路是 ＿＿＿＿＿＿＿＿＿。

习题 7.12 图

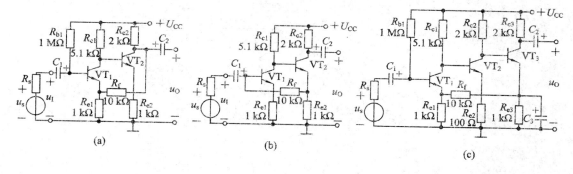

习题 7.13 图

7.14　放大电路如习题 7.14 图所示，为实现下列要求，应在该电路的末级与最前级之间引入什么样的负反馈（交流或直流反馈，反馈组态）？请将答案填入空格内。

（1）若要使静态工作点稳定，可在 ＿＿＿＿＿ 与 ＿＿＿＿＿ 之间接 R_f，引入 ＿＿＿＿＿ 负反馈。

（2）若要使 R_{c3} 改变时，i_{c3}（VT_3 的 C、E 间电流）基本不变，可在 ＿＿＿＿＿ 与 ＿＿＿＿＿ 之间接 R_f 引入 ＿＿＿＿＿ 负反馈。

（3）若要提高电路的带负载能力，可在 ＿＿＿＿＿ 与 ＿＿＿＿＿ 之间接 R_f，引入 ＿＿＿＿＿

负反馈。

(4) 若要减小电路向信号源索取电流,可在_____与_____之间接 R_f,引入_____负反馈。

(5) 若要同时满足上述第 3、4 两条要求,且只允许改动某一级的接法(组态),可将_____管改为_____输出,在_____与_____之间接 R_f,引入_____负反馈。

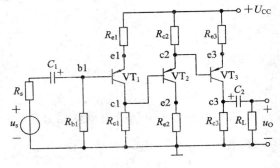

习题 7.14 图

7.15　在习题 7.15 图示的反馈放大电路中,设 VT_1、VT_2 为特性对称的硅三极管,A 为理想运放。试分析其中的交流反馈,填写下列空格:该电路级间交流反馈通路由_____元件组成,其反馈极性为_____反馈,其反馈组态为_____。在上述分析的基础上,试计算电路的下列性能指标:

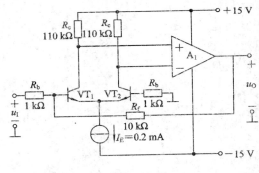

习题 7.15 图

(1) 闭环电压放大倍数 $A_{uuf} = \dfrac{u_O}{u_i}$;

(2) 输入电阻 R_{if} 和输出电阻 R_{of}。

(3) 欲使图示电路的输入电阻 R_{if} 近似为无穷大,输出电阻 R_{of} 近似为零,在不增减元器件的情况下,做如何改动即可满足要求?改动后的交流反馈的极性和组态是什么?设图中的 A 为理想运放。

7.16　已知某电压串联负反馈放大电路开环电压增益的波特图如习题 7.16 图所示,其反馈网络为电阻性网络。请填空:

(1) 开环电压放大倍数 $\dot{A}_u$ 的表达式为_____。

(2) 为保证电路引入负反馈后不产生自激振荡,并且还有 45° 的相位裕度,$20\lg\left|\dfrac{1}{F_u}\right| = $_____ dB,$\dot{F}_u = $_____。

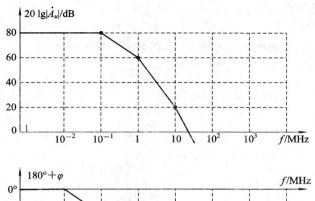

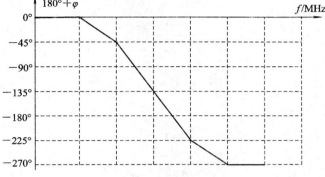

习题 7.16 图

7.17　某负反馈放大电路的回路增益频率特性如习题 7.17 图所示，请填空：

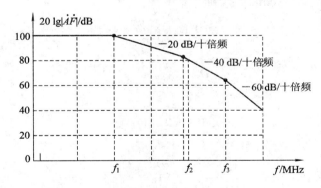

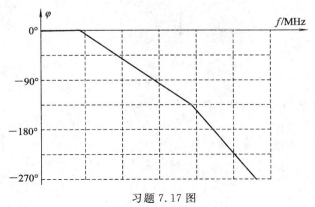

习题 7.17 图

(1) 已知反馈系数 $|\dot{F}| = 0.1$，此反馈电路闭环时是否会自激？_____。

(2) 为使该负反馈放大电路工作稳定，$20\lg|\dot{F}| \leqslant$ _____ dB。

7.18 两级反馈放大电路如习题 7.18 图所示，设电容 C_1、C_2 对交流信号均可视为短路。已知电阻 $R_1 = R_2 = R_4 = 10\ \text{k}\Omega$，$R_3 = 15\ \text{k}\Omega$，$R_s = 4.7\ \text{k}\Omega$，试指出级间反馈支路，判断反馈极性和组态。若为负反馈，试估算闭环电流放大倍数 $A_{iif} = \dfrac{i_o}{i_i}$ 及闭环电压放大倍数

$A_{usf} = \dfrac{u_O}{u_s}$。

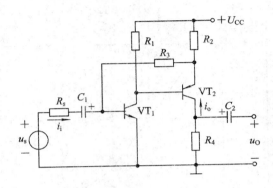

习题 7.18 图

7.19 反馈放大电路如习题 7.19 图所示，设电容对交流信号均可视为短路。

(1) 判断级间交流反馈的极性和组态；

(2) 在满足深度负反馈条件下试估算电流放大倍数 $A_{iif} = \dfrac{i_o}{i_i}$（$i_o$ 为 VT$_2$ 从 C 极流向 E 极的电流）、电压放大倍数 $A_{usf} = \dfrac{u_o}{u_s}$、输入电阻 R_{if} 及输出电阻 R_{of}。

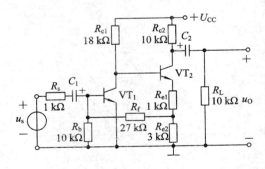

习题 7.19 图

7.20 某放大电路的频率响应如图习题 7.20 所示。

(1) 试求该电路的下限频率 f_L、上限频率 f_H 及中频电压放大倍数 $\dot{A}_{um}$。

(2) 若希望通过负反馈使通频带展宽为 $10\ \text{Hz} \sim 1\ \text{MHz}$，问所需要的反馈深度为多少 dB？并求反馈系数 F 及闭环中频电压放大倍数 $\dot{A}_{umf}$。

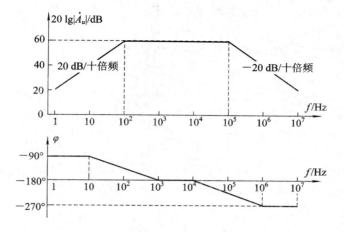

习题 7.20 图

7.21　设某放大电路的对数幅频特性如习题 7.21 图所示。试求引入负反馈后的上限截止频率 $f_{uf}=10^6$ Hz 时的反馈深度 $|1+\dot{A}_{um}\dot{F}_u|$ 及闭环电压放大倍数 $\dot{A}_{uf}$ 各为多大? 分别用作图法和计算法求解。

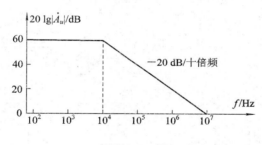

习题 7.21 图

7.22　由理想集成运放 A 组成的反馈放大电路如习题 7.22 图所示,试写出电路下列性能指标的表达式:

（1）闭环放大倍数 $A_{iif}=\dfrac{i_o}{i_i}$ 和 $A_{iuf}=\dfrac{i_o}{u_i}$；

（2）输入电阻 R_{if} 和输出电阻 R_{of}。

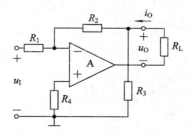

习题 7.22 图

7.23　由集成运放 A_1、A_2 等元、器件组成的两个反馈放大电路如习题 7.23 图所示。试回答下列问题:

（1）为使两电路的级间反馈为负反馈，请用"＋""－"号分别标出全部运放的同相输入端和反相输入端。

（2）指出两电路级间交流负反馈组态各是什么。

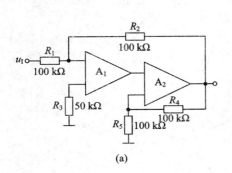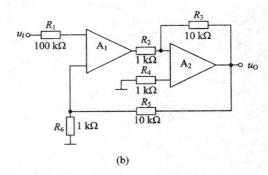

习题 7.23 图

7.24　如习题 7.24 图所示，若将图(a)中的第一级电阻 R_b 改接到第二级集电极如图(b)所示。试问：

（1）这样改接后，能否稳定第一级的静态工作点？为什么？

（2）这样改接后，能否稳定输出电压？为什么？

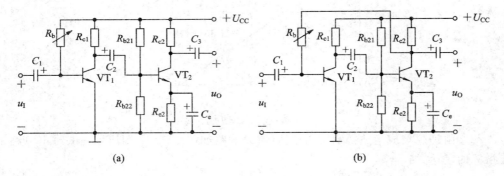

习题 7.24 图

7.25　由集成运放组成的四个反馈放大电路如习题 7.25 图所示，为使它们都工作在负反馈状态，试用"＋""－"号分别标出运放 A 的同相输入端和反相输入端，并说明各自的交流负反馈组态。

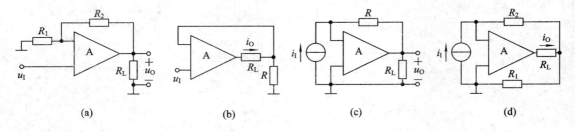

习题 7.25 图

7.26　由理想集成运放组成的反馈放大电路如习题 7.26 图所示。当电阻 R_3 开路时，试写出该电路下列性能指标的表达式：

（1）$A_{iif} = \dfrac{i_o}{i_i}$；

（2）$A_{iuf} = \dfrac{i_o}{u_i}$；

（3）R_{if} 和 R_{of}。

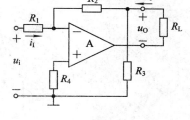

习题 7.26 图

7.27　在习题 7.27 图示（a）和（b）的电路中，设晶体管的 β 均为 100，U_{BE} 均为 0.6 V，试回答下列问题：

（1）若将图（b）中 VT_3 的基极 B_3 接到图（a）中 VT_2 的集电极 C_2，为使 $u_1 = 0$ V 时 $u_O = 0$ V，电阻 R 应选多大？设 I_{b3} 对 U_{c2} 的影响可以忽略。

（2）在上题情况下，若通过反馈电阻 R_f 引入级间电压串联负反馈，R_f 应如何接入？

（3）在深度负反馈条件下欲使 $A_{uf} = \dfrac{u_o}{u_i} = 10$，$R_f$ 应选多大？

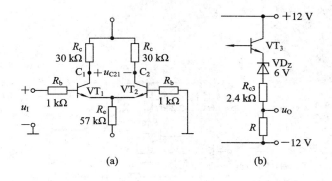

习题 7.27 图

7.28　由理想集成运放 A 组成的交流反馈放大电路如习题 7.28 图所示，设电容 C_1、C_2 对交流信号均可视为短路。在分析该电路的输入电阻 R_{if} 时，有以下四种答案：

A. $R_{if} = R_2$　　B. $R_{if} = R_1 + R_2$　　C. $R_{if} = \infty$　　D. $R_{if} = R_2 + R_1 /\!/ R_3$

试问哪种答案是正确的？为什么？

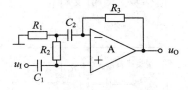

习题 7.28 图

7.29　反馈放大电路如习题 7.29 图所示，设电容器对交流信号均可视为短路。

（1）指出级间交流反馈支路、极性和组态及其对输入电阻、输出电阻的影响；

（2）写出深度负反馈条件下 $A_{usf} = \dfrac{u_o}{u_i}$、$R_{if}$、$R_{of}$ 的表达式。

（3）当 R_s 变化时，对 R_{if}、R_{of} 值有无影响？为什么？

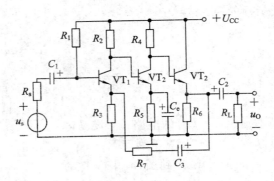

习题 7.29 图

7.30 由理想集成运放 A 和晶体管 VT_1、VT_2 组成的反馈放大电路如习题 7.30 图所示。试计算电路的下列性能指标：

(1) 闭环电压放大倍数 $A_{usf} = \dfrac{u_o}{u_s}$；

(2) 输入电阻 R_{if}；

(3) 输出电阻 R_{of}。

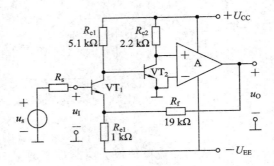

习题 7.30 图

7.31 两级电压串联负反馈放大电路如习题 7.31 图所示，已知无反馈时其基本放大电路的电压增益 $\dot{A}_u = 1000$，加上反馈后电压增益下降为 $A_{uf} = 50$。设电阻 $R_{e1} = 200\ \Omega$，试确定电阻 R_f 的值。若按深度负反馈估算，R_f 值又将是多少？设各电容器对交流信号可视为短路。

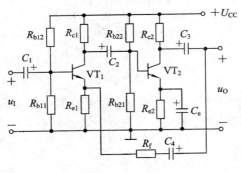

习题 7.31 图

7.32　反馈放大电路如习题 7.32 图所示，设 A 为理想集成运放。试计算：

(1) 反馈系数；

(2) 闭环放大倍数 $A_{iuf}=\dfrac{i_O}{u_s}$ 及 $A_{iuf}=\dfrac{u_O}{u_i}$；

(3) 输入电阻 R_{if}；

(4) 输出电阻 R_{of}。

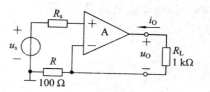

习题 7.32 图

7.33　试判断习题 7.33 图示各电路中交流反馈的极性和组态。

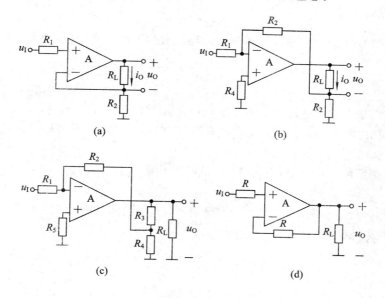

习题 7.33 图

7.34　指出在习题 7.34 图示电路中，有哪些直流负反馈，有哪些交流负反馈。如有交流负反馈，判断它们各属何种反馈组态，对输入电阻、输出电阻有什么影响。

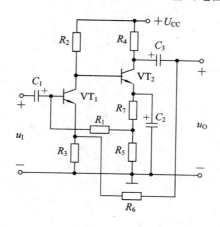

习题 7.34 图

7.35　由集成运放 A_1、A_2 组成的反馈放大电路如习题 7.35 图所示。试指出电路中所有的反馈通路，并指出由它们引入的反馈是正反馈还是负反馈、是直流反馈还是交流反馈。若有交流负反馈，判断其反馈组态是什么。

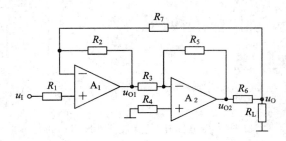

习题 7.35 图

7.36　某负反馈放大电路的基本放大电路具有如下的频率特性：

$$\dot{A}_u = \frac{10^4}{\left(1 + \mathrm{j}\,\dfrac{f}{0.1}\right)\left(1 + \mathrm{j}\,\dfrac{f}{1}\right)\left(1 + \mathrm{j}\,\dfrac{f}{5}\right)} \qquad (f \text{ 单位为 MHz})$$

（1）试画出基本放大电路对数幅频特性（可用折线近似）；

（2）若采用电阻性反馈网络，要求具有约 45°的相位裕度，求闭环低频增益 $\dot{A}_{uf}$ 和反馈系数 $\dot{F}$。

（3）若反馈系数 $F = 0.01$，试画出采用电容补偿后相位裕度约为 45°的 $\dot{A}_u$ 对数幅频特性。

（4）闭环后电路能否稳定工作？若能稳定，求其相位裕度；若产生自激，则求其在 45°相位裕度时的 $\dot{F}_u$ 值。

第 8 章

集成运放的应用

随着集成运放性能的不断完善，其应用范围也不仅仅局限于模拟信号的运算，还可应用于小信号放大、有源滤波、电压比较、正弦波发生、波形变换、信号转换以及直流稳压电源等方面。本章主要介绍由集成运放组成的基本运算电路、模拟乘法器、有源滤波电路、电压比较器以及信号转换电路。

8.1　基本运算电路

集成运放加上合适的反馈网络，可以实现输出电压 u_O（函数）与输入电压 u_1（自变量）的某种运算关系 $u_O = f(u_1)$。在这种应用中，集成运放工作于线性区，因此电路中需引入负反馈；而且为了稳定输出电压，引入的是电压负反馈。在分析这种类型的电路时，集成运放通常是作为理想集成运放来处理的，即严格满足"虚短"与"虚断"的条件，这是分析运算电路运算关系的基本出发点，使得电路分析被极大地简化。此外，在求解运算关系的时候，一般采用节点电流法。本节将介绍比例、加减、积分、微分、对数、指数等基本运算电路。

8.1.1　比例运算电路

1. 基本反相比例运算电路

从图 8.1 中可以看出，该电路通过 R_f 引入了并联电压负反馈。输入信号 u_1 通过电阻 R 作用于集成运放的反相输入端，因此 u_O 与 u_1 反相。同相输入端通过电阻 R' 接地，R' 为补偿电阻，以保证集成运放输入级差分放大电路的对称性，其值为 $u_1 = 0$（输入端接地）时从反相输入端看出去的总等效电阻，$R' = R // R_f$。

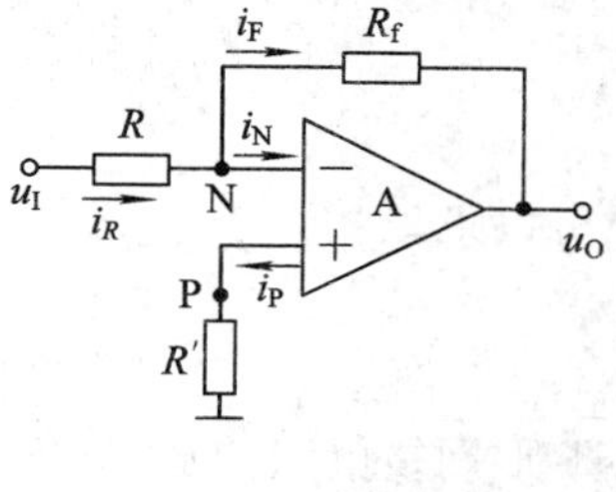

根据"虚断"的原则可知

$$i_P = i_N = 0 \tag{8.1}$$

根据"虚短"的原则可知

$$u_P = u_N = 0 \tag{8.2}$$

图 8.1　基本反相比例运算电路

因此，节点 N 处的电流方程为

$$\frac{u_I - u_N}{R} = \frac{u_N - u_O}{R_f}$$

所以可得反相比例运算电路的运算关系式为

$$u_O = -\frac{R_f}{R}u_I \qquad (8.3)$$

电路的比例系数为 $-R_f/R$。由于电路引入了深度电压负反馈且 $1+AF=\infty$，因此电路的输出电阻 $R_o=0$，电路带负载后运算关系不变（带负载能力强）。

电路的输入电阻是从输入端和地之间看进去的等效电阻，因此等于输入端和虚地之间的等效电阻，所以电路的输入电阻 $R_i=R$。尽管理想运放的输入电阻为无穷大，但是由于电路引入的是并联负反馈，反相比例运算电路的输入电阻并不大。

当比例系数很大时，如果电路要求有很大的输入电阻，则必须增大 R。但如果 R 值过大且要保证相同的比例系数，则需要阻值更大的 R_f。例如：比例系数为 -50，若要求输入电阻 $R_i=100$ kΩ，则 $R=100$ kΩ，$R_f=5$ MΩ。电阻阻值过大会导致电阻的稳定性差且噪声过大；且当 R 值与集成运放的输入电阻等量级时，式(8.3)的比例系数会有很大的变化。因此需要用较小的电阻保证较大的比例系数和输入电阻，这是实际应用的要求。

2. T 形网络反相比例运算电路

在图 8.2 所示的电路中，由于 R_2、R_3、R_4 构成了英文字母"T"，因此该电路被称为 T 形网络电路。对于 T 形网络电路，式(8.1)、(8.2)仍然成立。

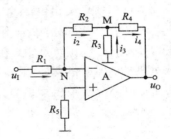

图 8.2 T 形网络反相比例运算电路

列出节点 N 的电流方程，可得节点 M 的电位

$$\frac{u_I - u_N}{R_1} = \frac{u_N - u_M}{R_2} \Rightarrow u_M = -\frac{R_2}{R_1}u_I$$

由 N 点和 R_3 下端的电位均为零，因此流过电阻 R_4 的电流 i_4 等于流过 R_2 和 R_3 的电流 i_2 和 i_3 之和，列出节点 M 的电流方程

$$-\frac{u_M}{R_2} - \frac{u_M}{R_3} = \frac{u_M - u_O}{R_4}$$

因此可以求得

$$u_O = -\frac{R_2R_3 + R_2R_4 + R_3R_4}{R_1R_3}u_I \qquad (8.4)$$

T 形网络电路的输入电阻 $R_i=R$，输出电阻 $R_o=0$。此时，若比例系数仍为为 -50，且要求输入电阻 $R_i=100$ kΩ，则 $R_1=100$ kΩ，如果 $R_2=R_4=100$ kΩ，则 $R_3=2.08$ kΩ。同相

输入端的补偿电阻的大小为

$$R' = R_1 /\!/ (R_2 + R_3 /\!/ R_4)$$

【**例 8.1**】　在图 8.2 所示的电路图中，若 $R_1 = 50\ \text{k}\Omega$，$R_2 = R_4 = 100\ \text{k}\Omega$，$R_3 = 2\ \text{k}\Omega$。试求：(1) 输入电阻。(2) 比例系数。

解　(1) 根据虚短可知

$$u_P = u_N = 0$$

因此输入电阻为

$$R_i = \frac{u_I - u_P}{i_I} = \frac{u_I}{i_I} = R_1 = 50\ \text{k}\Omega$$

(2) 由公式(8.4)可知

$$u_O = -\frac{R_2 R_3 + R_2 R_4 + R_3 R_4}{R_1 R_3} u_I$$

则有

$$A_u = \frac{u_o}{u_1} = -\frac{R_2 R_3 + R_2 R_4 + R_3 R_4}{R_1 R_3} = -\frac{100 \times 2 + 100 \times 100 + 2 \times 100}{50 \times 2} = -104$$

3. 同相比例运算电路

将图 8.1 所示电路的输入端和接地端互换，即构成同相比例运算电路，如图 8.3 所示。从图中可以看出，该电路通过 R_f 引入了串联电压负反馈。输入信号 u_1 通过电阻 R' 作用于集成运放的同相输入端，因此 u_O 与 u_1 同相。R' 为补偿电阻，其大小为 $R' = R /\!/ R_f$，保证集成运放输入级差分放大电路的对称性。

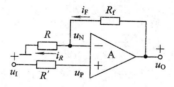

图 8.3　同相比例运算电路

根据"虚断"的原则可知 $i_P = i_N = 0$；根据"虚短"的原则可知 $u_P = u_N = u_1$。因此流过电阻 R 的电流等于流过 R_f 的电流，即

$$\frac{u_N - 0}{R} = \frac{u_O - u_N}{R_f} \Rightarrow u_O = \left(1 + \frac{R_f}{R}\right) u_1 \tag{8.5}$$

该电路的输入输出电阻分别为 $R_i = \infty$、$R_o = 0$。

4. 电压跟随器

若将同相比例运算电路的全部输出电压反馈到反相输入端，就构成图 8.4 所示的电压跟随器，反馈系数为 1。根据"虚短"和"虚断"的原则，输出电压与输入电压的关系为

$$u_O = u_N = u_P = u_I \tag{8.6}$$

由于理想运放的开环差模增益为无穷大，因而电压跟随器具有比射极输出器好得多的跟随特性。但是由于电压跟随器的反馈系数等于 1，过深的反馈深度可能会导致自激振荡的产生。

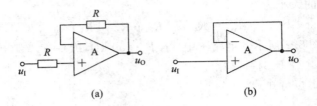

图 8.4 电压跟随器

8.1.2 加减运算电路

1. 反相求和运算电路

反相求和电路如图 8.5 所示。R_4 为补偿电阻，其大小为 $R_4 = R_1 /\!/ R_2 /\!/ R_3 /\!/ R_f$，保证集成运放输入级差分放大电路的对称性。根据"虚短"的原则，有 $u_N = u_P = 0$；根据"虚断"的原则，有 $i_P = i_N = 0$，因此集成运放的反相输入端无电流流过。则节点 N 的电流方程为

$$\frac{u_{I1} - u_N}{R_1} + \frac{u_{I2} - u_N}{R_2} + \frac{u_{I3} - u_N}{R_3} = \frac{u_N - u_O}{R_f}, \quad u_N = 0$$

所以可得反相求和运算电路的运算关系式为

$$u_O = -R_f \left(\frac{u_{I1}}{R_1} + \frac{u_{I2}}{R_2} + \frac{u_{I3}}{R_3} \right) \tag{8.7}$$

上述结果同样可以由叠加原理求得。

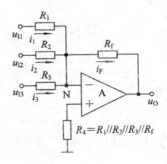

图 8.5 反相求和电路

2. 同相求和运算电路

同相求和电路如图 8.6 所示。R_4 为补偿电阻，其大小满足 $R_1 /\!/ R_2 /\!/ R_3 /\!/ R_4 = R /\!/ R_f = R_P$，保证集成运放输入级差分放大电路的对称性。根据"虚短"的原则，有 $u_N = u_P$；根据"虚断"的原则，有 $i_P = i_N = 0$，因此集成运放的同相、反相输入端均无电流流过。则节点 P 的电流方程为

$$\frac{u_{I1} - u_P}{R_1} + \frac{u_{I2} - u_P}{R_2} + \frac{u_{I3} - u_P}{R_3} = \frac{u_P - 0}{R_4}$$

因此，同相输入端的电位为

$$u_P = R_P \left(\frac{u_{I1}}{R_1} + \frac{u_{I2}}{R_2} + \frac{u_{I3}}{R_3} \right) \tag{8.8}$$

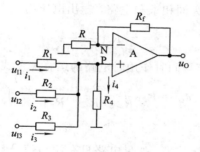

图 8.6　同相求和电路

节点 N 的电流方程为

$$\frac{0 - u_{\mathrm{N}}}{R} = \frac{u_{\mathrm{N}} - u_{\mathrm{O}}}{R_{\mathrm{f}}}$$

所以可得同相求和运算电路的运算关系式为

$$u_{\mathrm{O}} = \left(1 + \frac{R_{\mathrm{f}}}{R}\right) \cdot R_{\mathrm{P}} \cdot \left(\frac{u_{\mathrm{I1}}}{R_1} + \frac{u_{\mathrm{I2}}}{R_2} + \frac{u_{\mathrm{I3}}}{R_3}\right) = \frac{R + R_{\mathrm{f}}}{R} \cdot \frac{R_{\mathrm{f}}}{R_{\mathrm{f}}} \cdot R_{\mathrm{P}} \cdot \left(\frac{u_{\mathrm{I1}}}{R_1} + \frac{u_{\mathrm{I2}}}{R_2} + \frac{u_{\mathrm{I3}}}{R_3}\right)$$

$$= \frac{R + R_{\mathrm{f}}}{RR_{\mathrm{f}}} \cdot R_{\mathrm{f}} \cdot R_{\mathrm{P}} \cdot \left(\frac{u_{\mathrm{I1}}}{R_1} + \frac{u_{\mathrm{I2}}}{R_2} + \frac{u_{\mathrm{I3}}}{R_3}\right) = \frac{1}{R \mathbin{/\mkern-5mu/} R_{\mathrm{f}}} \cdot R_{\mathrm{f}} \cdot R_{\mathrm{P}} \cdot \left(\frac{u_{\mathrm{I1}}}{R_1} + \frac{u_{\mathrm{I2}}}{R_2} + \frac{u_{\mathrm{I3}}}{R_3}\right)$$

$$= R_{\mathrm{f}} \left(\frac{u_{\mathrm{I1}}}{R_1} + \frac{u_{\mathrm{I2}}}{R_2} + \frac{u_{\mathrm{I3}}}{R_3}\right) \tag{8.9}$$

与式(8.7)相比，仅差一个负号。若不满足 $R_1 \mathbin{/\mkern-5mu/} R_2 \mathbin{/\mkern-5mu/} R_3 \mathbin{/\mkern-5mu/} R_4 = R \mathbin{/\mkern-5mu/} R_{\mathrm{f}} = R_{\mathrm{P}}$，则不能化简为最后一步；若 $R_1 \mathbin{/\mkern-5mu/} R_2 \mathbin{/\mkern-5mu/} R_3 = R \mathbin{/\mkern-5mu/} R_{\mathrm{f}}$，则可忽略 R_4。上述结果同样可以由叠加原理求得。

3. 加减运算电路

从反相求和、同相求和电路的分析中可知：如果输入信号从同相输入端送入，则输出与输入信号同相；如果输入信号从反相输入端送入，则输出与输入信号反相；如果同相和反相输入端的外接等效电阻的大小相等，则电路的运算关系式将只差一个负号。因此，如果多路信号同时作用于集成运放的两个输入端，则必然会实现信号的加减运算，如图 8.7 所示。

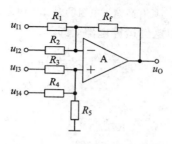

图 8.7　加减运算电路

因此，如果集成运放的外接电阻满足 $R_1 \mathbin{/\mkern-5mu/} R_2 \mathbin{/\mkern-5mu/} R_{\mathrm{f}} = R_3 \mathbin{/\mkern-5mu/} R_4 \mathbin{/\mkern-5mu/} R_5$，当 u_{I3}、u_{I4} 接地时，电路为反相求和电路，输出电压为

$$u_{\mathrm{O1}} = -R_{\mathrm{f}} \left(\frac{u_{\mathrm{I1}}}{R_1} + \frac{u_{\mathrm{I2}}}{R_2}\right)$$

当 u_{I1}、u_{I2} 接地时，电路为同相求和电路，输出电压为

$$u_{O2} = R_f\left(\frac{u_{I3}}{R_3} + \frac{u_{I4}}{R_4}\right)$$

因此，利用叠加原理，所有信号同时作用时电路的运算关系式为

$$u_O = R_f\left(\frac{u_{I3}}{R_3} + \frac{u_{I4}}{R_4} - \frac{u_{I1}}{R_1} - \frac{u_{I2}}{R_2}\right) \tag{8.10}$$

4. 差分比例运算电路

参照加减运算电路的计算结果，如果电路只有两路信号且分别从同相、反相输入端送入，如图 8.8 所示，则电路的运算关系式为

$$u_O = \frac{R_f}{R}(u_{I2} - u_{I1}) \tag{8.11}$$

电路实现了差模输入信号的比例运算。

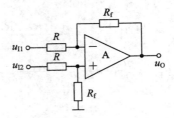

图 8.8　差分比例运算电路

但是上述电路对每一路输入信号来说，其输入电阻均较小，且电阻的选取和调整不方便。因此在必要时，可采用两级电路，如图 8.9 所示。

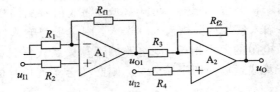

图 8.9　具有高输入电阻的差分比例运算电路

由电路可知，第一级为同相比例运算电路，即

$$u_{O1} = \left(1 + \frac{R_{f1}}{R_1}\right)u_{I1}$$

第二级为差分比例运算电路，即

$$u_O = -\frac{R_{f2}}{R_3}u_{O1} + \left(1 + \frac{R_{f2}}{R_3}\right)u_{I2}$$

如果 $R_1 = R_{f2}$，$R_3 = R_{f1}$，则电路的运算关系式为

$$u_O = -\frac{R_{f2}}{R_3}u_{O1} + \left(1 + \frac{R_{f2}}{R_3}\right)u_{I2} \tag{8.12}$$

从电路的组成可以看出，无论对于 u_{I1} 还是 u_{I2}，其输入电阻均可认为是为无穷大。

【例 8.2】　求图 8.10 所示各电路输出电压与输入电压的运算关系。

解　（1）由"虚断"可知，$u_P = u_N = u_{I3}$，设 R_1、R_2、R_f 上的电流分别为 i_1、i_2、i_3，方向

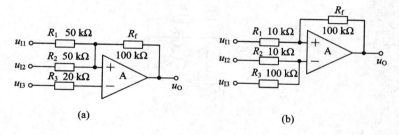

图 8.10 例 8.2 图

向右，则根据节点电流法可知 $i_1 + i_2 = i_3$，即

$$\frac{u_{I1} - u_N}{R_1} + \frac{u_{I2} - u_N}{R_2} = \frac{u_N - u_O}{R_f}$$

则可得

$$u_O = -R_f\left(\frac{u_{I1}}{R_1} + \frac{u_{I2}}{R_2} - \frac{u_{I3}}{R_1 \mathbin{/\mkern-5mu/} R_2 \mathbin{/\mkern-5mu/} R_f}\right)$$

$$= -100 \times \left(\frac{u_{I1} + u_{I2}}{50} - \frac{u_{I3}}{20}\right)$$

$$= 5u_{I3} - 2u_{I1} - 2u_{I2}$$

（2）由"虚断"可知，在集成运放的反相输入端有

$$\frac{u_{I2} - u_P}{R_2} = \frac{u_P - u_{I3}}{R_3}, \quad 即 \quad u_P = \frac{u_{I2}R_3 + u_{I3}R_2}{R_2 + R_3}$$

在集成运放的同相输入端有

$$\frac{u_{I1} - u_N}{R_1} = \frac{u_N - u_O}{R_f}, \quad 即 \quad u_N = \frac{u_{I1}R_f + u_O R_1}{R_1 + R_f}$$

由"虚短"可知 $u_P = u_N$，所以可得

$$\frac{u_{I2}R_3 + u_{I3}R_2}{R_2 + R_3} = \frac{u_{I1}R_f + u_O R_1}{R_1 + R_f}$$

$$\frac{100u_{I2} + 10u_{I3}}{110} = \frac{100u_{I1} + 10u_O}{110}$$

即

$$u_O = -10u_{I1} + 10u_{I2} + u_{I3}$$

8.1.3 积分和微分运算电路

1. 积分运算电路

积分电路是一种运用比较广泛的模拟信号运算电路，是组成模拟计算机的基本单元。同时，也是控制和测量系统中的重要单元，利用其充放电过程可以实现延时、定时以及各种波形的产生。其基本电路如图 8.11 所示。

根据"虚短"的原则，$u_N = u_P = 0$。根据"虚断"的原则，流过电容 C 的电流等于流过电阻 R 的电流，即

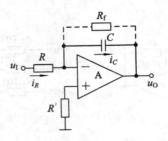

图 8.11　基本积分运算电路

$$i_C = i_R = \frac{u_I}{R}$$

输出电压与电容上电压的关系为

$$u_O = - u_C$$

而电容上的电压等于其电流的积分，则电路的运算关系式为

$$u_O = -\frac{1}{C}\int i_C \, dt = -\frac{1}{RC}\int u_I \, dt \tag{8.13}$$

如果知道 0 时刻的输出电压为 $u_O(0)$，则在 $0 \sim t$ 时间段内的积分值为

$$u_O = -\frac{1}{RC}\int_0^t u_I \, dt + u_O(0) \tag{8.14}$$

如果 u_I 为常量，则

$$u_O = -\frac{1}{RC}u_I t + u_O(0) \tag{8.15}$$

如图 8.12 所示，如果输入信号是阶跃信号，且起始时刻电容上的电压为零，则输出信号是以 $-\dfrac{1}{RC}u_I$ 为斜率的直线；如果输入信号是方波，则输出信号为三角波；如果输入信号是正弦波，则输出信号为余弦波，移相 90°。

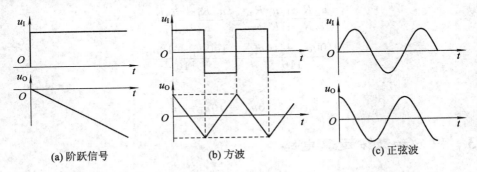

(a) 阶跃信号　　　　　　(b) 方波　　　　　　(c) 正弦波

图 8.12　积分运算电路输入不同波形时的输出波形

在实用电路中，为了防止低频信号增益过大，常在电容上并联一个电阻加以限制，如图 8.11 中虚线所示。

2. 微分运算电路

将积分运算电路中的电阻和电容位置互换，即可得到基本微分运算电路，如图 8.13 所示。

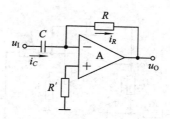

图 8.13 基本微分运算电路

根据"虚短"的原则，$u_N = u_P = 0$，电容两端的电压 $u_C = u_I$。根据"虚断"的原则，流过电容 C 的电流等于流过电阻 R 的电流，即

$$-\frac{u_O}{R} = i_R = i_C = C\frac{\mathrm{d}u_I}{\mathrm{d}t}$$

因此，电路的运算关系式为

$$u_O = -i_R R = -RC\frac{\mathrm{d}u_I}{\mathrm{d}t} \tag{8.16}$$

在图 8.13 所示电路中，无论是输入信号产生阶跃变化还是受大幅值脉冲干扰，都可能使集成运放内部的放大管进入饱和或截止状态。即使信号消失，管子仍不能脱离原状态回到放大区，出现阻塞现象；同时，由于反馈网络为滞后环节，它与集成运放内部的滞后环节相叠加，很容易满足自激振荡的条件，从而使电路不稳定。

为了克服上述缺点，可在输入端串联一个小阻值的电阻 R_1，以限制输入电流（即 R 中的电流）；在反馈电阻 R 上并联稳压二极管，以限制输出电压幅值，保证集成运放中的放大管始终工作在放大区，不至于出现阻塞现象；在 R 上并联小容量电容 C_1，使得 $RC_1 \approx R_1 C$，起相位补偿作用，提高电路的稳定性；如图 8.14(a)所示。该电路的输出电压与输入电压成近似微分关系。若输入电压为方波，且 $RC \ll \frac{T}{2}$（T 为方波的周期），则输出为尖顶波，如图 8.14(b)所示。

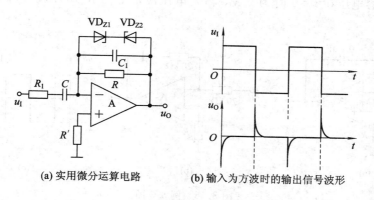

(a) 实用微分运算电路　　　　(b) 输入为方波时的输出信号波形

图 8.14 微分运算电路及输入输出波形

3. 逆函数型微分运算电路

若将积分运算电路作为集成运放的负反馈回路，即可得到逆函数型微分运算电路，如图 8.15 所示。

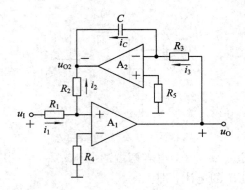

图 8.15　逆函数型微分运算电路

从图中可以看出，集成运放 A_2 是以 u_O 为输入信号的积分运算电路，其输出电压 u_{O2} 为

$$u_{O2} = -\frac{1}{R_3 C}\int u_O \, dt$$

流过电阻 R_1 的电流 i_1 等于流过 R_2 的电流 i_2，即

$$\frac{u_I}{R_1} = -\frac{u_{O2}}{R_2} \Rightarrow u_{O2} = -\frac{R_2}{R_1}u_I$$

因此可以得到电路的运算关系式为

$$u_O = \frac{R_2 R_3 C}{R_1} \cdot \frac{du_I}{dt} \tag{8.17}$$

利用积分运算电路来实现微分运算的方法具有普遍意义。如果采用乘法运算电路作为集成运放的负反馈通路，可实现除法运算；采用乘方运算电路作为集成运放的负反馈通路，可实现开方运算。在利用逆运算的方法组成运算电路时，引入的必须是负反馈。

【例 8.3】　电路如图 8.16 所示，设运放为理想运放。

(1) 求解输出电压和输入电压的运算关系；

(2) 设电容电压在 $t=0$ 时为 0 V，输入电压波形如图 8.16(c)所示，画出输出电压波形。

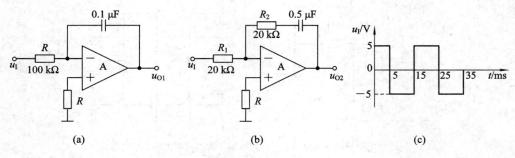

图 8.16　例 8.3 图

解　(1) 图(a)所示电路是积分运算电路。

$$u_{O1} = -\frac{1}{RC}\int_{t_1}^{t_2} u_I \, dt = -\frac{1}{10^5 \times 10^{-7}}\int_{t_1}^{t_2} u_I \, dt = -100 \int_{t_1}^{t_2} u_I \, dt + u_{O1}(t_1)$$

(b)图中，利用运放的"虚短"、"虚断"可得 $I_{R2} = \dfrac{u_I}{R_1}$，则

$$u_{O2} = -I_{R2}R_2 - \frac{1}{C}\int_{t_1}^{t_2} I_{R2}\,\mathrm{d}t = -\frac{R_2}{R_1}u_I - \frac{1}{R_1 C}\int_{t_1}^{t_2} u_I\,\mathrm{d}t$$

$$= -\frac{20\times10^3}{20\times10^3}u_I - \frac{1}{20\times10^3\times0.5\times10^{-6}}\int_{t_1}^{t_2} u_I\,\mathrm{d}t$$

$$= -u_I - 100\int_{t_1}^{t_2} u_I\,\mathrm{d}t + u_{O2}(t_1)$$

（2）当输入信号是方波时，输出信号是对方波反向积分的三角波。每次计算时，要注意电容积分的起始点。

（a）图所示电路在某一段时间内，u_I 是常数，$u_{O1} = -100u_I(t_2 - t_1) + u_{O1}(t_1)$

当 t 在 0～5 ms 内时，$\begin{cases} u_{O1}(0) = 0 \text{ V} \\ u_I = 5 \text{ V} \\ u_{O1} = -100u_I \cdot t = -500t \end{cases}$

当 t 在 5～15 ms 内时，$\begin{cases} u_{O1}(5\text{ ms}) = -2.5 \text{ V} \\ u_I = -5 \text{ V} \\ u_{O1} = -100u_I \cdot (t - 0.005) - 2.5 = 500t - 5 \end{cases}$

此后依次可推出 $u_{O1}(15\text{ ms}) = 2.5 \text{ V}$，$u_{O1}(25\text{ ms}) = -2.5 \text{ V}$，$u_{O1}(35\text{ ms}) = 2.5 \text{ V}$。因此，$u_{O1}$ 的波形如图 8.17（a）所示。

从 u_{O2} 的表达式可以看出，（b）图所示电路的输出信号由两个部分组成，即

$$u_{O2} = u_{O1} - u_I$$

因此，将 u_{O1} 和 u_I 的波形叠加即可得到 u_{O2} 的波形，如图 8.17（b）所示。

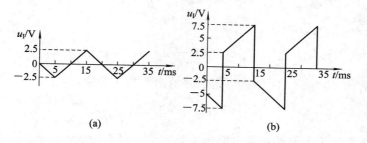

(a)　　　　　　　　　　　(b)

图 8.17　输出波形图

8.1.4　对数和指数运算电路

1. 对数运算电路

1）采用二极管构成的对数运算电路

图 8.18 给出了利用二极管构成的对数运算电路。从图 8.18 中可以看出，为了使二极管导通，必须满足 $u_N > u_O$，因此要求 $u_I > 0$。由半导体的基础知识可知，二极管的正向电流与端电压的近似关系为

$$i_D \approx I_S \mathrm{e}^{\frac{u_D}{U_T}} \Rightarrow u_D \approx U_T \ln\frac{i_D}{I_S}$$

根据"虚短"的原则可得 $u_N = u_P = 0$，二极管两端的压降 $u_D = -u_O$，电流 $i_D = i_R = \dfrac{u_I}{R}$，

因此可得电路的运算关系式为

$$u_O = -u_D \approx -U_T \ln \frac{u_I}{I_S R} \tag{8.18}$$

由式(8.18)可知，运算关系与 U_T 和 I_S（反向饱和电流，与温度有关）有关，因此运算精度会受到温度的影响。在小电流的情况下，二极管内的载流子复合运动的影响不可忽略；在大电流的情况下，二极管的内阻不可忽略；因此，只有在一定的电流范围内，才满足 PN 结方程的指数关系，因此输入电压的范围会受到限制。为了扩大输入电压的范围，可用晶体管取代二极管。

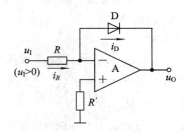

图 8.18　采用二极管构成的对数运算电路

2）采用晶体管构成的对数运算电路

图 8.19 给出了利用晶体管构成的对数运算电路。从图中可以看出，为了使晶体管正常工作，必须满足 $u_N > u_O$，因此要求 $u_I > 0$。节点 N 处的电流方程为

$$i_C = i_R = \frac{u_I}{R}$$

又因为

$$i_C \approx i_E \approx I_S e^{\frac{u_{BE}}{U_T}} \Rightarrow u_{BE} \approx U_T \ln \frac{i_C}{I_S}$$

由于晶体管的 $u_{BE} = -u_O$，因此可得电路的运算关系式为

$$u_O = -u_{BE} \approx -U_T \ln \frac{u_I}{I_S R}$$

可见，晶体管构成的对数运算电路的关系式与二极管构成的对数运算电路相同，温度对运算精度的影响并没有消除，且在输入信号较小和较大的情况下，运算精度变差。

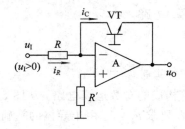

图 8.19　采用晶体管构成的对数运算电路

3）集成对数运算电路

图 8.20 所示是型号为 ICL8048 的集成对数运算电路的内部（虚线框内）和外接电路，

其原理是利用特性相同的两只晶体管进行补偿，消除 I_S 对运算关系的影响。

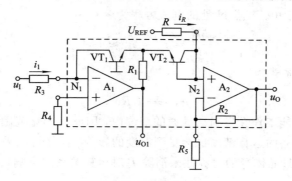

图 8.20　集成对数运算电路

从图中可以看出，只要求出集成运放 A_2 的同相输入端电位 u_{P2}，即可根据同相比例的运算关系式 $u_O = \left(1 + \dfrac{R_2}{R_5}\right) u_{P2}$ 来求得整个电路的运算关系式。而 $u_{P2} = u_{BE2} + u_{EB1} = u_{BE2} - u_{BE1}$，因此，求解整个电路的运算关系可以归结到求解 u_{BE1} 和 u_{BE2} 上。

根据晶体管对数运算电路运算关系的求法，可求出晶体管 VT_1 的 u_{BE1} 与输入电压 u_I 之间的关系为 $u_{BE1} \approx U_T \ln \dfrac{u_I}{I_S R_3}$；由于 $I_{P2} = I_{N2} = 0$ 且晶体管 VT_2 的基极电流可以忽略（即 β_2 足够大），有关系式 $I_R \approx i_{C2} \approx i_{E2} \approx I_S e^{\frac{u_{BE2}}{U_T}}$ 成立，即可得：$u_{BE2} \approx U_T \ln \dfrac{I_R}{I_S}$。所以有

$$u_{P2} = u_{BE2} - u_{BE1} \approx -U_T \ln \dfrac{u_I}{I_R R_3} \tag{8.19}$$

因此，电路的运算关系式为

$$u_O \approx -\left(1 + \dfrac{R_2}{R_5}\right) U_T \ln \dfrac{u_I}{I_R R_3} \tag{8.20}$$

可见，电路消除了反向饱和电流 I_S 对运算精度的影响。若外接电阻 R_5 为具有正温度系数的热敏电阻，当温度上升时可通过使式（8.20）的比例系数 $\left(1 + \dfrac{R_2}{R_5}\right)$ 减小来补偿 U_T 的增加，则整个电路的运算关系式可保证在 u_I 不变时，无论环境温度怎样变化，输出信号 u_O 基本不变。

2. 基本指数运算电路

将图 8.19 所示电路中的电阻和晶体管位置互换，即可得到指数运算电路，如图 8.21 所示。

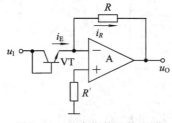

图 8.21　基本指数运算电路

根据"虚短"的原则可得 $u_P = u_N(u_E) = 0$，因此有 $u_I = u_{BE}$。为了使晶体管正常工作，必须满足 $u_I > u_N$，即 $u_I > 0$。节点 N 处的电流方程为

$$-\frac{u_O}{R} = i_R = i_E \approx I_S e^{\frac{u_I}{U_T}}$$

因此，电路的运算关系式为

$$u_O \approx -I_S R e^{\frac{u_I}{U_T}} \tag{8.21}$$

由于上述电路只能工作在发射结导通的范围内，因此其变化范围很小。同时，由于 u_O 与 I_S 有关，因此该电路的运算精度也会受到温度的影响。同样可以采用类似集成对数运算电路的方法，利用两只晶体管的对称性来消除 I_S 对运算关系的影响，并采用热敏电阻来补偿 U_T 的变化。

8.1.5 乘法和除法运算电路

利用集成运放组成的对数、指数及求和运算电路，可以实现两个模拟信号的乘法和除法运算。

由于乘法电路的输出信号与两个输入信号的关系为

$$u_O = u_{I1} u_{I2}$$

将上式取对数，可得

$$\ln u_O = \ln(u_{I1} u_{I2}) = \ln u_{I1} + \ln u_{I2}$$

再对上式进行指数运算，可得

$$u_O = e^{(\ln u_{I1} + \ln u_{I2})} \tag{8.22}$$

因此，其原理方框图如图 8.22 所示，其电路如图 8.23 所示。

图 8.22　利用对数、指数及求和运算电路实现乘法运算的原理方框图

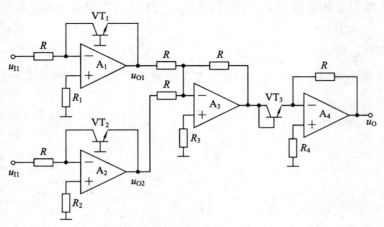

图 8.23　乘法运算电路

从图 8.23 中可以看出，集成运放 A_1 和 A_2 及其附属电路分别构成对数运算电路，其输出电压分别为

$$u_{O1} \approx -U_T \ln \frac{u_{I1}}{I_S R}$$

$$u_{O2} \approx -U_T \ln \frac{u_{I2}}{I_S R}$$

集成运放 A_3 及其附属电路构成反相求和电路，其输出电压为

$$u_{O3} = -(u_{O1} + u_{O2}) \approx U_T \ln \frac{u_{I1} u_{I2}}{(I_S R)^2}$$

集成运放 A_4 及其附属电路构成指数运算电路，其输出电压为

$$u_O = u_{O4} \approx -I_S R e^{\frac{u_{O3}}{U_T}}$$

因此，电路的运算关系式为

$$u_O \approx -\frac{u_{I1} u_{I2}}{I_S R} \tag{8.23}$$

8.2　模拟乘法器及其应用

模拟乘法器是实现两个模拟量相乘的非线性电子器件，可以方便地实现乘、除、乘方、开方等运算。其输出电压 u_O 与输入量 u_X、u_Y 之间的关系为

$$u_O = k u_X u_Y \tag{8.24}$$

其中，k 为乘积系数，其单位是 V^{-1}。其符号如图 8.24(a)所示，图(b)给出了模拟乘法器输入信号的四个象限。输入量 u_X、u_Y 的极性有四种可能的组合，在 u_X 和 u_Y 组成的坐标系中，分为四个区域，即四个象限。能适应两个输入量、四种极性组合的乘法器，称为四象限乘法器；一个输入端能适应两种极性、另一个输入端只能适应一种极性的乘法器，称为二象限乘法器；两个输入端的电压分别限定为某一极性才能工作的乘法器，称为单象限乘法器。

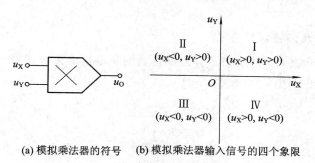

(a) 模拟乘法器的符号　　　(b) 模拟乘法器输入信号的四个象限

图 8.24　模拟乘法器的符号及输入信号的四个象限

理想的乘法器具有如下特性：

（1）每个输入端的输入电阻均为无穷大，即 $r_{i1} = r_{i2} = \infty$；

（2）输出电阻 $r_o = 0$；

（3）k 值不随输入信号的幅值和频率而变化；

（4）当 u_X 或 u_Y 为零时，u_O 为零，电路无输出电压、电流和噪声。

8.2.1　变跨导型模拟乘法器的工作原理

1. 差分放大电路的差模传输特性

差分放大电路的差模传输特性是指在差模信号的作用下，输出电压与输入电压的函数关系。双入双出的差分放大电路如图 8.25 所示，差模输入电压 u_X 为

$$u_X = u_{id} = u_{BE1} - u_{BE2} \tag{8.25}$$

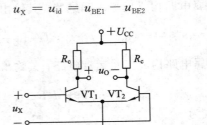

图 8.25　双入双出差分放大电路的差模传输特性

其差模电压放大倍数为（参考第 6 章）

$$A_{od} = \frac{u_O}{u_X} = -\frac{\beta R_c}{r_{be}} \tag{8.26}$$

静态时，图示电路每个差分管的射极电流大小相等，且满足 $I_0 = 2I_{EQ}$。由式（5.26）可知，差分管的跨导为

$$g_m = \frac{\beta_0}{r_{b'e}} \approx \frac{\beta_0}{r_{be}} \approx \frac{I_0}{2U_T} \tag{8.27}$$

将式（8.27）代入式（8.26），可得

$$A_{od} \approx -g_m R_c \tag{8.28}$$

因此，电路的输出电压为

$$u_O \approx -g_m R_c u_X \tag{8.29}$$

2. 变跨导型两象限模拟乘法器

将双入双出差分放大电路的恒流源用晶体管的集电极电流来代替，就构成了两象限模拟乘法器，其原理图如图 8.26 所示。

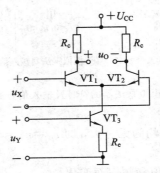

图 8.26　变跨导型两象限模拟乘法器的原理电路

晶体管 VT_3 的集电极电流为

$$i_{C3} = I_0 = \frac{u_Y - u_{BE3}}{R_e}$$

代入式(8.27)可得

$$g_m \approx \frac{u_Y - u_{BE3}}{2R_e U_T} \tag{8.30}$$

如果 $u_Y \gg u_{BE3}$，则电路的运算关系式为

$$u_O \approx -\frac{R_c}{2R_e U_T} \cdot u_X u_Y = k u_X u_Y \tag{8.31}$$

由于电路是利用 u_Y 来控制跨导 g_m 的变化，因此称为变跨导型模拟乘法器。从电路中可以看出，u_X 的值可正可负，但是 u_Y 必须大于零才能正常工作，因此是两象限模拟乘法器。该电路存在以下明显的缺点：

(1) 式(8.30)表明，u_Y 的值越小，运算的误差越大；

(2) 式(8.31)表明，u_O 与 U_T 有关，即 k 与温度有关，运算的结果受温度的影响；

(3) 电路只能工作在 I、II 两象限。

8.2.2　模拟乘法器在运算电路中的应用

模拟乘法器本身可以进行乘法和乘方的运算，还可以与其他电路配合实现除法、开方和均方根等运算。

1. 乘方运算电路

利用四象限模拟乘法器可以实现四象限平方运算电路，如图 8.27(a)所示，输出电压为

$$u_O = k u_I^2 \tag{8.32}$$

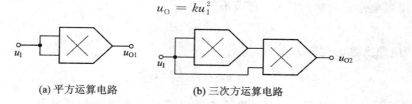

(a) 平方运算电路　　　　　(b) 三次方运算电路

图 8.27　乘方运算电路

如果将多个乘法器串联，则可实现 N 次方运算电路，三次方电路如图 8.27(b)所示，电路的运算关系为

$$u_O = k^2 u_I^3 \tag{8.33}$$

实际上，当模拟乘法器的串联个数超过 3 时，运算误差的积累将使电路的精度变差。在实现高次幂的运算中，可利用乘法器与对数运算电路和指数运算电路进行组合，从而实现高次幂的运算，如图 8.28 所示。

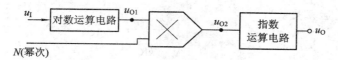

图 8.28　高次幂运算电路

从图 8.28 中可以得出

$$u_{O1} = k_1 \ln u_1$$
$$u_{O2} = k_1 k_2 N \ln u_1$$
$$u_O = k_3 u_1^{k_1 k_2 N} = k_3 u_1^{kN} \tag{8.34}$$

2. 除法运算电路

利用反函数型运算电路的基本原理，将模拟乘法器放在集成运放的反馈通路中，即可构成除法运算电路，如图 8.29 所示。

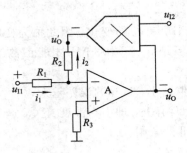

图 8.29 除法运算电路

由"虚断"的概念可知，$i_P = i_N = 0$，因此有

$$i_1 = i_2$$

此外，根据"虚短"的概念可知，$u_N = u_P = 0$。因此集成运放反相输入端的电流方程为

$$\frac{u_{I1}}{R_1} = \frac{-u_O'}{R_2}$$

而 u_O' 是模拟乘法器的输出信号，因此有

$$u_O' = k u_O u_{I2}$$

因此，该电路实现的运算关系为

$$u_O = -\frac{R_2}{kR_1} \cdot \frac{u_{I1}}{u_{I2}} \tag{8.35}$$

即完成了除法的运算关系。同时，为了保证电路处于负反馈的工作状态，由于 u_O 与 u_{I1} 反相，因此 u_O 与 u_O' 的极性必须相同，即：当 $k < 0$ 时，$u_{I2} < 0$；当 $k > 0$ 时，$u_{I2} > 0$。由于 u_{I2} 的极性受到 k 的限制，因此该电路为两象限除法运算电路。

3. 平方根运算电路

若令图 8.29 所示的除法运算电路中模拟乘法器的输入信号 $u_{I2} = u_O$，即可构成平方根运算电路，如图 8.30 所示。则式 (8.35) 变为

$$u_O^2 = -\frac{R_2}{kR_1} u_1 \tag{8.36}$$

因此，电路实现的运算关系为

$$u_O = \sqrt{-\frac{R_2}{kR_1} u_1} \tag{8.37}$$

为了保证运算关系的正确（$u_O > 0$），必须保证 u_1 与 k 的符号相反。由于 u_O 与 u_1 反相，因此必须保证 $k > 0$，$u_1 < 0$。根据同样的原理可以实现立方根运算电路。

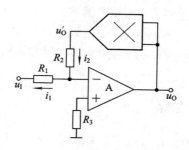

图 8.30　平方根运算电路

8.3　滤　波　电　路

滤波电路是对不同频率的输入信号进行选择性输出的电路，其功能是实现选定频率范围的信号通过，阻止其他频率的信号通过。

8.3.1　滤波电路的基本知识

根据电路的工作频带，滤波电路可分为：低通滤波电路（Low Pass Filter，LPF）、高通滤波电路（High Pass Filter，HPF）、带通滤波电路（Band Pass Filter，BPF）、带阻滤波电路（Band Elimination Filter，BEF）和全通滤波电路（All Pass Filter，APF）。上述前四种电路的理想幅频特性如图 8.31 所示，其中，允许通过的频段称为通带，将信号衰减到零的频段称为阻带。

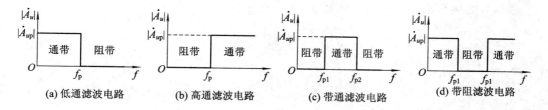

图 8.31　滤波电路的理想幅频特性

（1）低通滤波电路：设截止频率为 f_p，频率比 f_p 低的信号可以完全通过，频率比 f_p 高的信号被衰减，其理想幅频特性如图 8.31（a）所示。

（2）高通滤波电路：设截止频率为 f_p，频率比 f_p 高的信号可以完全通过，频率比 f_p 低的信号被衰减，其理想幅频特性如图 8.31（b）所示。

（3）带通滤波电路：设下限截止频率为 f_{p1}，上限截止频率为 f_{p2}，频率在 f_{p1} 和 f_{p2} 之间的信号可以完全通过，其他频率的信号被衰减，其理想幅频特性如图 8.31（c）所示。

（4）带阻滤波电路：设下限截止频率为 f_{p1}，上限截止频率为 f_{p2}，频率在 f_{p1} 和 f_{p2} 之间的信号被衰减，其他频率的信号可以完全通过，其理想幅频特性如图 8.31（d）所示。

（5）全通滤波电路：对于所有频率的信号具有相同的比例系数，但是对于不同频率的信号将产生不同的相移。

实际滤波电路在截止频率附近的幅频特性总是随着频率的变化而逐渐衰减，即在通带

和阻带之间存在过渡带。过渡带越窄，电路的滤波特性越好。定义 $\dot{A}_{up}$ 为频率为零时的输出电压与输入电压之比，则使得 $|\dot{A}_u| \approx 0.707|\dot{A}_{up}|$ 的频率为通带截止频率 f_p，从 f_p 到 $|\dot{A}_u|$ 趋于 0 的频段称为过渡带，使 $|\dot{A}_u|$ 趋于 0 的频段称为阻带。分析滤波电路，就是求解电路的频率特性。

8.3.2　无源低通滤波电路

若滤波电路仅由无源元件（电阻、电容、电感）组成，则称为无源滤波电路，图 8.32 为 RC 低通滤波电路。

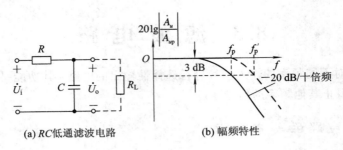

(a) RC 低通滤波电路　　　　　(b) 幅频特性

图 8.32　无源低通滤波电路

电路无负载时，在输入信号的频率趋于零时，电容的容抗趋于无穷大，故通带放大倍数为

$$\dot{A}_{up} = \frac{\dot{U}_o}{\dot{U}_i} = 1 \tag{8.38}$$

当信号的频率从零变化到无穷大时，电路的电压放大倍数为

$$\dot{A}_u = \frac{\dot{U}_o}{\dot{U}_i} = \frac{\dfrac{1}{j\omega C}}{R + \dfrac{1}{j\omega C}} = \frac{1}{1 + j\omega RC} \tag{8.39}$$

令截止频率 $f_p = \dfrac{1}{2\pi RC}$，则上式变为

$$\dot{A}_u = \frac{1}{1 + j\dfrac{f}{f_p}} = \frac{\dot{A}_{up}}{1 + j\dfrac{f}{f_p}} \tag{8.40}$$

其模为

$$|\dot{A}_u| = \frac{|\dot{A}_{up}|}{\sqrt{1 + j\left(\dfrac{f}{f_p}\right)^2}} \tag{8.41}$$

当 $f = f_p$ 时，有

$$|\dot{A}_u| = \frac{|\dot{A}_{up}|}{\sqrt{2}} \approx 0.707|\dot{A}_{up}|$$

当 $f \gg f_p$ 时，$|\dot{A}_u| \approx \dfrac{f_p}{f}|\dot{A}_{up}|$，频率每升高 10 倍，$|\dot{A}_u|$ 下降 10 倍，即过渡带的斜率为 -20 dB/十倍频，电路的幅频特性如图 8.32(b) 中的实线所示。

电路有负载时，通带放大倍数为

$$\dot{A}_{up} = \frac{\dot{U}_o}{\dot{U}_i} = \frac{R_L}{R + R_L}$$

电压放大倍数为

$$\dot{A}_u = \frac{\dot{U}_o}{\dot{U}_i} = \frac{R_L \mathbin{/\mkern-5mu/} \dfrac{1}{j\omega C}}{R + R_L \mathbin{/\mkern-5mu/} \dfrac{1}{j\omega C}} = \frac{\dfrac{R_L}{R + R_L}}{1 + j\omega(R \mathbin{/\mkern-5mu/} R_L)C}$$

令截止频率 $f_p' = \dfrac{1}{2\pi(R \mathbin{/\mkern-5mu/} R_L)C}$，则上式变为

$$\dot{A}_u = \frac{\dot{A}_{up}}{1 + j\dfrac{f}{f_p'}} \tag{8.42}$$

上式表明，无源低通滤波电路在带负载后，通带放大倍数的数值变小，通带截止频率升高，电路的幅频特性如图 8.32(b)中的虚线所示。因此，无源滤波电路的通带放大倍数及其截止频率都随负载而变化，这不符合信号处理的要求，因而产生了有源滤波电路。

8.3.3　有源滤波电路

为了使滤波电路的滤波特性不受负载的影响，常在无源滤波电路和负载之间加入一个输入电阻高、输出电阻小的隔离电路(如电压跟随器)，这就构成了有源滤波电路。有源滤波电路一般由无源元件(RC 滤波网络)和有源元件(双极型管、单极型管、集成运放等)共同组成。其基本电路如图 8.33 所示。

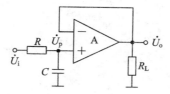

图 8.33　有源滤波电路

根据虚短的概念可知，$\dot{U}_n = \dot{U}_p = \dot{U}_o$，因此电路的电压放大倍数为

$$\dot{A}_u = \frac{\dot{U}_o}{\dot{U}_i} = \frac{\dot{U}_p}{\dot{U}_i} = \frac{\dfrac{1}{j\omega C}}{R + \dfrac{1}{j\omega C}} = \frac{1}{1 + j\omega RC} = \frac{\dot{A}_{up}}{1 + j\dfrac{f}{f_p}}, \quad \left(f_p = \frac{1}{2\pi RC}\right)$$

可见，有源滤波电路的电压放大倍数与无源低通滤波电路的完全相同。在集成运放功耗允许的情况下，负载的变化不影响放大倍数的大小，因此频率特性不变。在适当的直流电压偏置下，电路同时具有滤波和放大的作用。有源滤波电路不适合大电流电路，仅适合做信号处理。

分析有源滤波电路的滤波特性时，常使用拉氏变换将电压、电流信号变换为"象函数" $U(s)$、$I(s)$，电阻的象函数 $R(s) = R$，电容的象函数为 $Z_C(s) = \dfrac{1}{sC}$，电感的象函数为 $Z_L(s) = sL$。滤波电路的输出量与输入量之比为传递函数，即

$$A_u(s) = \frac{U_o(s)}{U_i(s)} \tag{8.43}$$

因此，图 8.33 所示电路的传递函数为

$$A_u(s) = \frac{U_o(s)}{U_i(s)} = \frac{U_p(s)}{U_i(s)} = \frac{\dfrac{1}{sC}}{R + \dfrac{1}{sC}} = \frac{1}{1 + sRC} \tag{8.44}$$

将 s 替换为 $j\omega$ 即为放大倍数的表达式(8.39)式；令 $s=0$，即 $\omega=0$，即为通带放大倍数。

在传递函数的分母中，s 的最高指数称为滤波器的阶数。从式(8.44)可知，图 8.34 所示电路为一阶低通滤波电路。

8.3.4　低通滤波电路

1. 同相输入电路

1）一阶电路

图 8.34(a)为一阶低通滤波电路，其传递函数为

$$A_u(s) = \frac{U_o(s)}{U_i(s)} = \left(1 + \frac{R_2}{R_1}\right)U_p(s) = \left(1 + \frac{R_2}{R_1}\right)\frac{1}{1 + sRC}$$

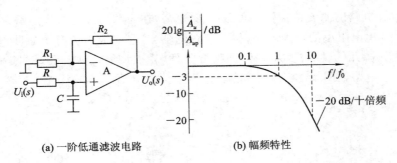

(a) 一阶低通滤波电路　　　　　(b) 幅频特性

图 8.34　一阶电路

将 s 替换为 $j\omega$，令特征频率 $f_0 = \dfrac{1}{2\pi RC}$，则电路的电压放大倍数为

$$\dot{A}_u = \left(1 + \frac{R_2}{R_1}\right)\frac{1}{1 + j\dfrac{f}{f_0}} \tag{8.45}$$

令 $f=0$，可得通带放大倍数为

$$\dot{A}_{up} = 1 + \frac{R_2}{R_1} \tag{8.46}$$

当 $f=f_0$ 时，$|\dot{A}_u| = \dfrac{|\dot{A}_{up}|}{\sqrt{2}}$，故通带截止频率 $f_p = f_0$，其幅频特性如图 8.34(b)所示。

当 $f \gg f_p$ 时，曲线按照 $-20\ dB$/十倍频下降。从图 8.34 中可以看出，该电路的过渡带较宽。在实际应用中，应尽可能减小过渡带，即增加 RC 环节。

2）简单二阶电路

图 8.35(a)为简单二阶低通滤波电路，其传递函数为

$$A_u(s) = \frac{U_o(s)}{U_i(s)} = \left(1 + \frac{R_2}{R_1}\right)\frac{U_P(s)}{U_i(s)} = \left(1 + \frac{R_2}{R_1}\right) \cdot \frac{U_P(s)}{U_M(s)} \cdot \frac{U_M(s)}{U_i(s)} \tag{8.47}$$

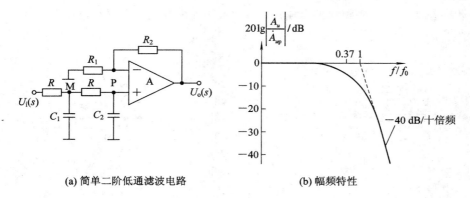

(a) 简单二阶低通滤波电路   (b) 幅频特性

图 8.35 二阶电路

若 $C_1 = C_2 = C$，则有

$$\frac{U_P(s)}{U_M(s)} = \frac{\dfrac{1}{sC}}{R + \dfrac{1}{sC}} = \frac{1}{1 + sRC}$$

$$\frac{U_M(s)}{U_i(s)} = \frac{\dfrac{1}{sC} \; // \; \left(R + \dfrac{1}{sC}\right)}{R + \dfrac{1}{sC} \; // \; \left(R + \dfrac{1}{sC}\right)}$$

代入式(8.47)，整理可得

$$A_u(s) = \left(1 + \frac{R_2}{R_1}\right)\frac{1}{1 + 3sRC + (sRC)^2} \tag{8.48}$$

将 s 替换为 $j\omega$，令特征频率 $f_0 = \dfrac{1}{2\pi RC}$，则电路的电压放大倍数为

$$\dot{A}_u = \left(1 + \frac{R_2}{R_1}\right)\frac{1}{1 - \left(\dfrac{f}{f_0}\right)^2 + j\dfrac{3f}{f_0}} = \frac{\dot{A}_{up}}{1 - \left(\dfrac{f}{f_0}\right)^2 + j\dfrac{3f}{f_0}} \tag{8.49}$$

令上式分母的模等于 $\sqrt{2}$，可得到通带截止频率为

$$f_p \approx 0.37 f_0 \tag{8.50}$$

其幅频特性如图 8.35(b)所示。从图 8.35 中可以看出，虽然过渡区的衰减斜率为 40 dB/十倍频，但是其通带截止频率 f_p 远离特征频率 f_0，通带范围减小。如果可以增大 $f = f_0$ 附近的电压放大倍数，则可以使 f_p 接近 f_0，电路的滤波特性趋于理想。因此可以在电路中引入正反馈，增大电压放大倍数。

3) 压控电压源二阶电路

将简单二阶低通滤波电路 C_1 的接地端改接到集成运放的输出端，即可构成压控电压源二阶低通滤波电路，如图 8.36 所示。利用瞬时极性法可以判断出，电阻 R_2 所在支路引入了负反馈，电容 C_1 所在支路引入了正反馈。

当 f 趋于 0 时，C_1 的电抗趋于无穷大，正反馈很弱；当 f 趋于无穷大时，C_2 的电抗趋于 0，$U_P(s)$ 趋于 0。只要正反馈引入恰当，就可能既在 $f=f_0$ 时增大电压放大倍数，又不会因为正反馈过强而产生自激振荡。在该电路中，由于集成运放的同相输入端电位 $U_P(s)$ 控制了由集成运放和 R_1、R_2 组成的电压源，因此被称为压控电压源滤波电路。

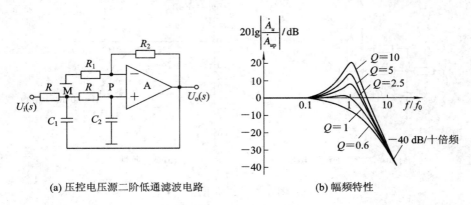

(a) 压控电压源二阶低通滤波电路　　　　　(b) 幅频特性

图 8.36　压控电压源二阶电路

若 $C_1=C_2=C$，则 M 点的电流方程为

$$\frac{U_i(s)-U_M(s)}{R}=\frac{U_M(s)-U_o(s)}{\frac{1}{sC}}+\frac{U_M(s)-U_P(s)}{R} \tag{8.51}$$

P 点的电流方程为

$$\frac{U_M(s)-U_P(s)}{R}=\frac{U_P(s)}{\frac{1}{sC}} \tag{8.52}$$

因此，电路的传递函数为

$$A_u(s)=\frac{A_{up}(s)}{1+[3-A_{up}(s)]sRC+(sRC)^2} \tag{8.53}$$

将 s 替换为 $j\omega$，令特征频率 $f_0=\frac{1}{2\pi RC}$，则电路的电压放大倍数为

$$\dot{A}_u=\frac{\dot{A}_{up}}{1-\left(\frac{f}{f_0}\right)^2+j(3-\dot{A}_{up})\frac{f}{f_0}} \tag{8.54}$$

定义在 $f=f_0$ 时电压放大倍数与通带放大倍数之比为滤波器的品质因数 Q（也称为截止特性函数，决定了在 $f=f_0$ 附近的频率特性），则

$$Q=\left|\frac{1}{3-\dot{A}_{up}}\right| \tag{8.55}$$

因此，有

$$|\dot{A}_u|\,|_{f=f_0}=|Q\dot{A}_{up}| \tag{8.56}$$

当 $2<|\dot{A}_{up}|<3$ 时，$|\dot{A}_u|\,|_{f=f_0}>|\dot{A}_{up}|$。图 8.36(b) 给出了不同 Q 值所对应的幅频特性，当 $f\gg f_p$ 时，曲线按照 -40 dB/十倍频下降。

2. 反相输入电路

1）一阶电路

如 8.1.3 节所述，积分运算电路具有低通的特性。当输入信号频率趋于零时，电路的电压放大倍数则趋于无穷大，其幅频特性如图 8.37(b)中的虚线所示，这不符合滤波电路对于信号幅值的要求。

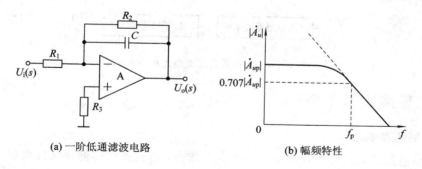

(a) 一阶低通滤波电路　　　　　　　　　　　(b) 幅频特性

图 8.37　反相输入一阶电路

根据前面同相输入低通滤波电路的分析可知，电路的通带放大倍数取决于由电阻组成的负反馈网络。因此，在积分运算电路的电容两端并联一个电阻即可构成反相输入一阶低通滤波电路，其电路如图 8.37(a)所示。其传递函数为

$$A_u(s) = \frac{U_o(s)}{U_i(s)} = -\frac{R_2 \mathbin{/\mkern-5mu/} \dfrac{1}{sC}}{R_1} = -\frac{R_2}{R_1} \cdot \frac{1}{1+sR_2C} \tag{8.57}$$

将 s 替换为 $j\omega$，令特征频率 $f_0 = \dfrac{1}{2\pi R_2 C}$，则电路的电压放大倍数为

$$\dot{A}_u = -\frac{R_2}{R_1} \cdot \frac{1}{1+j\dfrac{f}{f_0}} = \frac{\dot{A}_{up}}{1+j\dfrac{f}{f_0}}, \quad \dot{A}_{up} = -\frac{R_2}{R_1} \tag{8.58}$$

通带截止频率 $f_p = f_0$，电路的幅频特性如图 8.37(b)中实线所示。

　　2) 高阶电路

与同相输入二阶低通滤波电路类似，增加 RC 环节，可以使得滤波电路的过渡带变窄，衰减斜率增加，如图 8.38(a)所示；也可以采用与同相输入压控电压源二阶低通滤波电路相似的方法，构成多路反馈二阶低通滤波电路，如图 8.38(b)所示，可利用节点电流法求解传递函数。由于理想集成运放的增益为无穷大，因此该电路被称作无限增益多路反馈滤波电路。

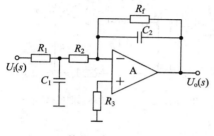

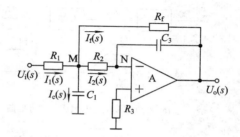

(a) 简单二阶低通滤波电路　　　　　　　(b) 无限增益多路反馈二阶低通滤波电路

图 8.38　反相输入二阶电路

此外，当多个低通滤波电路串联起来时，即可得到高阶低通滤波电路。图 8.39 给出了四阶低通滤波电路的方框图。

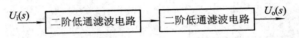

图 8.39　四阶低通滤波电路的方框图

8.3.5　其他滤波电路

1. 高通滤波电路

由于高通滤波电路与低通滤波电路具有对偶性，因此将前述低通滤波电路的电容替换为电阻，电阻替换为电容，即可得到对应的高通滤波电路，如图 8.40 所示。其传递函数、通带放大倍数、截止频率以及品质因数的分析如前。

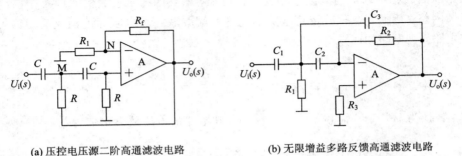

(a) 压控电压源二阶高通滤波电路　　　　(b) 无限增益多路反馈高通滤波电路

图 8.40　高通滤波电路

2. 带通滤波电路

将低通滤波电路与高通滤波电路串联即可得到带通滤波电路，其原理方框图如图 8.41（a）所示，实际压控电压源二阶带通滤波电路如图（b）所示。其中，低通滤波电路的上限截止频率为 f_{p1}，高通滤波电路的下限截止频率为 f_{p2}，且有 $f_{p1} > f_{p2}$，电路的通频带为 $(f_{p1} - f_{p2})$。

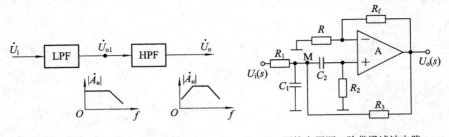

(a) 带通滤波电路的组成原理方框图　　　　(b) 压控电压源二阶带通滤波电路

图 8.41　带通滤波电路

在图 8.40(b) 所示电路中，如果 $C_1 = C_2 = C$，$R_1 = R$，$R_2 = 2R$，$\dot{U}_p$ 为集成运放同相输入端的输入信号，则根据同相比例运算电路的运算关系，有

$$\dot{A}_{uf} = \frac{\dot{U}_o}{\dot{U}_p} = 1 + \frac{R_f}{R} \tag{8.59}$$

则电路的传递函数为

$$\dot{A}_u(s) = \dot{A}_{uf}(s) \cdot \frac{sRC}{1 + [3 - \dot{A}_{uf}(s)]sRC + (sRC)^2} \tag{8.60}$$

令中心频率为 $f_0 = \dfrac{1}{2\pi RC}$，则电路的电压放大倍数为

$$\dot{A}_u = \frac{\dot{A}_{uf}}{3 - \dot{A}_{uf}} \cdot \frac{1}{1 + \mathrm{j}\dfrac{1}{3 - \dot{A}_{uf}}\left(\dfrac{f}{f_0} - \dfrac{f_0}{f}\right)} \tag{8.61}$$

令 $f = f_0$，可得电路的通带放大倍数为

$$\dot{A}_{up} = \frac{\dot{A}_{uf}}{|3 - \dot{A}_{uf}|} = Q\dot{A}_{uf} \tag{8.62}$$

令式(8.61)分母的模为 $\sqrt{2}$，即分母的虚部的绝对值为 1，即

$$\left|\frac{1}{3 - \dot{A}_{uf}}\left(\frac{f}{f_0} - \frac{f_0}{f}\right)\right| = 1$$

解该方程并取正根，即可得到该电路的上限和下限截止频率为

$$\begin{cases} f_{p1} = \dfrac{f_0}{2}\left[\sqrt{(3 - \dot{A}_{uf})^2 + 4} - (3 - \dot{A}_{uf})\right] \\[2mm] f_{p2} = \dfrac{f_0}{2}\left[\sqrt{(3 - \dot{A}_{uf})^2 + 4} + (3 - \dot{A}_{uf})\right] \end{cases} \tag{8.63}$$

因此，电路的通频带为

$$f_{bw} = f_{p2} - f_{p1} = |3 - \dot{A}_{uf}|f_0 = \frac{f_0}{Q} \tag{8.64}$$

从公式(8.62)、(8.64)可以看出，Q 值越大，电路的通带放大倍数越大，通频带越窄，选频特性越好。

3. 带阻滤波电路

将低通滤波电路与高通滤波电路的输出信号进行求和运算，即可得到带通滤波电路，其原理方框图如图 8.42(a)所示，实际有源二阶带阻滤波电路如图(b)所示。其中，低通滤波电路的上限截止频率为 f_{p1}，高通滤波电路的下限截止频率为 f_{p2}，且有 $f_{p1} < f_{p2}$，电路

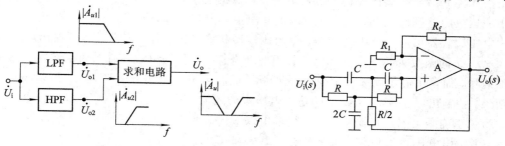

(a) 带阻滤波电路的组成原理方框图   (b) 有源二阶带阻滤波电路

图 8.42 带阻滤波电路

的阻带为 $(f_{p1}-f_{p2})$。

在图 8.42(b)所示电路中，其传递函数为

$$\dot{A}_u(s) = \left(1+\frac{R_f}{R_1}\right) \cdot \frac{1+(sRC)^2}{1+2\left[2-\left(1+\frac{R_f}{R_1}\right)\right]sRC+(sRC)^2}$$

令 $s=0$，即可得通带放大倍数为

$$\dot{A}_{up} = 1+\frac{R_f}{R_1} \tag{8.65}$$

令中心频率为 $f_0=\dfrac{1}{2\pi RC}$，则电路的电压放大倍数为

$$\dot{A}_u = \dot{A}_{up} \cdot \frac{1-\left(\dfrac{f}{f_0}\right)^2}{1-\left(\dfrac{f}{f_0}\right)^2+\mathrm{j}(4-2\dot{A}_{up})\dfrac{f}{f_0}}$$

$$= \frac{\dot{A}_{up}}{1+\mathrm{j}(4-2\dot{A}_{up})\dfrac{ff_0}{f_0^2-f^2}} \tag{8.66}$$

仿照带通滤波电路的处理方式，电路的通带截止频率可求得

$$\begin{cases} f_{p1} = \left[\sqrt{(2-\dot{A}_{up})^2+1}-(2-\dot{A}_{up})\right]f_0 \\ f_{p2} = \left[\sqrt{(2-\dot{A}_{up})^2+1}+(2-\dot{A}_{up})\right]f_0 \end{cases} \tag{8.67}$$

阻带宽度为

$$\mathrm{BW} = f_{p2}-f_{p1} = 2|2-\dot{A}_{up}|f_0 = \frac{f_0}{Q} \tag{8.68}$$

8.4 电压比较器

电压比较器是对输入电压信号的相对大小进行判别的电路。电路利用了集成运放工作于非线性区所具有的特性，此时集成运放不是处于开环状态，就是仅引入了正反馈。由于理想集成运放的电压放大倍数为无穷大，因此在电压比较器中，当 $u_P>u_N$ 时，集成运放的输出信号为 $u_O=+U_{OM}$；当 $u_P<u_N$ 时，集成运放的输出信号为 $u_O=-U_{OM}$。同时，由于理想集成运放的差模输入电阻无穷大，因此其净输入电流为零，即 $i_P=i_N=0$。

电压比较器可分为单限比较器、滞回比较器和窗口比较器三种类型。其输出电压 u_O 与输入电压 u_I 的函数关系 $u_O=f(u_I)$ 一般用曲线来描述，称为电压传输特性。输入电压 u_I 是模拟信号，而输出电压 u_O 只有两种可能的状态：高电平 U_{OH} 和低电平 U_{OL}，用来表示比较的结果。使输出电压 u_O 发生跃变的输入电压称为阈值电压，记作 U_T。

为了正确画出电压传输特性，必须求出以下三个要素：

(1) 输出电压高电平和低电平的数值 U_{OH} 和 U_{OL}；

(2) 阈值电压的数值 U_T；

(3) 当 u_I 变化且经过 U_T 时 u_O 的跃变方向，即是从 U_{OH} 跃变为 U_{OL}，还是相反。

因此，求解电压比较器的分析方法可归纳如下：

（1）写出 u_P、u_N 的表达式，令 $u_P = u_N$，求出的 u_I 即为 U_T；

（2）根据输出端限幅电路决定输出的高、低电平；

（3）根据 u_I 作用于同相还是反相输入端决定输出电压的跃变方向。在输入信号单增时，如果 u_I 作用于同相输入端，则在过阈值电压 U_T 时，u_O 从 U_{OL} 跃变为 U_{OH}；如果 u_I 作用于反相输入端，则在过阈值电压 U_T 时，u_O 从 U_{OH} 跃变为 U_{OL}。

1. 单限比较器

图 8.43(a) 给出了一般单限比较器电路，U_{REF} 为外加参考电压。集成运放反相输入端的电位为

$$u_N = u_I - \frac{u_I - u_{REF}}{R_1 + R_2} R_2 = \frac{R_1}{R_1 + R_2} u_I + \frac{R_2}{R_1 + R_2} u_{REF}$$

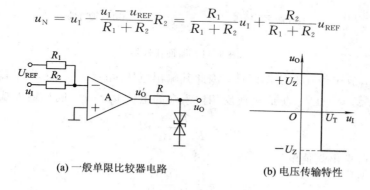

(a) 一般单限比较器电路　　(b) 电压传输特性

图 8.43　单限比较器

从电路中可以看出 $u_P = 0$。令 $u_P = u_N$，即可求出阈值电压为

$$U_T = -\frac{R_2}{R_1} U_{REF} \tag{8.69}$$

上式表明，当 $u_I = U_T$ 时，$u_P = u_N = 0$；当 $u_I < U_T$ 时，$u_P > u_N$；当 $u_I > U_T$ 时，$u_P < u_N$。因此，有

$$\begin{cases} \text{当 } u_I < U_T \text{ 时，} u_O' = +U_{OM}，u_O = U_{OH} = +U_Z \\ \text{当 } u_I > U_T \text{ 时，} u_O' = -U_{OM}，u_O = U_{OL} = -U_Z \end{cases}$$

在输入信号单增并过阈值电压 U_T 的前后，u_O 从 U_{OH} 跃变为 U_{OL}，其电压传输特性如图 8.43(b) 所示。

关于单限比较器有以下几点需要注意：

（1）图 8.43(a) 所示的电路如果去掉参考电压 U_{REF} 及电阻 R_1、R_2，则构成过零比较器，此时电路的阈值电压 $U_T = 0$。

（2）根据式 (8.69) 可知，改变 U_{REF} 的大小和极性，并改变电阻 R_1、R_2 的阻值，即可改变 U_T 的大小和极性。

（3）将集成运放同相、反相输入端所接的外电路互换，可以改变 u_I 过 U_T 时 u_O 的跃变方向。

2. 滞回比较器

单限比较器的电路比较简单，但输入电压如果在阈值电压附近有任何微小的变化，都会引起输出电压发生跃变。因此，单限比较器反应灵敏，抗干扰能力差。滞回比较器具有

滞回(即具有惯性)的特点,其抗干扰能力较强,但是灵敏度较低。反相输入滞回比较器的电路如图 8.44(a)所示。

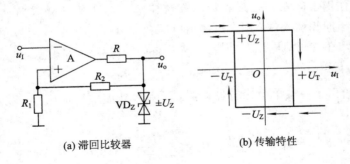

　　　　(a) 滞回比较器　　　　　　　　(b) 传输特性

图 8.44　滞回比较器

由于集成运放工作在非线性区域,因此其输出电压 $u_O' = \pm U_{OM}$;由于输出端限幅电路(VD$_Z$)的存在,$u_O = \pm U_Z$。集成运放反相输入端的电位 $u_N = u_I$,同相输入端的电位

$$u_P = \frac{R_1}{R_1 + R_2} \cdot U_Z$$

令 $u_N = u_P$,即可求出阈值电压为

$$\pm U_T = \pm \frac{R_1}{R_1 + R_2} \cdot U_Z \tag{8.70}$$

一般将上述两个阈值电压之差称为回差电压,用 ΔU_T 表示。上式同时也表明,在图8.44(a)所示的电路中,集成运放同相输入端的电位只能取两个值:$\pm U_T$。

当 u_I 从 $-\infty$ 到 $+\infty$ 单调增加时,初始时 $u_P > u_N$,因此 $u_O = +U_Z$,$u_P = +U_T$。当 u_I 增大到 $+U_T$(即 $u_N = +U_T$)后若再增加一个无穷小量,将导致 $u_P < u_N$,输出电压 u_O 从 $+U_Z$ 跃变为 $-U_Z$,同相输入端电位变为 $-U_T$。

当 u_I 从 $+\infty$ 到 $-\infty$ 单调减小时,初始时 $u_P < u_N$,因此 $u_O = -U_Z$,$u_P = -U_T$。当 u_I 减小到 $-U_T$(即 $u_N = -U_T$)后若再减小一个无穷小量,将导致 $u_P > u_N$,输出电压 u_O 从 $-U_Z$ 跃变为 $+U_Z$,同相输入端电位变为 $+U_T$。

由上述描述中可知,使得输出电压 u_O 从 $+U_Z$ 跃变为 $-U_Z$ 和从 $-U_Z$ 跃变为 $+U_Z$ 的阈值电压是不同的,其电压传输特性如图 8.44(b)所示。另外,电压传输特性曲线是有方向性的,必须在图中标示。

关于滞回比较器有以下几点需要注意:

(1) 为了改变滞回比较器输出电压的幅值(即使电压传输特性曲线上下平移),需改变稳压管的稳定电压。

(2) 若将电阻 R_1 的接地端改接参考电压 U_{REF},可使得滞回比较器的电压传输特性曲线向左或向右平移,但是回差电压和输出电压的幅值不变。

(3) 若要改变输入电压过阈值电压时输出电压的跃变方向,则需将图 8.44(a)所示电路的反相输入端接地,u_I 改为从电阻 R_1 的接地端处输入。

3. 窗口比较器

单限比较器和滞回比较器在输入电压单调变化时,输出电压仅发生一次跃变,无法比较在某一特定范围内的电压。图 8.45(a)所示的电路为窗口比较器，可以实现该功能，其外加参考电压 $U_{RH} > U_{RL}$。

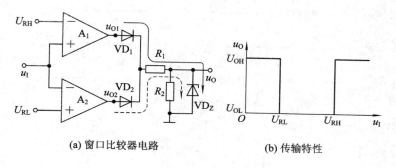

(a) 窗口比较器电路　　　　　　　　　　　　(b) 传输特性

图 8.45　窗口比较器

当 $u_I > U_{RH}$（即 $u_{P1} > u_{N1}$）时，必然有 $u_I > U_{RL}$（即 $u_{P2} < u_{N2}$）。因此可得，$u_{O1} = +U_{OM}$，$u_{O2} = -U_{OM}$，这将导致二极管 VD_1 导通，VD_2 截止，电流通路为图中实线所示，稳压管工作在稳压状态，输出电压 $u_O = +U_Z$。

当 $u_I < U_{RL}$（即 $u_{P2} > u_{N2}$）时，必然有 $u_I < U_{RH}$（即 $u_{P1} < u_{N1}$）。因此可得，$u_{O1} = -U_{OM}$，$u_{O2} = +U_{OM}$，这将导致二极管 VD_1 截止，VD_2 导通，电流通路为图中虚线所示，稳压管工作在稳压状态，输出电压 $u_O = +U_Z$。

当 $U_{RL} < u_I < U_{RH}$（即 $u_{P1} < u_{N1}$、$u_{P2} < u_{N2}$）时，$u_{O1} = -U_{OM}$，$u_{O2} = -U_{OM}$，二极管 VD_1、VD_2 均截止，稳压管也截止，因此输出电压 $u_O = 0$ V。

从上述分析中可知，U_{RL} 和 U_{RH} 即为窗口比较器的两个阈值电压，若假设 U_{RL} 和 U_{RH} 均大于零，则图示电路的电压传输特性如图 8.45(b)所示。

4. 三种电压比较器的比较

通过对上述三种电压比较器的比较分析可知：

（1）电压比较器中的集成运放多工作在非线性区，输出电压只有高电平和低电平两种情况。

（2）常用电压传输特性来描述输出电压与输入电压的函数关系。

（3）电压传输特性的三个要素是输出电压的高、低电平，阈值电压和输出电压的跃变方向。输出电压的高、低电平决定于限幅电路；令 $u_P = u_N$ 所求出的 u_I 就是阈值电压；u_I 等于阈值电压时输出电压的跃变方向决定于输入电压作用于同相输入端还是反相输入端。

（4）单限比较器只有一个阈值电压，在输入电压单调变化时，输出电压只跃变一次；滞回比较器有两个阈值电压，在输入电压单调变化时，输出电压只跃变一次；窗口比较器有两个阈值电压，在输入电压单调变化时，输出电压跃变两次。

【例 8.4】　已知三个电压比较器的电压传输特性分别如图 8.46(a)、(b)、(c)所示，它们的输入电压波形如图 8.46(d)所示，试画出 u_{O1}、u_{O2} 和 u_{O3} 的波形。

解　根据单限比较器、滞回比较器、窗口比较器特点，得到如下：

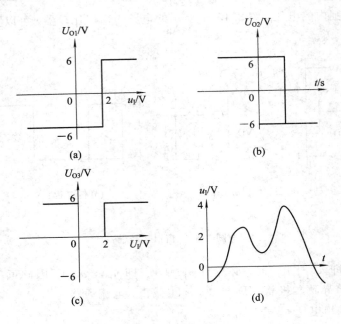

图 8.46　例 8.4 图

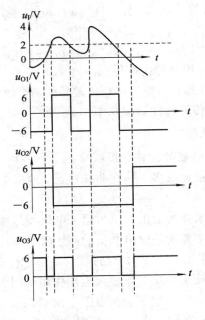

图 8.47

8.5　信号转换电路

　　信号转换电路是将一种模拟信号转换为另一种模拟信号的电路，如电压-电流转换电路、电流-电压转换电路、直流-交流转换电路、模拟-数字转换电路等。

8.5.1　电压-电流转换电路

1. 简单电压-电流转换电路

图 8.48 给出了简单电压-电流转换电路。在图(a)所示电路中,引入了电流串联负反馈,其输入电阻 $R_i = \infty$。根据虚短的原则可知 $u_P = u_N = u_I$;根据虚断的原则可知 $i_P = i_N = 0$。因此,流过负载 R_L 的电流 i_O 与流过 R 的电流相等,即

$$i_O = \frac{u_I}{R} \tag{8.71}$$

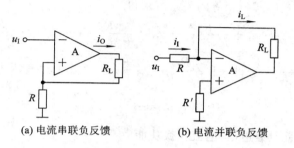

(a) 电流串联负反馈　　　　　　(b) 电流并联负反馈

图 8.48　简单电压-电流转换电路

在图 8.48(b)所示电路中,引入了电流并联负反馈,根据虚短的原则可知 $u_P = u_N = 0$,因此其输入电阻 $R_i = R$。根据虚断的原则可知 $i_P = i_N = 0$,因此流过负载 R_L 的电流 i_O 与流过 R 的电流相等

$$i_O = -\frac{u_I}{R} \tag{8.72}$$

若信号源不能输出电流,则选图 8.48(a)所示电路;若信号源能够输出一定的电流,则可选图 8.48(b)所示电路。若负载需接地,则上述两电路均不符合要求。

2. 豪兰德电流源电路

在实用电路中,负载一般要求接地,因此一般采用如图 8.49 所示的豪兰德电流源电路。

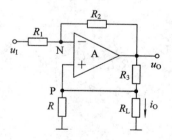

图 8.49　豪兰德电流源电路

根据虚短的原则可知 $u_P = u_N$,根据虚断的原则可知 $i_P = i_N = 0$,因此流过 R_1 的电流与流过 R_2 的电流相等

$$\frac{u_I - u_N}{R_1} = \frac{u_N - u_O}{R_2}$$

可求得集成运放反相输入端电位为

$$u_N = \left(\frac{u_1}{R_1} + \frac{u_O}{R_2} \right) \cdot R_N \quad (R_N = R_1 /\!/ R_2) \tag{8.73}$$

节点 P 的电流方程为

$$\frac{u_P}{R} + i_O = \frac{u_O - u_P}{R_3}$$

可求得集成运放反相输入端电位为

$$u_P = \left(\frac{u_O}{R_3} - i_O \right) \cdot (R /\!/ R_3) \tag{8.74}$$

利用式(8.73)和式(8.74)相等的关系可求得

$$\frac{R_2}{R_1 + R_2} \cdot u_1 + \frac{R_1}{R_1 + R_2} \cdot u_O = \frac{R}{R + R_3} \cdot u_O - i_O \cdot \frac{RR_3}{R + R_3}$$

若 $\frac{R_2}{R_1} = \frac{R_3}{R}$，则有 $\frac{R_2}{R_1 + R_2} = \frac{R_3}{R + R_3}$ 和 $\frac{R_1}{R_1 + R_2} = \frac{R}{R + R_3}$，消除上述表达式中的公因子，有

$$i_O = -\frac{u_1}{R}$$

与式(8.72)相同，因此具有电压-电流转换功能。

豪兰德电路中即通过 R_2 支路引入了负反馈，又通过 R 支路引入了正反馈。若负载电阻减小，则一方面 i_O 将增大，另一方面 u_P 将减小，导致 u_O 下降，i_O 随之减小。当满足 $\frac{R_2}{R_1} = \frac{R_3}{R}$ 时，负载电阻减小引起的 i_O 增大，将等于 u_P 减小而导致的 i_O 减小，因此输出电流稳定。此时，i_O 将仅受控于 u_1，不受负载电阻的影响，因此电路的输出电阻等效于无穷大，输出为恒流源。

电路输出电阻也可根据输出电阻小的定义求得。令 $u_I = 0$，断开 R_L，在断开处加上交流电压 U_o'，由此产生电流 I_o，则输出电阻为 $R_o = \frac{U_o'}{I_o}$。此时集成运放同相输入端电位为

$$U_P = U_o'$$

则集成运放输出端电位为

$$U_o = \left(1 + \frac{R_2}{R_1} \right) \cdot U_o' \tag{8.75}$$

因此，输出电流为

$$I_O = \frac{U_o - U_o'}{R_3} - \frac{U_o'}{R} = \frac{R_2}{R_1 R_3} \cdot U_o' - \frac{U_o'}{R} = \frac{R_2}{R_1} \cdot \frac{U_o'}{R_3} - \frac{R_3}{R} \cdot \frac{U_o'}{R_3}$$

因为 $\frac{R_2}{R_1} = \frac{R_3}{R}$，因此 $I_o = 0$，则输出电阻为

$$R_o = \frac{U_o'}{I_o} = \infty \tag{8.76}$$

3. 实用电压-电流转换电路

图 8.50 给出了另外一种实用的电压-电流转换电路。在此电路中，集成运放 A_1、A_2 均引入了电压串联负反馈，前者构成了同相求和运算电路，后者构成了电压跟随器。电路中的电阻具有如下关系：$R_1 = R_2 = R_3 = R_4 = R$。

根据虚断的原则可知，$i_{P1}=i_{N1}=0$，$i_{P2}=i_{N2}=0$。因此，流过电阻 R_o 的电流 i_{R_o} 等于流过负载的电流 i_O。

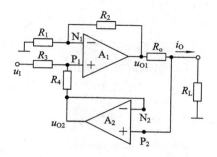

图 8.50 实用电压-电流转换电路

根据虚短的原则可知，$u_{P2}=u_{N2}=u_{O2}$。列出节点 P_1 的电流方程为

$$\frac{u_I - u_{P1}}{R} = \frac{u_{P1} - u_{O2}}{R}$$

可得

$$u_{P1} = \frac{u_I + u_{O2}}{2} \tag{8.77}$$

因此，集成运放 A_1 的输出电压为

$$u_{O1} = \left(1 + \frac{R_2}{R_1}\right)u_{P1} = 2u_{P1} = u_I + u_{O2} \tag{8.78}$$

因此，$u_{O1} - u_{O2} = u_I = u_{R_o}$，输出电流 i_O 为

$$i_O = \frac{u_I}{R_o} \tag{8.79}$$

8.5.2 电流-电压转换电路

集成运放引入电压并联负反馈后可实现电流-电压转换，电路如图 8.51 所示。在理想运放的条件下，引入并联反馈会使得电路的输入电阻 $R_{if}=0$，因此 $i_F=i_S$，可得输出电压为

$$u_O = -i_S R_f \tag{8.80}$$

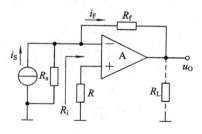

图 8.51 电流-电压转换电路

在实际电路中，由于 R_{if} 不可能为零，因此 R_s 比 R_{if} 大得越多，电路的转换精度就越高。

8.5.3　精密整流电路

1. 半波精密整流电路

图 8.52(a)为半波精密整流电路。当 $u_I > 0$ 时，集成运放的输出电压 $u_O' < 0$，二极管 VD_1 截止，VD_2 导通，电路实现反相比例运算，输出电压为

$$u_O = -\frac{R_f}{R} \cdot u_I \tag{8.81}$$

当 $u_I < 0$ 时，集成运放的输出电压 $u_O' > 0$，二极管 VD_1 导通，VD_2 截止，电阻 R_f 中的电流为零，输出电压为 $u_O = 0$。u_I 和 u_O 的波形如图(b)所示。

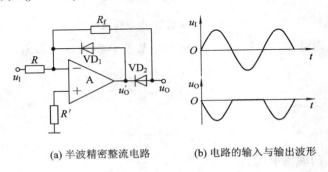

(a) 半波精密整流电路　　　　(b) 电路的输入与输出波形

图 8.52　半波精密整流电路

2. 全波精密整流电路

图 8.53(a)所示电路是在半波精密整流电路的基础上，将 u_I 负半周的波形与半波精密整流的输出波形相加，该电路实现了全波精密整流的功能。集成运放 A_2 实现了反相求和运算，其输出电压为

$$u_O = -u_{O1} - u_I$$

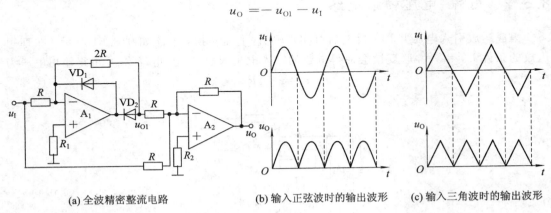

(a) 全波精密整流电路　　(b) 输入正弦波时的输出波形　　(c) 输入三角波时的输出波形

图 8.53　全波精密整流电路

当 $u_I > 0$ 时，$u_{O1} = -2u_I$，$u_O = 2u_I - u_I = u_I$；当 $u_I < 0$ 时，$u_{O1} = 0$，$u_O = 0 - u_I = -u_I$。因此整个电路实现的运算关系为

$$u_O = |u_I| \tag{8.82}$$

因此，全波精密整流电路也称为绝对值电路。当输入信号为正弦波和三角波时，电路的输

出波形分别如图 8.53(b)和(c)所示。

本 章 小 结

(1) 比例运算是最基本的信号运算电路,有三种输入方式,输入方式不同,电路的性能和特点不同。在加减运算电路中,主要介绍反向输入和差分输入,这种电路实际是利用"虚短"和"虚断"的特点。积分和微分互为逆运算,其原理是利用电容两端的电压与流过电容的电流之间存在的积分关系。对数和指数运算电路是利用半导体二极管的电流与电压之间存在的指数关系。乘法与除法电路由对数和指数电路组成,也有单片的集成模拟乘法器。

(2) 无源 RC 电路与集成运放结合起来即可组成有源滤波器,集成运放的作用是提高通带放大倍数和带负载能力;为了改善电路滤波性能,可将两级或更多级的 RC 电路串联,组成二阶或更高阶的滤波器。

(3) 电压比较器中的集成运放常常工作在非线性区,运放一般处于开环状态,有时还需引入一个正反馈。常用的电压比较器有单限比较器、滞回比较器及窗口比较器。

习题与思考题

8.1　分别选择一种滤波电路填写下列各空(A. 低通滤波电路,B. 高通滤波电路,C. 带通滤波电路,D. 带阻滤波电路,E. 全通滤波电路)。

(1) ＿＿＿的直流电压放大倍数就是它的通带电压放大倍数。

(2) ＿＿＿在 f 趋于 0 和 f 趋于∞时的电压放大倍数都等于零。

(3) 在理想情况下,＿＿＿在 $f=0$ 和 f 趋于∞时的电压放大倍数相等,且不等于零。

(4) 在理想情况下,＿＿＿在 f 趋于∞时的电压放大倍数就是它的通带电压放大倍数。

(5) ＿＿＿在 $0<f<∞$ 范围内的通带电压放大倍数相等。

8.2　选择正确的滤波电路填写下列各空(A. 无源,B. 有源)。

(1) 为抑制 220 V 交流电源中的各种干扰,可采用＿＿＿滤波电路对交流电源进行滤波。

(2) 若希望滤波电路的输出电阻很小(例如 $0.1\ \Omega$ 以下),应采用＿＿＿滤波电路。

(3) ＿＿＿滤波电路通常由集成运放和 R、C 组成的网络构成。

(4) 如果滤波电路的输入电压高(例如 200 V 以下),一般应采用＿＿＿滤波电路。

(5) ＿＿＿滤波电路不会产生自激振荡,而＿＿＿滤波电路可能会产生自激振荡。

8.3　选择正确的滤波电路填写下列各空(A. 低通滤波电路,B. 高通滤波电路,C. 带通滤波电路,D. 带阻滤波电路,E. 全通滤波电路)。

(1) 有用信号低于 10 Hz,应采用＿＿＿。

(2) 有用信号的频率为 1 kHz 基本不变,应采用＿＿＿。

(3) 希望抑制 50 Hz 交流电源的干扰,应采用＿＿＿。

(4) 希望抑制 10 kHz 以下的信号电压,应采用＿＿＿。

(5) 要求 f 在 0∼∞ 范围内增益相等,而相位在 0°∼180° 间变化,应采用＿＿＿。

8.4　分别指出下列传递函数表达式各表示哪一种滤波电路(A. 低通,B. 高通,C. 带通，D. 带阻，E. 全通)。

(1) $A_u(s) = \dfrac{(sCR)^2 A_{up}}{1+(3-A_{up})sCR+(sCR)^2}$；

(2) $A_u(s) = \dfrac{[1+(sCR)^2]A_{up}}{1+2(2-A_{up})sCR+(sCR)^2}$。

8.5 选择正确的滤波电路填写下列各空(A. 无源滤波电路，B. 有源滤波电路)。

(1) 若希望滤波电路通过的电流大(例如 1 A)，则应采用____。

(2) 若希望滤波电路的输入电阻很高(例如几百 kΩ)，应采用____。

(3) 如果滤波电路的电压约 200 V，问应采用____。

(4) 若要求滤波电路不应产生自激，且工作环节恶劣，滤除 50 Hz 交流电压中的高次谐波成分，应采用____。

(5) 要求方便地组成高阶滤波器，且体积和重量尽量小，应采用____滤波电路。

8.6 在习题 8.6 图(a)所示电路中，A 为理想运算放大器，其输出电压的两个极限值为 ±12 V。在不同情况下测得该电路的电压传输特性分别如图(b)、(c)、(d)、(e)所示。根据下列不同情况填空：

(1) 正常工作时，该电路的电压传输特性如图____所示；

(2) 当 A 点断开时，该电路的电压传输特性如图____所示；

(3) 当 B 点断开时，该电路的电压传输特性如图____所示；

(4) 当 C 点断开时，该电路的电压传输特性如图____所示。

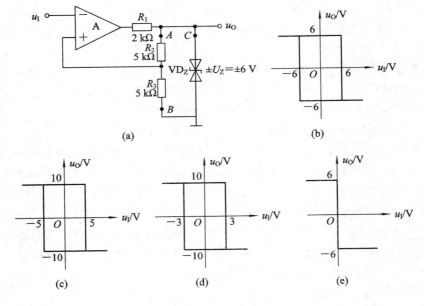

习题 8.6 图

8.7 判断下列说法是否正确。

(1) 只用集成运放和线性电阻即可实现 $u_O = k u_X u_Y$。(　　　)

(2) 只用模拟乘法器即可实现 $u_O = k \ln u_I$。(　　　)

（3）用模拟乘法器和集成运放组合可实现 $u_O = \dfrac{k}{u_I}$。（　　）

（4）用模拟乘法器和集成运放组合可实现 $u_O = k\sqrt{u_I}$。（　　）

8.8　试判断下列说法是否正确。

（1）用有源二阶带通滤波电路和反相加法运算电路，可以组成有源二阶带阻滤波电路。（　　）

（2）有源带阻滤波器的品质因数 Q 值愈小，则阻带宽度越宽。（　　）

（3）将具有通带截止频率 f_{Lp} 的二阶有源低通滤波电路与具有通带截止频率 f_{Hp} 的二阶有源高通滤波电路相串联，当 $f_{Lp} > f_{Hp}$ 时，可得二阶有源带通滤波电路。（　　）

（4）理想情况下，有源高通滤波器在 $f \to \infty$ 时的放大倍数就是它的通带电压放大倍数。（　　）

8.9　为了制作 $I_L = 10\ \mathrm{mA}$ 的恒流源，一组同学接了习题 8.9 图示(a)、(b)、(c)三个电路。试判断三个电路接法中哪个是对的，哪个是错的？若是错的，指出错在哪里、应如何改正。

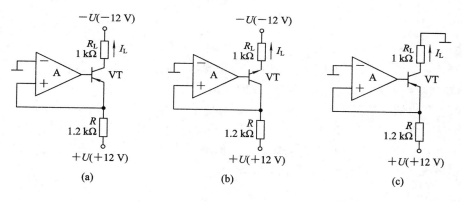

习题 8.9 图

8.10　习题 8.10 图(a)所示为某同学所接的电压比较器，已知集成运放 A 为理想运放，其输出电压的最大幅值为 $\pm 14\ \mathrm{V}$，U_Z 小于 12 V。改正图中错误，使之具有图(b)所示的电压传输特性。

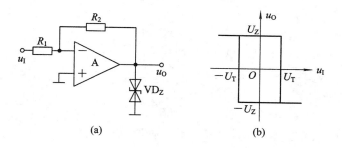

习题 8.10 图

8.11　电流-电流变换电路如习题 8.11 图所示，A 为理想运算放大器，试选择正确答案填空。

(1) I_O 与 I_S 的关系是 _____ 。

A. $I_O = \left(1 + \dfrac{R_f}{R}\right)I_S$ B. $I_O = -\left(1 + \dfrac{R_f}{R}\right)I_S$

(2) 该电路的反馈组态是 _____ 。

A. 电压并联负反馈   B. 电流并联负反馈

(3) 若 I_S 的图示方向为实际方向，则 I_F、I_R、I_O 的实际方向与图示方向：I_F _____ ，I_R _____ ，I_O _____ 。

A. 相同   B. 相反

(4) 若 $I_F = 0$，则 I_R 等于 _____ 。

A. 0.1 mA   B. -0.1 mA   C. 0

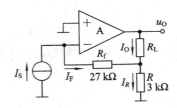

习题 8.11 图

8.12 习题 8.12 图示电路中，已知 A 为理想运算放大器，晶体管 VT 的 β 很大，其饱和管压降 $U_{CES} \approx 0$，电流表的内阻可略。试填空：

(1) 电路中的反馈属于 _____ 负反馈组态。

(2) 已知 $R = 200\ \Omega$，$R_L = 500\ \Omega$，当 $U = 2$ V 时，负载电流 $I_L =$ _____ 。

(3) 当 $U = 2$ V，$R = 200\ \Omega$ 时，负载电阻的最大值 $R_{Lmax} =$ _____ 。

(4) 当 $R = 200\ \Omega$，$R_L = 300\ \Omega$ 时，$U_{max} =$ _____ 。

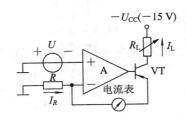

习题 8.12 图

8.13 习题 8.13 图示为电压-电流转换电路，设 A 为理想运算放大器。试填空：

(1) 电路中的反馈属于 _____ 负反馈组态。

(2) 流过电阻 R_1 中的电流 $I_1 =$ _____ mA 。

(3) 当电阻 R_1 由零增大到 1 kΩ 时，U_O（对地电压）将从 _____ V 变到 _____ V。

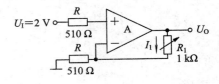

习题 8.13 图

(4) 设运放最大输出电压范围为 ± 15 V，为保证 I_1 的恒流性，电阻 R_1 的最大允许值为 _____ kΩ。

8.14 在习题 8.14 图示电路中，已知 A_1、A_2 均为理想运算放大器，其输出电压的两个极限值为±12 V；二极管的正向导通电压均为 0.7 V。填空：

(1) $u_I = 10$ V 时，$u_O = \underline{\hspace{2cm}}$ V；

(2) $u_I = 6$ V 时，$u_O = \underline{\hspace{2cm}}$ V；

(3) $u_I = 1$ V 时，$u_O = \underline{\hspace{2cm}}$ V；

(4) 若 A 点断开，$u_I = 6$ V 时，$u_O = \underline{\hspace{2cm}}$ V。

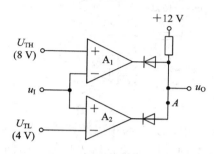

习题 8.14 图

8.15　在习题 8.15 图示电路中，已知 A 为理想运算放大器，其输出电压的两个极限值为±12 V；发光二极管正向导通时发光。试填空：

(1) 集成运放同相输入端的电位 $u_+ \underline{\hspace{2cm}}$；

(2) 若 $u_{I1} = 6$ V，$u_{I2} = -3$ V，则 $u_{I3} \geqslant \underline{\hspace{2cm}}$ V 时发光二极管发光；

(3) 若 $u_{I2} = 2$ V，$u_{I3} = -10$ V，则 $u_{I1} \geqslant \underline{\hspace{2cm}}$ V 时发光二极管发光。

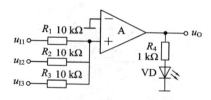

习题 8.15 图

8.16　在习题 8.16 图所示电路中，已知 A_1、A_2 为理想运算放大器，其输出电压的两个极限值为±12 V。试填空：

(1) 当 $u_I = +4$ V 时，$u_O = \underline{\hspace{2cm}}$ V，$u_O' = \underline{\hspace{2cm}}$ V，$u_N = \underline{\hspace{2cm}}$ V。

(2) 当 u_I 从 +4 V 逐渐减小到 $\underline{\hspace{2cm}}$ V 时，u_O 才产生跃变，它将变为 $\underline{\hspace{2cm}}$ V，u_N 将变为 $\underline{\hspace{2cm}}$ V。

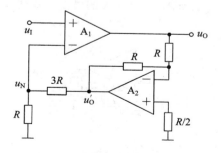

习题 8.16 图

8.17 习题 8.17 图示电路中，设运算放大器 A_1、A_2 为理想器件，其最大输出电压为 ± 15 V，输入为正弦电压 $u_i = 2 \sin\omega t$ V，VD 为理想二极管。试画出输出电压波形图。

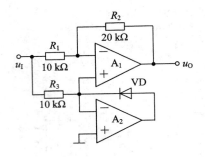

习题 8.17 图

8.18 习题 8.18 图示电路中，设 A 为理想运算放大器。

(1) 若 VD 为理想二极管，问 VD 由截止转为导通的瞬间（临界导通时），u_O、u_I 各为多少？

(2) 若 VD 的导通电压为 0.5 V，欲使电路保持 $u_O = -\dfrac{R_2}{R_1} = u_I$ 的关系，输入电压 u_I 的取值范围应为多少？设运放的最大输出电压 $U_{OM} = \pm 12$ V。

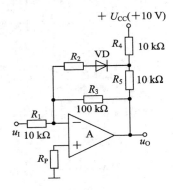

习题 8.18 图

8.19 电流比例变换电路如习题 8.19 图所示，A 为理想运算放大器。

(1) 写出负载电流 I_O 的表达式。

(2) 若 $R_1 = 10$ MΩ，$R_2 = 10$ kΩ，用 50 μA 的微安表头代替 R_L。问当微安表满量程时，被测电流 I_1 的值是多少？

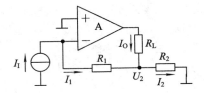

习题 8.19 图

8.20 电压-电流转换电路如习题 8.20 图所示，设 A 为理想运算放大器。

（1）写出负载电流 I_L 的表达式。若 $U_I=0.5$ V，$R_1=1$ kΩ，$R_2=2$ kΩ，$R_3=0.5$ kΩ，求 I_L 的值。若 U_I 的极性接反，对 I_L 有何影响？

（2）已知集成运放最大输出电流为 5 mA，当 $U_I=1$ V 时，R_3 的最小值 R_{3min} 是多少？若将 R_3 短路，此时 I_L 的值是多少（设 $R_L=500$ Ω）？

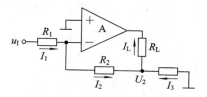

习题 8.20 图

8.21　差分输入式绝对值电路如习题 8.21 图所示。设 A_1、A_2 为理想运算放大器，VD_1、VD_2 为理想二极管。已知 $u_{I1}=4\sin(\omega t+\pi)$ V，$u_{I2}=2\sin\omega t$ V，

（1）欲使电流 $i_L=\dfrac{u_{I2}-u_{I1}}{R_3}=0.6\sin\omega t$ mA，电阻 R_2 应选多大？

（2）为使输出电压 $u_O=2|u_{I2}-u_{I1}|$，则 R_5、R_7 分别应为多少？

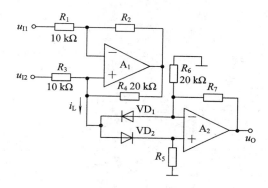

习题 8.21 图

8.22　习题 8.22 图示电压-电流转换电路中，$A_1 \sim A_3$ 为理想运算放大器。

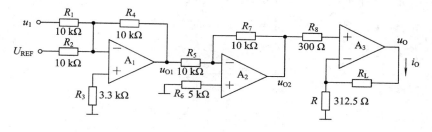

习题 8.22 图

（1）写出 i_O 的表达式。若要求实现变换量程为 $(0 \sim 5)$ V$\rightarrow (4 \sim 20)$ mA，基准（偏置）电压 U_{REF} 应为多少？

（2）已知 A_3 的最大输出电压 $U_{OM}=10$ V，最大输出电流 $I_{OM}=20$ mA，求最大负载电阻 R_{Lmax}。若要求允许最大负载电阻值再增大 $\dfrac{R}{2}=156.25$ Ω，且保持变换关系不变，电路参

数需如何变化？

8.23 晶体管 $\bar{\beta}$ 测量电路如习题 8.23 图所示，A 为理想运算放大器，VT 为硅管，$U_{BE}=0.7$ V。

（1）欲实现 $\bar{\beta}=20U_O$ 的测量关系，求电阻 R。

（2）设计一个测量 PNP 锗管 $\bar{\beta}$ 的电路，测量关系式仍为 $\bar{\beta}=20|U_O|$，$U_{BE}=-0.2$ V。画出电路，确定元件参数。

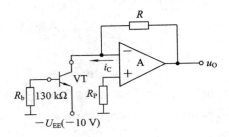

习题 8.23 图

8.24 习题 8.24 图示电路中，A_1、A_2 为理想运放，输入电压 $u_{I1}=0.4$ V、$u_{I2}=0.5$ V、$u_{I3}=-0.2$ V，输出电压 u_O 的起始值 $u_O(0)=-4$ V。

（1）写出 $u_O=f(u_{I1}, u_{I2}, u_{I3})$ 的表达式。

（2）当 $t=0$ 时接入输入信号，5 s 后输出电压 $u_O=6$ V，求电路的时间常数 $\tau=R_5C=$？

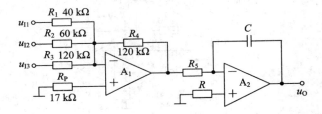

习题 8.24 图

8.25 习题 8.25 图示电路中，A_1、A_2 为理想运算放大器。其最大输出电压范围为 ± 12 V，$R_1=R_3=5$ kΩ，$R_2=R_4=15$ kΩ。

（1）试写出负载电流 i_L 与输入电压 u_{I1}、u_{I2} 的关系式。

（2）求 $R_5=2$ kΩ，$u_{I1}=1$ V，$u_{I2}=-2$ V 时的负载电流 i_L。

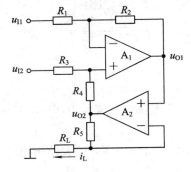

习题 8.25 图

（3）当 $u_{I1}=1$ V，$u_{I2}=-2$ V 时，为使 $i_L=4.5$ mA，R_5 应选多大？

8.26　习题 8.26 图示运算电路中，已知运放 $A_1 \sim A_3$ 都具有理想特性，电容 C 上的初始电压 $u_C(0)=0$ V。

（1）写出输出电压 u_O 与输入电压 u_{I1}、u_{I2} 间的关系式。

（2）已知 $u_{I1}=0.5$ V、$u_{I2}=-1$ V，求从接入信号起两秒钟时的 u_O。

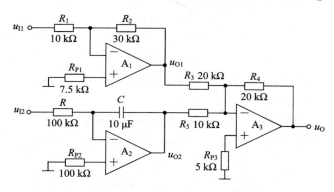

习题 8.26 图

8.27　用理想集成运算放大器实现下列运算关系，画出电路图。

$$u_O = 2u_{I1} + 3u_{I2} - 5\int_0^t u_{I3}\,\mathrm{d}t$$

要求所用运放不得多于 3 个，元件取值范围为 1 kΩ≤R≤1 MΩ，0.01 μF≤C≤10 μF。

8.28　习题 8.28 图示电路中 A 为理想运算放大器，二极管反向饱和电流 $I_S=100\times10^{-9}$ A，$U_T=26$ mV。

（1）若 $u_I>0$，$U_D \gg U_T$，试写出输出电压 u_O 与输入电压 u_I 的关系式。

（2）若要求 $u_I=5$ V 时，$u_O=-0.221$ V，电阻 R 应选多大？

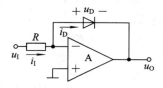

习题 8.28 图

8.29　习题 8.29 图示指数运算电路中，A 为理想运算放大器。晶体管集电极电流可表示为 $i_C \approx I_S e^{u_{BE}/U_T}$。

（1）写出输出电压 u_O 的表达式。

（2）该电路对 u_I 的极性有何限制？

8.30　习题 8.30 图示微分运算电路中，设 A 为理想运算放大器。

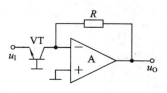

习题 8.29 图

（1）用微分运算电路将输入三角波电压 u_I 变换为输出的方波电压 u_O。已知三角波频率为 100 kHz，峰值为 ±10 V。要求变换后的方波峰值仍为 ±10 V，流过电阻 R 中的最大电流为 500 μF。试确定电路中 R、C 的数值。

（2）在由上述 R、C 值组成的微分电路的输入端，引入频率为 200 kHz、峰值为 ±5 V

的三角波输入电压 u_I，输出方波电压 u_O 的峰值是多大？

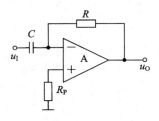

习题 8.30 图

8.31 同相积分运算电路如习题 8.31 图(a)所示，已知 A 为理想运算放大器，电容 C 上的初始电压 $u_C(0)=0$ V。

(1) 写出输出电压 $u_O(t)$ 与输入电压 $u_I(t)$ 间的关系式。

(2) 已知输入电压 $u_I(t)$ 波形如图(b)所示，试画出输出电压 $u_O(t)$ 的波形图。

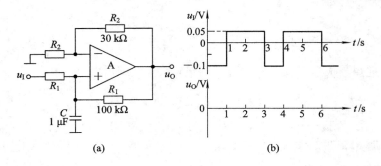

习题 8.31 图

8.32 习题 8.32 图示运算电路中，设 $A_1 \sim A_6$ 均为理想运算放大器。

(1) 分别指出 A_4、A_5、A_6 各组成何种运算电路。

(2) 写出 u_{O1}、u_{O2}、u_{O3} 的表达式。

(3) 若 $u_{I1}=5t$(V)、$u_{I2}=-3t$(V)，从接入信号起 3 s 后 $u_{O1}=2$ V，$u_{O3}=9$ V，求 R_1 及 C_2。

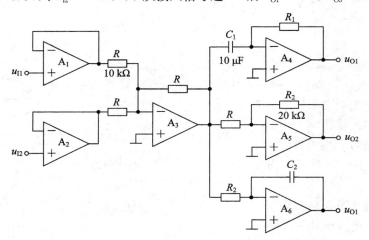

习题 8.32 图

8.33 习题 8.33 图示电路中，A 为理想运算放大器。已知输入电压 u_{I1}、u_{I2} 的波形如图所示，试画出输出电压 u_O 的波形。

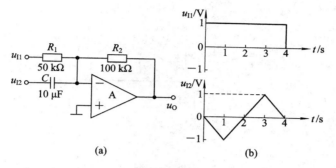

习题 8.33 图

8.34 在习题 8.34 图示电路中，已知 A_1、A_2 均为理想运算放大器，其输出电压的两个极限值为 ± 12 V；二极管的正向导通电压为 0.7 V。试画出该电路的电压传输特性。

8.35 在习题 8.35 图示电路中，已知 A_1、A_2 均为理想运算放大器，其输出电压的两个极限值为 ± 12 V；三极管工作在开关状态，其饱和管压降为 0.3 V；输入电压 u_I 的波形如图(b)所示。试画出该电路的传输特性及输出电压 u_O 的波形，并标出有关数据。

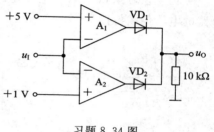

习题 8.34 图

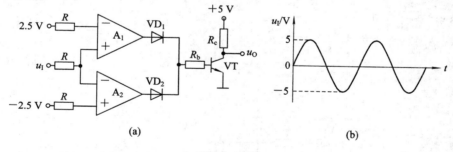

习题 8.35 图

8.36 在习题 8.36 图示电路中，已知 A_1、A_2 均为理想运算放大器，其输出电压的两个极限值为 ± 12 V；稳压管和二极管的正向导通电压均为 0.7 V。试画出该电路的电压传输特性。

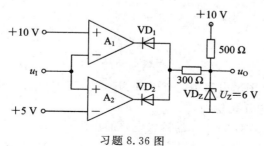

习题 8.36 图

8.37　在习题 8.37 图示电路中，A 为理想运算放大器，三极管工作在开关状态，其饱和管压降 $U_{CES}=0$ V。试画出该电路的电压传输特性。

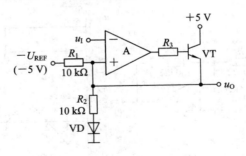

习题 8.37 图

8.38　在习题 8.38 图示各个电路中，已知 A 均为理想运算放大器。试求解并画出各电路的电压传输特性。

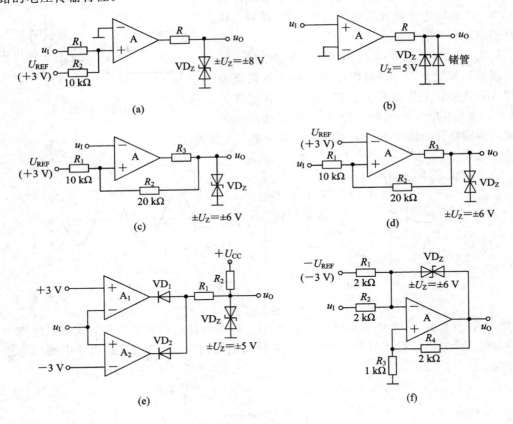

习题 8.38 图

8.39　在习题 8.39 图示电路中，已知 A 为理想运算放大器。要求：

(1) 画出该电路的电压传输特性；

(2) 说明 R_1、VD_1、VD_2 所构成的输入电路的作用。

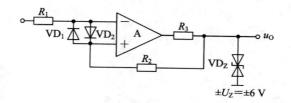

习题 8.39 图

8.40　在习题 8.40 图（a）所示电路中，已知 A 为理想运算放大器；该电路的电压传输特性如图（b）所示。试求解稳压管的稳定电压 $\pm U_Z$ 及基准电压 U_{REF}。

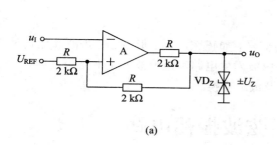

（a）

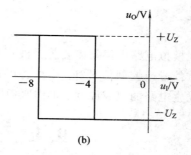

（b）

习题 8.40 图

第 9 章

波形发生电路

　　在模拟电路中经常需要各种波形的信号，如正弦波、矩形波、三角波和锯齿波等，作为测试信号或控制信号等。本章将以正弦波发生电路和矩形波发生电路为基础，讲述有关波形发生电路的组成原则、工作原理以及波形变换。

9.1　正弦波振荡电路

　　振荡电路是自动地将直流能量转换为具有一定波形参数的交流振荡信号的电路，是一种能量转换电路。该种电路不需要外加输入信号进行激励，其输出信号的频率、幅值和波形仅由电路本身的参数来决定。

9.1.1　正弦波振荡的产生条件

　　在第 7 章中(详见 7.2.1 节)可以知道，如果在电路中引入负反馈，则在深度负反馈的条件下，如果满足 $|1+\dot{A}F|=0$(即 $\dot{A}F=-1$)时，则 $|\dot{A}_f|=\infty$。说明电路在输入量为 0 时也会有输出信号，此时电路产生了自激振荡，但振荡频率无法调节。

　　在正弦波振荡电路中，一般引入正反馈，且电路的振荡频率可控。由于电路无外加信号，因此反馈信号必须能够取代输入信号，电路必须引入正反馈；由于电路产生信号的频率要可以调节，因此必须外加选频网络，从而确定振荡频率。

　　图 9.1 给出了正弦波振荡电路的方框图。由于电路没有外加信号，因此放大电路的净输入量等于反馈量。在电扰动存在的情况下(如合闸通电)，电路将产生一个幅值很小的输出量，它含有丰富的频率。如果反馈网络只对频率为 f_0 的正弦波产生正反馈过程，则输出信号的变化可描述为

$$X_o\uparrow \rightarrow X_f(X_i')\uparrow \rightarrow X_o\uparrow\uparrow$$

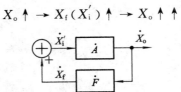

图 9.1　正弦波振荡电路的方框图

由于晶体管的非线性特性，当 X_o 的幅值增大到一定程度时，放大倍数的数值将减小，不会无限制地增大，进而电路达到动态平衡，如图 9.2 所示。此时，输出量通过反馈网络产生反馈量作为放大电路的输入量，而输入量又通过放大电路维持着输出量，写成表达式为

$$\dot{X}_o = \dot{A}\dot{X}_f = \dot{A}\dot{F}\dot{X}_o \tag{9.1}$$

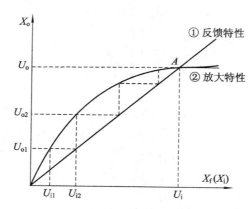

图 9.2 振荡电路的起振过程

因此，正弦波振荡电路的平衡条件为

$$\dot{A}\dot{F} = 1 \tag{9.2}$$

将上式写为模和相角的形式

$$\begin{cases} |\dot{A}\dot{F}| = 1 & \text{幅值平衡条件} \\ \varphi_A + \varphi_F = 2n\pi(n\ \text{为整数}) & \text{相位平衡条件} \end{cases} \tag{9.3}$$

为了使输出量在合闸后能有一个从小到大最终稳幅的过程，电路的起振条件为

$$|\dot{A}\dot{F}| > 1 \tag{9.4}$$

由于电路的反馈网络只对频率为 f_0 的正弦波产生正反馈过程，而把频率为 f_0 以外的输出量均逐渐衰减为零，因此输出量为 $f = f_0$ 的正弦波。

9.1.2 正弦波振荡电路的组成及能否振荡的判断方法

从上述分析可知，正弦波振荡电路必须由以下四个部分组成。

(1) 放大电路：保证电路能够完成从起振到动态平衡的过程，并使电路能够获得一定幅值的输出量，从而实现能量控制。

(2) 选频网络：确定电路能够产生某一特定频率的振荡，即电路的振荡频率由选频网络来确定。

(3) 正反馈网络：引入正反馈，使放大电路的输入信号等于反馈信号。

(4) 稳幅环节：即非线性环节，保证电路能输出幅值稳定的信号。

在实用电路中，一般将选频网络和正反馈网络合二为一；对于用分立元件放大电路实现的正弦波振荡电路，一般不加稳幅环节，而是利用晶体管的非线性特性来实现稳幅。

判断电路能否产生正弦波振荡，一般从以下四个方面入手：

(1) 组成部分：观察电路是否包含放大电路、选频网络、正反馈网络、稳幅环节四个组

成部分。

(2) 放大电路：判断放大电路是否有合适的静态工作点，动态信号能否被正常输入、放大、输出。

(3) 相位条件(正反馈)：利用瞬时极性法判断电路是否引入了正反馈。断开反馈并在断开处加频率为 f_0 的输入电压 $\dot{U}_i$，并规定其瞬时极性。以 $\dot{U}_i$ 的极性依次判断 $\dot{U}_o$、$\dot{U}_f$ 的极性，若 $\dot{U}_f$ 与 $\dot{U}_i$ 的极性相同，则说明电路满足振荡的相位条件(即引入了正反馈)，电路可能产生正弦波振荡，反之则不可能产生正弦波振荡。

(4) 幅值条件：在满足相位条件的基础上，判断电路是否满足起振条件。分别求解电路的 $\dot{A}$ 和 $\dot{F}$，然后判断是否满足 $|\dot{A}\dot{F}| > 1$。若相位条件不满足，则无需判断幅值条件，电路一定不会产生正弦波振荡。

根据选频网络所用的元件，正弦波振荡电路可分为 RC 正弦波振荡电路、LC 正弦波振荡电路、石英晶体正弦波振荡电路三种。RC 正弦波振荡电路的振荡频率较低，一般在 1 MHz 以下；LC 正弦波振荡电路的振荡频率多在 1 MHz 以上；石英晶体正弦波振荡电路也可等效为 LC 正弦波振荡电路，其特点是振荡频率非常稳定。

9.1.3 RC 正弦波振荡电路

1. RC 串并联网络

将电阻 R 和电容 C 串联，再将另一电阻 R 和电容 C 并联，再将二者串联即可构成 RC 串并联选频网络，如图 9.3(a)所示。由于 RC 串并联网络在正弦波振荡电路中既是选频网络，也是正反馈网络，因此可令其输入电压为 $\dot{U}_o$，输出电压为 $\dot{U}_f$。

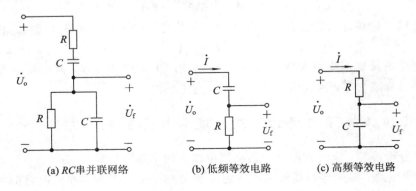

(a) RC 串并联网络　　　(b) 低频等效电路　　　(c) 高频等效电路

图 9.3　RC 串并联网络

当信号的频率足够低的时候，电容的容抗 $\dfrac{1}{\omega C} \gg R$，因此在 RC 的串联部分可忽略电阻 R 的作用，在 RC 的并联部分可忽略电容 C 的影响，则图 9.3(a)所示电路的低频等效电路如图(b)所示。当信号频率 f 趋于 0 时，$\dot{U}_f$ 的相位超前 $\dot{U}_o$ 90°，且 $|\dot{U}_f|$ 趋于 0。

当信号的频率足够高的时候，电容的容抗 $\dfrac{1}{\omega C} \ll R$，因此在 RC 的串联部分可忽略电容 C 的作用，在 RC 的并联部分可忽略电阻 R 的影响，则图 9.3(a)所示电路的低频等效电路如图(c)所示。当信号频率 f 趋于 ∞ 时，$\dot{U}_f$ 的相位滞后 $\dot{U}_o$ 90°，且 $|\dot{U}_f|$ 趋于 0。

因此，当信号频率从 0 变化到∞时，$\dot{U}_f$ 的相位将从＋90°变化到－90°。则必定存在一个频率 f_0，当信号的频率 $f＝f_0$ 时，$\dot{U}_f$ 与 $\dot{U}_o$ 同相。

图 9.3(a)所示电路的频率特性为

$$\dot{F}=\frac{\dot{U}_f}{\dot{U}_o}=\frac{R\ //\ \dfrac{1}{j\omega C}}{R+\dfrac{1}{j\omega C}+R\ //\ \dfrac{1}{j\omega C}}=\frac{1}{3+j\left(\omega RC-\dfrac{1}{\omega RC}\right)}=\frac{1}{3+j\left(\dfrac{f}{f_0}-\dfrac{f_0}{f}\right)} \quad (9.5)$$

其中，$f_0=\dfrac{1}{2\pi RC}$。因此，可求得 RC 串并联网络的幅频特性为

$$|\dot{F}|=\frac{1}{\sqrt{3^2+\left(\dfrac{f}{f_0}-\dfrac{f_0}{f}\right)^2}} \quad (9.6)$$

相频特性为

$$\varphi_F=-\arctan\frac{1}{3}\left(\frac{f}{f_0}-\frac{f_0}{f}\right) \quad (9.7)$$

其频率特性如图 9.4 所示。当 $f＝f_0$ 时，反馈系数的模取最大值为 $|\dot{F}|=\dfrac{1}{3}$，此时 $\varphi_F=0$，满足正弦波振荡电路的相位平衡条件。

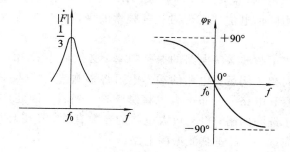

图 9.4 RC 串并联网络的频率特性

根据正弦波振荡电路的幅值条件式(9.3)可知，要想让电路在 $f＝f_0$ 时产生稳定的正弦波振荡，必须满足 $|\dot{A}|=\dfrac{1}{3}$；而根据起振条件式(9.4)可知，所选放大电路的电压放大倍数应该略大于 3。因此，从理论上说，任何放大倍数满足要求的放大电路与 RC 串并联网络都可组成正弦波振荡电路。实际正弦波振荡电路中的放大电路部分，其输入电阻一般要尽可能大，而其输出电阻应尽可能小，以减小放大电路对选频特性的影响，使振荡频率仅由选频网络决定。因此，放大电路部分一般选用引入电压串联负反馈的放大电路。

2. RC 桥式正弦波振荡电路

由 RC 串并联网络和同相比例运算电路组成的 RC 桥式正弦波振荡电路如图 9.5(a)所示。图中负反馈网络的电阻 R_1、R_f、正反馈网络串联的 R 和 C、并联的 R 和 C 各为一臂，构成桥路，因此称为桥式正弦波振荡电路。集成运放的输出端和"地"接桥路的两个顶点作为电路的输出；集成运放的同相输入端和反相输入端接另外两个顶点，是集成运放的净输入电压。反馈网络组成的桥路如图 9.5(b)所示。

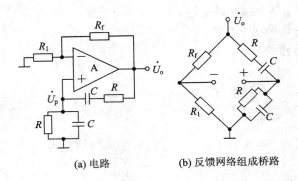

(a) 电路　　　　　　(b) 反馈网络组成桥路

图 9.5　RC 桥式正弦波振荡电路

　　由于集成运放的输入信号为 $\dot{U}_p$，因此 RC 桥式正弦波振荡电路的放大电路部分为同相比例运算电路，其比例系数即为电压放大倍数。根据起振条件和幅值平衡条件，有

$$\dot{A}_u = \frac{\dot{U}_o}{\dot{U}_p} = 1 + \frac{R_f}{R_1} \geqslant 3$$

因此，R_f 的取值要略大于 $2R_1$。因为同相比例运算电路有非常好的线性度，故 R 或 R_f 可用热敏电阻或加二极管作为非线性环节。

　　为了使得振荡频率可调，常在 RC 串并联网络中用双层波段开关接不同的电容，来对振荡频率进行粗调；用同轴电位器实现对振荡频率的微调。振荡频率的可调范围可从几赫兹到几百千赫。

　　为了提高 RC 桥式正弦波振荡电路的振荡频率，必须减小 R 和 C 的数值。但是，当 R减小到一定程度时，同相比例运算电路的输出电阻将影响选频特性；当 C 减小到一定程度时，晶体管的极间电容和电路的分布电容也将影响选频特性。因此，振荡频率高到一定程度时，其值不仅决定于选频网络，也与放大电路的参数有关，还受环境温度的影响。因此，当振荡频率较高时，应选用 LC 正弦波振荡电路。

3. RC 移相式正弦波振荡电路

　　RC 移相式正弦波振荡电路由一个反相比例运算电路和三节 RC 移相网络构成，其中超前型电路如图 9.6 所示。由于采用了反相比例运算电路，因此放大电路的相移为 $\varphi_A = -180°$。如果反馈网络再移相 $\varphi_F = +180°$ 或者 $\varphi_F = -180°$，则电路的总相移为 $\varphi_A + \varphi_F = 0$ 或者 $\varphi_A + \varphi_F = -2\pi$，可满足产生正弦波振荡的相位条件。

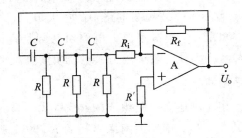

图 9.6　RC 移相式正弦波振荡电路

　　已知一节 RC 电路的移相范围为 $0° \sim +90°$，不能满足振荡的相位条件；两节 RC 电路的移相范围为 $0° \sim +180°$，但在接近 $+180°$ 的时候，输出电压近似为零，无法同时满足相

位和幅值平衡条件；三节 RC 电路的移相范围为 $0°\sim+270°$，则必然存在一个频率 $f=f_0$，使得移相网络的相移 $\varphi_F=180°$，此时，电路的总相移 $\varphi_A+\varphi_F=0$，满足产生正弦波振荡的相位条件。

根据振荡的相位平衡条件和幅值平衡条件，可求得电路的振荡频率为

$$f=\frac{1}{2\sqrt{6}\pi RC} \tag{9.8}$$

起振条件为

$$R_f>29R_i \tag{9.9}$$

将图 9.6 中的 R 和 C 的位置互换，即可得滞后型移相式正弦波振荡电路。

RC 移相式正弦波振荡电路具有电路简单、经济方便等优点，但选频作用较差，振幅不够稳定，频率调节不便，因此一般用于频率固定、稳定性要求不高的场合。

9.1.4　LC 正弦波振荡电路

1. LC 并联谐振网络的选频特性及选频放大电路

图 9.7(a)给出了 LC 并联谐振网络的电路，电阻 R 为谐振网络的损耗等效电阻。在信号频率较低时，电容的容抗很大，网络呈感性；在信号频率较高时，电感的感抗很大，网络呈容性；只有当 $f=f_0$ 时，网络才呈纯阻性，且阻抗无穷大。这时电路产生电流谐振，电容的电场能转换成磁场能，电感的磁场能又转换成电场能，两种能量相互转换。

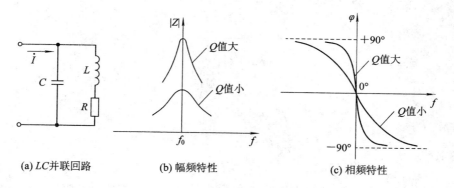

(a) LC 并联回路　　(b) 幅频特性　　(c) 相频特性

图 9.7　LC 并联谐振网络及其频率特性

LC 并联谐振网络的导纳为

$$\dot{Y}=j\omega C+\frac{1}{1+j\omega L}=\frac{R}{R^2+(\omega L)^2}+j\left[\omega C-\frac{\omega L}{R^2+(\omega L)^2}\right] \tag{9.10}$$

当电路发生谐振时，上式的虚部为零，则可求出谐振时的角频率为

$$\omega_0=\frac{1}{\sqrt{1+\left(\dfrac{R}{\omega_0 L}\right)}}\cdot\frac{1}{\sqrt{LC}}=\frac{1}{\sqrt{1+\dfrac{1}{Q^2}}\cdot\sqrt{LC}}$$

上式中，$Q=\dfrac{\omega_0 L}{R}$ 为谐振回路的品质因数，是表示回路损耗大小的指标。一般 LC 谐振回路的 Q 值约为几十至几百，满足 $Q\gg1$，所以 $\omega_0\approx\dfrac{1}{\sqrt{LC}}$。因此电路的谐振频率为

$$f_0 \approx \frac{1}{2\pi\sqrt{LC}} \tag{9.11}$$

将 $\omega_0 \approx \dfrac{1}{\sqrt{LC}}$ 代入品质因数的表达式，可得

$$Q \approx \frac{1}{R}\sqrt{\frac{L}{C}} \tag{9.12}$$

式(9.12)表明，选频网络的损耗越小，谐振频率相同时的电容容量越小、电感数值越大，则电路的品质因数越大，因而选频特性越好。

谐振时的阻抗为

$$Z_0 = \frac{1}{Y_0} = \frac{R^2 + (\omega_0 L)^2}{R} = R + Q^2 R = (1 + Q^2)R \tag{9.13}$$

当 $Q \gg 1$ 时，$Z_0 \approx Q^2 R$，即

$$Z_0 = \frac{L}{RC} \tag{9.14}$$

由于 $\dot{Z} = \dfrac{1}{Y}$，因此由式(9.10)可画出 LC 并联网络的频率特性，其幅频及相频特性曲线如图 9.7(b)、(c)所示。Q 值越大，曲线越陡，电路的选频特性越好。

若将 LC 并联谐振网络作为共射放大电路的集电极负载，如图 9.8 所示，则该电路的电压放大倍数为

$$\dot{A}_u = -\beta\frac{Z}{r_{be}} \tag{9.15}$$

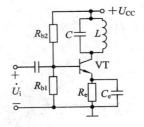

图 9.8　选频放大电路

根据 LC 并联谐振网络的频率特性可知，当 $f = f_0$ 时，谐振网络的阻抗取最大值，因而电路的电压放大倍数最大，且无附加相移。对于其他频率的信号，电压放大倍数的数值减小，且有附加相移。因而电路具有选频特性，称为选频放大电路。

可以考虑，若在电路中引入正反馈并用反馈电压取代输入电压，则可构成正弦波振荡电路。根据引入反馈的方式不同，LC 正弦波振荡电路分为变压器反馈式、电感反馈式和电容反馈式三种电路；其放大电路可分可为共射电路、共基电路等，视振荡频率而定。

2. 变压器反馈式正弦波振荡电路

图 9.9(a)所示为在选频放大电路中通过变压器引入正反馈的电路图。为使反馈电压与输入电压同相，变压器的同名端如图中黑点所标注。去掉输入信号 u_i 用反馈信号 u_f 来取代，即可构成变压器反馈式振荡电路，如图(b)所示。在该电路中，电容 C_1 必不可少。若无 C_1，则在静态时晶体管的基极直接接地，放大电路因为没有合适的静态工作点而不能正常

工作，电路不可能产生正弦波振荡输出。

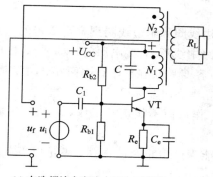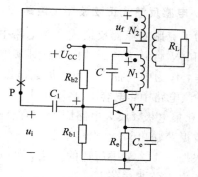

(a) 在选频放大电路中引入正反馈　　　　　　　　　(b) 变压器反馈式振荡电路

图 9.9　变压器反馈式正弦波振荡电路

　　根据 9.1.2 节中所述的判断电路能否产生正弦波振荡的方法，可从以下方面来判断电路产生正弦波振荡的可能性，满足以下条件，则有可能产生正弦波振荡：

　　(1) 电路存在放大电路（共射放大电路）、选频网络（LC 并联谐振网络）、正反馈网络（线圈 N_2）、非线性环节（晶体管的非线性特性）。

　　(2) 放大电路为典型的静态工作点稳定电路，可以设置合适的静态工作点；画出电路的交流通路后可知，交流信号在传递的过程中无开路或短路的现象出现，信号可以被正常放大。

　　(3) 断开 P 点，在断开处加上瞬时极性为上正下负、频率为 $f = f_0$ 的信号 u_i，其变压器线圈 N_1、N_2 上信号的瞬时极性如图中所标注，故电路满足相位平衡条件，可能产生正弦波振荡。

　　(4) 图示放大电路的输入电阻同时也是放大电路负载的一部分，合理地选择变压器原、副线圈的匝数比及电路其他参数，可以满足幅值条件。

　　综上所述，图 9.9(b) 所示电路满足产生正弦波振荡的所有条件，因此通电后可能产生正弦波振荡。

　　LC 正弦波振荡电路也是靠电路中的扰动电压而起振的。在电源接通的瞬间，集电极电流会产生一个微小扰动，即可在变压器原线圈中形成相应的微小电压。只要电路满足起振条件 $AF > 1$，经过变压器副线圈的耦合，即可将 LC 并联谐振回路选频出来的电压（$f = f_0$）反馈至放大器输入端，在基极回路中产生基极电流，再经过晶体管放大后送至集电极输出。经过多次反馈放大后，就能使频率为 f_0 的信号电压逐步增大。同时，由于信号的幅值越来越大，使得晶体管工作在非线性区，电压放大倍数下降，$AF = 1$ 的幅值平衡条件得到满足，从而可实现电路的稳幅振荡。LC 并联网络良好的选频作用使振荡器的输出电压波形失真很小。

　　LC 并联回路的谐振频率为

$$f_0 = \frac{1}{2\pi \sqrt{L_1 C}} \tag{9.16}$$

式中 L_1 即为线圈 N_1 对应的电感。

　　变压器反馈式振荡电路易于产生振荡，波形较好，应用范围广泛。但输出电压与反馈电压靠磁路耦合，耦合不紧密，损耗较大，且振荡频率的稳定性不高。

3. 电感反馈式正弦波振荡电路

为了克服变压器反馈式振荡电路中变压器原边线圈和副边线圈耦合不紧密的缺点，可将 N_1 和 N_2 合并为一个线圈，把图9.9(b)所示电路中线圈 N_1 接电源的一端和 N_2 接地的一端相连，作为中间抽头；为了加强谐振效果，将电容 C 跨接在整个线圈两端，如图9.10所示。在该电路中，电容 C_1 必不可少。若无 C_1，则在静态时晶体管的基极直接连接直流电源 $+U_{CC}$ 和集电极，放大电路因为没有合适的静态工作点而不能正常工作，电路不可能产生正弦波振荡输出。

根据9.1.2节中所述的方法，可以判断电路能否产生正弦波振荡，满足以下条件，则可能产生正弦波振荡：

（1）电路包含了放大电路、选频网络、反馈网络和非线性元件（晶体管）四个组成部分；

（2）放大电路可以正常工作；

（3）在P点断开反馈，在断开处加上瞬时极性为上正下负、频率为 $f = f_0$ 的信号 u_i，其变压器线圈 N_1、N_2 上信号的瞬时极性如图中所标注，故电路满足相位平衡条件，可能产生正弦波振荡。

（4）只要电路参数选择正确，电路可以满足幅值条件，因此可能产生正弦波振荡。

综上所述，图9.10所示电路满足产生正弦波振荡的所有条件，因此通电后可能产生正弦波振荡。画出该电路的交流通路可见，线圈原边的三个端分别接在晶体管的三个极上，因此该电路也被称为电感三点式振荡电路。

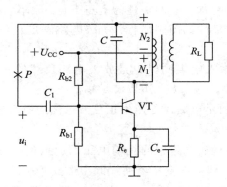

图9.10　电感反馈式正弦波振荡电路

设 N_1 的电感量为 L_1，N_2 的电感量为 L_2，N_1 与 N_2 之间的互感为 M，且电路的品质因数远大于1，则电路的振荡频率为

$$f_0 \approx \frac{1}{2\pi \sqrt{(L_1 + L_2 + 2M)C}} \tag{9.17}$$

该电路中 N_1 与 N_2 之间耦合紧密，振幅大；若 C 采用可变电容则可获得范围较宽的振荡频率，最高可达几十兆赫。由于反馈电压取自电感，对高频信号具有较大的电抗，因而输出电压波形中常含有高次谐波。因此，电感反馈式振荡电路常用在对波形要求不高的设备之中。

4. 电容反馈式(电容三点式)正弦波振荡电路

为了获得较好的输出电压波形,可将图 9.10 所示电路中的电容换成电感,电感换成电容,并将两个电容的公共端接地,增加集电极电阻,即可获得电容反馈式振荡电路,如图 9.11 所示。画出该电路的交流通路可见,两个电容 C_1、C_2 的三个端分别接在晶体管的三个极上,因此该电路也被称为电容三点式振荡电路。在该电路中,电容 C_3 和集电极电阻 R_c 必不可少。若无 C_3,则在静态时晶体管的基极直接与集电极互连,放大电路因为没有合适的静态工作点而不能正常工作;若无集电极电阻,在交流通路中晶体管的集电极将直接接地,电路无信号输出。

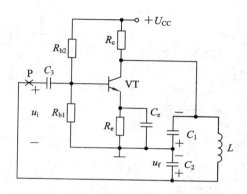

图 9.11　电容反馈式正弦波振荡电路

根据 9.1.2 节中所述的方法,可以判断电路能否产生正弦波振荡,满足以下条件,则可能产生正弦波振荡:

(1) 电路包含了放大电路、选频网络、反馈网络和非线性元件(晶体管)四个组成部分;

(2) 放大电路可以正常工作;

(3) 在 P 点处断开反馈,在断开处加上瞬时极性为上正下负、频率为 $f = f_0$ 的信号 u_i,电容 C_1、C_2 上信号的瞬时极性如图中所标注,故电路满足相位平衡条件,可能产生正弦波振荡。

(4) 只要电路参数选择正确,电路可以满足幅值条件,因此可能产生正弦波振荡。

综上所述,图 9.11 所示电路满足产生正弦波振荡的所有条件,因此通电后可能产生正弦波振荡。

当由 L、C_1、C_2 构成的选频网络的品质因数远大于 1 时,电路的振荡频率为

$$f_0 \approx \frac{1}{2\pi \sqrt{L \dfrac{C_1 C_2}{C_1 + C_2}}} \tag{9.18}$$

由于电路的反馈电压取自 C_1 两端,对高次谐波阻抗小,因而可将高次谐波滤除,使输出电压波形好。又因 C_1、C_2 可以很小,所以振荡频率可以很高,一般在 100 MHz 以上。若要再提高振荡频率,则 L、C_1、C_2 的取值就更小。当电容减小到一定程度时,晶体管的极间电容将并联在 C_1 和 C_2 上,影响振荡频率。此时可考虑在电感 L 的支路串联一个小电容 C,若满足 $C \ll C_1$ 且 $C \ll C_2$,则电路的振荡频率为

$$f_0 \approx \frac{1}{2\pi \sqrt{LC}}$$

可见，此类电路的振荡频率与放大电路的参数无关。

这种电路的缺点是频率调节范围较小，若用改变电容的方法来调节振荡频率，则会影响电路的起振条件，容易引起停振；若用改变电感的方法来调节振荡频率，则比较困难。该电路常用在固定振荡频率的场合，如调幅和调频接收机中。

【例 9.1】 改正图 9.12(a)(b)所示电路中的错误，使电路可能产生正弦波振荡。要求不能改变放大电路的基本接法(共射、共基、共集)。

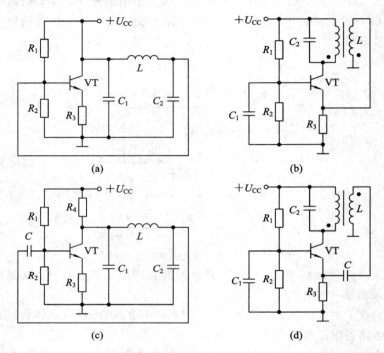

图 9.12 例 9.1 图

解 在图 9.12(a)所示的电路中：静态时，晶体管 VT 的基极和集电极直接相连，静态工作点不合适，因此需在基极与电感连线之间加上耦合电容 C；动态时，晶体管 VT 的集电极直接与地相连，无动态信号输出，因此需在集电极与直流电源之间加电阻 R_4。改正电路如图 9.12(c)所示。

在图 9.12(b)所示的电路中：静态时，晶体管 VT 的发射极直接与地相连，静态工作点不合适，因此需在发射极与变压器副线圈之间加上耦合电容 C；动态时，由瞬时极性法可知，通过变压器引回的是负反馈，因此需改变变压器的同名端。改正电路如图 9.12(d)所示。

9.1.5 石英晶体正弦波振荡电路

1. 石英晶体的特性和等效电路

石英是以晶体形式存在的二氧化硅(SiO_2)，是具有各向异性的单晶。将石英晶体按一定方位切成薄片并抛光后可制成石英晶片，且从不同方位切割出的晶片具有不同的特性。将晶片两个对应的表面抛光和涂敷银层，并作为两个极引出管脚，加以封装，就构成石英晶体谐振器。其结构示意图和符号如图 9.13 所示。

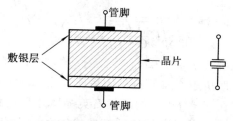

(a) 石英晶体谐振器的结构示意图   **(b)** 符号

图 9.13   结构示意图和符号

在石英晶体两个管脚加交变电场时，它将会产生一定频率的机械变形；若用外力使石英晶体产生机械振动，它又会产生交变电场，该物理现象称为压电效应。一般情况下，机械振动和交变电场的振幅都非常小。但是，当交变电场的频率为某一特定值时，机械振动的振幅将骤然增大，产生共振，称为压电振荡。这一特定频率就是石英晶体的固有频率，也称谐振频率。

石英晶体的等效电路如图 9.14(a)所示。

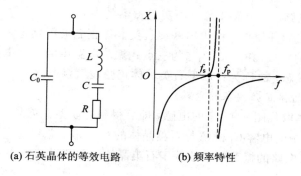

(a) 石英晶体的等效电路   **(b)** 频率特性

图 9.14   石英晶体等效电路及频率特性

当石英晶体不振动时，可等效为一个平板电容 C_0，称为静态电容。其值仅取决于晶片的几何尺寸与电极面积，约为几皮法到几十皮法。

当晶片产生振动时，其机械振动的惯性可等效为电感 L，其值约为几毫亨到几十毫亨。晶片的弹性可等效为电容 C，其值仅为 0.01 到 0.1 pF，$C \ll C_0$。晶片的摩擦损耗可等效为电阻 R，其值约为 100 Ω，理想情况下为零。

当等效电路中的 L、C、R 支路产生串联谐振时，该支路呈纯阻性，等效电阻为 R，其谐振频率为

$$f_s = \frac{1}{2\pi \sqrt{LC}} \tag{9.19}$$

此时整个网络的电抗等于 R 并联 C_0 的容抗，因为 $R \ll \omega_0 C_0$，因此可以近似认为石英晶体呈现纯阻性，等效电阻为 R。

当 $f < f_s$ 时，C_0 和 C 的容抗较大，石英晶体呈容性。

当 $f > f_s$ 时，L、C、R 支路呈感性，且与 C_0 发生并联谐振，石英晶体又呈纯阻性，谐振

频率为

$$f_p = \frac{1}{2\pi \sqrt{L \dfrac{CC_0}{C + C_0}}} = f_s \sqrt{1 + \frac{C}{C_0}} \qquad (9.20)$$

一般情况下，由于 $C \ll C_0$，所以 $f_p \approx f_s$。

当 $f > f_p$ 时，电抗主要取决于 C_0，石英晶体呈现容性。$R = 0$ 时石英晶体电抗的频率特性如图 9.14(b)所示。只有在 $f_s < f < f_p$ 的时候石英晶体才呈现感性，C 和 C_0 的容量相差越大，f_p 和 f_s 就越接近，石英晶体的感性区的频带就越窄，而石英晶体作为振荡回路的电抗元件时正是利用了这一狭窄的感性区域。

根据品质因数的表达式式(9.12)可知，由于 C 和 R 的数值很小，L 的数值很大，因此 Q 值可达 $10^4 \sim 10^6$。由于振荡频率几乎仅取决于晶片的尺寸，因此其稳定度 $\dfrac{\Delta f}{f_0}$ 可达 $10^{-6} \sim 10^{-8}$，甚至可以达到 $10^{-10} \sim 10^{-11}$。而最好的 LC 振荡电路的 Q 值也不过几百，振荡频率的稳定度只能达到 10^{-5}。因此，石英晶体的选频特性在所有选频网络中为最优。

2. 石英晶体正弦波振荡电路

根据晶体在振荡电路中的不同作用，可将石英晶体正弦波振荡电路分为串联型和并联型两种类型的振荡电路。当电路工作于石英谐振器的串联谐振频率 f_s 上时，晶体作为一个具有高选择性的短路元件使用，称为串联型石英晶体正弦波振荡电路；而当电路工作在略高于 f_s 的呈现感性的频段内时，晶体作为三点式振荡电路中的一个电感元件，使整个振荡电路处于并联谐振状态，故称为并联型石英晶体正弦波振荡电路。

1）并联型石英晶体正弦波振荡电路

如果用石英晶体取代图 9.11 中的电感，即可得到并联型石英晶体正弦波振荡电路，如图 9.15(a)所示。图中的电容 C_1 和 C_2 与石英晶体的 C_0 并联，总容量大于 C_0，因此远大于石英晶体中的 C，所以电路的振荡频率约等于石英晶体的并联谐振频率 f_p。

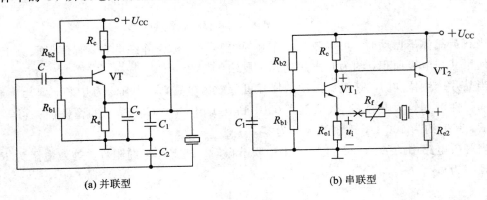

(a) 并联型　　　　　　　　　　　　(b) 串联型

图 9.15　石英晶体正弦波振荡电路

2）串联型石英晶体正弦波振荡电路

串联型石英晶体振荡电路如图 9.15(b)所示。电容 C 为旁路电容，交流信号可视为短路。电路的第一级为共基放大电路，第二级为共集放大电路。若断开反馈并在断开处加上瞬时极性为上正下负、频率为 $f = f_0$ 的信号 u_i，则 VT_1 管的集电极动态电位为正，VT_2 管的发射极动态电位也为正。因此，只有在石英晶体呈纯阻性，即产生串联谐振时，反馈电压才与输入电压同相，电路才满足正弦波振荡的相位平衡条件。所以电路的振荡频率为石英晶体的串联谐振频率 f_s。调整 R_f 的阻值，可使电路满足正弦波振荡的幅值平衡条件。

9.2　矩形波发生电路

在实际电路的使用信号中，除了正弦波外，还有矩形波、三角波、锯齿波、尖顶波和阶梯波。其中，矩形波发生电路是其他非正弦波发生电路的基础。若将矩形波作为输入信号送入积分运算电路的输入端，则可获得三角波；若改变积分电路的正向和反向积分时间常数，使某一方向的积分常数趋于零，则可获得锯齿波。

9.2.1　电路的组成及工作原理

由于矩形波的输出信号只有高电平和低电平两种状态，因此电路中采用电压比较器；由于矩形波的波形是在高、低电平两种状态下进行自动地相互转换，需要在输出为某一状态时孕育翻转成另一状态的条件，所以电路中必须引入反馈；由于输出信号的高、低电平两种状态均需要维持一定的时间，即产生周期性变化，所以电路中要有延迟环节。图 9.16(a)为矩形波发生电路，它由反相输入的滞回比较器和 RC 电路组成。RC 回路既作为延迟环节，又作为反馈网络，通过 RC 的充放电可实现输出状态的自动转换。

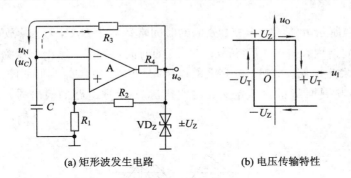

(a) 矩形波发生电路　　　　(b) 电压传输特性

图 9.16　矩形波发生电路电路的组成及电压传输特性

从电路图中可见，滞回比较器的输入信号即为电容 C 的端电压 u_C，其输出电压为 $u_O = \pm U_Z$。根据 8.4 节中方法，可求得阈值电压为

$$\pm U_T = \pm \frac{R_1}{R_1 + R_2} \cdot U_Z \tag{9.21}$$

其电压传输特性如图 9.16(b)所示。

矩形波振荡电路工作的分析方法有两种，具体介绍如下。

(1) 设电路已振荡，且在某一暂态，看是否能自动翻转为另一暂态，并能再回到原暂态。

设电路已经振荡且某一时刻的输出电压为 $u_O = +U_Z$，则集成运放同相输入端的电位为 $u_P = +U_T$。此时 u_O 通过 R_3 对电容 C 正向充电，如图 9.16(a)中实线箭头所示。同时，集成运放反相输入端电位 u_N 也随着时间 t 的增加而抬高。若 t 趋于 ∞，则 u_N 趋于 $+U_Z$；但是

在反相输入端电位 $u_N=+U_T$ 后再稍微增大，就会导致 $u_N>u_P$。这将导致 u_O 从 $+U_Z$ 跃变为 $-U_Z$，而 u_P 也从 $+U_T$ 跃变为 $-U_T$。

随后，u_O 通过 R_3 对电容 C 反向充电（或放电），如图 9.16(a)中虚线箭头所示。同时，集成运放反相输入端电位 u_N 也随着时间 t 的增加而降低。若 t 趋于 ∞，则 u_N 趋于 $-U_Z$；但是在反相输入端电位 $u_N=-U_T$ 后再稍微降低，就会导致 $u_N<u_P$。这将导致 u_O 从 $-U_Z$ 跃变为 $+U_Z$，而 u_P 也从 $-U_T$ 跃变为 $+U_T$。

上述两个过程不断重复，电路就产生了自激振荡。

（2）电路合闸通电，分析电路是否有两个暂态，而无稳态。

设合闸通电时电容上的压降为 0，即集成运放反相输入端的电位 $u_N=0$，输出电压 $u_O=0$。通电后，R_1、R_2 支路产生正反馈过程，输出电压 u_O 迅速增大，直至 $u_O=+U_Z$。此时 $u_P=+U_T$，由于该过程时间很短且 R_3、C 支路的时间常数较大，可认为此时 $u_N=0$。电路进入第一暂态。

此时 u_O 通过 R_3 对电容 C 正向充电，当反相输入端电位 $u_N=+U_T$ 后再稍微增大，将导致 u_O 从 $+U_Z$ 跃变为 $-U_Z$，而 u_P 也从 $+U_T$ 跃变为 $-U_T$。电路进入第二暂态。

此后 u_O 通过 R_3 对电容 C 反向充电，当反相输入端电位 $u_N=-U_T$ 后再稍微减小，将导致 u_O 从 $-U_Z$ 跃变为 $+U_Z$，而 u_P 也从 $-U_T$ 跃变为 $+U_T$。电路返回第一暂态。

由此可见，电路只有两个暂态而无稳态，故产生了自激振荡。

9.2.2 波形分析

由于 9.16(a)所示电路的电容充、放电的时间常数均为 R_3C，且充、放电的总幅值也相等，因而在一个周期内，$u_O=+U_Z$ 和 $u_O=-U_Z$ 的时间也相等，输出电压为对称的方波。因此该电路为方波发生电路。此时，电容上的电压 u_C 和输出电压的波形如图 9.17 所示。若将矩形波的宽度 T_k 与周期 T 的比值定义为占空比 δ，则上述电路的输出的电压 u_O 是占空比 δ 为 50% 的矩形波。

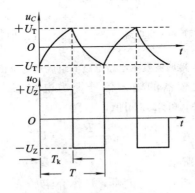

图 9.17 方波发生电路电容两端及输出电压的波形图

根据电容上电压波形可知，在半个周期内，电容充电的起始值为 $-U_T$，终了值为 $+U_T$，时间常数为 R_3C；时间 t 趋于无穷时，u_C 趋于 $+U_Z$。利用一阶 RC 电路的三要素法，可列出方程

$$+U_T = (U_Z+U_T)(1+e^{-\frac{T/2}{R_3C}})+(-U_T) \tag{9.22}$$

将式(9.21)代入式(9.22)，即可求出振荡周期为

$$T = 2R_3 C \ln\left(1 + \frac{2R_1}{R_2}\right) \tag{9.23}$$

由式(9.21)可知，调整 R_1、R_2 可以改变 u_C 的幅值；调整 R_1、R_2、R_3 和电容 C 可以改变电路的振荡频率；更换稳压管(改变 U_Z)可以调整输出电压的幅值，此时 u_C 的幅值也随之变化。

9.2.3　占空比可调的矩形波发生电路

从方波发生电路可知，如果改变电容 C 充、放电的时间常数，则可以改变输出电压的占空比。图 9.18(a)为占空比可调的的矩形波发生电路，其中利用了二极管的单向导电性，使电流在对电容 C 充电和放电的过程中经过不同的通路，从而改变了占空比，电容两端及输出电压的波形图如图 9.18(b)所示。

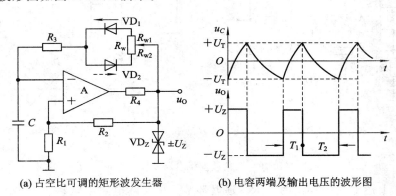

(a) 占空比可调的矩形波发生器　　　　　(b) 电容两端及输出电压的波形图

图 9.18　矩形波发生电路及电容两端和输出电压的波形图

当电路的输出电压为 $u_O = +U_Z$ 时，u_O 通过 R_{w1}、D_1 和 R_3 对电容 C 正向充电，若忽略二极管导通时的等效电阻，则充电时间常数为

$$\tau_1 \approx (R_{w1} + R_3)C$$

当电路的输出电压为 $u_O = -U_Z$ 时，u_O 通过 R_{w2}、D_2 和 R_3 对电容 C 反向放电，若忽略二极管导通时的等效电阻，则充电时间常数为

$$\tau_2 \approx (R_{w2} + R_3)C$$

利用一阶 RC 电路的三要素法可得

$$\begin{cases} T_1 \approx \tau_1 \ln\left(1 + \dfrac{2R_1}{R_2}\right) \\[2mm] T_2 \approx \tau_2 \ln\left(1 + \dfrac{2R_1}{R_2}\right) \\[2mm] T = T_1 + T_2 \approx (R_w + 2R_3)C \cdot \ln\left(1 + \dfrac{2R_1}{R_2}\right) \end{cases}$$

上式表明，改变电位器的滑动端可以改变输出方波的占空比，但是其周期不变。输出波形的占空比为

$$q = \frac{T_1}{T_2} \approx \frac{R_{w1} + R_3}{R_w + 2R_3} \tag{9.24}$$

9.3 三角波和锯齿波发生电路

9.3.1 三角波发生电路

在上述方波发生电路的基础上，将电路的输出电压作为积分运算电路的输入信号，则在积分电路的输出端即可获得三角波电压，其电路如图 9.19(a)所示。当方波发生电路的输出电压为 $u_{O1}=+U_Z$ 时，积分运算电路的输出电压 u_O 将线性下降；而当 $u_{O1}=-U_Z$ 时，u_O 将线性上升。三角波发生电路的输出波形如图 9.19(b)所示。

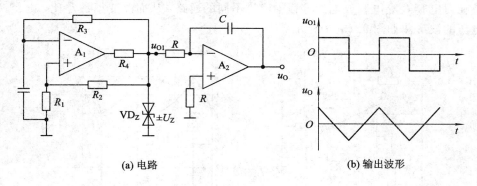

(a) 电路　　　　(b) 输出波形

图 9.19　三角波发生电路及输出波形

但是，在上述电路中存在两个 RC 延迟环节，在实际电路中常将它们合二为一，即去掉方波发生电路的 RC 回路，令积分运算电路既作为延迟环节，又作为方波变三角波电路。此时，积分运算电路和滞回比较器的输出互为另一个电路的输入，如图 9.20(a)所示。图中虚线左边为同相输入滞回比较器，右边为积分运算电路。

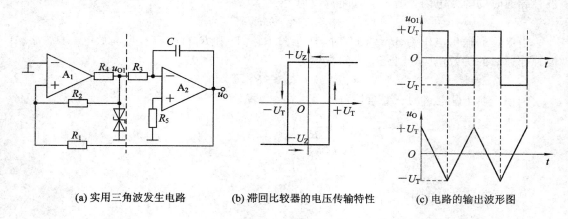

(a) 实用三角波发生电路　　(b) 滞回比较器的电压传输特性　　(c) 电路的输出波形图

图 9.20　实用三角波发生电路、电压传输特性及输出波形图

对于由多个集成运放组成的电路，首先应该分析每个集成运放所组成电路的输出与输入信号之间的函数关系，然后分析各电路之间的相互联系，最后得出整个电路的功能。

对于滞回比较器，由于稳压管的限制，其输出电压为 $u_{O1} = \pm U_Z$，而其输入电压则是积分运算电路的输出电压 u_O。根据叠加原理可求得集成运放 A_1 的同相输入端电位为

$$u_{P1} = \frac{R_2}{R_1 + R_2} u_O + \frac{R_1}{R_1 + R_2} u_{O1} = \frac{R_2}{R_1 + R_2} u_O \pm \frac{R_1}{R_1 + R_2} U_Z$$

令 $u_{P1} = u_{N1} = 0$，可求得阈值电压为

$$\pm U_T = \pm \frac{R_1}{R_2} U_Z \tag{9.25}$$

其电压传输特性如图 9.20(b)所示。

积分运算电路的输入电压是滞回比较器的输出电压 u_{O1}，其大小只有 $\pm U_Z$ 两个值，因此输出电压为

$$u_O = -\frac{1}{R_3 C} u_{O1}(t_1 - t_0) + u_O(t_0) \tag{9.26}$$

式中，$u_O(t_0)$ 为初态时的输出电压。若假设初态时 u_{O1} 正好从 $-U_Z$ 跃变为 $+U_Z$，则上式应写为

$$u_O = -\frac{1}{R_3 C} U_Z(t_1 - t_0) + u_O(t_0) \tag{9.27}$$

此后，积分电路反向积分，u_O 随时间的增加而线性减小。一旦 $u_O = -U_T$，再稍微减小，则 u_{O1} 将从 $+U_Z$ 跃变为 $-U_Z$。式(9.26)变为

$$u_O = \frac{1}{R_3 C} U_Z(t_2 - t_1) + u_O(t_1) \tag{9.28}$$

$u_O(t_1)$ 为 u_{O1} 产生跃变时的输出电压。此后电路正向积分，u_O 随时间的增加而线性增大。一旦 $u_O = +U_T$，再稍微增大，则 u_{O1} 将从 $-U_Z$ 跃变为 $+U_Z$，回到初态，积分电路又开始反向积分。电路重复上述过程，产生三角波振荡，u_O 和 u_{O1} 的电压波形如图 9.20(c)所示。

从图中可以看出，u_O 为三角波，其幅值为 $\pm U_T$；u_{O1} 为方波，幅值为 $\pm U_Z$。因此图 9.20(a)所示电路也称为三角波-方波发生电路。由于积分电路引入了深度电压负反馈，因此在负载电阻变化的相当大的范围内，三角波电压几乎不变。

该电路的振荡频率为

$$f = \frac{R_2}{4 R_1 R_3 C} \tag{9.29}$$

从式(9.29)中可知，改变 R_1、R_2、R_3 的阻值和 C 的容量，可以改变三角波的振荡频率；而从式(9.25)可知，调节 R_1 和 R_2 的阻值，可改变三角波的幅值。

9.3.2　锯齿波发生电路

1. 改变积分时间常数法

在三角波发生电路中，如果积分电路正向积分的时间常数远大于反向积分的时间常数（或者相反），则输出电压 u_O 的上升和下降斜率相差很多，其波形即为锯齿波。如占空比可调的矩形波发生电路一样，利用二极管的单向导电性，可使积分电路两个方向的积分通路不同，可得到锯齿波发生电路，如图 9.21(a)所示。为了更大限度地改变 u_O 的上升和下降斜率，图中的电阻满足 $R_3 \ll R_w$。

忽略二极管导通时的等效电阻，且电位器的滑动端移到最上方，当 $u_{O1} = +U_Z$ 时，VD_1 导通，VD_2 截止，输出电压表达式为

$$u_O = -\frac{1}{R_3 C} U_Z (t_1 - t_0) + u_O(t_0)$$

此时，u_{O1} 随时间线性下降。当 $u_{O1} = -U_Z$ 时，VD_1 截止，VD_2 导通，输出电压表达式为

$$u_O = \frac{1}{(R_3 + R_w)C} U_Z (t_2 - t_1) + u_O(t_1)$$

此时，u_{O1} 随时间线性增加。由于 $R_3 \ll R_w$，电路的输出波形如图 9.21(b) 所示。

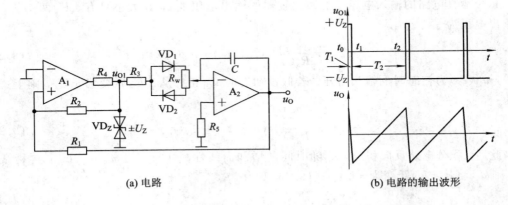

(a) 电路   (b) 电路的输出波形

图 9.21 锯齿波发生电路及输出波形

输出三角波的下降时间、上升时间和振荡周期为

$$\begin{cases} T_1 = t_1 - t_0 \approx 2 \cdot \dfrac{R_1}{R_2} \cdot R_3 C \\[2mm] T_2 = t_2 - t_1 \approx 2 \cdot \dfrac{R_1}{R_2} \cdot (R_3 + R_w)C \\[2mm] T = \dfrac{2R_1(2R_3 + R_w)C}{R_2} \end{cases}$$

由于 $R_3 \ll R_w$，则 $T \approx T_2$。

根据 T_1 和 T 的表达式，可求得 u_{O1} 的占空比为

$$q = \frac{T_1}{T} = \frac{R_3}{R_w + 2R_3} \tag{9.30}$$

因此，调整电位器滑动端的位置，可改变 u_{O1} 的占空比及锯齿波的上升和下降斜率；改变 R_1、R_2、R_w 的阻值和 C 的容量，可以改变振荡周期（频率）；调节 R_1 和 R_2 的阻值，可改变锯齿波的幅值。

【例 9.2】 电路如图 9.22 所示。

(1) 分别说明 A_1 和 A_2 各构成哪种基本电路；

(2) 求出 u_{O1} 与 u_O 的关系曲线 $u_{O1} = f(u_O)$；

(3) 求出 u_O 与 u_{O1} 的运算关系式 $u_O = f(u_{O1})$；

(4) 定性画出 u_{O1} 与 u_O 的波形。

(5) 说明若要提高振荡频率，可以改变哪些电路参数，如何改变。

解 (1) A_1 构成滞回比较器电路；A_2 构成反向积分运算电路。

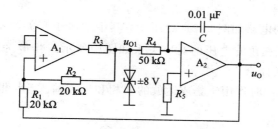

图 9.22　例 9.2 图

（2）根据虚短关系可知

$$u_{P1} = \frac{R_1}{R_1+R_2} \cdot u_{O1} + \frac{R_2}{R_1+R_2} \cdot u_O = \frac{1}{2}(u_{O1}+u_O) = u_{N1} = 0$$

根据 $u_O = \pm U_Z$ 可求得阈值电压为

$$\pm U_T = \pm \frac{R_1}{R_2} U_Z = \pm 8\ \text{V}$$

u_{O1} 与 u_O 的关系曲线如图 9.23（a）所示。

（3）A_2 构成了积分运算电路，其运算关系式为

$$u_O = -\frac{1}{R_4 C}\int_{t_1}^{t_2} u_{O1}\ \text{d}t + u_O(t_1) = -\frac{1}{R_4 C} u_{O1}(t_2-t_1) + u_O(t_1)$$
$$= -2000 u_{O1}(t_2-t_1) + u_O(t_1)$$

（4）u_{O1} 与 u_O 的波形图解如图 9.23（b）所示。

（5）u_O 从 $+U_T$ 变化到 $-U_T$ 所用时间为半个周期，由第（3）问中的运算关系式可知

$$U_T = \frac{1}{R_4 C} U_Z \cdot \frac{T}{2} + (-U_T)$$

可得 $T = \frac{4R_1 R_4 C}{R_2}$，即 $f = \frac{R_2}{4R_1 R_4 C}$。

因此，若要提高电路的振荡频率，可以减小 R_1、R_4、C 或者增大 R_2 的大小。

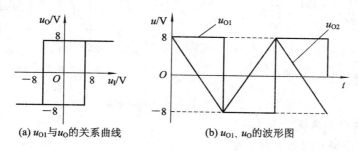

(a) u_{O1} 与 u_O 的关系曲线　　　(b) u_{O1}、u_O 的波形图

图 9.23

2. 波形变换法

此外，还可以利用基本电路来实现波形的变换。例如，利用积分电路将方波变为三角波，利用微分电路将三角波变为方波，利用电压比较器将正弦波变为矩形波，利用模拟乘法器将正弦波变为二倍频等等。

1) 三角波变锯齿波

三角波变锯齿波的电路如图 9.24(a)所示。其中的电子开关为示意图，u_C 为电子开关的控制电压，其与输入三角波电压的对应关系如图中所示。当 u_C 为低电平时，开关断开；当 u_C 为高电平时，开关闭合。

当开关断开时，u_I 同时作用于集成运放的同相和反相输入端。根据"虚短"和"虚"断的概念，可得

$$u_P = u_N = \frac{R_5}{R_3 + R_4 + R_5} \cdot u_I = \frac{u_I}{2} \tag{9.31}$$

列出节点 N 的电流方程为

$$\frac{u_I - u_N}{R_1} = \frac{u_N}{R_2} + \frac{u_N - u_O}{R_f}$$

代入电路所示的电阻阻值之间的关系，可得

$$u_O = u_I \tag{9.32}$$

当开关闭合时，则根据"虚短"和"虚断"的概念，可得 $u_P = u_N = 0$，因此电阻 R_2 中电流为零，电路变为反相比例运算电路，有

$$u_O = -u_I \tag{9.33}$$

因此，在输入三角波的上升阶段，输出电压与三角波相同；在输入三角波的下降阶段，输出电压与三角波反相；其输入-输出电压波形如图 9.24(b)所示。

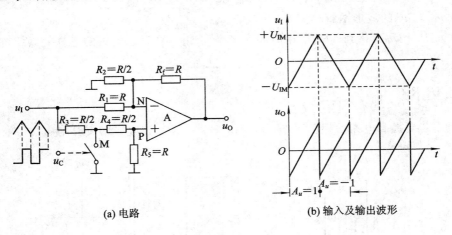

(a) 电路　　　　　　　　　　　　　(b) 输入及输出波形

图 9.24　三角波变锯齿波及输入及输出波形

2) 滤波法实现三角波变正弦波

将三角波按傅里叶级数展开，为

$$u_1(\omega t) = \frac{8}{\pi^2} U_m \left(\sin\omega t - \frac{1}{3^2}\sin3\omega t + \frac{1}{5^2}\sin5\omega t - \cdots \right) \tag{9.34}$$

其中 U_m 是三角波的幅值。根据上式可知，如果能将三角波的高次谐波滤除掉，则可得到 $u_O = U_{om}\sin\omega t$ 的正弦波信号。因此，将三角波通过一个通带截止频率大于三角波基波频率且小于三角波三次谐波频率的低通滤波器，即可得到三角波基波频率的正弦波信号。其电路框图及输出波形如图 9.25 所示。

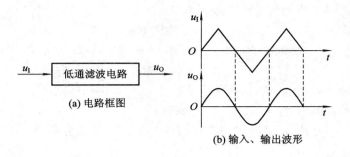

(a) 电路框图　　　　　　(b) 输入、输出波形

图 9.25　低通滤波法实现三角波－正弦波的变换

本 章 小 结

（1）正弦波振荡电路包括：放大电路、反馈网络、选频网络和稳幅环节；在判断电路能否产生正弦波振荡时，可首先判断是否满足相位平衡条件，在满足相位平衡条件的基础上，若满足起振条件，即满足幅值平衡条件，则电路能够产生正弦波振荡。

（2）正弦波振荡电路的选频网络可由电阻和电容组成或由电感和电容组成，也可以由电容、石英晶体组成；RC 振荡电路的振荡频率与 RC 的乘积成反比，这种振动器可产生几赫至几百千赫的低频信号；LC 振动电路的振荡频率主要取决于 LC 并联回路的谐振频率，常用的 LC 振荡电路有变压器反馈式、电感反馈式、电容反馈式。当要求正弦波振荡电路具有很高的频率稳定性时，可以采用石英晶体振荡器，石英晶体谐振器相当于一个高 Q 值的 LC 电路。

（3）常用的非正弦波发生电路有矩形波发生电路、三角波发生电路和锯齿波发生电路等。矩形波发生电路可以由滞回比较器和 RC 充放电回路组成；三角波发生电路可由滞回比较器和积分电路组成。在三角波发生电路中，使积分电容充电和放电的时间常数不同，并且相差悬殊，在输出端就可以得到锯齿波信号。

习题与思考题

9.1　在习题 9.1 图示电路中，已知 A_1、A_2、A_3 均为理想运算放大器，其输出电压的

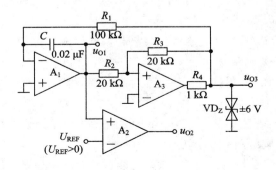

习题 9.1 图

两个极限值为±14 V。电路参数可做如下改变：

A. 增大 R_1　　B. 增大 R_2　　C. 增大 R_3　　D. 增大 C

E. 减小 R_1　　F. 减小 R_2　　G. 减小 R_3　　H. 减小 C

I. 增大 U_{REF}　　J. 减小 U_{REF}

(1) 为增大输出电压 u_{O1} 的峰-峰值，可通过_____实现；

(2) 为增大振荡频率 f，可通过_____实现；

(3) 设在一个周期内 u_{O2} 等于高电平的时间为 T_1，占空比为 T_1/T，为增大占空比，可通过_____实现。

9.2　在习题 9.1 图所示电路中，已知 A_1、A_2、A_3 均为理想运算放大器，其输出电压的两个极限值为±14 V。判断下列结论是否正确。

(1) 图示电路为三角波-方波发生器。(　　)

(2) 输出电压 u_{O1} 峰-峰值为 28 V。(　　)

(3) 输出电压 u_{O2} 峰-峰值为 28 V。(　　)

(4) 输出电压 u_{O3} 峰-峰值为 12 V。(　　)

(5) R_2 增大，u_{O1} 峰-峰值增大。(　　)

(6) 电容 C 的容量减小，振荡频率 f 增大。(　　)

(7) U_{REF} 减小，振荡频率 f 增大。(　　)

9.3　正弦波振荡电路如习题 9.3 图所示，试选择正确答案填空：

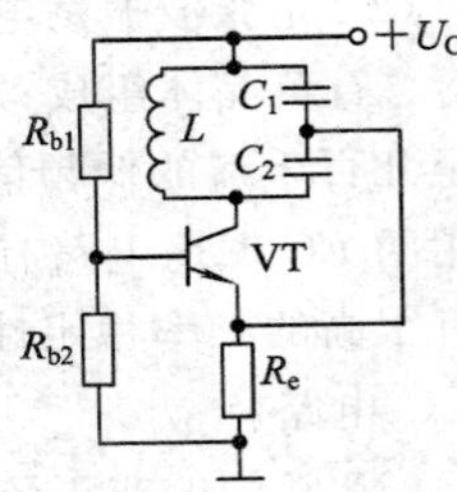

习题 9.3 图

(1) 该电路为_____类型。

A. 变压器反馈式　　B. 电感三点式　　C. 电容三点式

(2) 反馈信号取自_____两端电压。

A. 电容 C_1　　B. 电容 C_2　　C. 电感 L

(3) 振荡频率表达式 $f_0 \approx$_____。

A. $\dfrac{1}{2\pi L(C_1+C_2)}$　　B. $\dfrac{1}{2\pi\sqrt{L(C_1+C_2)}}$　　C. $\dfrac{1}{2\pi\sqrt{L\dfrac{C_1 C_2}{C_1+C_2}}}$

(4) 若电路不起振，可在_____两端并接一个大电容。

A. R_e　　B. R_{b2}　　C. R_{b1}

9.4　正弦波振荡电路如习题 9.4 图所示。试就下列问题选择正确答案填空：

(1) 电阻 R_8 阻值减小，则电路_____。

A. 有利于起振　　B. 不利于起振　　C. 与起振条件无关

(2) 电容 C_2 开路，则电路_____。

A. 不能振荡　　B. 能振荡　　C. 可能振荡，但不是很好的正弦波

(3) 电容 C_2 短路，则电路_____。

A. 不能振荡　　B. 能振荡　　C. 可能振荡，但不是很好的正弦波

(4) 电感 L 短路，则电路_____。

A. 不能振荡　　B. 能振荡　　C. 可能振荡，但不是很好的正弦波

(5) 电容 C_1 开路，则电路_____。

A. 不能振荡　　　　B. 能振荡　　　　C. 可能振荡，但不是很好的正弦波

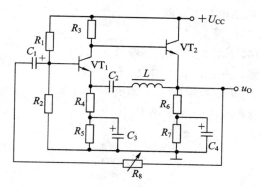

习题 9.4 图

9.5　习题 9.5 图示电路为某超外差收音机中的本机正弦波振荡电路，其中 C_4 为预调电容，C_5 为可调电容。选择正确答案填空：

（1）变压器的副边绕组的同名端为＿＿＿＿＿＿＿；

A. 1 端　　　　　B. 3 端

（2）若将变压器副边绕组抽头向上移动，则＿＿＿＿＿＿＿。

A. 谐振回路的品质因数 Q 值减小，使波形和频率稳定性变差

B. 谐振回路的品质因数 Q 值增大，使波形和频率稳定性变好

C. 对 Q 值、波形和频率稳定性无影响

9.6　石英晶体振荡电路如习题 9.6 图示。试选择正确答案填空：

（1）欲使电路能产生振荡，晶体频率 f_0 与 LC_1 回路谐振频率 $f_1 = \dfrac{1}{2\pi\sqrt{LC_1}}$ 应有＿＿＿＿＿＿的关系。

A. f_1 略高于 f_0　　B. f_1 略低于 f_0　　C. $f_1 = f_0$

（2）在电路振荡时，晶体等效为＿＿＿＿＿＿＿，LC_1 回路等效为＿＿＿＿＿＿＿。

A. 电容　　　　　B. 电阻　　　　　C. 电感

（3）该振荡电路属于＿＿＿＿＿＿＿晶体振荡电路。

A. 串联型　　　　B. 并联型

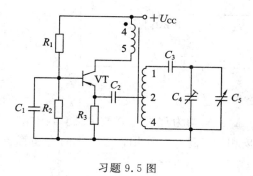

习题 9.5 图

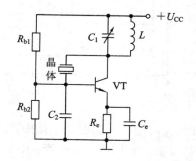

习题 9.6 图

9.7　在习题 9.7 图示锯齿波-矩形波发生器中，已知 A_1、A_2 为理想运算放大器，其输

出电压的两个极限值为±12 V。设振荡周期为 T，一个周期内 u_{O1} 为高电平的时间为 T_1，占空比 $=T_1/T$。判断下列结论是否正确。

(1) 输出电压 u_{O1} 峰-峰值为 24 V。（   ）

(2) R_{w1} 的滑动端上移，输出电压 u_O 峰-峰值增大。（   ）

(3) R_{w1} 的滑动端上移，振荡频率 f 增大。（   ）

(4) 电容 C 的容量减小时，振荡频率 f 增大。（   ）

(5) R_{w2} 的滑动端上移，振荡频率 f 增大。（   ）

(6) R_{w2} 的滑动端上移，占空比增大。（   ）

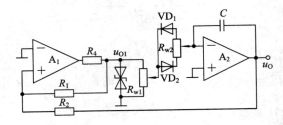

习题 9.7 图

9.8 在习题 9.8 图示电路中，已知 A_1、A_2、A_3 均为理想运算放大器，其输出电压的两个极限值为±12 V；三极管、R_b、R_c 构成反相器，起开关作用，三极管的饱和管压降 $U_{CES}=0$ V；稳压管的稳定电压 U_Z 大于 U_M。判断下列结论是否正确。

(1) 图示电路为三角波-方波发生器。（   ）

(2) 输出电压 u_{O3} 峰-峰值为 24 V。（   ）

(3) 输出电压 u_{O1} 峰-峰值为 12 V。（   ）

(4) R_1 增大，u_{O1} 峰-峰值增大。（   ）

(5) 电容 C 的容量减小，振荡频率 f 增大。（   ）

(6) R_1 减小，振荡频率 f 增大。（   ）

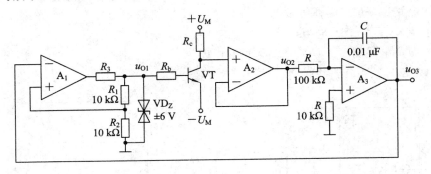

习题 9.8 图

9.9 在习题 9.8 图所示电路中，已知 A_1、A_2、A_3 均为理想运算放大器，其输出电压的两个极限值为±12 V；三极管、R_b、R_c 构成反相器，起开关作用，三极管的饱和管压降 $U_{CES}=0$ V；稳压管的稳定电压 U_Z 大于 U_M。填空：

(1) A_1 构成_____电路，A_2 构成_____电路，A_3 构成_____电路；

（2）u_{O1} 的上限值为_____V，下限值为_____V；

（3）u_{O3} 的上限值为_____V，下限值为_____V；

（4）振荡周期 T 的表达式为_____（不必计算数值）。

9.10 在习题 9.10 图所示三角波–方波发生器中，已知 A_1、A_2、A_3 为理想运算放大器，其输出电压的两个极限值为 ± 12 V；二极管为理想二极管；C_1 为保持电容，其容量足够大，可以认为在放电过程中其两端电压几乎不变。填空：

（1）输出电压_____为方波，其峰–峰值为_____V；

（2）输出电压_____为三角波，其峰–峰值为_____V；

（3）电容 C_2 的容量减小时，振荡频率 f 将_____；

（4）当 R_2 增大时，振荡频率 f 将_____。

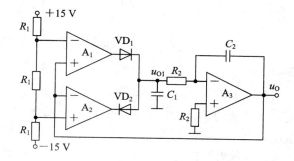

习题 9.10 图

9.11 在习题 9.11 图示方波发生器中，已知 A 为理想运算放大器，其输出电压的两个极限值为 ± 12 V。

（1）画出输出电压 u_O 和电容两端电压 u_C 的波形；

（2）求解振荡周期 T 的表达式，并计算出数值。

9.12 习题 9.12 图所示为矩形波发生器，已知 A 为理想运算放大器，其输出电压的两个极限值为 ± 12 V；二极管为理想二极管。试求：

（1）输出电压 u_O 的峰–峰值；

（2）电容两端电压 u_C 的峰–峰值；

（3）输出电压 u_O 的周期。

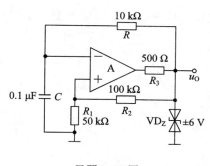

习题 9.11 图

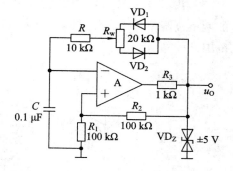

习题 9.12 图

9.13 在习题 9.13 图示矩形波发生器中，已知 A 为理想运算放大器，其输出电压的

最大值 $U_{omax} = 15$ V，最小值 $U_{omin} = 0$ V；$U_{REF} = 6$ V。

（1）画出输出电压 u_O 和电容两端电压 u_C 的波形，并标出它们的幅值。

（2）当 U_{REF} 的值超出什么范围时，电路不再产生振荡？

9.14　在习题 9.14 图示三角波-方波发生器中，已知 A_1、A_2 均为理想运算放大器，试标出它们的同相输入端和反相输入端，并定性画出 u_{O1}、u_O 的波形图。

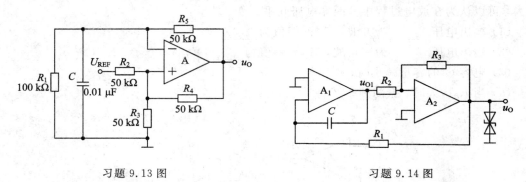

习题 9.13 图　　　　　　　　　　　　习题 9.14 图

9.15　在习题 9.15 图（a）所示三角波-方波发生器中，已知 A_1、A_2、A_3 为理想运算放大器，其输出电压的两个极限值为 ± 12 V；二极管为理想二极管；C_2 为保持电容，其容量足够大，可以认为在放电过程中其两端电压几乎不变。

（1）分别说明虚线左、右各为哪种基本电路，并用恰当的方式描述出它们输入电压和输出电压的函数关系；

（2）画出 u_{O1} 和 u_{O2} 的波形图，并标出它们的幅值。

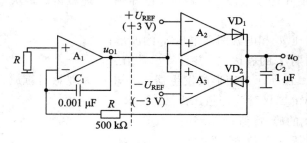

习题 9.15 图

9.16　在习题 9.16 图示三角波发生器中，已知 A_1、A_2 均为理想运算放大器，其输出电压的两个极限值为 ± 12 V。调节两个电位器滑动端的位置，求解 u_O 幅值变化范围和频率变化范围。

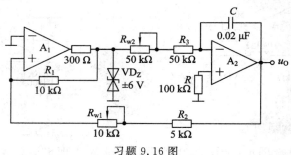

习题 9.16 图

9.17 电路如习题 9.17 图所示，试回答下列问题：

（1）画出交流通路，并判断是否满足正弦波振荡的相位平衡条件？设 C_3 对交流可视为短路。

（2）如满足相位平衡条件，请指出属于哪种类型的振荡电路。如不满足，应如何改动使之有可能振荡？

（3）在满足振荡条件时，请估算振荡频率 f_0。

9.18 电容三点式 LC 正弦波振荡电路如图所示。已知 $C_1 = C_2 = 100$ pF，若要求其振荡频率，试问电感 L 应选多大？设放大电路对谐振回路的负载效应可以忽略。

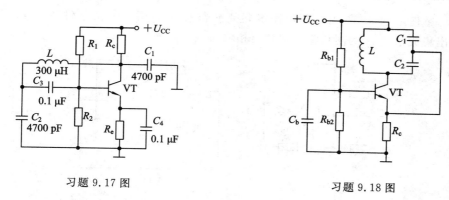

习题 9.17 图　　　　　　　习题 9.18 图

9.19 试用相位平衡条件判断习题 9.19 图示各交流通路，哪些有可能产生正弦波振荡，哪些不能振荡，能振荡的属于哪种类型电路。

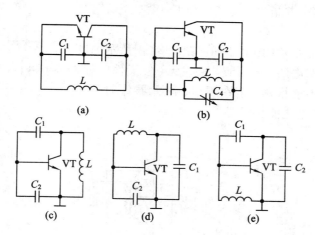

习题 9.19 图

9.20 电路如习题 9.20 图所示，试回答下列问题：

（1）画出交流通路，并判断是否满足正弦波振荡的相位平衡条件。

（2）如满足相位平衡条件，指出属于哪种类型的振荡电路。如不满足，应如何改动使之有可能振荡。

（3）在满足振荡条件时，估算振荡频率 f_0。

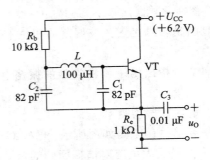

习题 9.20 图

9.21　欲使习题 9.21 图示两电路满足正弦波振荡的相位平衡条件，试分别用"＋"
"－"号标出集成运放 A 的同相输入端和反相输入端。

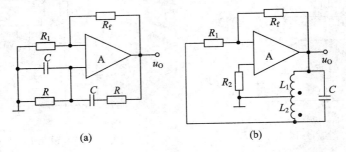

(a)　　　　　　　　　　　　　(b)

习题 9.21 图

9.22　试将习题 9.22 图示电路中各点正确连接，使之
成为正弦波振荡电路，并指出该电路的类型，设 C_b、C_e 对交
流短路。

9.23　某同学在实验中组装了如习题 9.23 图所示的电
感三点式正弦波振荡电路，经检查，接线无误，元件完好，
但接通电源后电路不能振荡，请在不增、减元器件的条件
下，用最简便的方法使之能够振荡。

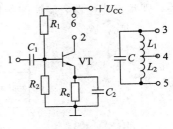

习题 9.22 图

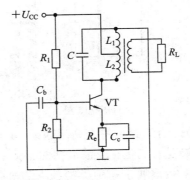

习题 9.23 图

9.24　试判断习题 9.24 图示两个电路能否产生正弦波振荡，若不能，简述理由；若
能，说明属于哪种类型电路，并写出振荡频率 f_0 的近似表达式。设 A 均为理想集成运放。

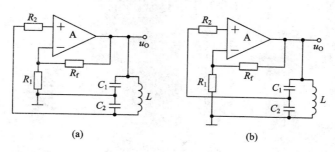

(a)   (b)

习题 9.24 图

9.25 正弦波振荡电路如习题 9.25 图所示。已知 $R_1 = 20 \text{ k}\Omega$，$R_2 = 10 \text{ k}\Omega$，$C_1 = C_2 = 0.01 \ \mu\text{F}$。试回答列问题：

(1) 估算振荡频率 f_0。(忽略放大电路对选频网络的影响)

(2) 为使电路起振，R_f 应如何选择？

(3) 若用一只热敏电阻 R_t 取代 R_f(或与 R_f 串联)以稳定输出振幅，该热敏电阻具有正温度系数还是负温度系数？若用 R_t 取代 R_{e1}(或与 R_{e1} 串联)，R_t 的温度系数又应如何选择？

(4) 若只将反馈的取样点从 VT_2 的集电极改为 VT_1 的集电极，能否使电路仍然保持正弦波振荡？为什么？

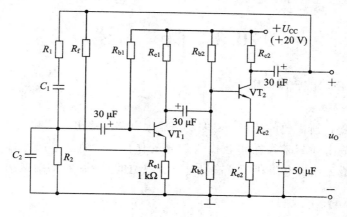

习题 9.25 图

9.26 试根据相位平衡条件，判断习题 9.26 图示两电路是否有可能产生正弦波振荡？简述理由。若有可能产生正弦波振荡，估算其振荡频率 f_0 值。

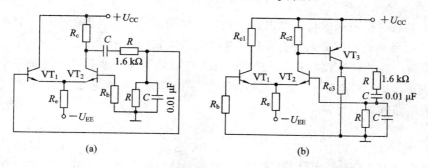

(a)   (b)

习题 9.26 图

第 10 章

功率放大电路

能够向负载提供足够信号功率的放大电路称为功率放大电路，简称功放。从能量控制和转换的角度看，功率放大电路与其他放大电路相同；但是，功放不单纯追求能够输出高电压或者大电流，而是在电源电压确定的情况下，尽可能输出大功率。因此，功放电路的组成、分析方法以及元器件的选择，都与小信号放大电路有着明显的区别。

10.1 概　　述

1. 功率放大电路的一般要求

1）电路输出功率大

为了给负载提供所需要的功率，要求功率放大电路的输出电压和输出电流都有足够大的变化量。最大输出功率是指在正弦输入信号的作用下，输出不超过规定的非线性指标时，放大电路的最大输出电压和最大输出电流有效值的乘积。在共射接法下，有

$$P_{om} = \frac{U_{om}}{\sqrt{2}} \cdot \frac{I_{om}}{\sqrt{2}} = \frac{1}{2}U_{om}I_{om} \tag{10.1}$$

式中，U_{om} 和 I_{om} 分别为集电极正弦电压和电流的幅值。因此，在电源电压一定的情况下，功放电路的最大不失真输出电压应为最大，即输出功率应尽可能大。

2）电源转换效率高

放大电路输送给负载的功率是由直流电源提供的。在电源提供的电能中，晶体管和电路电阻工作时要消耗一部分，余下部分才是输送给负载的有用功率。特别是在输出功率比较大时，提高电源的转换效率尤为重要。否则会造成能量浪费并转换为热量，并使电路中各元件的温度上升。若定义 P_V 为直流电源所提供的功率，P_o 为放大电路给负载的输出功率，则放大电路的效率为

$$\eta = \frac{P_o}{P_V} \tag{10.2}$$

因此，在功放电路中，电路损耗的直流功率应该尽可能的小，静态时功放管的集电极电流应近似为零，即电源转换效率应尽可能高。

3）非线性失真小

在功率放大电路中，晶体管常处于大信号、满负荷的工作状态，这使得晶体管特性曲线的非线性问题表现更为突出。因此，输出波形的非线性失真要比小信号电压放大电路严重得多。设计功率放大电路时，必须根据负载的要求来规定允许的失真度范围，并采取各种有效措施将非线性失真限制在允许的范围内。

2. 功率放大电路中的晶体管及电路的分析方法

为使输出功率尽可能大，功放电路中的晶体管被要求工作在尽限应用状态：晶体管集电极电流最大时接近 I_{CM}（最大集电极电流），管压降最大时接近 $U_{(BR)CEO}$（C - E 间能承受的最大管压降），耗散功率最大时接近 P_{CM}（最大集电极耗散功率）。因此，在选择功放管时，要特别注意极限参数的选择，以保证管子安全工作。功放管通常为大功率管，要特别注意其散热条件，使用时必须安装合适的散热片，有时还要采取各种保护措施。

因为功率放大电路的输出电压和输出电流幅值均很大，功放管特性的非线性不可忽略，所以在分析功放电路时，不能采用仅适用于小信号的交流等效电路法，而应采用图解法。此外，由于功放的输入信号较大，输出波形容易产生非线性失真，电路中应采用适当方法改善输出波形，如引入交流负反馈。

10.2　基本功率放大电路

在电源的电压确定以后，功放电路的主要研究问题集中在输出尽可能大的功率和提高转换效率两方面。围绕着这两个性能指标的改善，可形成不同电路形式的功放。

1. 共射放大电路

共射放大电路是模拟电路中最常见的放大电路，如图 10.1（a）所示，其图解分析如图（b）所示。在静态时，若忽略基极电流 I_{BQ}，则直流电源提供的直流功率约为 $P_V = I_{CQ}U_{CC}$，即矩形 $ABCO$ 的面积；集电极电阻 R_c 上消耗的功率为 $P_{R_c} = I_{CQ}U_R = I_{CQ}(U_{CC} - U_{CEQ})$，即矩形 $QBCD$ 的面积；晶体管集电极上的耗散功率为 $P_C = I_{CQ}U_{CEQ}$，即矩形 $AQDO$ 的面积。

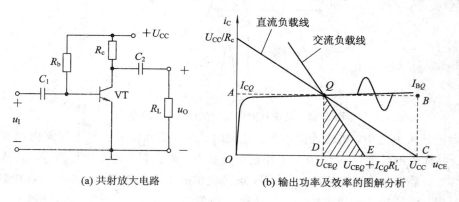

(a) 共射放大电路　　　　(b) 输出功率及效率的图解分析

图 10.1　共射放大电路

在输入信号为正弦波时，其交流负载线如图 10.1（b）所示。若集电极电流也为正弦波，则电源输出的平均电流仍为 I_{CQ}（仍然忽略基极电流），电源提供的直流功率不变。而集电极电流的交流分量的最大值为 I_{CQ}；管压降交流分量的最大值为 $I_{CQ}(R_c /\!/ R_L)$，有效值为 $I_{CQ}(R_c /\!/ R_L)/\sqrt{2}$；因此，$R_L'(R_L'=R_c /\!/ R_L)$ 上可能获得的最大交流功率为

$$P_{om}' = \left(\frac{I_{CQ}}{\sqrt{2}}\right)^2 R_L' = \frac{1}{2}I_{CQ}(I_{CQ}R_L') \tag{10.3}$$

即图中三角形 QDE 的面积。因此，该电路的输出功率(即负载上获得的功率)P_o仅为 P' 的一部分。若 R_L 很小，则交流负载线更陡，电路的输出功率更小。由于电源提供的功率始终不变，则该电路的效率也很低。因此，共射放大电路不适于作功率放大电路。

为了提高输出功率和效率，可以去掉集电极电阻 R_c，直接将负载接在晶体管的集电极，并利用变压器实现阻抗变换，同时调节 Q 点使晶体管达到尽限工作状态。

2. 功放电路中晶体管的工作状态

从上述对共射放大电路的分析中可以看出，电源提供的功率会被晶体管和电阻消耗掉一部分，因此降低管耗是提高效率的关键。管耗与晶体管的工作状态关系密切。一般可把晶体管的工作状态分为甲类、乙类、甲乙类和丙类四种类型，如图 10.2 所示。

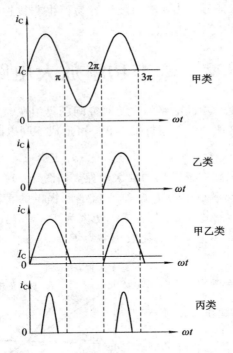

图 10.2　功率放大电路中晶体管的工作状态

在共射放大电路中，当输入信号为正弦波时，晶体管在信号的整个周期内都有电流流过。因此晶体管的导通角 $\theta=360°$，工作在甲类状态。静态时，输入信号为零，虽然输出信号也是零，但静态集电极电流 I_{CQ}不为零，电源提供的功率全部消耗在晶体管和电阻上；有输入信号时，电源提供的功率的一部分转化为有用的输出功率，且输入信号越大，输送给负载的功率越大。从理论上可证明，在理想情况下，甲类功率放大电路的效率最多能达到 50%，而实际上只能达到 30%左右，效率非常低。

如果晶体管在输入信号的整个周期内只有半个周期有电流流过，则它的导通角 $\theta=$

180°，工作在乙类状态。乙类功率放大电路在静态时，集电极电流 I_{CQ} 几乎为零，理想情况下其效率可达 78.5%，但输出波形会产生严重失真。为了减小失真，必须采用互补对称电路，使两个管子轮流导通，以保证能在负载上获得较完整的正弦波。

如果晶体管的导通角 $\theta = 180° \sim 360°$，则称它工作在甲乙类状态。甲乙类功放的效率比乙类功放略低，但能克服乙类放大电路中的交越失真，是一种实际应用较广的电路。

如果晶体管的导通角 $\theta < 180°$，则称它工作在丙类状态。该类功放的效率最高，但波形失真也最大，一般只是用于特殊的振荡功率输出电路。

3. 变压器耦合甲类功率放大电路

图 10.3(a) 给出了单管变压器耦合功率放大电路。若忽略变压器原边线圈电阻，则电路的直流负载线如图 10.3(b) 所示，为垂直于横轴且过 $(U_{CC}, 0)$ 的直线。若忽略晶体管基极回路的损耗，则直流电源提供的功率为

$$P_V = I_{CQ}U_{CC} \tag{10.4}$$

静态时，电源提供的直流功率全部消耗在晶体管上。

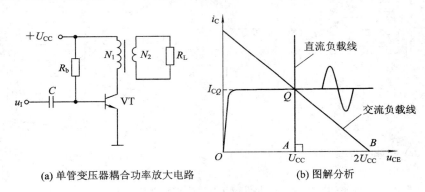

(a) 单管变压器耦合功率放大电路　　　　(b) 图解分析

图 10.3　变压器耦合甲类功率放大电路

动态时，负载电阻可等效变换到变压器原边上，等效电阻为

$$R_L' = \left(\frac{N_1}{N_2}\right)^2 R_L \tag{10.5}$$

因此，交流负载线如图 (b) 中所示，其斜率为 $-1/R_L'$，直线经过 Q 点。通过调节变压器的原、副边线圈的匝数比 N_1/N_2，可以使交流负载线与横轴相交于 $(2U_{CC}, 0)$。此时 R_L' 中交流电流的最大幅值为 I_{CQ}，交流电压的最大幅值为 U_{CC}。因此，在理想变压器的情况下，单管变压器耦合功放的最大输出功率为

$$P_{om} = \frac{I_{CQ}}{\sqrt{2}} \cdot \frac{U_{CC}}{\sqrt{2}} = \frac{1}{2}I_{CQ}U_{CC} \tag{10.6}$$

从图 10.2 中可以看出，此即三角形 QAB 的面积。在输出波形不失真的情况下，集电极的平均电流仍为 I_{CQ}，电源提供的功率仍为式 (10.4) 所示。因此，单管变压器耦合功放的最大效率为

$$\eta_m = \frac{P_{om}}{P_V} = 50\% \tag{10.7}$$

由于晶体管在信号的整个周期内都有电流流过，因此晶体管的导通角 $\theta = 360°$，工作在

甲类状态。变压器耦合功率放大电路是甲类功率放大电路。在该电路中,电源提供的功率在有无信号输入时均保持不变:当输入电压为零时,电源的转换效率也为零;输入电压越大,i_C幅值越大,负载上获得的功率就越大,管子的损耗就越小,因而转换效率也就越高,最高可达50%。

在实用电路中,通常希望输入信号为零时电源不提供功率;而输入信号越大,负载获得的功率也越大,电源提供的功率也随之增大,从而提高了效率。因此,在输入信号为零时,应使管子处于截止状态。而为了使负载上能够获得正弦波,常常需要采用两只管子,在信号的正、负半周交替导通,因此产生了变压器耦合乙类推挽功率放大电路。

4. 变压器耦合乙类推挽功率放大电路

图10.4(a)给出了变压器耦合乙类推挽功率放大电路。在分析时,假设输入信号为正弦波,电路中的晶体管 VT_1、VT_2 特性完全相同,且可忽略晶体管 B-E 之间的开启电压。

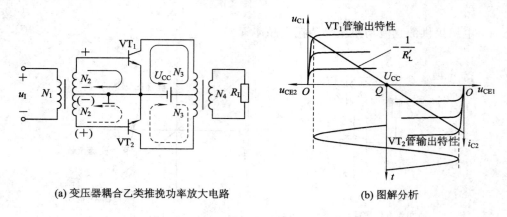

(a) 变压器耦合乙类推挽功率放大电路　　　　　　(b) 图解分析

图10.4　变压器耦合乙类推挽功率放大电路

当输入信号为零时,由于晶体管的基极、发射极均接地,因此 $U_{be1} = U_{be2} = 0$,VT_1、VT_2 均处于截止状态,直流电源提供的功率为零,负载上的电压也为零。

当输入信号使得变压器副边电压的极性为上正下负时,晶体管 VT_1 导通,VT_2 截止,电流如图中实线所示;当输入信号使得变压器副边电压的极性为上"-"下"+"时,晶体管 VT_2 导通,VT_1 截止,电流如图10.4(a)中虚线所示。负载上获得完整周期的正弦波电压,从而获得交流功率。图10.4(b)为图(a)所示电路的图解分析,等效负载上能够获得的最大电压幅值接近于 U_{CC},其有效值为

$$U_{om} = \frac{U_{CC} - U_{CES}}{\sqrt{2}} \tag{10.8}$$

由于在上述电路中,同类型的晶体管 VT_1 和 VT_2 交替导通工作,因此这种晶体管的工作方式被称为"推挽"。同时,由于每个晶体管只在正弦信号的半个周期内工作,其导通角 $\theta = 180°$,因此电路中的晶体管工作在乙类状态,故称该电路为乙类推挽功率放大电路。

5. OTL 功率放大电路

变压器耦合功放虽然可以实现阻抗变换,但其笨重、效率低、高低频特性差等缺点限制了它的应用。若将变压器用一个大容量的电容来代替,即可构成 OTL(Output Transformerless，无输出变压器）电路，其电路如图 10.5 所示。图中的晶体管 VT_1、VT_2 为特性理想对称的 NPN、PNP 型管；电容 C 的容量应足够大，对交流信号可视为短路；晶体管 B-E 之间的开启电压可忽略。

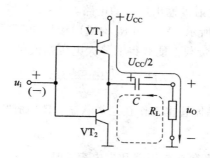

图 10.5　OTL 功率放大电路

静态时，前级电路应使晶体管的基极电位为 $U_{CC}/2$；由于 VT_1、VT_2 的特性理想对称，其发射极电位也为 $U_{CC}/2$；因此电容 C 两端的电压也为 $U_{CC}/2$，其极性如图 10.5 中所标注。

动态时，假设输入信号为正弦波。当 $u_i > 0$ 时，晶体管 VT_1 导通，VT_2 截止，电流如图中实线所示，VT_1 和 R_L 构成射极输出形式的电路，$u_o \approx u_i$；当 $u_i < 0$ 时，晶体管 VT_2 导通，VT_1 截止，电流如图中虚线所示，VT_2 和 R_L 构成射极输出形式的电路，$u_o \approx u_i$；OTL 电路的输出电压跟随输入电压。负载上能获得的最大电压幅值接近于 $U_{CC}/2$，其有效值为

$$U_{om} = \frac{(U_{CC}/2) - U_{CES}}{\sqrt{2}} \tag{10.9}$$

同样，由于每个晶体管只在正弦信号的半个周期内工作，其导通角 $\theta = 180°$，因此电路中的晶体管也工作在乙类状态。不同类型的两只晶体管交替工作、且均组成射极输出形式的电路称为"互补"电路，两只管子的这种交替工作方式称为"互补"工作方式。

6. OCL 功率放大电路

由于一般情况下功率放大电路的负载电流很大，因而电容的容量必须很大（电解电容），此时电路的低频特性将越好。但当容量增大到一定程度时，电解电容会存在漏阻和电感效应，因此电路的低频特性将不会明显改善。若将 OTL 电路中的电容去掉，则构成 OCL（Output Capacitorless，无输出电容）电路，其电路如图 10.6 所示。图中，晶体管 VT_1、VT_2 为特性理想对称的 NPN、PNP 型管；电路采用双电源供电；晶体管 B-E 之间的开启电压可忽略。

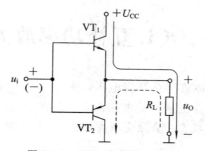

图 10.6　OCL 功率放大电路

　　静态时，前级电路应使晶体管的基极电位为零，由于 VT_1、VT_2 的特性理想对称，其发射极电位也为零，因此负载上无功率输出。

　　动态时，假设输入信号为正弦波。当 $u_i > 0$ 时，晶体管 VT_1 导通，VT_2 截止，电流如图中实线所示，VT_1 和 R_L 构成射极输出形式的电路，$u_o \approx u_i$；当 $u_i < 0$ 时，晶体管 VT_2 导通，VT_1 截止，电流如图中虚线所示，VT_2 和 R_L 构成射极输出形式的电路，$u_o \approx u_i$；OTL 电路的输出电压跟随输入电压。负载上能获得的最大电压幅值接近于 U_{CC}，其有效值为

$$U_{om} = \frac{U_{CC} - U_{CES}}{\sqrt{2}}$$

同样，OCL 电路中的晶体管也工作在乙类状态，且构成"互补"电路。

7. BTL 功率放大电路

　　在 OCL 电路中，虽然不存在变压器和大电容，但电路采用了双电源供电，需制作两路电源。为了实现单电源供电，且不用变压器和大电容，可采用 BTL (Balanced Transformerless，桥式推挽)电路，如图 10.7 所示。图中四只晶体管的特性理想对称，晶体管 B-E 之间的开启电压可忽略。

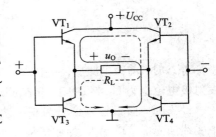

图 10.7　BTL 功率放大电路

　　静态时，由于四只晶体管的特性理想对称，均处于截止状态，负载上的电压为零，因此无功率输出。

　　动态时，假设输入信号为正弦波。当 $u_i > 0$ 时，晶体管导通，截止，电流如图 10.7 中实线所示，负载上获得正半周信号；当 $u_i < 0$ 时，晶体管 VT_2 和 VT_3 导通，VT_1 和 VT_4 截止，电流如图中虚线所示，负载上获得负半周信号；BTL 电路的输出电压跟随输入电压。负载上能获得的最大电压幅值接近于 U_{CC}，其有效值为

$$U_{om} = \frac{U_{CC} - 2U_{CES}}{\sqrt{2}} \tag{10.10}$$

　　由于 BTL 电路所用晶体管的数量多，很难做到特性理想对称，且管子的总损耗大，因而转换效率降低。电路采用双入双出方式，输入和输出均无接地点，因此有些场合不适用。

　　综上所述，变压器耦合乙类推挽电路、OTL 电路、OCL 电路和 BTL 电路中晶体管均工作在乙类状态，各有优缺点，使用时应根据需要合理选择。目前集成功率放大电路多为 OTL 和 OCL 电路，前者需外接输出电容。当这两种集成电路不能满足负载所需功率要求时，应考虑采用分立元件 OTL、OCL 电路或变压器耦合乙类推挽功率放大电路。

10.3　OCL 互补功率放大电路

　　如 6.4 节所述，由于晶体管存在开启电压，图 10.6 所示的基本 OCL 电路的输出信号必然存在交越失真。其解决办法是为该电路设置合适的静态工作点，使晶体管在静态时处于临界导通状态或者微导通状态。消除交越失真的 OCL 电路如图 10.8 所示，其原理详见 6.4 节。

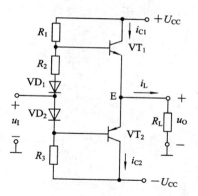

图 10.8　消除交越失真的 OCL 电路

　　静态时，从 $+U_{CC}$、R_1、R_2、VD_1、VD_2、R_3 到 $-U_{CC}$ 有一个直流电流，该电流使得晶体管 VT_1、VT_2 基极之间的电压略大于两个晶体管开启电压之和，从而保证 VT_1、VT_2 处于微导通状态。调节 R_2，可使发射极电位 $U_E=0$，从而保证在无输入信号时，负载上无功率输出。

　　在输入信号的正半周，主要是 VT_1 管发射极驱动负载；在负半周，主要是 VT_2 管发射极驱动负载；在信号电压很小时，两只管子同时导通；因此，两管的导通时间都比输入信号的半个周期长，它们工作在甲乙类状态。

1. 输出功率及效率的计算

　　当输入信号为正弦波时，由于二极管 VD_1、VD_2 的动态电阻很小，且 R_2 的阻值也较小，因而可以认为 VT_1 管基极电位的变化与 VT_2 管基极电位的变化近似相等，即 $u_{b1} \approx u_{b2} \approx u_i$。电路的输出电压跟随输入电压。设晶体管的饱和管压降 $U_{CES1}=U_{CES2}=U_{CES}$，则负载上能获得的最大不失真电压幅值为 $(U_{CC}-U_{CES})$，其有效值为

$$U_{om} = \frac{U_{CC}-U_{CES}}{\sqrt{2}}$$

该电路的最大输出功率为

$$P_{om} = \frac{U_{om}^2}{R_L} = \frac{(U_{CC}-U_{CES})^2}{2R_L} \tag{10.11}$$

在忽略基极回路电流的情况下，电源 U_{CC} 提供的电流为

$$i_C = \frac{U_{CC}-U_{CES}}{R_L}\sin\omega t \tag{10.12}$$

电源在负载获得最大交流功率时所消耗的平均功率等于其平均电流与电源电压之乘积，其表达式为

$$P_V = \frac{1}{\pi}\int_0^\pi \frac{U_{CC}-U_{CES}}{R_L}\sin\omega t \cdot U_{CC}\, \mathrm{d}\omega t$$
$$= \frac{2}{\pi} \cdot \frac{U_{CC}(U_{CC}-U_{CES})}{R_L} \tag{10.13}$$

因此，转换效率为

$$\eta = \frac{P_{om}}{P_V} = \frac{\pi}{4} \cdot \frac{U_{CC}-U_{CES}}{U_{CC}} \tag{10.14}$$

在理想情况下，若晶体管的饱和管压降可以忽略，则

$$P_{om} = \frac{U_{CC}^2}{2R_L} \tag{10.15}$$

$$P_V = \frac{2}{\pi} \cdot \frac{U_{CC}^2}{R_L} \tag{10.16}$$

$$\eta = \frac{\pi}{4} \approx 78.5\% \tag{10.17}$$

一般情况下，大功率管的饱和管压降为 2～3 V，因此一般情况下不可忽略。

2. 晶体管的选择

在功率放大电路中，应该根据晶体管所承受的最大管压降、集电极最大电流和最大功耗来选择晶体管。

1）最大管压降

从图 10.8 中可知，两只功放管中处于截止状态的晶体管将承受较大的管压降。在输入电压的正半周，VT_1 导通，VT_2 截止，当 u_i 从 0 增大到峰值时，其发射结电位 u_E 从 0 增大到 $(U_{CC} - U_{CES1})$。因此 VT_2 的管压降 $u_{EC2} = u_E - (-U_{CC}) = u_E + U_{CC}$ 将从 U_{CC} 增大到最大值，即

$$u_{EC2max} = (U_{CC} - U_{CES1}) + U_{CC} = 2U_{CC} - U_{CES1} \tag{10.18}$$

同样的分析可知，在输入电压的负半周，VT_2 导通，VT_1 截止，当 u_i 为负峰值时，VT_1 管承受最大管压降，为 $(2U_{CC} + U_{CES2})$。考虑到需留有一定的余量，晶体管承受的最大管压降为

$$|U_{CEmax}| = 2U_{CC} \tag{10.19}$$

2）集电极最大电流

从电路最大输出功率的分析中可以知道，晶体管的发射极电流等于负载电流，而负载上的最大压降为 $(U_{CC} - U_{CES1})$，因此集电极电流的最大值为

$$I_{Cmax} \approx I_{Emax} = \frac{U_{CC} - U_{CES1}}{R_L}$$

考虑到需留有一定的余量，集电极最大电流为

$$I_{Cmax} = \frac{U_{CC}}{R_L} \tag{10.20}$$

3）集电极最大功耗

在功放电路中，晶体管的管压降和集电极瞬时电流的表达式为

$$u_{CE} = U_{CC} - U_{om}\sin\omega t, \quad i_C = \frac{U_{om}}{R_L} \cdot \sin\omega t$$

功耗 P_T 为功放管所损耗的平均功率，因此每只晶体管的集电极功耗为

$$P_T = \frac{1}{2\pi}\int_0^\pi (U_{CC} - U_{om}\sin\omega t) \cdot \frac{U_{om}}{R_L} \cdot \sin\omega t \, d\omega t = \frac{1}{R_L}\left(\frac{U_{CC}U_{om}}{\pi} - \frac{U_{om}^2}{4}\right)$$

令 $\frac{dP_T}{dU_{om}} = 0$，可得 $U_{om} = \frac{2}{\pi} \cdot U_{CC} \approx 0.6U_{CC}$。

以上分析表明，当 $U_{om} \approx 0.6U_{CC}$ 时，$P_T = P_{Tmax}$，为

$$P_{Tmax} = \frac{U_{CC}^2}{\pi^2 R_L} \tag{10.21}$$

当 $U_{CES}=0$ 时，根据式(10.15)可得

$$P_{Tmax} = \frac{2}{\pi^2}P_{om} \approx 0.2P_{om}\big|_{U_{CES}=0} \tag{10.22}$$

由式(10.22)可见，晶体管集电极最大功耗仅为理想(饱和管压降为零)时最大输出功率的五分之一。

通过上述讨论可知，在选择 OCL 互补功率放大电路的晶体管时，应使极限参数满足以下条件

$$\begin{cases} U_{(BR)CEO} > 2U_{CC} \\ I_{CM} > \dfrac{U_{CC}}{R_L} \\ P_{CM} > 0.2P_{om}\big|_{U_{CES}=0} \end{cases} \tag{10.23}$$

【例 10.1】　一单电源互补对称功放电路如图 10.9 所示，设 u_I 为正弦波，$R_L=8\ \Omega$，管子的饱和压降 U_{CES} 可忽略不计。试求最大不失真输出功率 P_{om}(不考虑交越失真)为 9 W 时，电源电压 U_{CC} 至少应为多大？

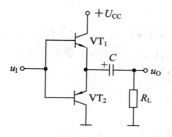

图 10.9　例 10.1 图

解　由于 $U_{om}=\frac{1}{2}U_{CC}$，所以

$$P_{om} = \frac{U_{om}^2}{2R_L} = \frac{U_{CC}^2}{8R_L}$$

可得

$$U_{CC} \geqslant \sqrt{8P_{om}R_L} = \sqrt{8\times8\times9}\,V = 24\ V$$

故

$$U_{CCmin} = 24\ V$$

本 章 小 结

(1) 对功率放大电路的主要要求是能够提供足够的输出功率，并且应有较高的效率和较小的非线性失真。

(2) 变压器耦合功率放大电路，电路简单，但由于变压器的存在，带来诸多的问题；OTL 互补对称电路省去变压器，且电路只有一路直流电源，但输出端需要用大电容，低频效果差，也不利于集成化；OCL 互补对称电路去掉了电路输出端的大电容，改善了电路的低频响应，有利于集成化，但电路需正、负两路直流电源。

（3）互补功率放大电路的工作原理、输出功率、效率计算是本章的重点。

习题与思考题

10.1　分析功率放大电路时，应着重研究电路的（　　）。

A. 电压放大倍数和电流放大倍数

B. 输出功率与输入功率之比

C. 最大输出功率和效率

10.2　功率放大电路的最大输出功率是（　　）。

A. 负载获得的最大交流功率

B. 电源提供的最大功率

C. 功放管的最大耗散功率

10.3　当功率放大电路的输出功率增大时，效率将（　　）。

A. 增大　　　　　　　　　　　　B. 减小

C. 可能增大，也可能减小

10.4　在如习题 10.4 图所示电路中，已知输入电压 u_1 为正弦波，运算放大电路为理想运放；两只晶体管饱和管压降 $|U_{CES}|=3$ V，集电极最大允许功率损耗 $P_{CM}=3$ W。

（1）若 P_1 点断开，则输出电压 u_O（　　）；

A. 出现交越失真　　　　　　　　B. 等于 0 V

C. 只有正弦波的负半周

（2）若 P_2 点断开，则输出电压 u_O（　　）；

A. 只有正弦波的负半周　　　　　B. VT_1 和 VT_2 因功耗过大而损坏

C. 等于 0 V

（3）若 P_3 点断开，则输出电压 u_O（　　）；

A. 严重失真　　　　　　　　　　B. 为直流电压 +12 V 或 −12 V

C. VT_1 和 VT_2 因功耗过大而损坏

（4）负载电阻上可能获得的最大输出功率 $P_{om}=$（　　）；

A. 28 W　　　　　　　　　　　　B. 14 W　　　　　　　　　　C. 9 W

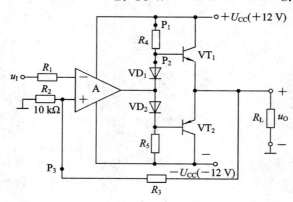

习题 10.4 图

（5）当负载电阻上获得的最大输出功率 P_{om} 时，OCL 电路的效率 $\eta \approx$（　　）；

A. 78.5%　　　　　　　　　　B. 大于 60%小于 78.5%　　C. 小于 50%

（6）若最大输入电压的有效值 $u_{Imax}=1$ V，则 R_2 的下限值应取为（　　）。

A. 75 kΩ　　　　　　　　　　B. 110 kΩ　　　　　　　　　　C. 120 kΩ

10.5　在如习题 10.5 图所示电路中，已知输入电压 u_I 为正弦波；运算放大电路为理想运放，其最大输出电压幅值为 ± 14 V；VT_3、VT_5 的饱和管压降 $|U_{CES}|=3$ V。选择填空：

（1）最大输出电压幅度 $U_{omax}=$（　　）；

A. 14 V　　　　　　　　　　B. 13 V　　　　　　　　　　C. 12 V

（2）电路的电压放大倍数 $A_{uf}=U_o/U_i=$（　　）；

A. +12　　　　　　　　　　B. −12　　　　　　　　　　C. −13

（3）R_5、R_6 和 VT_1 的作用是消除（　　）；

A. 交越失真　　　　　　　　B. 饱和失真　　　　　　　　C. 截止失真

（4）为了使输出电压正、负半周波形对称，VT_2 和 VT_3、VT_4 和 VT_5 两对复合管的电流放大系数之间的关系为（　　）。

A. $\beta_3 > \beta_5$　　　　　　　　B. $\beta_2\beta_3 > \beta_4\beta_5$　　　　　　C. $\beta_2\beta_3 \approx \beta_4\beta_5$

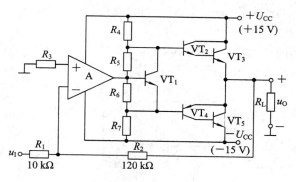

习题 10.5 图

10.6　两级放大电路如习题 10.6 图所示，已知输入电压 u_I 为正弦波，当 $P_1 \sim P_5$ 某一点断开时电路可能出现下列现象：

A. 输出电压 $u_O=0$ V

B. 输出电压 u_O 的波形只有正半周

C. 输出电压 u_O 的波形正、负半周不对称

D. 晶体管 VT_4 和 VT_6 温度很高，甚至已烧坏

E. VT_5 烧坏

选择填空：

（1）若 P_1 断开，则（　　）；

（2）若 P_2 断开，则（　　）；

（3）若 P_3 断开，则（　　）；

（4）若 P_4 断开，则（　　）；

（5）若 P_5 断开，则（　　）。

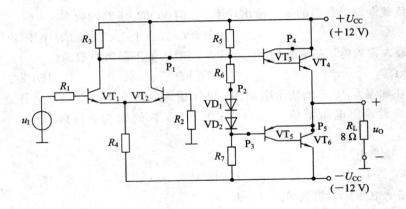

习题 10.6 图

10.7　已知 OCL 电路如习题 10.7 图所示，VT_3 的偏置电路和 VT_4、VT_5 的发射极未画出，输入电压 u_1 为正弦波。选择填空：

(1) R_3、R_4、VT_2 所组成电路的作用是为了消除(　　)；

　A. 饱和失真　　　　　　　　B. 截止失真　　　　　　C. 交越失真

(2) VT_1 是(　　)；

　A. 共射放大电路的放大管　　B. VT_3 的有源负载　　C. 与 VT_4 构成复合管

(3) VT_3 是(　　)；

　A. 共射放大电路的放大管　　B. VT_1 的有源负载　　C. 与 VT_5 构成复合管

(4) 画出 VT_4、VT_5 发射极的箭头。

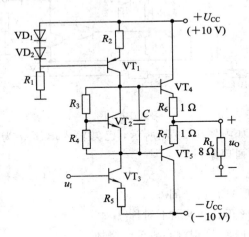

习题 10.7 图

10.8　在如习题 10.8 图所示电路中，已知输入电压 u_1 为正弦波，电容 C 对于交流信号可视为短路。晶体管 VT_4 和 VT_5 的饱和管压降 $|U_{CES}| = 2\ V$。

　(1) 图示电路的第二级为(　　)；

　A. 共射放大电路　　　　　　B. 共集放大电路

　C. 采用复合管的 OCL 电路

（2）最大输出功率可达（　　　）；

A．3.38 W　　　　　　　B．2.25 W　　　　　　C．1.69 W

（3）输出电压与输入电压之比为（　　　）；

A．11　　　　　　　　　　B．10　　　　　　　　C．—10

（4）若输出电压产生交越失真，则应增大（　　　）。

A．增大 R_3　　　　　　　B．增大 R_6　　　　　　C．增大 R_7

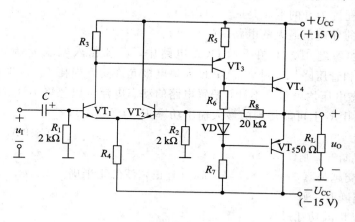

习题 10.8 图

10.9　如习题 10.9 图所示三个功率放大电路，已知输入电压 u_I 为正弦波，负载上可能获得的最大输出功率相同。填空：

（1）图_____所示电路的放大管工作在甲类状态；

（2）图_____所示电路的放大管工作在乙类状态；

（3）图_____所示电路在输出功率变化时电源提供的功率基本不变；

（4）图_____所示电路的电压放大倍数近似为 1。

（5）图_____所示电路的电源电压 U_{CC} 数值最小；

（6）图_____所示电路的放大管管耗最大；

（7）图_____所示电路的效率最低；

（8）图_____所示电路不会产生交越失真。

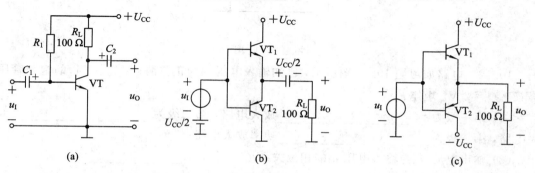

习题 10.9 图

10.10 有三种功率放大电路：A. 甲类功率放大电路，B. 甲乙类功率放大电路，C. 乙类功率放大电路。选择正确答案填空：

(1) 当输出功率变化时，电源提供的功率也随之变化的电路是（　　）；

(2) 若三种电路的最大输出功率相同，则要求功放管耗散功率最大的电路是（　　）；

(3) 功放管的导通角大于 π 且小于 2π 的电路是（　　）；

(4) 输出功率变化而电源提供的功率基本不变的电路是（　　）；

(5) 静态功耗约为 0 的电路是（　　）；

(6) 功放管的导通角最大的电路是（　　）。

10.11 在如习题 10.11 图所示 OCL 电路中，已知输入电压 u_I 为正弦波，晶体管 VT_1、VT_2 的饱和管压降 $|U_{CES}| = 3\ V$；最大集电极允许功率损耗 $P_{CM} = 3\ W$；所有晶体管 B-E 之间的动态电压均可忽略不计，偏置电路的动态电流可以忽略不计。选择填空：

(1) 负载电阻 R_L 上可能得到的最大输出功率 $P_{om} = $（　　）；

A. 28 W   B. 14 W   C. 9 W

(2) 若 P_1 点断开，则（　　）；

A. u_O 出现交越失真   B. u_O 只有正弦波的正半周   C. $u_O = 0$

(3) 若 P_2 点断开，则（　　）；

A. VT_1、VT_2 因功耗过大而损坏

B. u_O 只有正弦波的负半周

C. $u_O = 0$

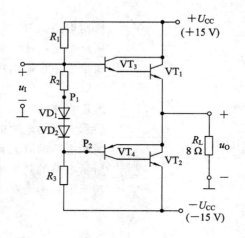

习题 10.11 图

10.12 电路如习题 10.12 图所示，已知输入电压 u_I 为正弦波；VT_5、VT_7 的饱和管压降 $|U_{CES}| = 2\ V$。填空：

(1) 第一级为 ＿＿＿＿＿＿＿＿＿＿＿ 放大电路，第二级为 ＿＿＿＿＿＿＿＿＿＿＿ 放大电路，第三级为 ＿＿＿＿＿＿＿＿＿＿＿ 功率放大电路；

(2) 输出电压 u_O 与输入电压 u_I 的相位关系是 ＿＿＿＿＿＿＿＿＿＿＿＿＿＿ ；

(3) 负载电阻 R_L 上可能获得的最大输出功率 $P_{om} = $ ＿＿＿＿＿＿＿＿＿＿＿ ≈ ＿＿＿＿＿＿＿＿＿＿＿ W（先填表达式，后填得数）。

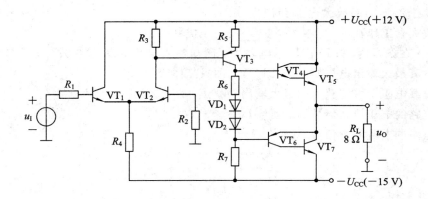

习题 10.12 图

10.13　两级放大电路如习题 10.13 图所示，已知输入电压 u_1 为正弦波，共集放大电路的电压放大倍数约为 1，VT_5、VT_7 的饱和管压降 $|U_{CES}| = 2$ V。填空：

（1）这是一个 _____ 级放大电路，每一级各是 _____ 基本放大电路；

（2）R_5、R_6 及 VT_3 所组成电路的作用是 _____；

（3）当 $u_1 = 0$ V 时，$u_O =$ _____ V；

（4）u_O 与 u_1 的相位关系是 _____（同相，反相）；

（5）输出电压的最大幅值 $U_{omax} =$ _____ V；

（6）若最大输入电压的有效值为 0.6 V，则为使负载电阻 R_L 上能够得到最大输出功率 P_{om}，差分放大电路电压放大倍数的绝对值 $|A_{u1}|$ 至少应为 _____。

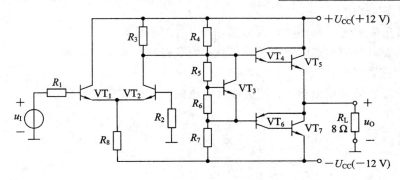

习题 10.13 图

10.14　填空。

（1）在输出功率增大时，甲类功率放大电路中，放大管的管耗将 _____；

（2）与甲类功率放大电路相比，乙类功率放大电路的效率 _____，其最大值为 _____；若乙类功率放大电路的最大输出功率为 10 W，则其功放管的最大集电极耗散功率 P_{CM} 至少应取 _____ W。

（3）甲类功率放大电路中，放大管的导通角 $\theta =$ _____，乙类功率放大电路中，放大管的导通角 $\theta \approx$ _____；

（4）由于乙类功率放大电路会产生_____失真，所以要改进电路，常使放大管工作在_____类状态。

10.15　在如习题 10.15 图所示电路中，已知输入电压 u_I 为正弦波，运算放大电路为理想运放，其最大输出电压幅度为 ± 14 V，两只晶体管饱和管压降 $|U_{CES}|=2$ V。试求：

（1）负载电阻上可能获得的最大输出功率 P_{om}；

（2）电路的电压放大倍数 $A_{uf}=U_o/U_i=$？

（3）电路的电流放大倍数 $A_{if}=I_o/I_i=$？

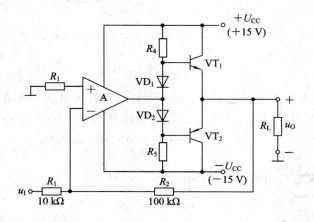

习题 10.15 图

10.16　在如习题 10.16 图所示电路中，已知输入电压 u_I 为正弦波；运算放大电路为理想运放，其最大输出电压幅度为 ± 10 V，最大输出电流为 ± 5 mA，两只晶体管饱和管压降 $|U_{CES}|=2$ V。试问：

（1）负载电阻上可能获得的最大输出功率 P_{om} 的值是多少？

（2）设偏置电路的动态电流可忽略不计，为了得到最大输出功率，VT_1、VT_2 的电流放大系数 β 至少应取多少？

（3）为了得到最大输出功率，最大输入电压的有效值应为多少伏？

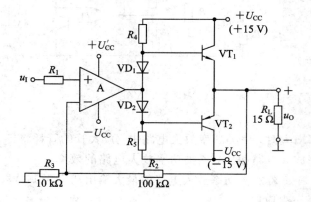

习题 10.16 图

10.17　在如习题 10.17 图所示电路中，已知电容 C_1、C_2、C_3 对于交流信号可视为短路；晶体管 VT_4 和 VT_5 的最小管压降 $|U_{CEmin}| = 1$ V。输入电压 u_I 为正弦波，调整 u_I 使输出功率最大。试问：

（1）最大输出功率 P_{om} 为多少？输出级的效率 η 为多少？

（2）在 u_I 不变的情况下，若 C_3 突然断开，则输出功率将变为多少瓦？

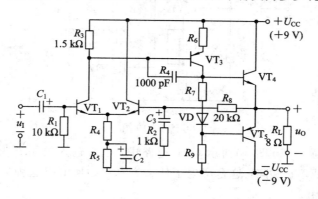

习题 10.17 图

10.18　在如习题 10.18 图所示电路中，已知输入电压 u_I 为正弦波，运算放大电路为理想运放，所有二极管导通时的电压 U_D 和晶体管导通时的 $|U_{BE}|$ 均为 0.7 V，晶体管 VT_3 和 VT_4 的饱和管压降 $|U_{CES}| = 2$ V。试问：

（1）负载电阻 R_L 上可能获得的最大输出功率 P_{om} 为多少？

（2）为了获得最大输出功率，输入电压最大幅度应为多少？

（3）在输出电压为 0 V 时和输出电压瞬时值最大时，晶体管 VT_1 的基极电位 u_{B1} 和 VT_2 的基极电位 u_{B2} 各约为多少？运算放大电路正、负供电电源的差值各约为多少？

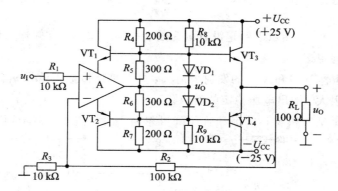

习题 10.18 图

10.19　在如习题 10.19 图所示 OCL 电路中，已知输入电压 u_I 为正弦波，VT_3 所构成的共射放大电路的电压放大倍数 $A_{u1} = \Delta u_{C3}/\Delta u_{B3} = -10$，输出级的电压放大倍数为 1，$VT_1$、$VT_2$ 的饱和管压降约为 1 V。试问：负载电阻 R_L 上能够得到的最大输出功率 P_{om} 为多少？此时输入电压的有效值 U_i 是多少？

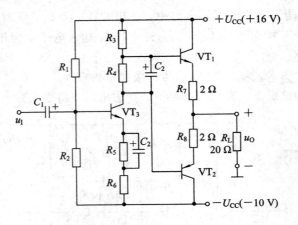

习题 10.19 图

10.20 在习题 10.20 图(a)所示 OCL 电路中,已知输入电压 u_I 为正弦波,输出电压 u_O 的波形如图(b)所示。试问:这是产生了什么失真? 如何消除这种失真? 要求画出电路图来,不必说明理由。

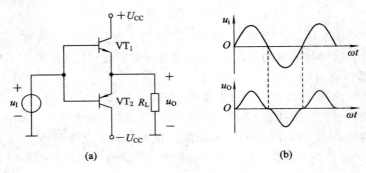

习题 10.20 图

10.21 习题 10.21 图示电路是没有画完的功率放大电路,已知输入电压 u_I 为正弦波,运算放大电路为理想运放。

(1)标出晶体管 VT_1 和 VT_2 的发射极箭头,并合理连接输入信号 u_I 和反馈电阻 R_f,使电路具有输入电阻大、输出电压稳定的特点。

(2)设晶体管 VT_1 和 VT_2 的饱和管压降可忽略不计,估算负载电阻 R_L 上可能获得的

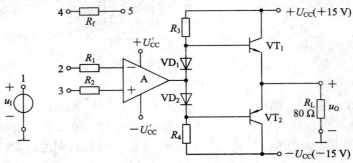

习题 10.21 图

最大输出功率 P_{om}。

10.22 在如习题 10.22 图所示 OCL 电路中，已知输入电压 u_I 为正弦波，并且能够提供足够大的幅值，使负载电阻 R_L 上得到的最大输出功率 P_{om}；晶体管的饱和管压降 $|U_{CES}| \approx 0$ V。试求：

（1）VT_1、VT_2 承受的最大管压降 U_{CEmax}；

（2）VT_1、VT_2 的最大集电极电流 I_{Cmax}；

（3）VT_1、VT_2 的最大集电极耗散功率 P_{Tmax}。

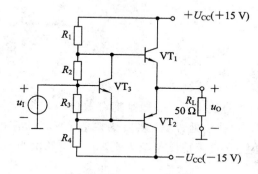

习题 10.22 图

第11章
直流稳压电源

我国电子设备中所用的直流电源，一般是把有效值为 220 V、频率为 50 Hz 的交流市电，通过变压、整流、滤波、稳压处理后，转变为幅值稳定的直流电压，同时提供一定的直流电流。本章将以单相小功率直流稳压电源为主，介绍电路的组成及其工作原理。

11.1   直流电源的组成

单相交流电经过电源变压器、整流电路、滤波电路和稳压电路转换成稳定的直流电压，其方框图及各电路的输出电压波形如图 11.1 所示，下面就各部分的作用加以介绍。

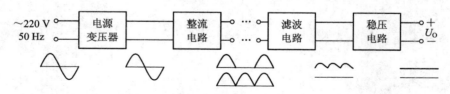

图 11.1   直流稳压电源的方框图

1. 电源变压器

直流电源的输入是有效值为 220 V、频率为 50 Hz 的电网电压(即市电)。由于所需的直流电压与电网的交流电压相比，数值相差较大，因而需要利用电源变压器进行降压后，再对交流电压进行处理。变压器副边电压有效值取决于后面电路的需要。目前，也有部分直流电源不用变压器进行降压，而是采用其他方法。

2. 整流电路

经过变压器降压后的交流电，通过整流电路转换为直流电压。此时的直流电压为单一方向的脉动直流电压，其幅值变化很大，含有较大的交流分量，因而不能直接作为电子电路的供电电源。整流电路包括半波整流电路和全波整流电路，其未接滤波电路时的输出波形如图 11.1 所示。

3. 滤波电路

为了减小电压的脉动，需要利用低通滤波电路对脉动直流电压进行滤波，使输出电压平滑。理想情况下，应将交流分量全部滤掉，使滤波电路的输出电压仅为直流电压。然而，由于滤波电路为无源电路，接入负载后势必影响其滤波效果。

4. 稳压电路

交流电压通过整流、滤波后虽然变为交流分量较小的直流电压，但是当电网电压波动或者负载变化时，其平均值也将随之变化。稳压电路的功能是使输出直流电压基本不受电网电压波动和负载电阻变化的影响，从而获得稳定性足够高的直流电压输出。

11.2   整 流 电 路

整流电路是把降压后的交流电转变为脉动直流电的电路，其功能的实现主要依靠二极管的单向导电性来完成的，因此二极管是构成整流电路的关键元件，称为整流二极管。

在分析整流电路时，为了简化分析过程，均有如下假设：

（1）负载为纯阻性；

（2）整流二极管具有理想的伏安特性；

（3）变压器无损耗，其内部压降为零。

整流电路的分析过程一般如下：

（1）弄清电路的工作原理；

（2）求出主要参数；

（3）确定整流二极管的极限参数。

11.2.1   单相半波整流电路

1. 工作原理

单相半波整流电路如图 11.2(a)所示。设变压器的副边电压有效值为 U_2，则其瞬时值为 $u_2 = \sqrt{2}U_2 \sin\omega t$。

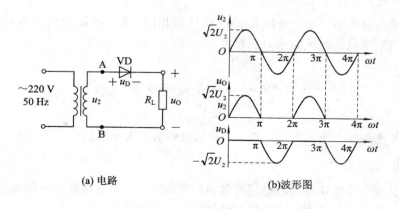

(a) 电路   (b)波形图

图 11.2   单相半波整流电路

在 u_2 的正半周，A 点电位为正，B 点电位为负，二极管因外加正向电压而处于导通状态。电流从 A 点流经二极管 VD、负载电阻 R_L 到达 B 点，输出电压 $u_O = u_2 = \sqrt{2}U_2 \sin\omega t$（$\omega t = 0 \sim \pi$）。

在 u_2 的负半周，A 点电位为负，B 点电位为正，二极管因外加反向电压而处于截止状态。$u_O = 0$（$\omega t = \pi \sim 2\pi$）。

因此，负载上获得的电压和电流都有单一方向脉动的特性，为脉动直流电压和脉动直流电流。图 11.2(b) 给出了变压器副边电压 u_2、输出电压 u_O（也是输出电流和流经二极管的电流）、二极管的端电压 u_D 的波形。

2. 主要参数

整流电路一般需要考查整流电路输出电压平均值和输出电流平均值两项指标，有时还要考虑脉动系数，以定量反映输出波形脉动的情况。

1）输出电压平均值 $U_{O(AV)}$

从图 11.2(b) 中可以看出，当 $\omega t = 0 \sim \pi$ 时，$u_O = \sqrt{2}U_2 \sin\omega t$；当 $\omega t = \pi \sim 2\pi$ 时，$u_O = 0$。因此，输出电压平均值 $U_{O(AV)}$ 就是将 $\omega t = 0 \sim \pi$ 时的电压平均到 $\omega t = 0 \sim 2\pi$ 的时间间隔中，即

$$U_{O(AV)} = \frac{1}{2\pi} \int_0^\pi \sqrt{2}U_2 \sin\omega t \ d\omega t = \frac{\sqrt{2}U_2}{\pi} \approx 0.45U_2 \tag{11.1}$$

2）输出电流平均值 $I_{O(AV)}$

从 (11.1) 式可得输出电流（即负载电流）的平均值为

$$I_{O(AV)} = \frac{U_{O(AV)}}{R_L} \approx \frac{0.45U_2}{R_L} \tag{11.2}$$

3）输出电压脉动系数 S

输出电压的脉动系数 S 定义为整流输出电压的基波峰值 U_{O1M} 与输出电压平均值 $U_{O(AV)}$ 之比，即

$$S = \frac{U_{O1M}}{U_{O(AV)}} \tag{11.3}$$

由式 (11.3) 可知，S 值越大，脉动越大。

由于半波整流电路的输出电压 u_O 的周期与 u_2 相同，通过谐波分析可知 $U_{O1M} = U_2/\sqrt{2}$，因此半波整流电路输出电压的脉动系数为

$$S = \frac{\dfrac{U_2}{\sqrt{2}}}{\dfrac{\sqrt{2}U_2}{\pi}} = \frac{\pi}{2} \approx 1.57 \tag{11.4}$$

说明半波整流电路输出电压的脉动很大，其基波峰值约为平均值的 1.57 倍。

3. 二极管的选择

确定了整流电路变压器副边电压有效值和负载电阻值后，一般应根据流过二极管电流的平均值和它所承受的最大反向电压来选择二极管的型号。

在单相半波整流电路中，二极管的正向平均电流等于负载上电流的平均值，即

$$I_{D(AV)} = I_{O(AV)} \approx \frac{0.45U_2}{R_L} \tag{11.5}$$

二极管承受的最大反向电压等于变压器副边线圈的峰值电压，即

$$U_{Rmax} = \sqrt{2}U_2 \tag{11.6}$$

一般情况下，应允许电网电压有 ±10% 的波动。因此在选用二极管时，最大整流平均电流 I_F 和最高反向工作电压 U_{RM} 均应至少留有 10% 的余地，以保证二极管安全工作，即

$$\begin{cases} I_F > 1.1 I_{O(AV)} = 1.1 \times \dfrac{0.45U_2}{R_L} \\[2mm] U_{RM} > 1.1 \times \sqrt{2}U_2 \end{cases} \tag{11.7}$$

单相半波整流电路只利用了交流电压的半个周期，所以输出电压低，交流分量大（即脉动大），效率低。该电路仅适用于整流电流较小，对脉动要求不高的场合。

11.2.2　单相桥式整流电路

为了克服单相半波整流电路的缺点，实用电路中常采用单相桥式整流电路，如图 11.3 (a)所示，图(b)给出了该电路的简化画法。

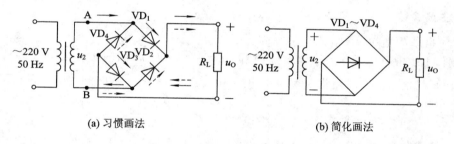

(a) 习惯画法　　　　　　　　　　　　(b) 简化画法

图 11.3　单相桥式整流电路

1. 工作原理

设变压器的副边电压有效值为 U_2，则其瞬时值为 $u_2 = \sqrt{2}U_2 \sin\omega t$。

在 u_2 的正半周，A 点电位为正，B 点电位为负。电流从 A 点流经 VD_1、R_L、VD_3 到达 B 点，如图 11.3(a)中实线所示。输出电压 $u_O = u_2 = \sqrt{2}U_2 \sin\omega t$（$\omega t = 0 \sim \pi$），$VD_2$ 和 VD_4 管承受的反向电压为 $-u_2$。

在 u_2 的负半周，A 点电位为负，B 点电位为正。电流从 B 点流经 VD_2、R_L、VD_4 到达 A 点，如图 11.3(a)中虚线所示。输出电压 $u_O = -u_2 = -\sqrt{2}U_2 \sin\omega t$（$\omega t = \pi \sim 2\pi$），$VD_1$ 和 VD_3 管承受的反向电压为 u_2。

因此，VD_1、VD_3 和 VD_2、VD_4 两对二极管交替导通，负载电阻 R_L 在 u_2 的整个周期内都有电流流过且方向不变。因此，负载上获得的输出电压为 $u_O = \left| \sqrt{2}U_2 \sin\omega t \right|$，为脉动直流电压。图 11.4 给出了变压器副边电压 u_2、流经二极管的电流 i_D、输出电压 u_O 和二极管的端电压 u_D 的波形。

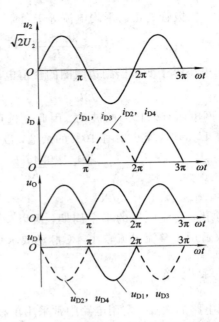

图 11.4　单相桥式整流电路的波形图

2. 主要参数

1）输出电压平均值 $U_{O(AV)}$

从图 11.4 中可以看出，$\omega t = 0 \sim \pi$ 时和 $\omega t = \pi \sim 2\pi$ 时 u_O 的输出波形完全一致。因此，输出电压平均值 $U_{O(AV)}$ 就是将 $\omega t = 0 \sim \pi$ 时的电压在 $\omega t = 0 \sim \pi$ 的时间间隔中进行平均，即

$$U_{O(AV)} = \frac{1}{\pi} \int_0^{\pi} \sqrt{2}U_2 \sin\omega t \ \mathrm{d}\omega t = \frac{2\sqrt{2}U_2}{\pi} \approx 0.9U_2 \tag{11.8}$$

由于桥式整流电路实现了全波整流电路，在变压器副边电压有效值相同的情况下，其输出电压的平均值是半波整流电路的两倍。

2）输出电流平均值 $I_{O(AV)}$

从（11.8）式可得输出电流（即负载电流）的平均值为

$$I_{O(AV)} = \frac{U_{O(AV)}}{R_L} \approx \frac{0.9U_2}{R_L} \tag{11.9}$$

在变压器副边电压有效值及负载相同的情况下，其输出电流的平均值是半波整流电路的两倍。

3）输出电压脉动系数 S

由于半波整流电路的输出电压 u_O 的周期是 u_2 的 2 倍，通过谐波分析可知，U_{O1M} 的角频率也是 u_2 的 2 倍（100 Hz），则 $U_{O1M} = \frac{2}{3} \times 2 \frac{\sqrt{2}U_2}{\pi}$，因此桥式整流电路输出电压的脉动系数为

$$S = \frac{U_{O1M}}{U_{O(AV)}} = \frac{2}{3} \approx 0.67 \tag{11.10}$$

与半波整流电路相比，输出电压的脉动减小了很多。

3. 二极管的选择

在单相桥式整流电路中，每只二极管均只在 u_2 的半个周期内有电流流过，因此每只二极管的正向平均电流等于负载上电流的平均值的一半，其表达式为

$$I_{D(AV)} = \frac{I_{O(AV)}}{2} \approx \frac{0.45U_2}{R_L} \tag{11.11}$$

可见，在变压器副边电压有效值及负载相同的情况下的半波整流电路中的二极管的平均电流相同。

由图 11.4 中 u_D 的波形可知，二极管承受的最大反向电压为

$$U_{Rmax} = \sqrt{2}U_2 \tag{11.12}$$

可见，在变压器副边电压有效值及负载相同的情况下的半波整流电路中的二极管承受的最大反向电压相同。

考虑到应允许电网电压有 $\pm 10\%$ 的波动，所选择的二极管的最大整流平均电流 I_F 和最高反向工作电压 U_{RM} 也均应至少留有 10% 的余地，即

$$\begin{cases} I_F > \dfrac{1.1 I_{O(AV)}}{2} = 1.1 \times \dfrac{0.45U_2}{R_L} \\ U_{RM} > 1.1 \times \sqrt{2}U_2 \end{cases} \tag{11.13}$$

单相桥式整流电路与半波整流电路相比，在相同的变压器副边电压和负载的情况下，对二极管的参数要求是一样的，并且还具有输出电压高、变压器利用率高、脉动小等优点，因此得到相当广泛的应用。其主要缺点是所需的二极管数量多，由于实际上二极管的正向电阻不为零，必然使得电路内阻较大，损耗也较大。

11.3 滤 波 电 路

整流电路的输出电压含有较大的交流成分，因此需利用滤波电路将脉动的直流电压变为平滑的直流电压。滤波电路采用无源电路，在理想情况下可滤去所有交流成分，而只保留直流成分；可输出较大电流。由于整流管工作在非线性状态（即导通或截止），因而滤波特性的分析方法也不同。

11.3.1 电容滤波电路

在整流电路的输出端并联一个大容量的电容（一般用电解电容，注意电容的正、负极），即可构成电容滤波电路，如图 11.5 所示。电容滤波电路利用电容的充放电作用，使输出电压趋于平滑。在分析电容滤波电路时，要特别注意电容两端的电压 u_C 对整流元件导电的影响，整流元件只有在受到正向电压作用时才导通，否则就截止。

1. 滤波原理

在 u_2 的正半周，如果 $u_2 > u_C$，则二极管 VD_1、VD_3 导通，电流一路流经负载 R_L，另一路对电容 C 充电。此时，电容两端电压 u_C 与 u_2 相等，如图 11.5(b) 中的 ab 段。当 u_2 上升到峰值后开始下降，则电容将通过负载 R_L 放电，其两端电压 u_C 也开始下降，趋势与 u_2 基本相同，如图 11.5(b) 中的 bc 段。由于电容按照指数规律进行放电，当 u_2 降低到一定数值之

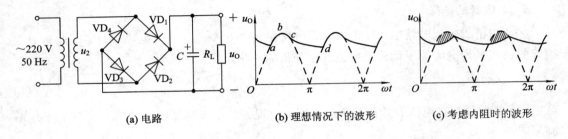

(a) 电路 　　　(b) 理想情况下的波形 　　　(c) 考虑内阻时的波形

图 11.5　单相桥式整流电容滤波电路及稳态时的波形分析

后，u_C 的下降速度小于 u_2 的下降速度，使 $u_C > u_2$，从而导致 VD$_1$、VD$_3$ 进入截止状态。此后，电容 C 继续通过 R_L 放电，u_C 按指数规律缓慢下降，如图 11.5(b)中的 cd 段。

在 u_2 的负半周的幅值变化到满足 $u_2 > u_C$ 时，则二极管 VD$_2$、VD$_4$ 导通，u_2 再次对电容 C 充电。u_C 上升到 u_2 的峰值后又开始下降。当 u_2 降低到一定数值之后，VD$_2$、VD$_4$ 进入截止状态。此后，电容 C 继续通过 R_L 放电，u_C 按指数规律缓慢下降。放电到一定数值后 VD$_1$、VD$_3$ 重新导通，重复上述过程。

如图 11.5(b)中的波形所示，滤波后的输出电压波形不仅变得更加平滑，而且输出电压平均值也得到提高。若考虑变压器的内阻和二极管的导通电阻，则 u_C 的波形如图 11.5(c)所示，其中的阴影部分为整流电路内阻上的压降。

从上述分析中可知，电容充、放电的回路时间常数是不同的。电容充电时，回路电阻为整流电路的内阻(变压器内阻和二极管导通电阻之和)，其数值很小，因而时间常数很小。电容放电时，回路电阻为负载电阻 R_L，其数值可以很大，因而时间常数通常远大于充电的时间常数。

因此，滤波效果取决于电容 C 的放电时间。电容容量和负载电阻的数值越大，滤波后输出电压越平滑，且其平均值越大。换言之，当滤波电容容量一定时，若负载电阻减小(即负载电流增大)，则时间常数减小，放电速度加快，输出电压平均值随即下降，且脉动变大。

2. 主要参数

1) 输出电压平均值 $U_{O(AV)}$

滤波电路的输出电压波形难以用解析式来表达，近似估算时可把图 11.5(c)所示的波形近似为锯齿波，如图 11.6 所示。图中的 T 为电网电压的周期。假设整流电路的内阻小而 $R_L C$ 较大，电容每次充电均可达到 u_2 的峰值(即 $U_{Omax} = \sqrt{2}U_2$)，然后按照 $R_L C$ 放电的起始斜率直线下降，经过 $R_L C$ 后交于横轴，且在 $T/2$ 处的数值为最小值 U_{Omin}，则输出电压的平均值为

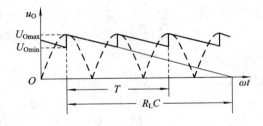

图 11.6　电容滤波电路输出电压平均值的分析

$$U_{\text{O(AV)}} = \frac{U_{\text{Omax}} + U_{\text{Omin}}}{2}$$

同时，按照相似三角形关系可得

$$\frac{U_{\text{Omax}} - U_{\text{Omin}}}{U_{\text{Omax}}} = \frac{T/2}{R_{\text{L}}C}$$

则输出电压的平均值为

$$U_{\text{O(AV)}} = \frac{U_{\text{Omax}} + U_{\text{Omin}}}{2} = U_{\text{Omax}} - \frac{U_{\text{Omax}} - U_{\text{Omin}}}{2} = U_{\text{Omax}}\left(1 - \frac{T}{4R_{\text{L}}C}\right) \quad (11.14)$$

因而

$$U_{\text{O(AV)}} = \sqrt{2}U_2\left(1 - \frac{T}{4R_{\text{L}}C}\right) \quad (11.15)$$

上式表明，当负载开路（$R_{\text{L}} = \infty$）时，$U_{\text{O(AV)}} = \sqrt{2}U_2$。当 $R_{\text{L}}C = (3\sim5)\dfrac{T}{2}$ 时，有

$$U_{\text{O(AV)}} \approx 1.2U_2 \quad (11.16)$$

为了获得较好的滤波效果，在实际电路中应选择滤波电容的容量满足 $R_{\text{L}}C = (3\sim5)\dfrac{T}{2}$ 的条件。由于采用电解电容，考虑到电网电压的波动范围为 $\pm10\%$，电容的耐压值应大于 $1.1\sqrt{2}U_2$。在半波整流电路中，为获得较好的滤波效果，电容容量应选得更大些。

2）输出电压脉动系数 S

在图 11.6 所示的近似波形中，交流分量的基波的峰-峰值为（$U_{\text{Omax}} - U_{\text{Omin}}$），根据式（11.4）可得基波峰值为

$$\frac{U_{\text{Omax}} - U_{\text{Omin}}}{2} = \frac{T}{4R_{\text{L}}C} \cdot U_{\text{Omax}}$$

脉动系数为

$$S = \frac{\dfrac{T}{4R_{\text{L}}C} \cdot U_{\text{Omax}}}{U_{\text{Omax}}\left(1 - \dfrac{T}{4R_{\text{L}}C}\right)} = \frac{T}{4R_{\text{L}}C - T} = \frac{1}{\dfrac{4R_{\text{L}}C}{T} - 1} \quad (11.17)$$

由于图 11.6 中锯齿波的交流分量大于滤波电路输出电压的实际交流分量，因此根据（11.17）计算出的脉动系数要大于实际数值。

3）整流二极管的导通角

未加滤波电容之前，整流电路中的二极管均有半个周期处于导通状态，则二极管的导通角 θ 等于 π。加滤波电容后，只有当电容充电时二极管才导通。因此，每只二极管的导通角 θ 都小于 π。

从上述分析中可知，$R_{\text{L}}C$ 的值越大，滤波效果越好，但这也将导致导通角 θ 越小。由于电容滤波后输出平均电流增大，但二极管的导通角反而减小，所以整流二极管将在很短的时间内流过一个很大的冲击电流为电容充电，如图 11.7 所示，这对二极管的寿命极为不利。所以必须选择拥有较大电流的整流二极管，一般选择最大整流平均电流 I_{F} 大于负载电流的 $2\sim3$ 倍的二极管。

综上所述，电容滤波电路简单易行，输出电压平均值高，电容容量足够大时输出电压的交流分量较小，适用于负载电流较小且其变化也较小的场合，不适于大电流负载。

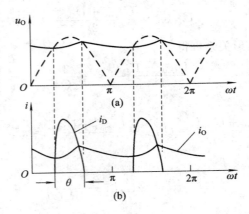

图 11.7 电容滤波电路中二极管的电流和导通角

11.3.2 电感滤波电路

在大电流负载的情况下，由于负载电阻很小，若采用电容滤波电路，则其容量势必很大，导通角将变得很小，整流二极管的冲击电流也非常大，这就使得整流管和电容器的选择变得很困难。在此情况下，应当采用电感滤波。在整流电路与负载电阻之间串联一个电感线圈 L，就构成电感滤波电路，如图 11.8 所示。由于电感线圈的电感量要足够大，所以一般需要采用有铁心的线圈。

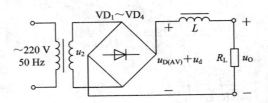

图 11.8 单相桥式整流电感滤波电路

当流过电感线圈的电流增大时，线圈产生的自感电动势与电流方向相反，阻止了电流的增加，同时将一部分电能转化成磁场能存储于电感之中；当通过电感线圈的电流减小时，线圈产生的自感电动势与电流方向相同，能阻止电流的减小，同时释放出存储的能量，以补偿电流的减小。因此，经电感滤波后，负载电流及电压的脉动将减小，波形变得平滑，且整流二极管的导通角增大。

电感整流电路的输出电压可分为两部分：一部分为直流分量，是整流电路输出电压的平均值 $U_{O(AV)}$（全波整流电路的该值约为 $0.9U_2$）；另一部分为交流分量 u_d，如图 11.8 所标注。电感对直流分量所呈现的电抗很小，为线圈本身的电阻 R；而对交流分量呈现的电抗为 ωL。若二极管的导通角近似为 π，则电感滤波后的输出电压平均值为

$$U_{O(AV)} = \frac{R_L}{R + R_L} \cdot U_{D(AV)} \approx \frac{R_L}{R + R_L} \cdot 0.9U_2 \tag{11.18}$$

上式表明，电感滤波电路的输出电压平均值小于整流电路的输出电压平均值。在忽略线圈电阻的情况下，$U_{O(AV)} \approx 0.9U_2$。

输出电压的交流分量为

$$u_O \approx \frac{R_L}{\sqrt{(\omega L)^2 + R_L^2}} \cdot u_D \approx \frac{R_L}{\omega L} \cdot u_D \tag{11.19}$$

上式表明，在电感线圈不变的情况下，负载电阻越小（即负载电流越大），输出电压的交流分量越小，脉动也就越小。L 越大，滤波效果越好。只有在 $R_L \ll \omega L$ 的情况下，才能获得较好的滤波效果。

另外，由于滤波电感感生电动势的作用，可以使二极管的导通角等于 π。这将减小二极管的冲击电流，平滑流过二极管的电流，从而延长二极管的使用寿命。

11.3.3　倍压整流电路

利用滤波电容的存储作用，可通过多个电容和二极管获得几倍于变压器副边电压的输出电压，这种电路称为倍压整流电路。图 11.9(a)给出了二倍压整流电路，其中变压器副边电压 u_2 的有效值为 U_2。

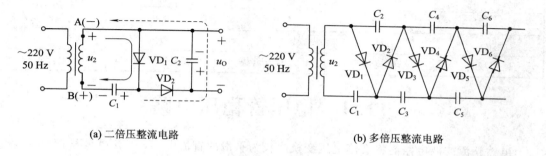

(a) 二倍压整流电路　　　　　　**(b) 多倍压整流电路**

图 11.9　倍压整流电路

在 u_2 的正半周，A 点电位为正，B 点电位为负。二极管 VD_1 导通，VD_2 截止；电容 C_1 充电，充电电流如图 11.9(a)中实线所示；C_1 上电压的极性为右正左负，最大值为 $\sqrt{2}U_2$。

在 u_2 的负半周，A 点电位为负，B 点电位为正。二极管 VD_1 截止，VD_2 导通；电容 C_1 上的电压与变压器副边电压相加，给电容 C_2 充电，充电电流如图中虚线所示；C_2 上电压的极性为下正上负，最大值为 $2\sqrt{2}U_2$。

在上述过程中，C_1 对电荷起到了存储的作用，从而使输出电压（即电容 C_2 两端的电压）变为变压器副边电压峰值的 2 倍。利用同样原理可实现多倍的输出电压，多倍压整流电路如图 11.9(b)所示。

在上述分析中，为了简便起见，总是假设电路空载，且已处于稳态；当电路带上负载后，输出电压将不可能达到 u_2 峰值的倍数。

11.3.4　复式滤波电路

如果单独使用电容或电感进行滤波后效果仍不理想，可采用复式滤波电路。电容和电感是基本的滤波元件，只要将电感与负载串联、电容与负载并联接入电路，都可以达到滤波的目的。图 11.10 (a)为 LC 滤波电路，图(b)、(c)为两种 π 型滤波电路。

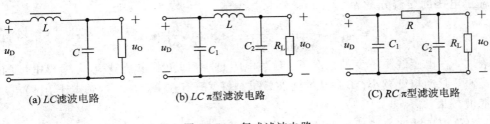

(a) LC滤波电路　　(b) LC π 型滤波电路　　(C) RC π 型滤波电路

图 11.10　复式滤波电路

11.3.5　各种滤波电路性能归纳

将各种滤波电路的性能归纳为表 11.1。

表 11.1　各种滤波电路性能

类型　性能	电容滤波	电感滤波	LC 滤波	LC 或 RC π 型滤波电路
$U_{L(AV)}/U_2$	1.2	0.9	0.9	1.2
θ	小	大	大	小
适用场合	小电流负载	大电流负载	适应性较强	小电流负载

11.4　稳压管稳压电路

虽然整流滤波电路能将交流电压变换成较为平滑的直流电压，但该电压与理想的直流电源还有相当的距离：首先，当电网电压波动时，变压器副边电压的有效值也会发生波动，从而导致输出直流电压的平均值也随之产生相应的波动；此外，当负载变化时，由于整流滤波电路存在内阻，内阻上的压降也将产生变化，从而导致输出直流电压的平均值也随之产生相反的变化。为了获得稳定性好的直流电压，必须在整流滤波电路后面加上稳压电路。

11.4.1　电路组成

由变压器、整流电路、滤波电路、稳压管 VD_Z 和限流电阻 R 组成的稳压电源是最简单的直流稳压电源，其电路如图 11.11 所示，图中虚线部分为稳压电路。

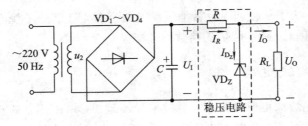

图 11.11　稳压管稳压电路

从图中可以看出，稳压电路的输入电压 U_I 是经过整流、滤波后的电压，电路的输出电压 U_O 即为稳压管的稳定电压 U_Z，R_L 为负载电阻。

由该电路可得到如下两个关系式：

$$U_I = U_R + U_O \tag{11.20}$$
$$I_R = I_{DZ} + I_L \tag{11.21}$$

从 1.3 节中可以知道，只要能使稳压管工作在稳压区（即稳压管电流满足 $I_{Zmin} \leqslant I_{DZ} \leqslant I_{Zmax}$），则输出电压 U_O 就基本稳定。

11.4.2　稳压原理

对于任何稳压电路，都应该从以下两个方面考察电路的稳压特性：

(1) 假设电网电压波动，负载不变，研究其输出电压是否稳定；

(2) 假设负载变化，电网电压不变，研究其输出电压是否稳定。

在图 11.11 所示的电路中，当负载电阻不变，电网电压升高时，稳压电路的输入电压 U_I 随之增大，从而导致输出电压 U_O 按比例增大。由于 $U_O = U_Z$，U_Z 的增大将会导致 I_{DZ} 急剧增大；根据式(11.21)，I_R 也将剧增，这将导致电阻 R 两端的压降 U_R 剧增。根据式(11.20)，U_R 的增大必然会导致输出电压 U_O 的减小。所以，选择合适的电路参数，使得 $\Delta U_R \approx \Delta U_I$，即可保证输出电压 U_O 基本不变。当电网电压降低时，各电量的变化与上述过程相反。

当电网电压不变，负载电阻减小时，根据式(11.21)，I_R 将增加，这将导致电阻 R 两端的压降 U_R 增大；根据式(11.20)，U_R 的增大必然会导致输出电压 U_O（即 U_Z）的减小。根据稳压管的伏安特性，U_Z 的减小将使 I_{DZ} 剧减，从而导致 I_R 的剧减。所以，选择合适的电路参数，使得 $\Delta I_{DZ} \approx -\Delta I_L$，即可保证 I_R 基本不变。当负载电阻增加时，各电量的变化与上述过程相反。

因此，稳压管组成的稳压电路，是利用稳压管的电流调节作用，通过限流电阻 R 上电压或电流的变化进行补偿，从而达到稳压的目的。限流电阻 R 是必不可少的元件，它既限制稳压管中的电流使其正常工作，又与稳压管相配合以达到稳压的目的。一般情况下，在电路中如果有稳压管存在，就必然有与之匹配的限流电阻。

11.4.3　性能指标

通常用以下两个主要指标来衡量稳压电路的质量。

1. 稳压系数 S_r

稳压系数 S_r 的定义为：负载不变时，稳压电路输出电压的相对变化量与其输入电压的相对变化量的比值，即

$$S_r = \left.\frac{\Delta U_O / U_O}{\Delta U_I / U_I}\right|_{R_L = 常数} = \left.\frac{\Delta U_O}{\Delta U_I} \cdot \frac{U_I}{U_O}\right|_{R_L = 常数} \tag{11.22}$$

该指标表明了电网电压波动对稳压电路的影响，其值越小，电网电压变化时的输出电压就越稳定。式中 U_I 为整流滤波后的直流电压。

在仅考虑变化量时，图 11.11 中的稳压管稳压电路的等效电路如图 11.12 所示，其中

r_z 为稳压管的动态电阻，一般满足 $R_L \gg r_z$ 且 $R \gg r_z$。因此有

$$\frac{\Delta U_O}{\Delta U_I} = \frac{r_z /\!/ R_L}{R + r_z /\!/ R_L} \approx \frac{r_z}{R + r_z} \approx \frac{r_z}{R}$$

因此，稳压管稳压电路的稳压系数为

$$S_r = \frac{\Delta U_O}{\Delta U_I} \cdot \frac{U_I}{U_O} \approx \frac{r_z}{R} \cdot \frac{U_I}{U_z} \tag{11.23}$$

上式表明，为了使 S_r 的数值小，需要增大 R；而在 U_O（即 U_z）和负载电流确定的情况下，增大 R 必须同时增大 U_I，而这将使得 S_r 增大。因此，必须合理选择 R 和 U_I 的数值，才能保证 S_r 的数值较小。

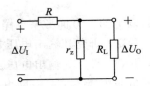

图 11.12　稳压管稳压电路的交流等效电路

2. 输出电阻 R_o

输出电阻 R_o 的定义为：稳压电路的输入电压一定时，输出电压的变化量与输出电流的变化量的比值，即

$$R_o = \frac{\Delta U_O}{\Delta I_O} \bigg|_{U_I = 常数} \tag{11.24}$$

该数值的大小表明了负载电阻对稳压性能的影响。

从图 11.12 中可以看出，稳压管稳压电路的输出电阻为

$$R_o = R /\!/ r_z \approx r_z \tag{11.25}$$

由此可知，稳压管稳压电路的输出电阻近似等于稳压管的动态电阻，该值越小，则稳压电路的内阻就越小，当负载变化时，稳压电路的输出电压就越稳定。

11.4.4　电路参数的选择

要设计一个稳压管稳压电路，必须合理地选择电路元件的有关参数。在设计前，必须知道负载所要求的输出电压 U_O、负载电流 I_L 的最小值 I_{Lmin} 和最大值 I_{Lmax}（或者负载电阻 R_L 的最大值 R_{Lmax} 和最小值 R_{Lmin}）、输入电压 U_I 的波动范围（一般为 $\pm10\%$）。

1. 稳压电路输入电压 U_I 的选择

由于 U_I 的大小与稳压系数 S_r 密切相关，因此其选择至关重要。一般根据经验选取 U_I 的数值

$$U_I = (2 \sim 3)U_O \tag{11.26}$$

即首先知道电路的输出电压 U_O，再来确定 U_I，然后再根据该数值选择整流滤波电路的元件参数。

2. 稳压管的选择

在稳压管稳压电路中，输出电压 U_O 即为稳压管的稳定电压 U_z。当负载电流 I_L 发生变

化时，稳压管的电流将产生一个与之相反的变化，即 $\Delta I_{DZ} \approx -\Delta I_L$。因此，稳压管工作在稳压区时，其所允许的电流变化范围应大于负载电流的变化范围，即 $I_{Zmax} - I_{Zmin} > I_{Lmax} - I_{Lmin}$。因此，应根据如下条件选择稳压管

$$\begin{cases} U_Z = U_O \\ I_{Zmax} - I_{Zmin} > I_{Lmax} - I_{Lmin} \end{cases} \tag{11.27}$$

同时，电路空载时，流过稳压管的电流 I_{DZ} 将与 R 上的电流 I_R 相等；电路满载时，流过稳压管的电流 I_{DZ} 应大于 I_{Zmin}。因此，稳压管最大稳定电流 I_{ZM} 的选择应留有充分的余量，即满足

$$I_{ZM} \geqslant I_{Lmax} + I_{Zmin} \tag{11.28}$$

3. 限流电阻 R 的选择

R 的选择必须满足两个条件：① 稳压管流过的最小电流 I_{DZmin} 应大于稳压管的最小稳定电流 I_{Zmin}（即 I_Z）；② 稳压管流过的最大电流 I_{DZmax} 应小于稳压管的最大稳定电流 I_{Zmax}（即 I_{ZM}）。即

$$I_{Zmin} \leqslant I_{DZ} \leqslant I_{Zmax} \tag{11.29}$$

从图 11.11 中可以看出

$$I_R = \frac{U_I - U_Z}{R} \tag{11.30}$$

$$I_{DZ} = I_R - I_L \tag{11.31}$$

当电网的电压最低（即 U_I 最低）且要求负载电流最大时，流过稳压管的电流将达到最小值，此电流需大于稳压管的最小稳定电流 I_Z，即

$$I_{DZmin} = I_{Rmin} - I_{Lmax} = \frac{U_{Imin} - U_Z}{R} - I_{Lmax} \geqslant I_Z$$

因此，限流电阻的上限值为

$$R_{max} = \frac{U_{Imin} - U_Z}{I_Z + I_{Lmax}} \tag{11.32}$$

式中，$I_{Lmax} = \dfrac{U_Z}{R_{Lmin}}$。

当电网的电压最高（即 U_I 最高）且要求负载电流最小时，流过稳压管的电流将达到最大值，此电流需小于稳压管的最大稳定电流 I_{ZM}，即

$$I_{DZmax} = I_{Rmax} - I_{Lmin} = \frac{U_{Imax} - U_Z}{R} - I_{Lmin} \leqslant I_{ZM}$$

因此，限流电阻的下限值为

$$R_{min} = \frac{U_{Imax} - U_Z}{I_{ZM} + I_{Lmin}} \tag{11.33}$$

式中，$I_{Lmin} = \dfrac{U_Z}{R_{Lmax}}$。

限流电阻的取值范围为

$$\frac{U_{Imax} - U_Z}{I_{ZM} + I_{Lmin}} \leqslant R \leqslant \frac{U_{Imin} - U_Z}{I_Z + I_{Lmax}} \tag{11.34}$$

在满足稳压管稳压电路正常工作的前提下，根据式（11.23）可知，R 的取值应尽可能大

一些，因为这将减小稳压系数，保证电路能输出稳定的电压。

11.5 串联型稳压电路

稳压管稳压电路的输出电流较小，输出电压不可调，在很多场合下不能满足实际应用的需求。串联型稳压电路以稳压管稳压电路为基础，利用晶体管对电流进行放大，以增大负载电流；还可在电路中引入深度电压负反馈，以稳定输出电压；此外，还可通过改变反馈网络参数，使输出电压可调。

11.5.1 基本调整管电路的工作原理

从上节中可知，在图 11.13(a)所示的稳压管稳压电路中，负载电流 I_O 的最大变化范围是稳压管的最大与最小稳定电流之差，即（$I_{Zmax} - I_{Zmin}$）。若将稳压管稳压电路的输出电流 I_O 输入到晶体管的基极，负载接入到晶体管的发射极上，则可获得放大的负载电流 $I_L = (1+\beta)I_O$，如图 11.13(b)所示，常见画法如图 11.13(c)所示。图 11.13(b)、(c)中的电路中引入了电压负反馈，因而可以稳定输出电压。

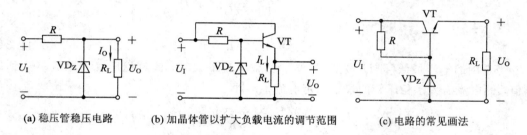

(a) 稳压管稳压电路　　　(b) 加晶体管以扩大负载电流的调节范围　　　(c) 电路的常见画法

图 11.13　基本调整管稳压电路

当电网电压波动引起 U_I 增大（或负载电阻 R_L 增大）时：输出电压 U_O 也将随之增大，即晶体管的射极电位 U_E 升高；由于稳压管的端电压基本不变，即晶体管基极电位 U_B 基本不变；晶体管的发射结压降 $U_{BE} = U_B - U_E$ 减小，导致 $I_B(I_E)$ 减小，从而使 U_O 减小。因此可以保持 U_O 基本不变。当 U_I 减小或负载电阻 R_L 减小时，变化与上述过程相反。

由上述分析可见，晶体管的作用是调节 U_O 并使之稳定，因此称晶体管为调整管，图 11.13(b)、(c)所示电路被称为基本调整管电路。由于调整管与负载相串联，故又称这类电路为串联型稳压电源；由于调整管工作在线性区，也称这类电源为线性稳压电源。

由于晶体管的基极输入电流的最大值为（$I_{Zmax} - I_{Zmin}$），因此图 11.13(b)中的最大负载电流为

$$I_{Lmax} = (1+\beta)(I_{Zmax} - I_{Zmin}) \tag{11.35}$$

该电路的输出电压为

$$U_O = U_Z - U_{BE} \tag{11.36}$$

从稳压过程的分析中可知，要想使调整管起到调整作用，必须使之工作在放大状态，管压降必须大于饱和管压降 U_{CES}。因此，电路必须满足 $U_I \geq U_O + U_{CES}$。

11.5.2　具有放大环节的串联型稳压电路

图 11.13 所示电路的输出电压 U_O 仍不可调，且将随 U_{BE} 的变化而发生改变，稳定性较差。为了使输出电压可调，并加深电压负反馈以提高输出电压的稳定性，常在基本调整管稳压电路的基础上引入放大环节。

1. 电路的组成及作用

若同相比例运算电路的输入电压为稳定电压，且比例系数可调，则其输出电压就可调节；同时，为了扩大输出电流，集成运放输出端加晶体管，并保持射极输出形式，就构成具有放大环节的串联型稳压电路，如图 11.14(a) 所示，其习惯画法如图 11.14(b) 所示。由于集成运放开环差模增益可达 80 dB 以上，电路引入深度电压负反馈，输出电阻趋近于零，因而输出电压相当稳定。

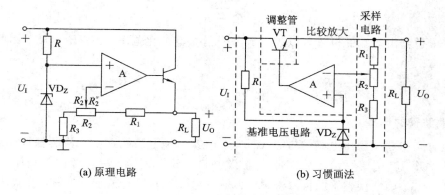

(a) 原理电路　　　　　　　　　　　　　　(b) 习惯画法

图 11.14　具有放大环节的串联型稳压电路

从图 11.14(b) 中可以看出，串联型稳压电路包括了以下四个组成部分。

(1) 采样电路：由电阻 R_1、R_2、R_3 组成。其功能是当输出电压发生变化时，采样电阻取其变化量的一部分送到放大电路的反相输入端。

(2) 比较放大电路：由集成运放 A 构成。其功能为将稳压电路输出电压的变化量进行放大后，送入调整管 VT 的基极。如果比较放大电路的放大倍数较大，则输出电压的微小变化也能引起调整管的基极电压产生较大的变化，提高了稳压的效果。放大倍数越大，输出电压的稳定性就越高。

(3) 基准电压电路：由电阻 R 和稳压管 VD_Z 构成。其功能是为 U_O 提供参考电压。该电压输入到集成运放的同相输入端后，与采样电压进行比较，再通过比较放大电路将二者的差值进行放大。电阻 R 为限流电阻，作用是保证稳压管有一个合适的工作电流。

(4) 调整管：由晶体管 VT 构成。它的功能是在电网电压波动或者负载电阻变化而使 U_O 发生变化时，变化量通过采样、比较、放大后送到调整管的基极，调整管的集电极-发射极间电压 (U_{CE}) 发生相应变化，最终调节输出电压使之基本保持稳定。从图 11.14(b) 中可知，$U_O = U_I - U_{CE}$。

2. 稳压原理

当电网电压波动或负载电阻发生变化时，若该变化使输出电压 U_O 升高，采样电路则将该变化趋势送入 A 的反相输入端，并与同相输入端电位 U_Z 进行比较放大；A 的输出电压（即调整管的基极电位）将降低。由于调整管电路采用射极输出形式，所以输出电压必然降低，从而使 U_O 稳定。若该变化使输出电压 U_O 降低，则上述变化相反。可见，电路是靠引入深度电压负反馈来稳定输出电压的。

3. 输出电压的调节范围

根据集成运放分析中的"虚短"和"虚断"原则可知，$u_P = u_N = U_Z$。从图 11.14(a) 所示电路中可以看出，R_2' 与 R_3 上的电压之和为 U_Z，R_1、R_2 与 R_3 上的电压之和为 U_O。由于 $i_P = i_N = 0$，因此有

$$\frac{U_O}{R_1 + R_2 + R_3} = \frac{U_Z}{R_2' + R_3}$$

求解上式可得

$$U_O = \frac{R_1 + R_2 + R_3}{R_2' + R_3} \cdot U_Z \tag{11.37}$$

由于改变电位器滑动端的位置可以改变 R_2' 的大小，其变化范围为 $0 \leqslant R_2' \leqslant R_2$，因此上式也可写为

$$\frac{R_1 + R_2 + R_3}{R_2 + R_3} \cdot U_Z \leqslant U_O \leqslant \frac{R_1 + R_2 + R_3}{R_3} \cdot U_Z \tag{11.38}$$

4. 调整管的选择

调整管是串联型稳压电路的核心元件，它的安全是电路能正常工作的保证。调整管常采用大功率管，其选用原则与功率放大电路中的功放管相同，主要考虑其极限参数 I_{CM}、$U_{(BR)CEO}$ 和 P_{CM}。确定调整管的极限参数，必须考虑由于电网电压波动而导致的输入电压 U_I 的变化以及由于输出电压的调节和负载电流的变化所产生的影响。

从图 11.14(b) 所示电路可知，调整管 VT 的发射极电流 I_E，等于采样电阻 R_1 和负载中的电流之和 $(I_E = I_{R1} + I_L)$；VT 的管压降 U_{CE} 等于输入电压 U_I 与输出电压 U_O 之差 $(U_{CE} = U_I - U_O)$。显然，当负载电流最大时，流过 VT 管发射极的电流最大，即 $I_{Emax} = I_{R1} + I_{Lmax}$。通常，$R_1$ 上的电流可以忽略，且有 $I_{Emax} \approx I_{Cmax}$，所以调整管的最大集电极电流为

$$I_{Cmax} \approx I_{Lmax} \tag{11.39}$$

当晶体管的集电极（发射极）电流最大（即满载），且管压降最大时，调整管的功率损耗最大，即

$$P_{Cmax} = I_{Cmax} U_{CEmax} \tag{11.40}$$

因此，在选择调整管 VT 时，应保证其最大集电极电流、集电极与发射极之间的反向击穿电压和集电极最大耗散功率满足以下条件：

$$\begin{cases} I_{CM} > I_{Lmax} \\ U_{(BR)CEO} > U_{Imax} - U_{Omin} \\ P_{CM} > I_{Lmax}(U_{Imax} - U_{Omin}) \end{cases} \tag{11.41}$$

11.5.3 稳压电路的过载保护

在串联型稳压电路中，调整管是其核心器件。流过调整管的电流近似等于负载电流，

如果输出端过载甚至短路，将使通过调整管的电流剧增，可能造成调整管的损坏。因此必须在稳压电路中加上必要的保护电路。

过流保护电路能够在稳压器输出电流超过额定值时，限制调整管发射极电流在某一数值或使之迅速减小，从而保护调整管不会因电流过大而烧坏。在过流时使调整管发射极电流限制在某一数值的电路，称为限流型过流保护电路；在过流时使调整管发射极电流迅速减小到较小数值的电路，称为截流型（或减流型）过流保护电路。

1. 限流型过流保护电路

图 11.15(a)给出了限流型过流保护稳压电路，其中的虚线框里即为限流型保护电路，由晶体管 VT_2 和电阻 R_0 构成。电阻 R_0 为电流采样电阻，值很小，一般为 $1\ \Omega$ 左右。

稳压电路正常工作时，负载电流不超过额定值，因此 R_0 上的压降很小，$U_{BE2} = U_{R0} = I_O R_0 < U_{on2}$，（$U_{on2}$ 为晶体管 VT_2 B - E 间的开启电压），VT_2 截止，保护电路不起作用。

当负载电流超过某一定值（即过流）时，R_0 上的压降使晶体管 VT_2 导通。由于 VT_2 的集电极与 VT_1 的基极相连，VT_2 的导通必然会使得 VT_1 的基极电流被分流，因此限制了调整管的发射极电流。R_0 的取值不同，调整管的发射极电流的限定值也不同，其表达式为

$$I_{Omax} \approx I_{Emax} \approx \frac{U_{BE2}}{R_0} \qquad (11.42)$$

图 11.15(b)给出了该保护电路的输出特性。从图中可见，当电流 I_O 超过某一限定值后，输出电压将迅速减小。限流型保护电路虽然组成简单，但是在保护电路起作用后调整管仍有较大的工作电流，因而也就有较大的功耗，所以不适用于大功率电路。

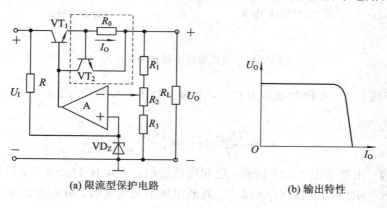

(a) 限流型保护电路　　　　　　　　　　(b) 输出特性

图 11.15　限流型过流保护稳压电路

2. 截流型过流保护电路

在大功率的稳压电路中，一旦发生过流现象，人们期待输出电压和输出电流能同时下降到较小的数值，以减小在调整管上的功率消耗。这样的保护电路称为截流型过流保护电路。图 11.16(a)给出了截流型过流保护稳压电路，其中的虚线框里即为截流型保护电路，由晶体管 VT_2、电阻 R_0、R'、R'' 构成。电阻 R_0 为电流采样电阻。

电路中 A、B 两点的点位分别为

$$U_A = I_O R_0 + U_O$$

$$U_B = \frac{R''}{R' + R''} \cdot U_A$$

因此，晶体管 VT_2 的 B-E 之间的压降为

$$U_{BE2} = U_B - U_O = \frac{R''}{R' + R''} \cdot (I_O R_0 + U_O) - U_O \qquad (11.43)$$

上式表明，U_{BE2} 的值将随着 I_O 的增大而增大。当稳压电路正常工作时，负载电流不超过额定值，$U_{BE2} < U_{on2}$（U_{on2} 为晶体管 VT_2 的 B-E 间开启电压），VT_2 截止。

当 I_O 超过某一定值（即过流）时，VT_2 导通。VT_1 的基极电流被分流，因此限制了调整管的发射极电流，导致 I_O 减小，从而 U_O 减小。此时虽然 U_B 也随着 U_O 的减小而减小，但是 U_O 的减小幅值大于 U_B，使得 VT_2 的集电极电流进一步增大，VT_1 的基极电流进一步减小，最终减小到一个较小的数值。该过程是一个正反馈过程。保护电路的输出特性如图 11.16 (b)所示。

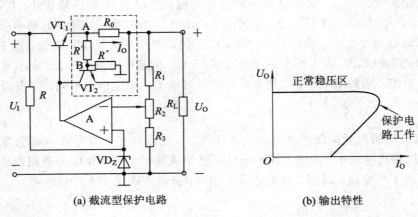

(a) 截流型保护电路　　　　(b) 输出特性

图 11.16　截流型过流保护稳压电路

设 VT_2 导通时 B-E 间的电压为 U_{on2}，令输出电压为 0 并代入式(11.43)，可求出电流的最小值为

$$I_O \approx \frac{U_{on2}}{k R_0} \quad \left(k = \frac{R''}{R' + R''} \right) \qquad (11.44)$$

【例 11.1】　电路如图 11.17 所示，已知稳压管的稳定电压 $U_Z = 6$ V，晶体管的 $U_{BE} = 0.7$ V，$R_1 = R_2 = R_3 = 300$ Ω，$U_I = 24$ V。判断出现下列情况时，分别因为电路产生什么故障（即哪个元件短路或开路）。

(1) $U_O \approx 24$ V；

(2) $U_O \approx 23.3$ V；

(3) $U_O \approx 12$ V 且不可调；

(4) $U_O \approx 6$ V 且不可调；

(5) U_O 可调整范围为 6～12 V。

解　当电路正常工作时，$U_{B2} = U_{B3} = U_Z = 6$ V，于是输出电压的最小值 U_{Omin} 与最大值 U_{Omax} 为

$$U_{Omin} = \frac{R_1 + R_2 + R_3}{R_2 + R_3} U_Z = \frac{3}{2} \times 6 = 9 \text{ V}$$

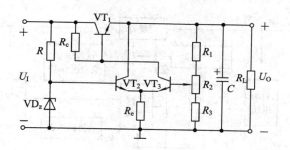

图 11.17　例 11.1 图

$$U_{\text{Omax}} = \frac{R_1 + R_2 + R_3}{R_3}U_z = 3 \times 6 = 18 \text{ V}$$

（1）当 $U_O \approx 24$ V 时，$U_O \approx U_I$，则晶体管 VT$_1$ 的 C、E 发生短路。

（2）当 $U_O \approx 23.3$ V 时，则 R_c 发生短路。

（3）当 $U_O \approx 12$ V 且不可调时，则 R_2 发生短路。

（4）当 $U_O \approx 6$ V 且不可调时，则 VT$_2$ 的 B、C 发生短路。

（5）当 U_O 的可调范围为 6～12 V 时，则 R_1 发生短路。

11.6　集成稳压器

随着集成技术的发展，稳压电路也迅速实现集成化，集成稳压器已经成为模拟集成电路的重要组成部分。从外形上看，集成串联型稳压电路有三个引脚，分别为输入端、输出端和公共端（或调整端），因而称为三端集成稳压器。

三端集成稳压器按功能可分为固定式集成稳压器和可调式集成稳压器；前者的输出电压是固定不变的几个电压等级，不能进行调节；后者可通过外接元件使输出电压在某一个范围内连续可调。

11.6.1　W7800 固定式集成稳压器

1. 简介

W7800 固定式集成稳压器的原理框图如图 11.18 所示，除了串联型直流稳压电路的各个组成部分外，还包括了保护电路和启动电压电路。其他电路的功能如前所述。启动电压电路的作用是在刚接通直流输入电压时，使调整管、比较放大电路、基准电压电路等建立起各自的工作电流。当稳压电路正常工作时，启动电压电路被断开，以免影响稳压电路的性能。

与其他大功率器件一样，三端稳压器的外形便于自身散热和安装散热器。封装形式有金属封装和塑料封装两种形式。图 11.19 所示分别为 W7800 系列产品金属封装、塑料封装的外形图和方框图。三端稳压器的输出电压为输出端和公共端之间的电压。

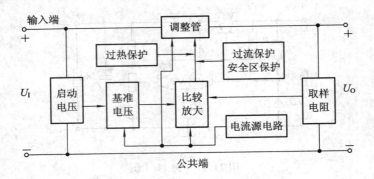

图 11.18　W7800 的原理框图

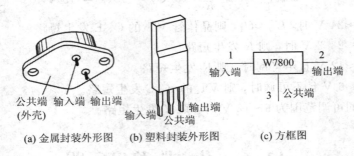

(a) 金属封装外形图　　(b) 塑料封装外形图　　(c) 方框图

图 11.19　W7800 的外形和方框图

2. 应用

1) 基本应用电路

W7800 的基本应用电路如图 11.20 所示，电路的输出电压和最大输出电流取决于所选三端稳压器。

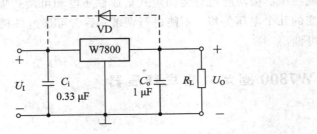

图 11.20　W7800 的基本应用电路

图 11.20 中电容 C_i 用于抵消输入线较长时的电感效应，以防止电路产生自激振荡，其容量较小，一般小于 1 μF。

电容 C_o 用于消除输出电压中的高频噪声，具体可选取小于 1 μF 的电容，也可取大至几十微法的电容，以便输出较大的脉冲电流。

但若 C_o 的容量较大，一旦输入端断开，C_o 将从稳压器输出端向稳压器放电，这可能会导致稳压器损坏。因此可在稳压器的输入端和输出端之间跨接一个二极管，如图 11.20 中虚线所画，起保护作用。

2）扩大输出电流的稳压电路

如果负载所需的电流大于稳压器的标称值，则可采用外接电路来对稳压器的输出电流进行放大，典型电路如图 11.21 所示。

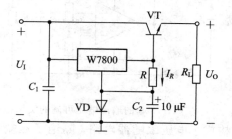

图 11.21　基于 W7800 的输出电流扩展电路

设三端稳压器的输出电压为 U_O'。在图 11.21 所示电路中，输出电压为

$$U_O = U_O' + U_D - U_{BE} \tag{11.45}$$

在理想情况下，$U_D = U_{BE}$，则有 $U_O = U_O'$。因此，图中二极管的作用是消除 U_{BE} 对输出电压的影响。

设三端稳压器的最大输出电流为 I_{Omax}，则晶体管的最大基极电流为 $I_{Bmax} = I_{Omax} - I_R$。因此，负载上能获得的最大输出电流为

$$I_{Lmax} = (1 + \beta)(I_{Omax} - I_R) \tag{11.46}$$

3）输出电压可调的稳压电路

一种基于 W7800 的输出电压可调的稳压电路如图 11.22 所示，各电流如图中所标注。因此有

$$I_{R2} = I_{R1} + I_W$$

由于电阻 R_1 两端的电压即为 W7800 的输出电压 U_O'，因此有

$$I_{R1} = \frac{U_O'}{R_1}$$

输出电压为电阻 R_1 和电阻 R_2 上的电压之和，因此输出电压为

$$U_O = U_O' + \left(\frac{U_O'}{R_1} + I_W\right)R_2 = \left(1 + \frac{R_2}{R_1}\right) \cdot U_O' + I_W R_2 \tag{11.47}$$

改变 R_2 的滑动端位置，即可调节输出电压的大小。在该电路中，三端稳压器既作为稳压器件，又为电路提供了基准电压。

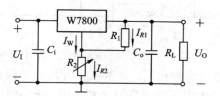

图 11.22　一种基于 W7800 的输出电压可调的稳压电路

由于公共端电流 I_W 的变化将影响输出电压，在实用电路中常加电压跟随器将稳压器与采样电阻隔离，常见电路如图 11.23 所示。

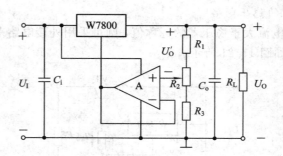

图 11.23　基于 W7800 的输出电压可调的实用稳压电路

　　该电路中的集成运放构成了电压跟随器电路，隔绝了三端稳压器的公共端电流 I_w 对输出电压的影响。其中，三端稳压器的输出电压 U_o' 即为电阻 R_1 和 R_2 上部分的电压之和。改变电位器 R_2 的滑动端位置，即可调节输出电压 U_O 的大小。

　　设 R_2 上部分的阻值为 R_2'，则有

$$\frac{U_O}{R_1 + R_2 + R_3} = \frac{U_o'}{R_1 + R_2'}$$

由上式可得

$$U_O = \frac{R_1 + R_2 + R_3}{R_1 + R_2'} \cdot U_o'$$

因此，输出电压的调节范围为

$$\frac{R_1 + R_2 + R_3}{R_1 + R_2} \cdot U_o' \leqslant U_O \leqslant \frac{R_1 + R_2 + R_3}{R_1} \cdot U_o' \tag{11.48}$$

4）正、负输出稳压电路

　　W7900 系列芯片是一种输出负电压的固定式三端稳压器，使用方法与 W7800 系列稳压器相同，只是要特别注意输入电压和输出电压的极性。W7900 与 W7800 相配合，可以得到正、负输出的稳压电路，如图 11.24 所示。

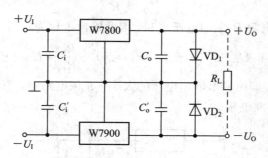

图 11.24　基于 W7800、W7900 的正、负输出稳压电路

　　图 11.24 中两只二极管起保护作用，正常工作时均处于截止状态。若 W7900 的输入端未接入输入电压，W7800 的输出电压将通过负载电阻接到 W7900 的输出端，使 VD_2 导通，从而将 W7900 的输出端箝位在 0.7 V 左右，保护其不至于损坏；同理，VD_1 可在 W7800 的输入端未接入输入电压时保护其不至于损坏。

11.6.2　W117 可调式集成稳压器

W117 的外形和方框图如图 11.25 所示。它有三个引出端，分别为输入端、输出端和电压调整端(简称调整端)。其电路的主要特点是：集成稳压器的输入电流几乎全部流到输出端，流出公共端的电流非常小。与固定输出稳压器相比，可调输出稳压器可以用少量的外部元件方便地组成精密可调的稳压器电路或稳流器电路。所以，它具有安全可靠、应用方便和性能优良等特点。调整端是基准电压电路的公共端。在不采用任何外接电阻的情况下，W117 的输出端与调整端间的电压为 1.25 V 的固定低电压输出。

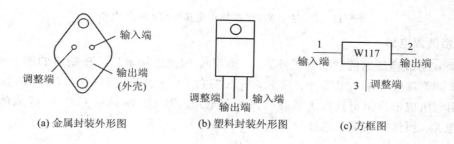

| (a) 金属封装外形图 | (b) 塑料封装外形图 | (c) 方框图 |

图 11.25　W117 的外形和方框图

1. 基准电压源电路

图 11.26 给出了由 W117 组成的基准电压源电路，输出端和调整端之间可输出非常稳定的电压，其值为 1.25 V。输出电流可达 1.5 A。图 11.26 中的 R 为泄放电阻，可根据最小负载电流计算出其最大值，实际取值可略小于计算的最大值。

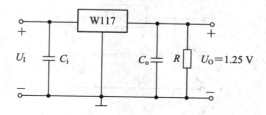

图 11.26　基于 W117 的基准电压源电路

2. 典型应用电路

可调式三端稳压器的主要应用是要实现输出电压可调的稳压电路。如前所述，可调式三端稳压器的外接采样电阻是稳压电路不可缺少的组成部分，其典型电路如图 11.27(a)所示。由于调整端的电流可以忽略不计，输出电压为

$$U_O = \left(1 + \frac{R_2}{R_1}\right) \times 1.25 \text{ V} \tag{11.49}$$

为了减小 R_2 上的纹波电压，可在其上并联一个 10 μF 电容 C。但是在输出短路时，C 将向稳压器调整端放电，并使调整管发射结反偏。为了保护稳压器，可加二极管 VD_2，提供一个放电回路，如图 11.27(b)所示。VD_1 的作用与图 11.20 所示电路中的 VD 相同。

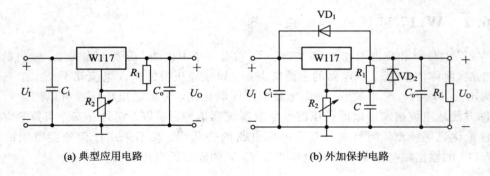

(a) 典型应用电路　　　　　　　　　　　(b) 外加保护电路

图 11.27　基于 W117 的输出电压可调的稳压电路

3. 恒流源电路

可调式集成稳压器的基准电压较低（1.25 V），因此维持输出电压稳定的能力很强。另外，由于调整端的电流 I_D 非常小，仅为 50 μA 左右，且极其稳定（只有 0.5 μA 的变化）。因而，可用它组成电流恒定且效率较高的恒流源电路。图 11.28 是由 CW317 组成的标准的恒流源电路。恒流源的输出电流为

$$I_O = \frac{1.25}{R_1} + I_D \approx \frac{1.25}{R_1} \tag{11.50}$$

由于电阻 R_1 上的电压值恒定不变，因此流经它的电流也维持不变。若将 R_1 改为电位器，可得到输出电流可调的恒流源。例如，要获得可调范围是 10 mA ～ 1 A 的恒流源，利用式（11.50）可算出 R_1 的阻值应为 1.25 $\Omega \leqslant R_1 \leqslant$ 125 Ω。可见，正确选择 R_1 即可保证恒流源的电流在所要求的范围内。

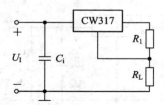

图 11.28　基于 W117 的恒流源电路

【例 11.2】　在图 11.27(b) 所示电路中，已知输出电压的最大值 U_{Omax} 为 25 V，R_1 = 240 Ω；W117 的输出端和调整端间的电压 U_R = 1.25 V，允许加在输入端和输出端的电压为 3～ 40 V。试求解：

(1) 输出电压最小值 U_{Omin}；

(2) R_2 的取值；

(3) 若 U_I 的波动范围为 $\pm 10\%$，则为保证输出电压的最大值 U_{Omax} 为 25 V，U_I 至少取多少伏？为保证 W117 安全工作，U_I 的最大值为多少伏？

解　(1) 当 $R_2 = 0$ 时，U_O 取最小值为 $U_{Omin} = U_R = 1.25$ V。

(2) 已知 $U_{Omin} \leqslant U_O = \left(1 + \dfrac{R_2}{R_1}\right) U_R \leqslant U_{Omax}$，即 $1.25 \leqslant \left(1 + \dfrac{R_2}{R_1}\right) \times 1.25 \leqslant 25$，故 $0 \leqslant R_2 \leqslant$ 4.56 kΩ。

（3）因为 $U_1-U_0=3\sim40$ V，考虑到 U_1 有 $\pm10\%$ 的波动，若要保证 U_{Omax} 为 25 V，则 U_1 需满足 $0.9U_1-U_{Omax}\geqslant3$ V，即 $U_1\geqslant31.1$ V，U_1 至少为 31.1 V。

为保证 W117 安全工作，则 U_1 需满足 $1.1U_1-U_{Omax}\leqslant40$ V，即 $U_1\leqslant37.5$ V，U_1 的最大值为 37.5 V。

11.7　开关型稳压电路

前面讲到的各种稳压电路具有结构简单、调整方便、输出电压稳定、纹波电压小等优点，但由于调整管始终处于线性放大状态，自身损耗较大；特别是当负载电流较大而输出电压较低时，调整管本身的功率损耗也很大。故前述电路的效率较低，甚至仅为 30% ～ 40%。通常，这类稳压电源被称为线性稳压电源。同时，为了解决调整管的散热而加的散热器，必然增加整个电源设备的体积、重量和成本。

如果调整管工作在开关状态，当它截止时，因为电流很小（为穿透电流）而管耗很小；当它饱和时，因管压降很小（为饱和管压降）而管耗也很小；这将大大提高电路的效率至 70% ～ 90%。由于调整管工作在开关状态，故此类电路被称为开关型稳压电源。由于调整管的功耗较小，散热器也随之减小。此类电源具有效率高、体积小、重量轻和允许环境温度高等优点，被广泛应用于空间技术、计算机、通信、家用电器和许多仪器设备中，尤其是大功率且负载固定、输出电压调节范围不大的场合。

开关型稳压电源按照不同的分类依据可有如下分类：

按调整管与负载的连接方式可分为串联型和并联型；按稳压的控制方式不同可分为脉冲宽度调制型（PWM）、脉冲频率调制型（PFM）和混合调制型；按调整管是否参与振荡可分为自激式和他激式；按开关管电流工作方式的不同可分为开关型变换器和谐振型变换器；按使用开关管的类型不同可分为晶体管、VMOS 管和晶闸管型。

本节着重介绍采用双极型管作为开关管的串联开关型稳压电路、并联开关型稳压电路的基本结构和工作原理。

11.7.1　串联开关型稳压电路

1. 换能电路的基本原理

开关型稳压电路的换能电路是将输入的直流电压转换成脉冲电压，再将脉冲电压经 LC 滤波转换成直流电压，图 11.29（a）所示为基本原理图。输入电压 U_1 是未经稳压的直流电压；晶体管 VT 为调整管，由于工作在开关状态也被称为开关管；u_B 为矩形波，控制开关管的工作状态；电感 L 和电容 C 组成滤波电路，VD 为续流二极管。

当 u_B 为高电平时，VT 饱和导通，VD 因承受反向电压而截止，等效电路如图 11.29（b）所示，电流方向如图中所标注。此时，电感 L 储存能量，电容 C 充电，开关管发射极电压 $u_E=U_1-U_{CES}\approx U_1$。

当 u_B 为低电平时，VT 截止，开关管发射极电压 $u_E=-U_D\approx0$。L 释放能量而使 VD 导通，等效电路如图 11.29（c）所示，电流方向如图中所标注。此时，电感 L 释放能量，电容 C 放电，负载电流方向不变。

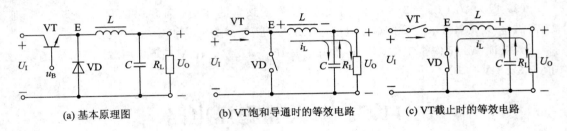

(a) 基本原理图　　　　　(b) VT饱和导通时的等效电路　　　　　(c) VT截止时的等效电路

图 11.29　换能电路的基本原理图及其等效电路

根据上述分析可画出换能电路中 u_B、u_E、u_L、i_L 以及 u_O 的波形，如图 11.30 所示。为了简单起见，图中将 i_L 的波形折线化。在 u_B 的一个周期 T 内，T_{on} 为开关管导通时间，T_{off} 为开关管截止时间，占空比为 $q = \dfrac{T_{on}}{T_{off}}$。

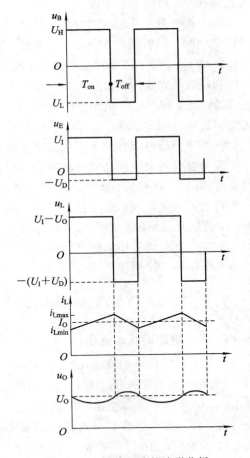

图 11.30　换能电路的波形分析

在换能电路中，如果电感 L 的数值太小，在 T_{on} 时间内就会储能不足，在 T_{off} 未结束时能量就会放尽，导致输出电压为零，出现台阶。为了使输出电压 U_O 的交流分量尽可能小，C 的取值应足够大。只有在 L 和 C 足够大时，输出电压 U_O 和负载电流 I_O 才为连续的；值越大，U_O 的波形越平滑。由于输出电流 I_O 是 U_I 通过开关调整管 VT 和 LC 滤波电路轮流提供的，通常脉动成分比线性稳压电源要大一些，这是开关型稳压电路的缺点之一。

若将 u_E 视为直流分量和交流分量之和，则输出电压的平均值等于 u_E 的直流分量，即

$$U_O = \frac{T_{on}}{T}(U_I - U_{CES}) + \frac{T_{off}}{T}(-U_D)$$

$$\approx \frac{T_{on}}{T}U_I = qU_I \qquad (11.51)$$

因此，改变占空比即可改变输出电压的大小。

2. 串联开关型稳压电路的组成

在图 11.28 所示的电路中，当输入电压波动或者负载变化时，输出电压也将随之改变。若在 U_O 增大时能减小占空比，而在 U_O 减小时能增大占空比，则输出电压稳定。因此，可将 U_O 的采样电压通过反馈来调节控制电压 u_B 的占空比，可以达到稳定输出电压的目的。

图 11.31 给出了串联开关型稳压电路的结构框图。电路中包括了调整管 VT 及其开关驱动电路(电压比较器)、采样电路、三角波发生电路、基准电压电路、比较放大电路、滤波电路(电感 L、电容 C、续流二极管 VD)等部分。

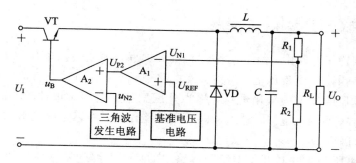

图 11.31 串联开关型稳压电路的结构框图

若所有的开关和滤波元件都是无损耗的，根据能量守恒原理，输出电压 U_O 与输入电压 U_I 之间也有如下关系：

$$U_O \approx \frac{T_{on}}{T}U_I = qU_I$$

3. 串联开关型稳压电路的工作原理

串联开关型稳压电路中，集成运放 A_1 构成比较放大电路。采样电压 U_{N1} 与基准电压电路输出的稳定电压 U_{REF} 之差，经 A_1 放大为 U_{O1} 后，送入到集成运放 A_2 的同相输入端 U_{P2}。

串联开关型稳压电路中，集成运放 A_2 构成电压比较器。U_{P2} 为电压比较器的阈值电压，三角波发生电路的输出电压与之进行比较，得到的 A_2 的输出信号 U_{O2} 即为控制信号 u_B，从而控制调整管的工作状态。

图 11.31 所示电路中 u_{N2} 和 u_B 的波形如图 11.32 所示。当 U_O 升高时，采样电压 U_{N1} 会同时增大，并作用于比较放大电路的反相输入端，与同相输入端的基准电压比较放大，使放大电路的输出电压（即 U_{P2}）减小；经电压比较器后，u_B 的占空比变小（图中 U_{P2} 所代表的虚线下移），根据（11.51）式，输出电压 U_O 随之减小，调节结果使 U_O 基本不变。当 U_O 因为某种原因减小时，各量的变化与上述过程相反。

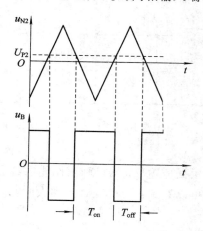

图 11.32 图 11.31 所示电路中 u_{N2} 和 u_B 的波形

由于负载电阻变化时影响 LC 滤波电路的滤波效果，因而开关型稳压电路不适用于负载变化较大的场合。

从上述分析中可知，图 11.32 所示电路稳压效果的实现，是在保持调整管开关周期 T 不变的前提下，通过改变开关管导通时间 T_{on} 以调节脉冲的占空比来实现的，故称之为脉冲宽度调制型（PWM）开关电源。

调节脉冲占空比的方式还有两种：一种是固定开关调整管的导通时间 T_{on}，通过改变振荡频率 f（即周期 T），以调节开关管的截止时间 T_{off} 来实现稳压的方式，称为脉冲频率调制型（PFM）开关电源；另一种是同时调整导通时间 T_{on} 和截止时间 T_{off} 来稳定输出电压的方式，称为混合调制型开关电源。

11.7.2　并联开关型稳压电路

串联开关型稳压电路中，由于调整管与负载串联，导致输出电压总是小于输入电压，故称该类型电路为降压型稳压电路。在实际电路中，还存在将输入直流电源经稳压电路转换成大于输入电压的稳定的输出电压，称为升压型稳压电路。此时，开关管与负载并联，故称之为并联开关型稳压电路。它通过电感的储能作用，将感生电动势与输入电压相叠加后作用于负载，因而 $U_O > U_I$。

图 11.33（a）所示为并联开关型稳压电路中的换能电路的基本原理图。输入电压 U_I 是未经稳压的直流电压；晶体管 VT 为开关管；u_B 为矩形波，控制开关管的工作状态；电感 L 和电容 C 组成滤波电路，VD 为续流二极管。

当 u_B 为高电平时，VT 饱和导通，U_I 通过 VT 给电感 L 充电储能，充电电流几乎线性增大；VD 因承受反向电压而截止；滤波电容 C 对负载电阻放电；等效电路如图（b）所示，电流方向如图中所标注。

当 u_B 为低电平时，VT 截止，L 产生感生电动势，由于为阻止电流的变化，因而方向与 U_I 同方向，两个电压相加后通过二极管 VD 对 C 充电，等效电路如图（c）所示，电流方向如图中所标注。从图中可以看出，无论 VT 和 VD 的状态如何，负载电流方向不变。

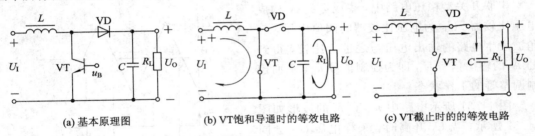

(a) 基本原理图　　　　(b) VT饱和导通时的等效电路　　　　(c) VT截止时的的等效电路

图 11.33　换能电路的基本原理图及其等效电路

根据上述分析，可画出换能电路中 u_B、u_L 以及 u_O 的波形，如图 11.34 所示。从波形分析中可以看到：只有当 L 足够大时，输出电压才能升压；只有当 C 足够大时，输出电压的

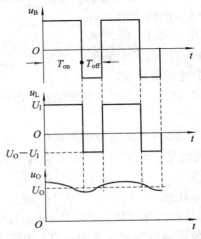

图 11.34　换能电路的波形分析

脉动才能足够小；当 u_B 的周期不变时，其占空比越大，输出电压将越高。

将图 11.33(a)所示电路加上脉宽调制电路后，可得到并联开关型稳压电路，其稳压原理与串联开关型电路相同。

本 章 小 结

（1）直流稳压电源由电源变压器、整流电路、滤波电路和稳压电路组成。

（2）整流电路有半波和全波两种，最常用的是单相桥式整流电路；滤波电路通常有电容滤波、电感滤波和复式滤波；稳压管稳压电路结构简单，但输出电压不可调，且适合于负载电流较小情况，串联型稳压电路，由调整管、基准电压电路、输出电压采样电路和比较放大电路组成，电压可调并可带大负载，但效率不高。

（3）三端集成稳压器使用方便，稳压性能好，W7800（W7900）系列为固定式稳压器，W117/W217/W317（W137/W237/W337）为可调式稳压器。三端集成稳压器通过外接电路可扩展电流和电压。

（4）开关型稳压电路中的调整管工作在开关状态，功耗小，电路效率高，但纹波电压较大。

习题与思考题

11.1　如习题 11.1 图所示串联型稳压电源，选择三个结论（A. 增加，B. 减小，C. 基本不变）中的一个填入空内，要求只填编号。

（1）当 D 点向下移动时，各点电位 U_D 将＿＿＿＿，U_E 将＿＿＿＿，U_F 将＿＿＿＿，电流 I_{R3} 将＿＿＿＿。

（2）当 U_O 不变，R_L 减小时，I_{L2} 将＿＿＿＿，I_{R5} 将＿＿＿＿，I_{C4} 将＿＿＿＿。

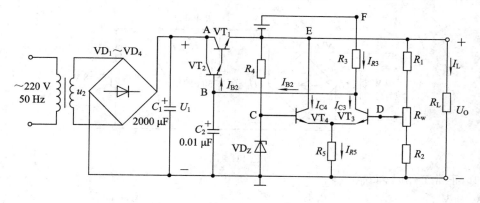

习题 11.1 图

11.2　如习题 11.2 图所示串联型稳压电源，在制作时可能出现下列故障：

A. P、Q 两点短路　　　　B. P、M 两点短路　　　　C. Q、N 两点短路

D. N、E 两点短路　　　　E. E、B 两端短路　　　　F. M、B 两点短路

G. M、Q 两点短路

当测得输出电压 U_O 分别为下列值时，说明是上面哪一种原因引起的，填入空内。

(1) $U_O = 9.3$ V _____

(2) $U_O = 10$ V _____

(3) $U_O = 29.3$ V _____

(4) $U_O = 30$ V _____

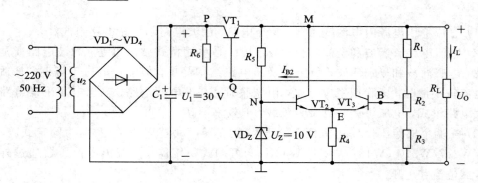

习题 11.2 图

11.3　在习题 11.2 图所示的串联型稳压电源中，已知 9 V $\leqslant U_O \leqslant$ 18 V，其余参数如图中所标注。判断下面各说法是否正确。

(1) 当电阻 R_5 从 M 点改接到 P 点，电路可能正常工作。(　　)

(2) 当电阻 R_6 由 P 点改接到 M 点，电路可能正常工作。(　　)

(3) 当 Q、N 两点短路时，可以得到稳定的但不可调的输出电压。(　　)

(4) 当 E、N 两点短路时，可能正常工作，只是 U_O 的调节范围有所不同。(　　)

(5) 电阻 R_4 的取值与最大负载电流毫无关系。(　　)

11.4　在习题 11.4 图示电路中，已知 $U_2 = 20$ V(有效值)，U_I 的平均值记做 $U_{I(AV)}$，当电路中某一参数变化时其余参数不变。选择正确答案填空：

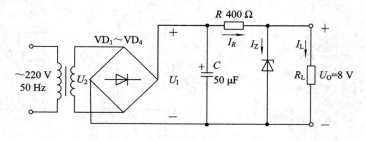

习题 11.4 图

(1) 正常工作时，$U_{I(AV)} \approx$ _____；

A. 9 V 　　　　　　　　B. 18 V 　　　　　　　　C. 24 V

(2) R 开路，$U_{I(AV)} \approx$ _____；

A. 28 V 　　　　　　　　B. 24 V 　　　　　　　　C. 18 V

(3) 电网电压升高时，I_Z 将 _____；

A. 减小 　　　　　　　　B. 基本不变 　　　　　　C. 增大

(4) 负载电阻 R_L 减小时，I_Z 将 _____；

A. 减小　　　　　　　B. 基本不变　　　　　　　C. 增大

11.5　已知在如习题 11.5 图所示电路中所标注的电压均为交流有效值，现将一纯电阻负载接入电路不同的位置，测得其平均电压的数值分别为：① 9 V；② 18 V。试问，上述两个电压值是负载电阻分别接在哪两点之间测得的平均电压？要求答出所有可能的情况。

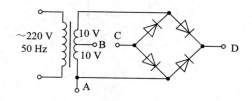

习题 11.5 图

11.6　习题 11.6 图示电路是能够提供 ±15 V 电压的稳压电路，测得 $U_{I1}=U_{I2}=36$ V。选择正确答案填入空内。

(1) 整流二极管流过的平均电流 $I_F=$ _____；

A. $2I_R$　　　　　　　B. I_R　　　　　　　C. $\dfrac{1}{2}$

IR 承受的最大反向电压 $U_{RM}\approx$ _____。

A. 85 V　　　　　　　B. 42 V　　　　　　　C. 30 V

(2) 若 VD_1 开路，则此时测得的 U_{I1} 和 U_{o1} 分别更接近下面哪个数值？

$U_{I1}\approx$ _____

A. 36 V　　　　　　　B. 28 V　　　　　　　C. 18 V

$U_{o1}\approx$ _____

A. 15 V　　　　　　　B. 14 V　　　　　　　C. 9 V

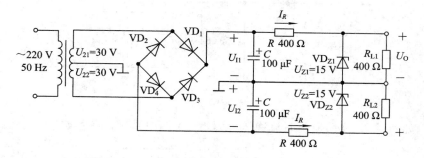

习题 11.6 图

11.7　如习题 11.7 图所示串联型稳压电源，判断下列结论是否正确。

(1) 为使电路正常工作，R_e 中流过的电流必须大于 R_c 中流过的电流。（　　　）

(2) 如果将 R_3 误接到 A 点或 C 点上，则电路根本不可能正常工作。（　　　）

(3) 由 $VD_5\sim VD_8$、C_2、R_4、VD_{Z2} 组成的辅助电源使 R_c 上电压基本为一常量。（　　　）

(4) 设 VT_1 管的管压降 $U_{CE1}>U_{CEmin}$ 才能正常工作，则 U_{I1} 的最小取值为输出电压最小值与 U_{CEmin} 之和。（　　　）

(5) R_w 的值愈大，U_O 的调节范围愈宽。（　　　）

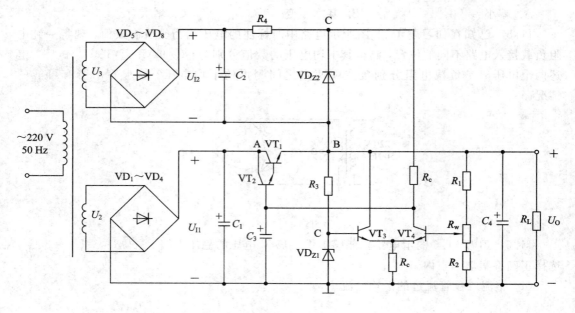

习题 11.7 图

11.8　在如习题 11.8 图所示直流稳压电源中，W78L09 的最大输出电流 $I_{Omax} = 0.1$ A。判断下列结论是否正确。

（1）输出电压 $U_O = 9$ V。（　　　）

（2）电容 C_1 两端电压 $U_{C1} \approx 10.8$ V。（　　　）

（3）整流二极管承受的最大反向电压 $U_{RM} \approx 21$ V。（　　　）

（4）整流二极管可能流过的最大平均电流 $I_{D(AV)} = 54$ mA。（　　　）

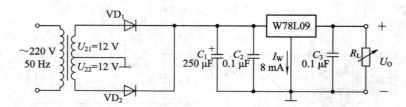

习题 11.8 图

11.9　如习题 11.9 图所示直流稳压电源，改正图中错误，使之能正常工作。

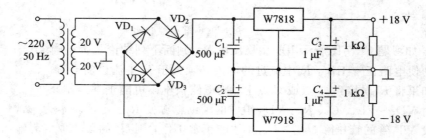

习题 11.9 图

11.10　在如习题 11.10 图所示串联型稳压电源中，已知三极管的 $U_{BE}=0.7$ V，稳压管正向导通时管压降 $U_D=0.7$ V。填空：

(1) _____V$\leqslant U_O \leqslant$_____V；

(2) 若 VD_Z 接反，_____V$\leqslant U_O \leqslant$_____V；

(3) 若 R_w 短路，则 $U_O=$_____V；

(4) 若 P、Q 两点短路，则 $U_O=$_____V。

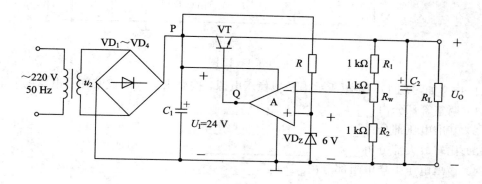

习题 11.10 图

11.11　如习题 11.11 图所示串联型稳压电源。填空：

(1) 输出电压的最小值 $U_{Omin}=$_____；

(2) 输出电压的最大值 $U_{Omax}=$_____；

(3) VT_1 管承受的最大管压降 $U_{CE1max}=$_____；

(4) 若 VT_1 管的最大发射极电流 $I_{E1max}=1$ A，则 VT_1 管的集电极最大功耗 $P_{Cmax}=$_____。

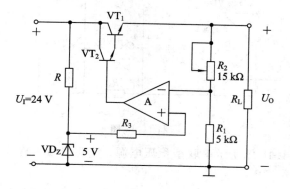

习题 11.11 图

11.12　在如习题 11.12 图所示串联型稳压电源中，已知电容 C_1 取值满足 $R_{C_1}=(3\sim5)\dfrac{T}{2}$（$T$ 为电网电压的周期，R 为 C_1 放电回路的等效电阻），三极管的 $|U_{BE}|$ 均为 0.7 V，R_2 的滑动端在中点。填写下列各点电位：$U_A=$_____V，$U_P=$_____V，$U_Q=$_____V，$U_M\approx$_____V，$U_N\approx$_____V。

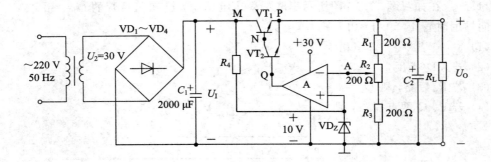

习题 11.12 图

11.13 如习题 11.13 图所示串联型稳压电源，按要求填入构成某部分电路的元器件。

(1) 调整管部分由 _____ 组成；

(2) 基准电压部分由 _____ 组成；

(3) 比较放大部分由 _____ 组成；

(4) 输出电压采样电阻部分由 _____ 组成。

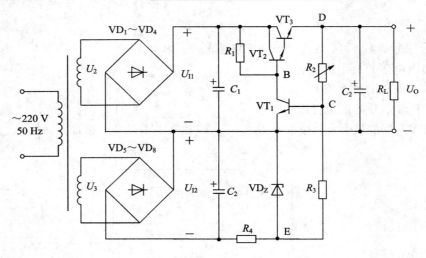

习题 11.13 图

11.14 如习题 11.14 图所示串联型稳压电源，按要求填入构成下列各部分电路的元器件。

(1) 整流滤波电路由 _____ 组成；

(2) 调整管部分由 _____ 组成；

(3) 基准电压部分由 _____ 组成；

(4) 输出电压采样部分由 _____ 组成；

(5) 比较放大部分由 _____ 组成；

(6) 过流保护部分由 _____ 组成。

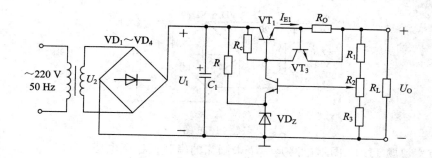

习题 11.14 图

11.15　在如习题 11.15 图所示整流滤波电路中，已知电容 C_1、C_2 的容量满足 $R_L C \geqslant$ $(3 \sim 5)\dfrac{T}{2}(T = 20 \text{ ms})$，$R_1 = 2R_2$。选择正确答案填空。

（1）$U_{O1} \approx$ _____（A. 10 V，B. 15 V，C. 20 V），$U_{O2} \approx$ _____（A. －10 V，B. －15 V，C. －20 V），二极管 VD_1 流过的平均电流_____（A. 大于，B. 等于，C. 小于）VD_3 流过的平均电流；

（2）若 P 点断开，$U_{O1} \approx$ _____（A. 10 V，B. 15 V，C. 20 V），$U_{O2} \approx$ _____（A. －10 V，B. －15 V，C. －20 V），二极管 VD_1 流过的平均电流_____（A. 大于，B. 等于，C. 小于）VD_3 流过的平均电流。

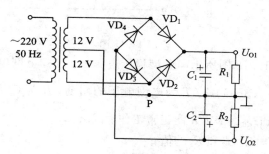

习题 11.15 图

11.16　在如习题 11.16 图所示电路中，已知电网电压波动范围为 ±10%，现有几种型号的整流二极管，它们的参数如习题 11.16 表所示。填空：

习题 11.16 表

型号	最高反向工作电压(U_{RM}/V)	额定正向整流电流(I_F/A)	编号
2CZ53A	25	0.30	1
2CZ53B	50	0.30	2
2CZ82A	25	0.10	3

因为图示电路中二极管流过的最大平均电流约为_____mA，承受的最高反向电压约为_____V，所以应选编号为_____的二极管。

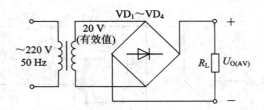

习题 11.16 图

11.17 习题 11.17 图示电路是一个未画完的串联型稳压电源。

(1) 合理连接图中各点,使电路能够正常工作;

(2) 标出输出电压 U_O 的极性,并求出 U_O 的调节范围。

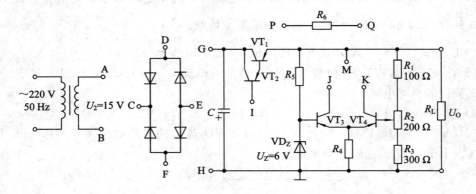

习题 11.17 图

11.18 在如习题 11.18 图所示串联型稳压电源中,已知电网电压波动范围是 $\pm 10\%$,电容 C_1 取值满足 $RC_1 = (3 \sim 5)\dfrac{T}{2}$($T$ 为电网电压的周期,R 为 C_1 放电回路的等效电阻),三极管 VT 仅在管压降 $U_{CE} > 3$ V 才能正常工作。试求:

(1) 稳压管的稳定电压 U_Z 和 R_2 的值;

(2) 稳压管中电流的变化范围。

(3) 若想获得 1 A 的负载电流,则应如何改变调整管部分,要求画出改进部分的电路图,不必解释。

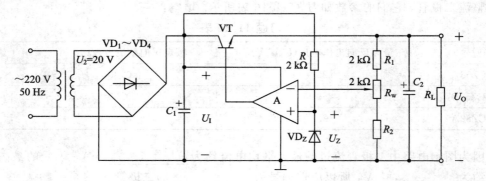

习题 11.18 图

11.19　在如习题 11.19 图所示直流稳压电源中，已知：三极管 VT 的 $|U_{BE}| = 0.3$ V，$\beta = 30$；W78L05 的最大输出电流 $I_{Omax} = 0.1$ A；负载电阻 R_L 的最小值 $R_{Lmin} = 2$ Ω；U_I 的波动范围为 $\pm 10\%$。试求：

（1）输出电压 U_O；

（2）三极管集电极的最大功耗。

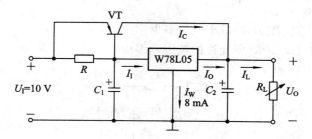

习题 11.19 图

11.20　在如习题 11.20 图所示稳压电路中，稳压管 VD_Z 的最小稳定电流 $I_{Zmin} = 5$ mA，最大稳定电流 $I_{Zmax} = 20$ mA。试问：

（1）R_1 的取值范围为多少？

（2）U_O 的调节范围为多少？

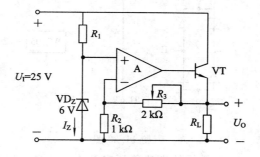

习题 11.20 图

11.21　在如习题 11.21 图所示电路中，已知 U_I（平均值）与变压器次级电压有效值 U_2 之间关系是 $U_I \approx 1.2 U_2$；稳压管的动态电阻 $r_Z = 10$ Ω，最小稳定电流 $I_{Zmin} = 5$ mA，最大稳定电流 $I_{Zmax} = 25$ mA。

（1）当电网电压波动 $\pm 10\%$ 时，U_O 波动百分之几？

（2）当负载电流变化 $\pm 10\%$ 时，U_O 变化百分之几？

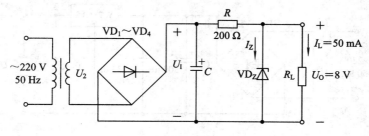

习题 11.21 图

（3）若 $U_1 = 20\ \text{V}$，求 C 的取值范围；

（4）求 U_2 的上限值。

11.22 在如习题 11.22 图所示的稳压电路中，已知：$U_I = 20\ \text{V}$，其波动范围是 $\pm 10\%$；稳压管 VD_{Z1} 的稳定电压 $U_{Z1} = 12\ \text{V}$，稳定电流 $I_{Z1} = 5\ \text{mA}$，最大稳定电流 $I_{Zmax1} = 50\ \text{mA}$；稳压管 VD_{Z2} 的稳定电压 $U_{Z2} = 5\ \text{V}$，稳定电流 $I_{Z2} = 5\ \text{mA}$，最大稳定电流 $I_{Zmax2} = 30\ \text{mA}$；负载电阻 $R_L = 250\ \Omega$。

（1）若 $R_1 = 130\ \Omega$，则 R_2 的最小值为多少？

（2）若 $R_2 = 200\ \Omega$，则 R_L 所允许的范围是多少？

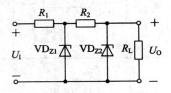

习题 11.22 图

11.23 已知习题 11.23 图中三端稳压器 W7805 的 1 端为输入端，2 端为输出端，3 端为公共端，输出电压为 5 V。合理连线，构成一个输出电压为 5 V 的直流稳压电源。

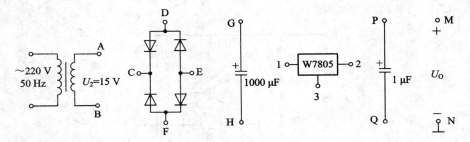

习题 11.23 图

11.24 在如习题 11.24 图所示的直流稳压电源中，已知变压器副边电压有效值 $U_2 = 18\ \text{V}$，电网电压波动范围是 $\pm 10\%$；W78L15 的输出电压为 15 V，最大输出电流为 0.1 A。试问：

（1）U_o 为多少？

（2）R_L 的最小值为多少？

（3）整流二极管承受的最大反向电压约为多少？

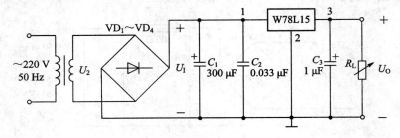

习题 11.24 图

11.25　在如习题 11.25 图所示直流稳压电源中，已知三极管 VT 的发射结电压 U_{BE} 与二极管 VD 的导通电压 U_D 相等，$\beta=50$；W78L12 的最大输出电流 $I_{Omax}=0.1$ A。试求：

（1）输出电压 U_O；

（2）负载电流 I_L 的最大值。

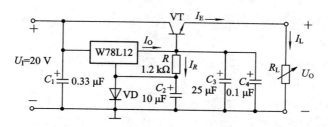

习题 11.25 图

11.26　在如习题 11.26 图所示整流滤波电路中，变压器次级电压有效值如图中所标注，二极管的正向压降及变压器内阻均可忽略不计。

（1）标出输出电压 u_{O1} 和 u_{O2} 对地的极性；

（2）估算输出电压的平均值 $U_{O1(AV)}$ 和 $U_{O2(AV)}$；

（3）求出二极管所承受的最大反向电压。

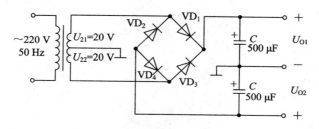

习题 11.26 图

参 考 文 献

[1]　清华大学电子学教研组，华成英，童诗白. 模拟电子技术基础. 4 版. 北京：高等教育出版社，2006.

[2]　Robert L. Boylestad，Louis Nashelsky. Electronic Devices and Circuit Theory. 11th ed. Pearson，2012.

[3]　高吉祥. 模拟电子技术. 2 版. 北京：电子工业出版社，2007.

[4]　华中工学院电子学教研室，康华光. 电子技术基础：模拟部分. 3 版. 北京：高等教育出版社，1988.

[5]　傅晓林，吴培明. 模拟电子技术. 重庆：重庆大学出版社，2002.

[6]　杨素行. 模拟电子技术基础简明教程. 2 版. 北京：高等教育出版社，1998.

[7]　张肃文. 低频电子线路. 北京：高等教育出版社，1999.